国家科学技术学术著作出版基金资助出版

卟啉化学

卢小泉　著

科学出版社
北京

内 容 简 介

本书系统介绍了卟啉的化学性质及应用研究，主要内容包括卟啉的化学性质、合成、光电性能及应用，液/液界面上金属的电子转移过程、纳米复合材料及其应用，以及卟啉在生物医药领域的应用研究。

本书可供化学及相关专业领域的科技人员参考，也可作为高等院校化学、应用化学及相关专业高年级本科生和研究生的参考书。

图书在版编目（CIP）数据

卟啉化学 / 卢小泉著. —北京：科学出版社，2023.6
ISBN 978-7-03-074058-8

Ⅰ. ①卟…　Ⅱ. ①卢…　Ⅲ. ①杂环化合物-研究　Ⅳ. ①O625

中国版本图书馆 CIP 数据核字（2022）第 228118 号

责任编辑：宋无汗　汤宇晨 / 责任校对：崔向琳
责任印制：赵　博 / 封面设计：陈　敬

科学出版社 出版
北京东黄城根北街 16 号
邮政编码：100717
http://www.sciencep.com

北京天宇星印刷厂印刷

科学出版社发行　各地新华书店经销

*

2023 年 6 月第　一　版　开本：720×1000　1/16
2024 年 9 月第三次印刷　印张：17
字数：342 000

定价：210.00 元

（如有印装质量问题，我社负责调换）

前　言

卟啉类物质广泛存在于生物体内与能量转移密切相关的组织中。动物体血液中的血红素(铁卟啉)和血蓝素(铜卟啉)、植物体内的叶绿素(镁卟啉)和维生素B_{12}(钴卟啉)，在氧的传递、呼吸作用、光合作用、能量传输和转移等生命活动中发挥着十分重要的作用，被誉为“生命色素”。卟啉研究涉及物理、化学、生物、信息、材料等众多学科，在材料、催化、医学、能源、仿生等领域有广阔的应用前景。卟啉的相关研究已经成为一门单独的学科——卟啉化学。我国有众多科研人员从事卟啉化学的相关研究，并且取得了一些重要的研究进展，对卟啉化学相关研究成果进行全面的总结和整理十分必要，但是系统介绍卟啉化学的相关书籍较少。

笔者从 20 世纪 90 年代开始从事卟啉的合成及光电性质的相关研究，取得了一些成果。本书是作者在多年研究的基础上，综合近年来卟啉化学领域的一些重要成果撰写而成，详细介绍了卟啉的基础性质，包括化学性质、合成制备及光电性能研究。同时，介绍了近年来卟啉在新型光电材料、能源材料、纳米复合材料及生物医药领域的应用进展，展望了卟啉在解决能源、环境、健康等方面问题的潜力。

本书由西北师范大学卢小泉教授撰写，课题组全体成员参与完成了书稿的整理工作。

在本书出版之际，衷心感谢卢小泉课题组历届研究生为本书研究内容付出的辛勤努力，感谢国家科学技术学术著作出版基金提供的资助。

真切期望本书能够为从事卟啉化学相关研究的广大学者提供参考。

本书内容专业性强，涉及领域广，撰写工作量大。由于作者知识、能力水平的限制，书中不足之处在所难免，望读者包容见谅，并提出宝贵意见。

卢小泉

2022 年 11 月

前 言

目　录

第1章　绪　　论

卟啉是自然界中广泛存在的四吡咯亚甲基芳香大环化合物，几乎与所有的金属离子都能形成配合物[1]。卟啉在植物光合作用和动物呼吸载氧过程中具有不可或缺的作用，并在模拟光合作用、酶催化作用、太阳能电池、分子开关、生物传感、有机电致发光、半导体材料等前沿领域展现出了十分广阔的应用前景。

1.1　卟啉的性质

卟啉是具有较高熔点和较深颜色的固体化合物。其熔点通常高于 300℃，为紫红色固体粉末或结晶固体，具有一定的光敏性质，在紫外线或可见光作用下，能有效释放单线态氧。部分卟啉虽然不溶于水及碱溶液，但能溶于无机酸，大多数卟啉溶液有荧光性且热稳定性良好。除此之外，卟啉还具有芳香性强、光谱响应范围宽等特点[2]。能溶于水的卟啉称为水溶性卟啉[3]，不溶于水的卟啉称为非水溶性卟啉。水溶性卟啉如四磺酸基苯基卟啉等，不仅易溶于水，还能溶于二甲基甲酰胺，但不溶于碱；非水溶性卟啉如四苯基卟啉、四(4-氯苯基)卟啉等，一般能溶解于苯、氯仿、二氯甲烷、吡啶、乙醇、二甲基亚砜(DMSO)和二甲基甲酰胺等有机溶剂中。卟啉的母体结构为卟吩。卟吩的 4 个吡咯环和 4 个次甲基团被取代，生成的各种各样的卟吩衍生物为卟啉。卟啉合成主要是构造卟吩核。当卟吩中氮原子上的氢原子被取代，金属离子可与卟啉形成金属配合物即金属卟啉。图 1.1 是卟啉与金属卟啉结构示例。

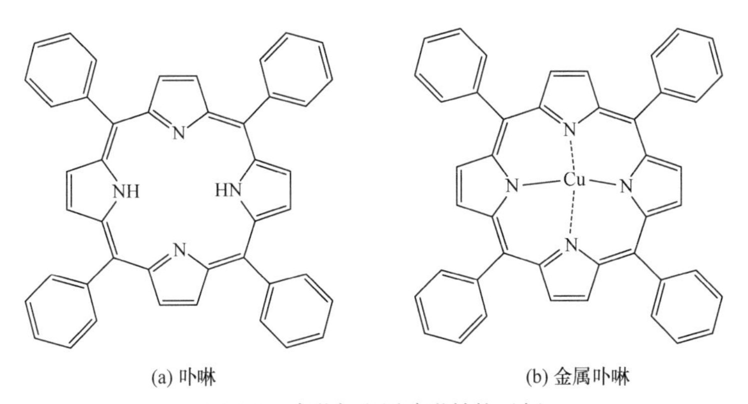

图 1.1　卟啉与金属卟啉结构示例

卟啉的空腔中心到四个氮原子的距离为204pm，这一距离与第一过渡态金属原子和氮原子的共价半径之和恰好相匹配，因此卟啉极易与过渡金属离子形成稳定的1∶1金属配合物。

卟啉类化合物具有独特的结构，其优越的电化学性质、光学性质和催化性质吸引着人们不断地进行探索研究。从配位化学角度来看，卟啉是除蛋白质、核酸碱基之外的一类重要的生物配体，在各类生理活动中起着非常重要的作用。研究发现，卟啉类化合物在生物新陈代谢中起着不可或缺的作用，具有特殊的生理活性，在氧化过程中起氧的传递、储存、活化及电子传输作用，在光合作用中起光敏电子转移作用，同时在催化方面也有着良好的活性。因此，卟啉被誉为“生命色素”。

卟啉具有较好的荧光性，其荧光强度与浓度相关。当浓度较小时，荧光强度随着浓度的增大而增大；当浓度增大到一定值后，荧光强度开始随着浓度的增大而减小。当浓度增大到一定程度时，会引起分子间相互碰撞，从而导致分子间荧光猝灭。同时，卟啉的荧光性还与其连接的基团相关[4,5]。在荧光传感的应用中，由于大多数卟啉及其衍生物具有疏水性，它们之间具有强的 π-π 堆积作用，其在水溶液中强烈聚集并且在聚集态下没有荧光，极大地影响其光学性质和在荧光传感中的应用[6,7]。为了解决这个问题，科研工作者开发了许多类型的纳米载体。例如，将石墨烯[8,9]和二氧化硅纳米粒子[10-12]与卟啉相结合，组装成可靠、高灵敏度的荧光传感器。针对卟啉在水中易形成聚集体[13]，导致卟啉的光学信号被限制这一问题，可以利用卟啉独特的结构，结合一些纳米材料的优势，通过氢键、配位键及静电相互作用等[14]，将层层堆积的卟啉聚集体“拉开”成单个卟啉分子。这样能够有效地抑制卟啉分子之间的 π-π 堆积作用，避免卟啉之间发生聚集，减弱水溶液中的聚集程度[15]，同时增强卟啉类化合物的光学性质、水溶性及生物相容性，扩大其在荧光传感中的应用。

1.2 卟啉相关传感器的构建

在已有文献中，卟啉荧光传感器的构建主要包括三种形式。第一种是通过共价键接枝其他分子来构建。例如，姜建壮课题组通过将锌(Ⅱ)卟啉连接到不含金属的酞菁部分非外围(α)或外围(β)位置来设计酞菁–卟啉(Pc-Por)二元体，即H_2Pc-α-ZnPor(1)和H_2Pc-β-ZnPor(2)，在卟啉索雷(Soret)谱带(420nm)激发后，两个二元体不仅表现出卟啉发射(605nm)，还表现出酞菁发射(约700nm)，表明发生了分子内荧光共振能量转移(fluorescence resonance energy transfer，FRET)，二元体可以选择性地结合 Pb^{2+}，导致酞菁吸收的红移，从而减少卟啉发射和酞菁吸收之间的光谱重叠[16]。刘斌课题组将卟啉掺入聚芴乙炔(PFE)骨架中提供双发射聚电解质，使其同时具有蓝色和红色发射，这是由于从芴炔链到卟啉的不完全分子内能量转移；当存在汞(Ⅱ)时，来自芴炔链的蓝色发射和来自卟啉的红色发射均被猝灭，并且红色发射中的猝灭显著大于蓝色发射中的猝灭[17]。第二种构建形式由卟啉多孔材料包覆其他物质来实现。卢小泉课题组将官能化的 Fe_3O_4 纳米颗粒和罗丹明 B 异硫氰酸酯(RBITC)修饰的 Fe_3O_4NPs 封装到框架(PCN-224)中，得到的核-壳结构 RB-PCN 表现出单激发、双发射荧光性质，其中一个发射来自 PCN 的有机配体卟啉，另一个发射来自 RBITC，同时根据其对 pH 的响应，构建了细胞内的 pH 传感器[18]。第三种是将卟啉通过主客体识别进行组装。由于在水溶液中内消旋-四苯基卟啉显示出弱荧光，杨荣华课题组在烷基化的 β-环糊精存在下，通过形成环糊精/卟啉包合物，显著增强荧光信号，并应用于锌离子的检测[19]；卢小泉课题组通过将 UiO-66-$(OH)_2$ 封装到卟啉金属有机骨架(PCN-224)中，构建了单激发、多发射的比率型荧光传感器，实现了生物体内及环境中 Cu^{2+}的高灵敏检测[20]。

卟啉改性之后可以发挥更优异的性能。例如，卟啉聚集体不但拓宽了可见光吸收范围，而且增强了光吸收；卟啉 J 型聚集形成的 π-π 共轭体系，有利于光生载流子的产生与分离，在模拟自然光光合作用中可提高光生载流子和能量的转移效率[21-23]。分子自组装技术是构建具有特定结构和功能纳米材料强有力的手段，主要在于分子间的作用力(氢键、π-π 共轭、配位键、静电作用等)共同发挥作用。常见卟啉自组装方法分为固相和液相两种。固相自组装法主要是指物理气相沉积法(蒸发、冷凝、重结晶)，可得到一定结构和晶型的功能化材料，此方法有一定的局限性，形貌不易控制、尺寸不均一限制了其应用。液相自组装法中的酸碱中和/胶束限域可控自组装法可通过调节 pH、辅助剂浓度等，得到形貌、尺寸、组成和排列可控的卟啉功能化纳米材料[24]。卟啉环具有大共轭体系的平面结构，可以作为基元来构建多孔材料，是一个高度共轭的体系，具有很好的光电转换能力。卟啉有很强的吸光特性，尤其是与过渡金属结合后，可以作为很好的磷光材料[25]。卟啉组装体形貌多样，包括纳米棒、纳米片、四面体、八面体等，不同的聚集方式可能产生不同的光学性能，不同的光学性能可用在不同的光催化实验中[26]。在催化体系中，贵金属 Pt、Au 负载和半导体材料与卟啉复合可构建催化剂体系，可实现对塑化剂及有机污染物的高效催化降解[27]。卟啉分子还可以作为超分子的构建模块，利用分子间氢键和分子内氢键自组装形成稳定的超分子结构，特别是卟啉和环糊精的结合，引起了广泛的研究[28]。

大多数卟啉是脂溶性的[29]，在光致发光方面具有明显的优势。在有机相中，虽然卟啉有较高的溶解性与发光效率，但并不利于实际应用中的检测；在水相中，由于 π-π 堆积作用，卟啉容易形成聚集体，发光信号被猝灭而使发光效率降低。少数的水溶性卟啉，如四羧基苯基卟啉(TCPP)[30]和四磺酸基苯基卟啉(TSPP)，水溶性并不是很理想，发光效率也不高，在电致化学发光(electrochemiluminescence，ECL)领域中的应用比较局限。大多数是通过各种方法将卟啉修饰到电极上，引入的干扰因素比较多，使得后续的机理探究相对比较复杂，因此很少有课题组报道有关卟啉 ECL 的研究。脂溶性卟啉在水中不容易形成导致卟啉 ECL 信号猝灭的聚集体[31]。因此，可利用具有独特性质的化合物与卟啉结合，两者通过氢键及静电相互作用等[32]，有效地抑制卟啉分子之间的 π-π 堆积作用，避免卟啉分子之间发生聚集，并减弱水溶液中的聚集诱导猝灭效应[15]。同时，可增强卟啉的水溶性及生物相容性，使其在水相中更容易得到电子，在与共反应剂发生反应时，更易形成高能量的发光激发态，从而提高了卟啉及其衍生物的发光效率。另外，可以通过改变对称性来增强卟啉的 Q 带特征峰[33]，即增强卟啉的发光强度。

目前，已经有很多课题组对卟啉的 ECL 现象进行了研究。1972 年，Bard 课题组首先研究了四苯基卟啉的 ECL，并提出了其在有机溶剂中的湮灭机理[34]；1974 年，Bard 课题组又发现了四苯基卟啉铂及四苯基卟啉钯的湮灭型 ECL 现象[35]；2001 年，Su 课题组研究了在三丙胺或 $C_2O_4^{2-}$ 作为共反应剂的水溶液中，H_2TSMP [四(3-磺酸基甲酰基)卟啉]的阳极 ECL，并提出可以通过引入空间位阻基团，保护活性位点免受水或氢氧根离子的亲核攻击，从而设计新的水性介质 ECL 化合物[36]；2005 年，Richter 课题组使用三丙胺作为共反应剂，研究了八乙基卟啉铂阳极 ECL[37]；2008 年，陈国南课题组合成了一种钴卟啉-多壁碳纳米管复合物，将其修饰到电极上之后，鲁米诺的 ECL 信号会明显增强，主要原因是钴卟啉会催化氧气还原，同时碳纳米管会增大电极的表面积与电子传递能力[38]；2009 年，Richter 课题组探究了钌卟啉的 ECL 现象[39]；2015 年，卢小泉课题组提出了水介质中内消旋四(4-羧基苯基)卟啉/过二硫酸钾体系的阴极 ECL[30]；2016 年，卢小泉课题组又研究了四磺酸基苯基卟啉的 ECL 现象，并将其应用于 Cu^{2+} 的检测[40]；2019 年，崔华课题组将羧基卟啉、二氧化钛、鲁米诺三者结合到一起，能够产生三色的 ECL 信号[41]。

1.3 卟啉的应用

基于以上研究，目前仍需解决卟啉稳定性差、易聚集及 Q 带特征峰吸收弱等科学难题。为了解决卟啉在水中易聚集的问题，采用水凝胶包覆的方法进行研究。水凝胶具有良好的灵活性、生物相容性、机械稳定性和对生物分子的高渗透性等优点，已应用于生物传感、药物/酶释放等[42]。利用水凝胶包覆卟啉，卟啉以单分子形式存在于水凝胶网络中，在其中以氢键形式连接，阻止了卟啉分子的 π-π 堆积，从而阻止了卟啉分子的聚集，增强了卟啉与共反应剂之间的反应，更容易形成激发态，最终实现 ECL 信号增强。有关这一部分的内容，将在本书第 6 章进行详细阐述。

由于卟啉结构独特，其骨架本身可以作为催化剂，内置金属催化位点，形成多孔骨架[43]。金属卟啉已被用作各种氧化反应中的仿生催化剂。卟啉外围取代电子不同，一些卟啉溶于水溶液，可以降解有机染料，但不能循环应用；一些金属卟啉溶于有机溶液，有很高的催化活性，却限制了水溶液的催化活性，很难直接将金属卟啉作为配体合成多孔聚合物，卟啉环难以直接共价聚合，分子间存在很大的空间位阻。因此，可以将金属卟啉和桥联配体相结合，构建金属有机骨架来提高催化活性。

构建金属卟啉类催化剂的主要方法如下：①以同一种卟啉为底物，引入不同的金属离子，达到调节金属卟啉催化剂氧化-还原性能的目的；②在具有相同中心金属离子的卟啉环及环上不同位置引入不同取代基团，调节金属中心电子云密度，进而改变金属卟啉的氧化-还原电位及催化选择性；③在金属卟啉的轴向引入不同的配体，可以直接影响金属离子与氧分子的相互作用，在催化过程中形成比较活泼的反应中间体；④可以通过金属键或氮键形成双核卟啉等[44]。

金属有机骨架(metal-organic framework，MOF)是由金属节点和有机配体组成的结晶性多孔材料，金属卟啉类 MOF 材料一直是非均相催化剂领域的研究热点。

在设计构建金属卟啉类催化剂的过程中，主要从金属卟啉单体本身的属性及所处的化学环境两方面入手，通过协同作用提升催化剂的催化性能。①对于卟啉单体，不同种类的金属卟啉自身属性不同，就 TCPP-Fe 而言，其不饱和 Fe 位点可以作为路易斯酸(Lewis acid)，诱导反应环境离子化，提高催化性能[45]。已有文献报道，铁氧簇相对于铬氧簇，对底物具有更高的吸附能，更利于催化氧化还原过程[46]。另外，铁卟啉取代基推-拉电子作用的影响也是很重要的因素。对于 TCPP-Fe，羧基的拉电子效应可有效降低卟啉环的电子密度，进而降低中心 Fe 的电子密度，使其氧化还原电位更高，更容易与活性氧物种反应，使其催化性能提升[47]。②卟啉单体所处的化学环境，可将作为催化活性位点的金属卟啉有效间隔，使其与底物能够充分地接触并发生反应[48]。充分利用已知 MOF 中周期性孔道的限域效应，在有限空间内封装金属卟啉分子，防止其大规模聚集而失活，在周期性空间中加速催化反应的进行。Liu 等在 MOF 中通过配体交换引入其他金属，构建双/多金属催化剂，二者并非简单物理混合，而是通过周期性封装，利用双/多金属极近距离的协同作用实现多元反应的高效催化[49]。

对于 MOF 的结构，人们更多地关注金属节点及有机配体的调控，很少关注“簇缺陷”/“链缺陷”的作用。催化测试表明，“簇缺陷”比“链缺陷”在葡萄糖异构化为果糖的反应中更具催化活性，这可能是由于“簇缺陷”可以提供更大的空穴，从而为反应物分子与活性位点之间的接触提供了更多机会。

基于此观点，利用固载在中空骨架表面 TCPP-Fe 剩余的羧基上额外引入 Fe^{2+} 与之配位，将中空骨架表面的 TCPP-Fe 分子有效“串联”，形成一层类似铁卟啉 MOF 结构的“金属化薄膜”(厚度约 2nm)，使 TCPP-Fe 分子催化活性中心刚性支撑有效暴露，避免大规模堆积而失活。该薄膜并非绝对的均匀完整，存在大量空穴，增加非均相催化剂表面粗糙程度，有利于与反应底物接触并发生反应。另外，将金属卟啉合理负载在固相基底中，构建高效非均相催化剂，可回收并重复使用，在绿色化学领域具有重要意义。

此外，金属卟啉在调节催化的多种重要过程中起到了关键作用，金属卟啉催化剂可以调节金属配体使它们呈现出不同的催化活性。例如，曹睿课题组发现铜卟啉在低电位中性水中即可实现水的催化氧化[50]；Bonin 课题组发现四苯基卟啉络合铁催化剂在可见光的照射下可以将 CO_2 还原为 CH_4[51]。卟啉与其他物质复合形成功能化的卟啉配合物，可用作高效催化剂。例如，景欢旺课题组用咪唑功能化的卟啉钴配合物催化剂，高效催化末端环氧化合物与 CO_2 偶联反应，制备有机环碳[52]；张小祥课题组以链状氨基磺酰叠氮作为原料，用手性酰胺钴卟啉有效进行各类不对称金属自由基催化，首次实现了一种新型的分子内不对称自由基 1,6-胺化[53]；Wang 等通过精心设计不同的手性催化剂钴卟啉，首次实现了一种新型的自由基环化模式，以简单的直链脂肪醛衍生的对甲苯磺酰腙为原料，以高达 97%的对映选择性，得到邻位取代的吡咯烷化合物及其他五元环小分子[54]；王其召课题组利用铜(Ⅱ)四羧基苯基卟啉敏化 P25(TiO_2)，高效光催化还原 CO_2 等[55]。

参考文献

[1] 黄丹, 田澍. 卟啉及金属卟啉化合物的研究进展[J]. 江苏石油化工学院学报, 2003, 15(3):19-23.

[2] 袁履冰, 张田林. 卟啉化合物的共振能[J]. 有机化学, 1986, 4: 289-290.

[3] LIU S O, SUN H R. Synthesis and characterization of a series of cationic porphyrins having different steric effect[J]. Synthetic Communications, 2000, 30(11): 2009-2017.

[4] DING Y, XIE Y, ZHU Y, et al. Development of ion chemosensors based on porphyrin analogues[J]. Chemical Reviews, 2017, 117(4): 2203-2256.

[5] XIE Y, TANG Y, WU W, et al. Porphyrin cosensitization for a photovoltaic efficiency of 11.5%: A record for non-ruthenium solar cells based on iodine electrolyte[J]. Journal of the American Chemical Society, 2015, 137(44): 14055-14058.

[6] MUTHUKUMAR P, JOHN S A. Highly sensitive detection of HCl gas using a thin film of *meso*-tetra (4-pyridyl)porphyrin coated glass slide by optochemical method[J]. Sensors and Actuators B: Chemical, 2011, 159(1): 238-244.

[7] ZHOU H, BALDINI L, HONG J, et al. Pattern recognition of proteins based on an array of functionalized porphyrins[J]. Journal of the American Chemical Society, 2006, 128(7): 2421-2425.

[8] XU Y, LIU Z, ZHANG X, et al. A graphene hybrid material covalently functionalized with porphyrin: Synthesis and optical limiting property[J]. Advanced Materials, 2010, 21(12): 1275-1279.

[9] YILDIRIM A, BUDUNOGLU H, DENIZ H, et al. Template-free synthesis of organically modified silica mesoporous thin films for TNT sensing[J]. ASC Applied Materials & Interfaces, 2010, 2(10): 2892-2897.

[10] XU Y, ZHAO L, BAI H, et al. Chemically converted graphene induced molecular flattening of 5,10,15,20-tetrakis(1-methyl-4-pyridinio) porphyrin and its application for optical detection of cadmium(Ⅱ) ions[J]. Journal of the American Chemical Society, 2009, 131(37): 13490-13497.

[11] GAI F, ZHOU T, ZHANG L, et al. Silica cross-linked nanoparticles encapsulating fluorescent conjugated dyes for energy transfer-based white light emission and porphyrin sensing[J]. Nanoscale, 2012, 4(19): 6041-6049.

[12] ADEM Y, HANDAN A, TURAN S, et al. Template-directed synthesis of silica nanotubes for explosive detection[J]. ASC Applied Materials & Interfaces, 2011, 3(10): 4159-4164.

[13] NIKLAS K, MONA C, DMITRY S, et al. Enforcing extended porphyrin J-aggregate stacking in covalent organic frameworks[J]. Journal of the American Chemical Society, 2018, 140(48): 16544-16552.

[14] FATHALLA M, NEYBERGER A, LI S C, et al. Straight forward self-assembly of porphyrin nanowires in water: Harnessing adamantane/β-cyclodextrin interactions[J]. Journal of the American Chemical Society, 2010, 132(29): 9966-9967.

[15] YANG J, WANG Z, LI Y, et al. Real-time monitoring of dissolved oxygen with inherent oxygen-sensitive centers in metal-organic frameworks[J]. Chemistry of Materials, 2016, 28(8): 2652-2658.

[16] ZHANG D, ZHU M, ZHAO L, et al. Ratiometric fluorescent detection of Pb^{2+} by FRET-based phthalocyanine-porphyrin dyads[J]. Inorganic Chemical, 2017, 56(23): 14533-14539.

[17] FANG Z, PU K Y, LIU B. Asymmetric fluorescence quenching of dual-emissive porphyrin-containing conjugated polyelectrolytes for naked-eye mercury ion detection[J]. Macromolecules, 2008, 41(22): 8380-8387.

[18] CHEN H Y, WANG J, SHAN D L, et al. Dual-emitting fluorescent metal-organic framework nanocomposites as a broad-range pH sensor for fluorescence imaging[J]. Analytical Chemistry, 2018, 90(11): 7056-7063.

[19] YANG R, LI K, WANG K, et al. Porphyrin assembly on β-cyclodextrin for selective sensing and detection of a zinc ion based on the dual emission fluorescence ratio[J]. Analytical Chemistry, 2003, 75(3): 612-621.

[20] CHEN J, CHEN H Y, LU X Q, et al. Copper ion fluorescent probe based on Zr-MOFs composite material[J]. Analytical Chemistry, 2019, 91(7): 4331-4336.

[21] ZHANG N, WANG L, WANG H, et al. Self-assembled one-dimensional porphyrin nanostructures with enhanced photocatalytic hydrogen generation[J]. Nano Letters, 2017, 18(1): 560-566.

[22] BAI F, SUN Z, WU H, et al. Porous one-dimensional nanostructures through confined cooperative self-assembly[J]. Nano Letters, 2011, 11(12): 5196-5200.

[23] HUANG Y, ZHAO M, HAN S, et al. Growth of Au nanoparticles on 2D metalloporphyrinic metal-organic framework nanosheets used as biomimetic catalysts for cascade reactions[J]. Advanced Materials, 2017, 29(32): 1700102.

[24] CHEN L, HONSHO Y, SEKI S, et al. Light-harvesting conjugated microporous polymers: Rapid and highly efficient flow of light energy with a porous polyphenylene framework as antenna[J]. Journal of the American Chemical Society, 2010, 132(19): 6742-6748.

[25] NGUYEN V T, YIM W, PARK S J, et al. Phototransistors with negative or ambipolar photoresponse based on As-grown heterostructures of single-walled carbon nanotube and MoS_2[J]. Advanced Function Materials, 2018, 28(40): 1802572.

[26] LENG F, LIU H, DING M, et al. Boosting photocatalytic hydrogen production of porphyrinic MOFs: The metal

location in metalloporphyrin matters[J]. ACS Catalysis, 2018, 8: 4583-4590.

[27] PENG M, GUAN G J, DENG H, et al. PCN-224/rGO nanocomposite based photoelectrochemical sensor with intrinsic recognition ability for efficient *p*-arsanilic acid detection[J]. Environmental Science: Nano, 2019, 6(1): 207-215.

[28] KIBA T, SUZUKI H, HOSOKAWA K, et al. Supramolecular J-aggregate assembly of a covalently linked zinc porphyrin-β-cyclodextrin conjugate in a water/ethanol binary mixture[J]. The Journal of Physical Chemistry B, 2009, 113(34): 11560-11563.

[29] PU G, YANG Z, WU Y, et al. Investigation into the oxygen-involved electrochemiluminescence of porphyrins and its regulation by peripheral substituents/central metals[J]. Analytical Chemistry, 2019, 91(3): 2319-2328.

[30] LUO D, HUANG B, WANG L, et al. Cathodic electrochemiluminescence of *meso*-tetra(4-carboxyphenyl) porphyrin/potassium peroxydisulfate system in aqueous media[J]. Electrochimica Acta, 2015, 151: 42-49.

[31] KELLER N, CALIK M, SHARAPA D, et al. Enforcing extended porphyrin J-aggregate stacking in covalent organic frameworks[J]. Journal of the American Chemical Society, 2018, 140(48): 16544-16552.

[32] WU Y X, HAN Z G, LU X Q, et al. Depolymerization-induced electrochemiluminescence of insoluble porphyrin in aqueous phase[J]. Analytical Chemistry, 2020, 92(7): 5464-5472.

[33] ZHANG R, CHENG M, ZHANG L M, et al. An asymmetric cationic porphyrin as a new G-quadruplex probe with wash-free cancer-targeted imaging ability under acidic microenvironments[J]. ACS Applied Materials & Interfaces, 2018, 10(16): 13350-13360.

[34] TOKEL-TAKVORYAN N E, KESZTHELY C P, BARD A J. Electrogenerated chemiluminescence. Ⅹ. α, β, γ, δ-tetraphenylporphin chemiluminescence[J]. Journal of the American Chemical Society, 1972, 12: 4872-4877.

[35] TOKEL-TAKVORYAN N E, BARD A J. Electrogenerated chemiluminescence. ⅩⅥ. ECL of palladium and platinum α, β, γ, δ-tetraphenylporphyrin complexes[J]. Chemical Physics Letters, 1974, 25(2): 235-238.

[36] CHEN F C, HO J H, CHEN C Y, et al. Electrogenerated chemiluminescence of sterically hindered porphyrins in aqueous media[J]. Journal of Electroanalytical Chemistry, 2001, 499(1): 17-23.

[37] LONG T R, RICHTER M M. Electrogenerated chemiluminescence of the platinum(Ⅱ) octaethylporphyrin/ tri-*n*-propylamine system[J]. Inorganica Chimica Acta, 2005, 358(6): 2141-2145.

[38] LIN Z Y, CHEN J H, CHI Y W, et al. Electrochemiluminescent behavior of luminol on the glassy carbon electrode modified with CoTPP/MWNT composite film[J]. Electrochimica Acta, 2008, 53(22): 6464-6468.

[39] BOLIN A, RICHTER M M. Coreactantelectrogenerated chemiluminescence of ruthenium porphyrins[J]. Inorganica Chimica Acta, 2009, 362(6):1974-1976.

[40] ZHANG J, DEVARAMANI S, SHAN D, et al. Electrochemiluminescence behavior of *meso*-tetra(4-sulfonatophenyl) porphyrin in aqueous medium: Its application for highly selective sensing of nanomolar Cu^{2+}[J]. Analytical and Bioanalytical Chemistry, 2016, 408: 7155-7163.

[41] SHU J, HAN Z, CUI H. Highly chemiluminescent TiO_2/tetra(4-carboxyphenyl)porphyrin/*N*-(4-aminobutyl)-*N*-ethylisoluminol nanoluminophores for detection of heart disease biomarker copeptin based on chemiluminescence resonance energy transfer[J]. Analytical and Bioanalytical Chemistry, 2019, 411: 4175-4183.

[42] JIANG X Y, WANG H J, YUAN R, et al. Functional three-dimensional porous conductive polymer hydrogels for sensitive electrochemiluminescence *in situ* detection of H_2O_2 released from live cells[J]. Analytical Chemistry, 2018, 90: 8462-8469.

[43] CHEN L, YANG Y, JIANG D. CMPs as scaffolds for constructing porous catalytic frameworks: A built-in

heterogeneous catalyst with high activity and selectivity based on nanoporous metalloporphyrin polymers[J]. Journal of the American Chemical Society, 2010, 132(26): 9138-9143.

[44] YUAN K, SONG T, WANG D, et al. Effective and selective catalysts for cinnamaldehyde hydrogenation: Hydrophobic hybrids of metal-organic frameworks, metal nanoparticles, and micro-and mesoporous polymers[J]. Angewandte Chemie International Edition, 2018, 57: 5708-5713.

[45] ZHAO M, YUAN K, WANG Y, et al. Metal-organic frameworks as selectivity regulators for hydrogenation reactions[J]. Nature, 2016, 539: 76-80.

[46] NING H, SHUAI Y, HANNAH D, et al. Systematic engineering of single substitution in zirconium metal-organic frameworks toward high-performance catalysis[J]. Journal of the American Chemical Society, 2017, 139: 18590-18597.

[47] LI B B, JU Z F, ZHOU M, et al. A reusable MOF-supported single-site zinc (Ⅱ) catalyst for efficient intramolecular hydroaminationofo-alkynylanilines[J]. Angewandte Chemie International Edition, 2019, 58: 7687-7691.

[48] YUAN S, QIN J S, LI J L, et al. Retrosynthesis of multi-component metal-organic frameworks[J]. Nature Communications, 2018, 9: 808.

[49] LIU L, CHEN Z, WANG J, et al. Imaging defects and their evolution in a metal-organic framework at sub-unit-cell resolution[J]. Nature Chemistry, 2019, 11(7): 622-628.

[50] LIU Y J, HAN Y Z , ZHANG Z Y, et al. Low overpotential water oxidation at neutral pH catalyzed by a copper (Ⅱ) porphyrin[J]. Chemical Science, 2019, 10(9): 2613-2622.

[51] RAO H, LUCIAN C, BONIN J, et al. Visible-light-driven methane formation from CO_2 with a molecular iron catalyst[J]. Nature, 2017, 548: 74-77.

[52] XU J, GOU F L, JING H W, et al. Cycloaddition of epoxides and CO_2 catalyzed by bisimidazole-functionalized porphyrin cobalt(Ⅲ) complexes[J]. Green Chemistry, 2016, 18: 3567-3576.

[53] LI C Q, LANG K, LU H J, et al. Catalytic radical process for enantioselective amination of $C(sp^3)$—H bonds[J]. Angewandte Chemie International Edition, 2018, 57: 16837-16841.

[54] WANG Y, WEN X, CUI X, et al. Enantioselective radical cyclization for construction of 5-membered ring structures by metalloradical C—H alkylation[J]. Journal of the American Chemical Society, 2018, 140(14): 4792-4796.

[55] WANG L, DUAN S H, JIN P X, et al. Anchored Cu(Ⅱ) tetra(4-carboxylphenyl)porphyrin to P25 (TiO_2) for efficient photocatalytic ability in CO_2 reduction[J]. Applied Catalysis B: Environmental, 2018, 239: 599-608.

第 2 章　卟啉及其衍生物的合成

2.1　非卟啉前体合成卟啉

由非卟啉前体合成卟啉的方法，根据缩合方式不同，大致分为经典方法和模块法。①经典方法：由等物质的量的芳香醛和吡咯在丙酸溶剂中通过缩合反应合成对称型卟啉；②模块法：由二吡咯甲烷或三吡咯甲烷与相应的芳香醛缩合而成非对称型卟啉。

2.1.1　经典方法

1. Adler-Longo 法

1936 年，罗特蒙德(Rothmund)等在密闭容器中将苯甲醛和吡咯缩合，首次制得了 5,10,15,20-四苯基卟啉(TPP)，但获得的四苯基卟啉产率极低(<10%)。后来，Adler 等[1,2]在 Rothmund 合成卟啉的方法上进行改进，将苯甲醛和新蒸的吡咯在丙酸介质中回流，反应结束后过滤掉黑色焦油状物质，得到蓝紫色晶体 TPP，该方法获得卟啉的产率为 20%。随后，Adler 和 Longo 进一步探索了合成反应的条件，并提出了该反应的机理(图 2.1)。他们认为该反应历程如下：吡咯与苯甲醛在

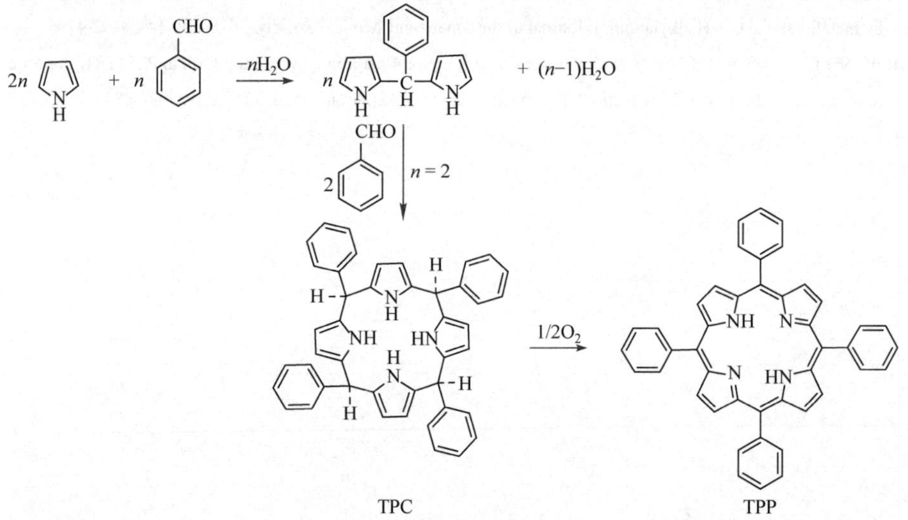

图 2.1　Adler-Longo 法合成卟啉的机理

酸催化下脱水缩合生成聚合物，当吡咯与苯甲醛聚合单元数目 $n = 4$ 时，发生合环反应生成四苯基二氢卟啉(TPC)；TPC 进一步在空气中氧化，同时脱去 6 个质子 H，最终生成四苯基卟啉。

相对于 Rothmund 法，Adler-Longo 法不需要密闭容器和高压反应条件，卟啉的合成操作过程变得相对简单，并且产率较高。至今，人们已经利用此法合成了大量的取代苯基卟啉[3-9]。

经过多年的发展，在 Adler-Longo 法的基础上已经衍生出多种合成卟啉的方法。1991 年，郭灿城等[8]研究溶剂和催化剂等条件对卟啉合成的影响时提出了另外一种合成方法，以非质子溶剂 *N*, *N*-二甲基甲酰胺(DMF)代替丙酸，用无水三氯化铝催化等物质的量的苯甲醛和吡咯缩合，最终以 30%的产率得到了 TPP。与 Adler-Longo 法相比，该方法使用溶解性较好的 DMF，不会产生大量的黑色焦油状物质，且不含副产物 TPC，产率较高。另外，该方法适用于对酸敏感的芳香醛，但是该方法使用的无水 $AlCl_3$ 会与反应过程中生成的水发生水解反应，生成 $Al(OH)_3$ 混杂在产物中。因此，产物必须经柱色谱法除去 $Al(OH)_3$，这给产物的纯化分离带来了不便。1993 年，潘继刚等[9]对 Adler-Longo 法进一步调整，系统地研究了溶剂和催化剂等因素对 TPP 产率的影响，以二甲苯、甲苯等弱极性溶剂代替丙酸，反应过程中产生的杂质明显减少，TPP 的产率最高达到 50%。

总的来说，Adler-Longo 法的反应条件较为温和，同时合成路线比较成熟，产率也相对较高，因此该方法作为一种经典的卟啉合成方法被广泛使用。

2. Lindsey 法

Adler-Longo 法合成卟啉是在高温条件下进行的，需要消耗大量的能量。Lindsey 等认为卟啉环合反应是一种平衡反应，不需要很高的能量，他们在研究卟啉生物合成的基础上提出了一种新的合成卟啉的方法，在室温条件下就能合成卟啉[10,11]。该方法克服了 Adler-Longo 法高温的缺点，合成过程分两步进行。首先在二氯甲烷中用三氟化硼乙醚络合物[$(C_2H_5)_2O \cdot BF_3$]催化苯甲醛和吡咯缩合，室温条件下得到合成卟啉的中间体[12]；然后以二氯二氰基苯醌(DDQ)或四氯苯醌(TCQ)作为氧化剂，进一步氧化得到最终产物 TPP(图 2.2)。

Lindsey 法在室温下成功合成了卟啉，反应过程中无焦油状副产物生成，因此产物的分离提纯比较容易；同时，温和的反应条件使得对温度敏感的芳香醛能够发生反应。Lindsey 使用该方法合成了 30 多种难以用 Adler-Longo 法合成的卟啉，平均产率在 30%～40%[10]。使用 Lindsey 法合成的卟啉，其结构功能越来越多样化，丰富了卟啉的种类，但是该方法也存在一些缺点：①反应条件苛刻，需要无水无氧操作；②不能通过一步法直接合成，合成周期较长；③反应溶液要求高度稀释(浓度 10^{-3}mol/L)，因此不适用于大规模合成。随后，Lindsey 等研究了高浓

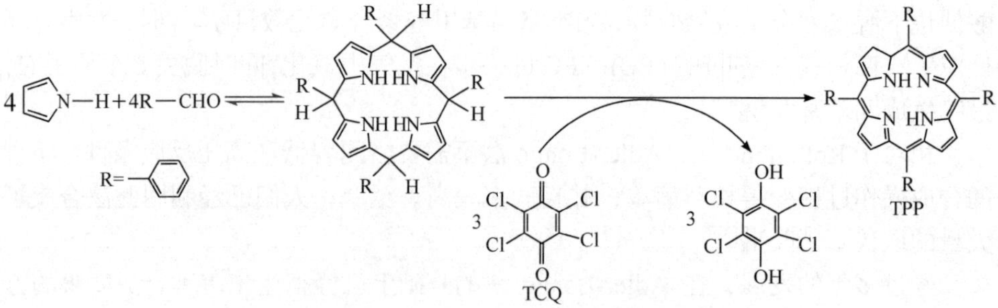

4 吡咯 N—H + 4R—CHO ⇌ … → TPP

R = 苯基；3 TCQ → 3 四氯对苯二酚

图 2.2 Lindsey 法合成卟啉的机理

度(大于 0.1mol/L)下的反应条件，采用一步法合成，将原料、催化剂、氧化剂同时加入反应容器中，最终产率可达 10%～20%。朱宝库等[4]参照 Lindsey 法在避光条件下以氯仿作为溶剂，使用三氟乙酸(TFA)催化吡咯与 *N*, *N*-二甲氨基苯甲醛缩合，然后加入 TCQ 氧化得到了位阻较大的四(4-氨基苯基)卟啉，产率为 23%。

对于空间位阻较大的四(2,4,6-三甲基苯基)卟啉，由于苯甲醛 2,4,6-位有三个甲基，位阻较大，不易发生反应，因此在反应体系中加入适量的乙醇作为$(C_2H_5)_2O \cdot BF_3$的助催化剂，产率可高达 30%。经过改进的 Lindsey 法[13]在室温条件下可合成位阻较大的邻位取代四芳基卟啉，其非共平面的构型表现出不同寻常的光学特性[14]。Gradillas 等[15]采用 Lindsey 法合成 TPP 时加入了过渡金属盐，这一改进使该反应能够在高浓度下发生，且产率高达 68%。

3. *β*-位取代吡咯合成卟啉

β-位取代吡咯合成卟啉方法，是在酸性条件下以首尾相接的方式环合四分子 *β*-位取代吡咯(图 2.3)[16,17]。该方法也是先制备卟啉中间体，然后进一步氧化得到卟啉。该方法对反应物的要求是：①吡咯的 2-位或 5-位含有一个取代基，它能在酸中形成高度亲电的氮杂戊二烯；②吡咯剩余的 5-位或 2-位则未被取代，也可以被一个在酸性条件下很容易消除的基团(如羧基)取代。

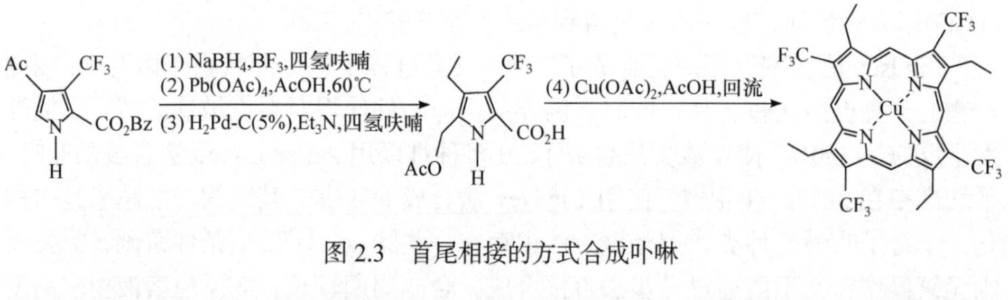

(1) $NaBH_4$,BF_3,四氢呋喃
(2) $Pb(OAc)_4$,AcOH,60℃
(3) H_2Pd-C(5%),Et_3N,四氢呋喃
(4) $Cu(OAc)_2$,AcOH,回流

图 2.3 首尾相接的方式合成卟啉

该方法在合成 *β*-位不等价取代的卟啉时非常有用。为了获得目标前体吡咯，

需要多个反应步骤，并且首尾相接本身有难度，从而抑止了某些卟啉的合成。

2.1.2 模块法

1. [2+2]法

[2+2]法先用吡咯和醛形成二吡咯甲烷(DPM)，然后利用两分子的 DPM 缩合氧化来产生卟啉母核。MacDonald 等[18]率先在这方面进行了研究，因此该方法也称为 MacDonald 法。他们在模拟自然界卟啉的生物合成过程时发现，α, α'-二甲酰基二吡咯甲烷在酸催化条件下可与二吡咯甲烷缩合产生尿卟啉[19]，其基本合成路线如图 2.4 所示。

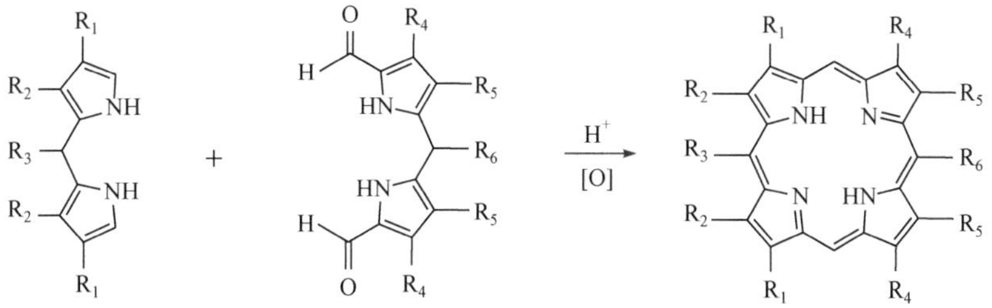

图 2.4　[2+2]法的基本合成路线

该方法可有效地合成具有双重对称轴的 A_2B_2 型卟啉，也称为 *trans*-卟啉。通过合成带有不同基团的 DPM，还可合成中位被四个不同基团取代的不对称卟啉，具有较强的灵活性和区域选择性。这类反应需要在酸催化条件下进行，然而在酸性条件下 DPM 容易发生裂解，导致反应不易进行，产生较多的副产物[20]。Geier 等[21]研究了 5-取代二吡咯甲烷和芳醛 MacDonald 型[2+2]缩合反应的多种反应条件，其目的是消除反式卟啉合成中酸催化的多吡咯重排反应，通过筛查各种反应条件表明反应的缓慢与重排减少相关。Fox 等[22]研究了各种原酸酯和 5-苯基二吡咯甲烷合成的不同取代基的卟啉，发现原酸酯的取代基对反应影响很大，强吸电子基团和立体位阻较大均对反应不利(图 2.5)。

Wallace 等[23,24]通过 MacDonald 法合成了非对称型卟啉，首先合成出 α-位带有羰基的 DPM，再用氢化铝锂($LiAlH_4$)将羰基还原为羟基，然后与另一分子 DPM 缩合得到结构不对称的卟啉。文献[25]～文献[28]中已经报道了许多基于MacDonald 型[2+2]改进的卟啉合成方法，利用[2+2]法可以先合成出各种取代的 DPM，然后与其他芳香醛、DPM 或原酸酯缩合，可得到各种 *meso*-位或β-位取代的卟啉。[2+2]法在一定程度上依赖于合适的 DPM 原料，Lee 等[17]和 Durantini 等[19]介绍了一些 DPM 的研究。使用[2+2]法得到的卟啉大体归为四类：①β-位和 *meso*-位都有取代基；②全部 β-位和两个 *meso*-位有取代基；③β-位没有取代基，两个 *meso*-位有取

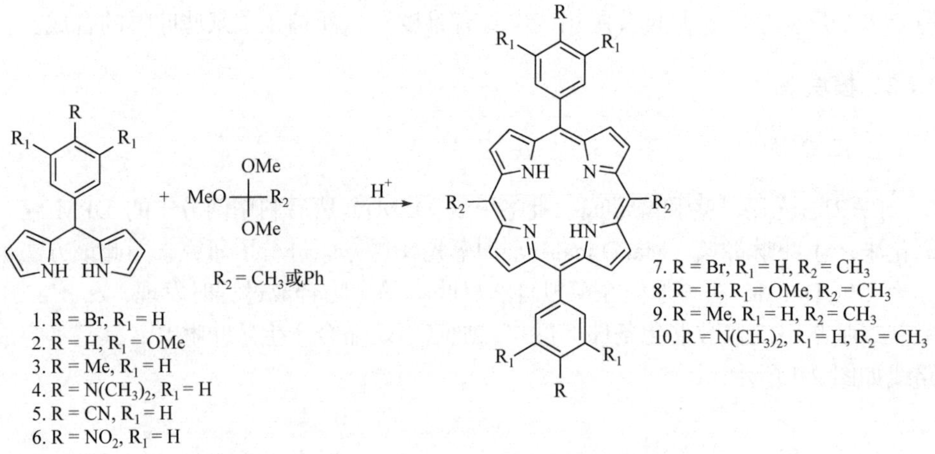
R
R1
R1
NH HN
1. R = Br, R1 = H
2. R = H, R1 = OMe
3. R = Me, R1 = H
4. R = N(CH3)2, R1 = H
5. R = CN, R1 = H
6. R = NO2, R1 = H
OMe
MeO
R2
OMe
R2 = CH3或Ph
H+
NH
N
N
HN
7. R = Br, R1 = H, R2 = CH3
8. R = H, R1 = OMe, R2 = CH3
9. R = Me, R1 = H, R2 = CH3
10. R = N(CH3)2, R1 = H, R2 = CH3

图 2.5　原酸酯与 5-苯基二吡咯甲烷合成卟啉的方法

代基；④β-位没有取代基，四个 *meso*-位有取代基。

2. [3+1]法

[3+1]法合成卟啉与[2+2]法相似，将一个三吡咯甲烷(由两个饱和碳原子连三个吡咯的 α- 位)和一个 α, α'-二甲酰基吡咯环合[29]。Momenteau 等[30]采用此法合成了不对称卟啉，先合成对称结构的三吡咯甲烷，然后和 α-位带有醛基的吡咯缩合成卟啉(图 2.6)。

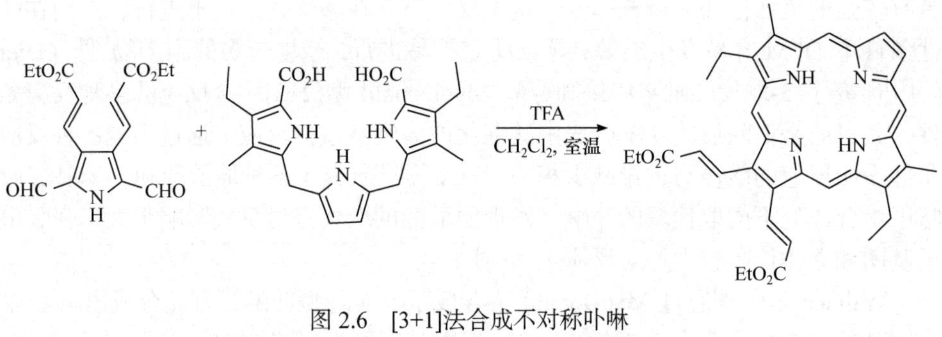
EtO2C
CO2Et
OHC
CHO
N
H
CO2H
HO2C
NH
HN
H
N
TFA
CH2Cl2, 室温
NH
N
N
HN
EtO2C
EtO2C

图 2.6　[3+1]法合成不对称卟啉

Senge 等[31]使用[3+1]法合成了不同 5,10-二取代的卟啉，该方法首次实现了β-位未取代的顺式-A_2 型卟啉合成(图 2.7)。Lash[32]将三吡咯二苄酯氢解，然后与 2, 5-二甲酰吡咯在 5%的三氟乙酸-二氯甲烷中缩合，再用 DDQ 进行氧化，较好地得到了卟啉产物。

[3+1]法需要在成功合成三吡咯烷的前提下进行，一般得到的卟啉产率较低，利用此方法可以合成一些结构比较特殊的卟啉[33,34]。此外，线型四吡咯烷或胆

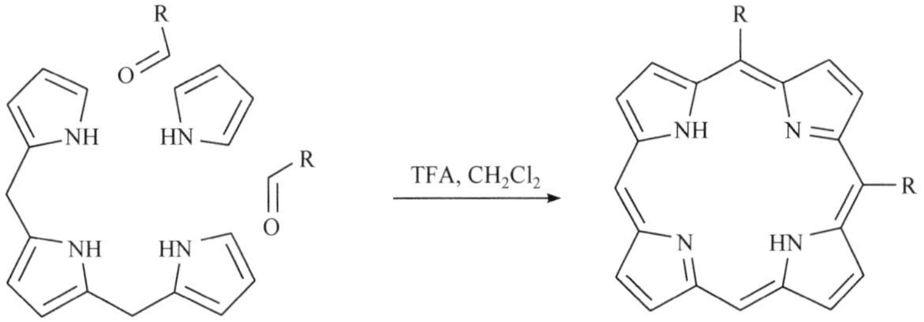

图 2.7 [3+1]法合成顺式-A_2型卟啉[31]

色烷(bilane)进行环合反应也可得到卟啉(图 2.8)，应用该方法可以获得高度不对称卟啉和 β-位有多种取代基团的卟啉[35]。

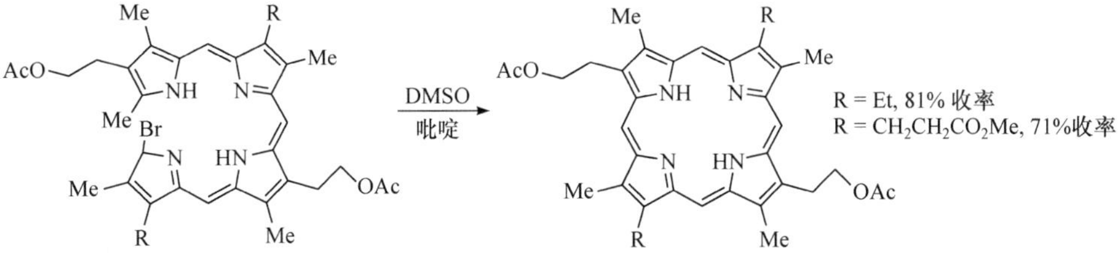

R = Et, 81% 收率
R = $CH_2CH_2CO_2Me$, 71%收率

图 2.8 线型四吡咯烷合成卟啉

2.2 卟啉母核的修饰

卟啉大环存在多电子共轭的现象，其反应性质令诸多研究者非常感兴趣。卟啉环上主要的反应中心是 β-位和 *meso*-位，可引入官能团或进行官能团转化，这是合成卟啉衍生物的一种常用方法。

1. β-位的反应

β-位常见的取代反应主要有甲酰化、硝化、卤代等。硝化后的卟啉可以进一步还原成氨基卟啉衍生物，制备功能化卟啉。通过改变硝化条件，人们可以对卟啉上硝基取代的数量和位置进行控制。直接硝化四芳基金属卟啉(MTPP)能获得很高产率的 β-位单硝化产物[36]。Catalano 等[37]在室温下用 N_2O_4 对 MTPP 进行硝化时，发现 β-位硝化产物产率随中心金属的电负性增大而增大。由于室温下 N_2O_4 为有毒气体，黄齐茂等[38]以硝酸盐为硝化试剂，将四芳基金属卟啉选择性合成了相应的 2-硝基卟啉(图 2.9)，发现铜、镍等电负性强的金属有利于反应的进行，同时推电子基团也能加快反应的进行，说明该硝化反应是按亲电反应历程进行的。Evans 等[39]将 Zn-TPP 与不同硝化试剂反应，分别获得 β-位单硝化产物 2-硝基 TPP、*meso*-硝基八乙基卟啉。

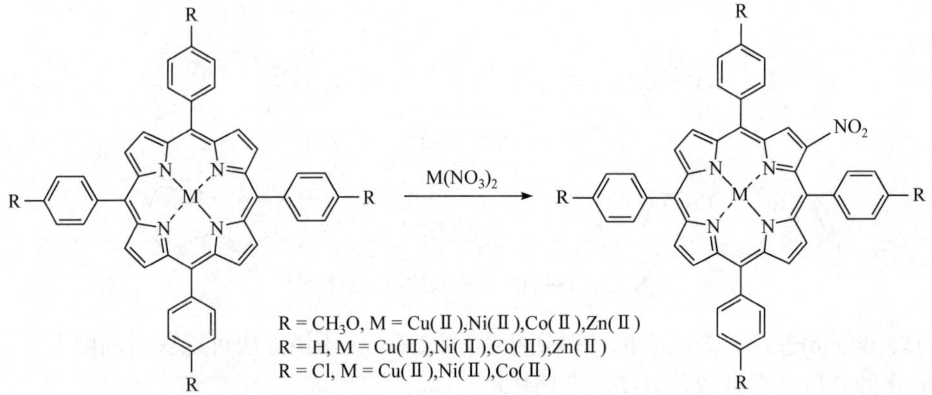
R
$M(NO_3)_2$
NO_2
M
N
R = CH_3O, M = Cu(Ⅱ),Ni(Ⅱ),Co(Ⅱ),Zn(Ⅱ)
R = H, M = Cu(Ⅱ),Ni(Ⅱ),Co(Ⅱ),Zn(Ⅱ)
R = Cl, M = Cu(Ⅱ),Ni(Ⅱ),Co(Ⅱ)

图 2.9　硝酸盐与卟啉的区域选择性合成 2-硝基卟啉[39]

此外，可用亲核试剂对卟啉进行硝化[40]，用碘和亚硝酸银在二氯甲烷/乙腈中于室温下与锌卟啉反应，可得到高产率的 *β*-位单硝化产物[36]，再用无水 HBr 去金属化得相应的 *β*-位单硝化卟啉。*β*-位单硝化卟啉也可直接硝化，但速度较慢。通常，金属卟啉的反应更容易在 *meso*-位进行。Anura 等[41]提供了新的方法，使 *β*-位与 *meso*-位的反应形成竞争，两种位置的硝化产率为 *meso*-位 32%和 *β*-位 20%。卟啉 *β*-位的硝化很早就有报道，Giraudeau 等[42]在 Cu-TPP 的 2-位分别引入了硫氰基、硝基和 Cl，进一步通过去金属化得到相应的 2-位取代 TPP。Lier 等[43]用 PhSeBr 溴化 Ni-TPP 得到的主要是 *β*-位单溴代卟啉，而用 $PhSeBr_3$ 溴化可得 *β*-位单、二溴代卟啉；用 $PhSeCl_3$ 氯化 Ni-TPP，并改变试剂的化学计量，可以达到控制(二到多个 *β*-氯代)卟啉的目的。Bhyrappa 等[44]在混合溶剂中用 Br_2 可将 TPP 的八个 *β*-位全部溴代。Dolphin 等[45]合成了亲水的 *β*, *β′*-邻二羟基四苯基二氢卟吩，先用 OsO_4 氧化 TPP，然后用 H_2S 还原，得到产率约为 5%的 *β*, *β′*-二羟基化产物(图 2.10)；把氧化剂的量加倍，可以得到 2,3,12,13-四羟基二氢卟吩。

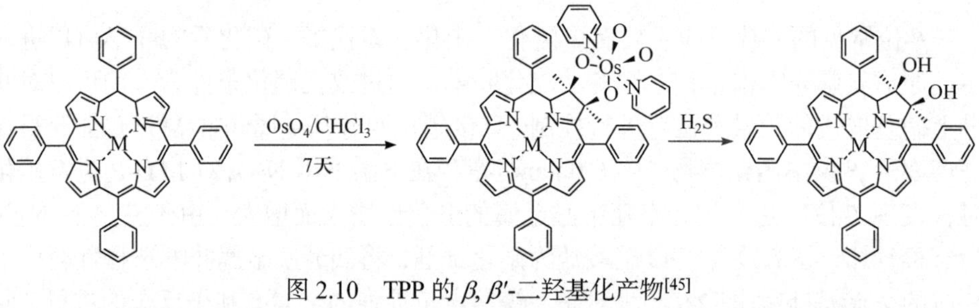
$OsO_4/CHCl_3$
7天
H_2S
OH
OH
Os
M
N

图 2.10　TPP 的 *β*, *β′*-二羟基化产物[45]

卟啉的 *β*-位还能进行维尔斯迈尔(Vilsmeier)甲酰化反应，Ponomarev 等[46]对 TPP 的镍、铜、钴等金属配合物实现了选择性的单个 *β*-位甲酰化。

2. *meso*-位的反应

卟啉 *meso*-位和 *β*-位具有相似的亲电取代反应活性，因此进行 *meso*-位取代反应的卟啉一般要求其 *β*-位已经被取代。最典型的例子是铜卟啉、镍卟啉 *meso*-位的甲酰化反应[47]。Gazzano 等[48]使用常见的 Vilsmeier 试剂与金属八乙基卟啉(OEP)进行 *meso*-位甲酰化反应(图 2.11)，得到了较高产率的 5-甲酰化金属卟啉复合物。此外，通过控制反应条件还得到了 31%单甲酰化产物和 28% 5,15-二甲酰化产物。

DMF/$POCl_3$

	R_1	R_2	R_3	R_4
1	CHO	H	H	H
2	CHO	H	CHO	H

图 2.11　金属卟啉的 *meso*-位甲酰化反应[47]

卟啉 *meso*-位也可以进行硝化[48]、卤化反应。在 Gazzano 等[48]之前，关于卟啉 *meso*-二取代定位规律的研究发现了两种现象：①未金属化卟啉的 *meso*-二硝化产物两种异构体的比例为 1∶1[49]；②若是氯代，则会定位于对位二取代[50]。这两种现象都是在强酸介质中进行的，卟啉在其中发生双质子化，完全转化为卟啉二酸，因此，Gazzano 等研究了中性卟啉的 *meso*-取代定位情况。以 $Zn(NO_3)_2 \cdot 6H_2O$ 为硝化试剂，在乙酸酐介质中于室温下对 OEP 进行硝化，基于不同的硝化试剂当量和反应时间，得到一到四个 *meso*-硝基取代的 Zn-OEP，并且只有 5,15-二取代的硝化产物，未测到其异构体 5,10-二硝化产物。Nudy 等[51]对 Ni-OEP 的 *meso*-位进行硝化时(图 2.12)，采用过量的 $PhSeNO_2$ 为硝化试剂，并通过改变试剂的化学计量达到控制 *meso*-硝基取代数目的目的。

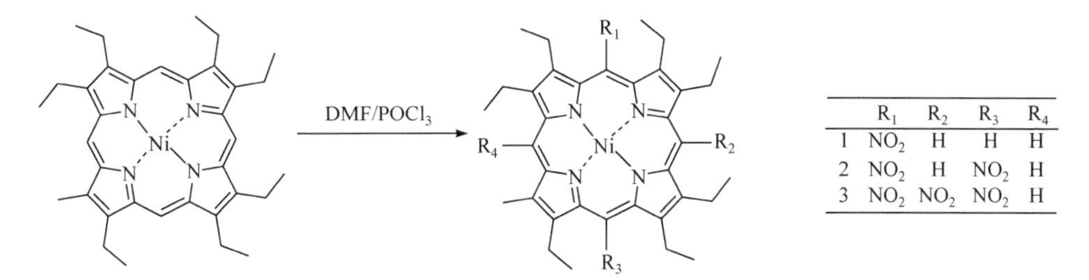

	R_1	R_2	R_3	R_4
1	NO_2	H	H	H
2	NO_2	H	NO_2	H
3	NO_2	NO_2	NO_2	H

图 2.12　Ni-OEP 的 *meso*-位多硝化反应

meso-位卤代卟啉是一种非常重要的中间体，利用卤代卟啉可以进一步转化获得其他官能团卟啉。Gazzano 等[48]进行了镍卟啉的 *meso*-位卤代研究，所有取代反

应都是发生在卟啉大环的 *β*-位和八乙基卟啉的 *meso*-位上。溴代或碘代卟啉可以在钯催化下用于偶联反应，Bonnett 等[50]用 *N*-溴代丁二酰亚胺(NBS)溴化 5, 15-二苯基卟啉，发现溴取代反应并没有发生在 *β*-位上，而是选择性地获得了 10, 20-二溴-5, 15-二苯基卟啉。相比于氯代和溴代反应，碘离子体积较大，因此碘代反应较难发生。Osuka 等[52]使用 $AgPF_6$ 催化 5,15-二苯基锌卟啉和碘反应，得到了较高产率的 *meso*-位单、二碘代卟啉。Senge 等[53]使用亲核试剂烷基锂进攻 5, 15-二苯基卟啉的 *meso*-位，进一步和碘代烷烃反应得到 *meso*-位烷基化卟啉(图 2.13)。

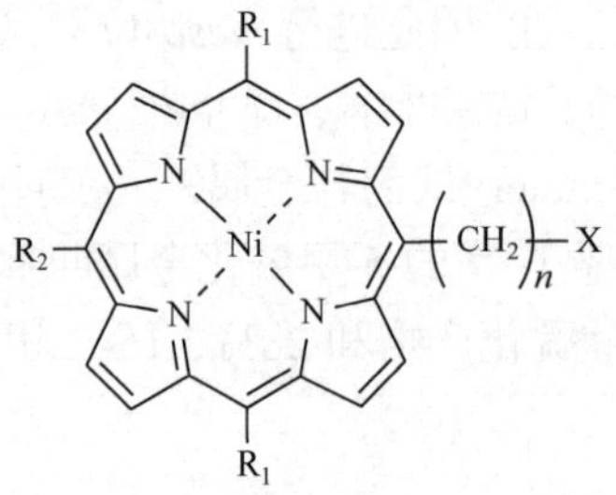

R_1 = alkyl 或 aryl
R_2 = alkyl 或 aryl
X = Hal, OH, COOR, CN

图 2.13　TPP 的 *meso*-位烷基化卟啉[53]
alkyl 为烷基；aryl 为芳基；Hal 为卤素

卟啉的 10-R_1-20-R_2-二氢化产物，再经氧化得到相应的 *meso*-四取代卟啉。Senge 等[53]使用烷基锂试剂对卟吩进行亲核加成，再由 DDQ 氧化得到 5,10-二烷基卟啉。Dolphin 等[45]将 5-甲酰基-OEP-Ni(Ⅱ)用 MeMgI 进行加成，最终可以获得 5-乙烯基-OEP-Ni(Ⅱ)。Jiang 等[54]使用 Br 代替 I 的格氏试剂与 5-甲酰基-OEP_2Zn(Ⅱ)反应时(图 2.14)，得到了 *meso*-取代产物 5-甲酰基-15-甲基-OEP。用 MeMgBr 与 5-甲酰基-OEP 反应后经酸处理，得到的产物既有 42%的加成产物 5-乙烯基-OEP，又有 11%的取代产物 5-甲酰基-15-甲基-OEP。

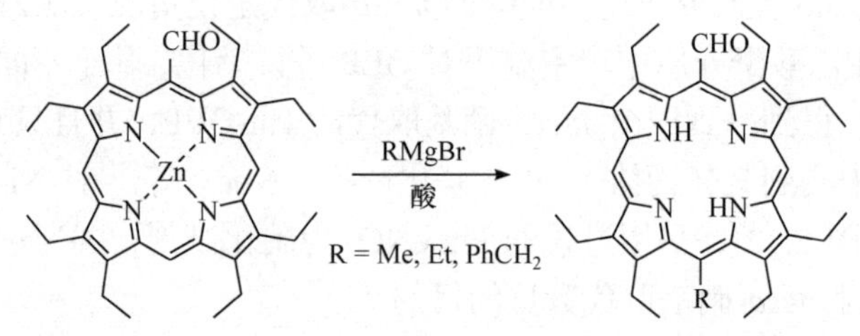

图 2.14　格氏试剂与 5-甲酰基-OEP_2Zn(Ⅱ)的取代反应[54]

3. 官能团的转换

Pd 催化的偶联反应是较常见的卟啉官能团转化反应。Therien 等[55]采用传统的方法，把 3-溴 TPP 转化为 3-烃基 TPP，其中的烃基可以是蒽基、芳基和脂肪族烷基。Sinha 等[56]采用偶联反应和维蒂希(Wittig)反应，把 *meso*-位的溴和醛分别转化成炔和烯。Sugita 等[57]通过钯催化溴化卟啉与双(多氟苯基)锌试剂的交叉偶联反应，实现了一种简便、高效合成五氟苯基及相关多氟苯基取代卟啉的方法，该反应适用于各种游离基溴卟啉及其金属配合物，以及一些双(多氟苯基)锌试剂。

2.3　卟啉的修饰与分离

1. 苯基卟啉中苯基的修饰

TPP 容易合成且是重要的天然卟啉类化合物的模拟物，因此，TPP 或二苯基卟啉苯环上官能团的引入或转换是非常重要的卟啉修饰方法。Ford 等[58]用亲核试剂逐步把四(甲氧基苯基)卟啉的对位甲氧基转化成酚羟基、酚盐和长链烷氧基(图 2.15)。Battioni 等[59]用各种亲核试剂，高产率地把四(五氟苯基)卟啉的对位氟转化成胺、醚和硫醚等相应的基团。

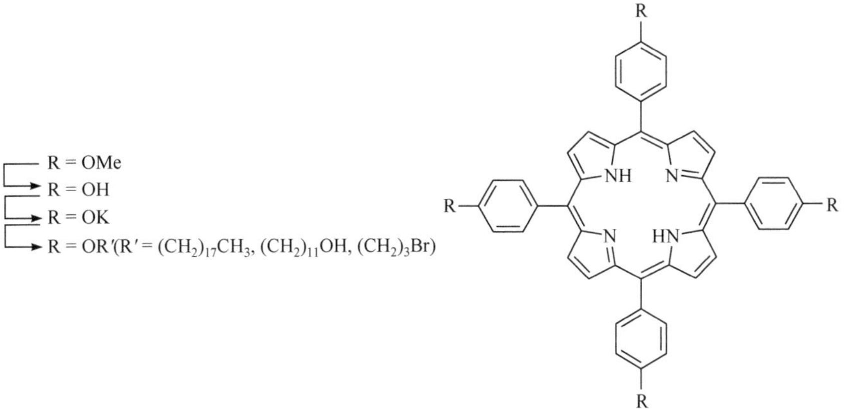

R = OMe
R = OH
R = OK
R = OR′(R′ = $(CH_2)_{17}CH_3$, $(CH_2)_{11}OH$, $(CH_2)_3Br$)

图 2.15　卟啉上芳基功能团的转换[58]

苯环上的取代基能够把卟啉连接起来形成二卟啉或三卟啉。Bookser 等[60]和 Karaman 等[61]利用苯环的烃基，使两个卟啉构成面对面的二聚体。Wagner 等[62]用碳碳叁键把四个卟啉分子连接成一个大环。芳基卟啉苯环上位置选择性取代的例子很少，用硫酸对 TPP 的苯环进行亲电取代反应时，没有伴随对卟啉大环的进攻反应[63]。Kruper 等[64]找到了一种合成 5-(4-硝基苯基)-10,15,20-三苯基卟啉的有效方法，采用大量发烟硝酸作为硝化试剂，获得了 TPP 的单个、两个、三个苯环对位上的不对称硝化产物。Wu 等考察了各种硝化试剂，如混酸、浓硝酸/尿素、不同浓度的硝酸等，发现使用较低浓度的硝酸可以获得 40%～80%的单硝化 TPP 和少量的二硝化 TPP[65,66]。

Luguya 等[67]发现，TPP 苯环的硝化反应(图 2.16)使用 $NaNO_2$/TFA 作为硝化试剂可减少副反应的发生。不同条件下各种硝化产物的产率都很高，其中单硝化产物产率为 80%～90%，二硝化的两个异构体产率为 64%，三硝化产物产率为 62%。

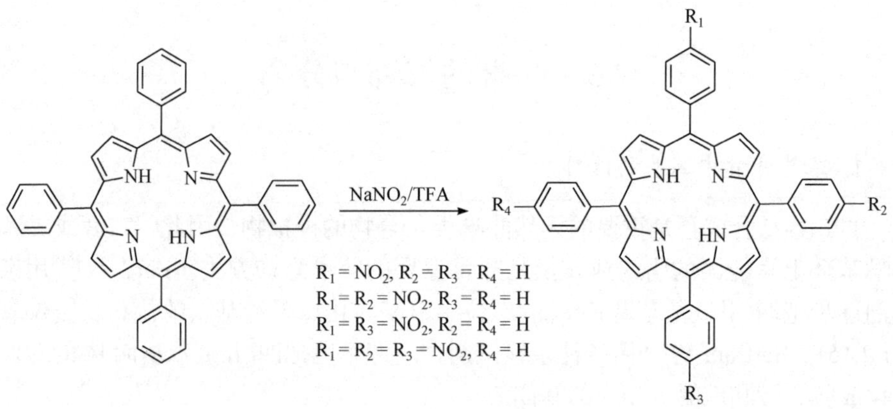

$NaNO_2/TFA$

$R_1 = NO_2, R_2 = R_3 = R_4 = H$
$R_1 = R_2 = NO_2, R_3 = R_4 = H$
$R_1 = R_3 = NO_2, R_2 = R_4 = H$
$R_1 = R_2 = R_3 = NO_2, R_4 = H$

图 2.16 TPP 苯环的硝化反应[67]

2. 卟啉的分离

众所周知，不管采用上述哪种合成方法，其合成步骤都比较繁琐，副产物较多，且产率受反应条件影响。因此，卟啉的分离与纯化显得尤为重要。目前，卟啉类化合物的分离纯化方法主要有以下几种。①有机溶剂萃取法：利用卟啉与副产物的亲水性差异，在混合物中加入不同浓度的盐酸溶液，然后选用适当的有机溶剂进行萃取，如二氯甲烷、氯仿等。②重结晶法：利用溶解度不同的原理进行分离，在混合物中加入能够溶解杂质或产物的某种溶剂，从而实现分离效果；此外，同一溶剂中混合物组分的溶解度与温度相关，一般固体有机物在某种溶剂中的溶解度随温度的升高而增大。因此，加热溶剂使溶质完全溶解并形成饱和溶液，当温度降低，其溶解度下降从而析出结晶。合成的金属卟啉粗产物中往往含有未反应的原料卟啉、副产物及杂质，通过重结晶能够将原料与金属卟啉有效分离。③柱层析分离法：混合物中各组分的极性不同，在洗脱剂的推动下各组分在硅胶柱的停留位置也就不同，随着洗脱剂的流动，极性较小的物质首先从硅胶柱中分离出来，此法一般用于大剂量的产物分离；费歇尔(Fischer)和霍夫曼(Hofmann)首次利用柱层析分离法成功分离出卟啉，随后人们逐渐对柱层析分离法进行了改进。

2.4 羟基苯基卟啉合成

2.4.1 合成步骤

羟基苯基卟啉的合成路线如图 2.17 所示[68-70]。

称取 6.1g(50.0mmol)4-羟基苯甲醛和 5.1mL(50.0mmol)苯甲醛加入三颈烧瓶

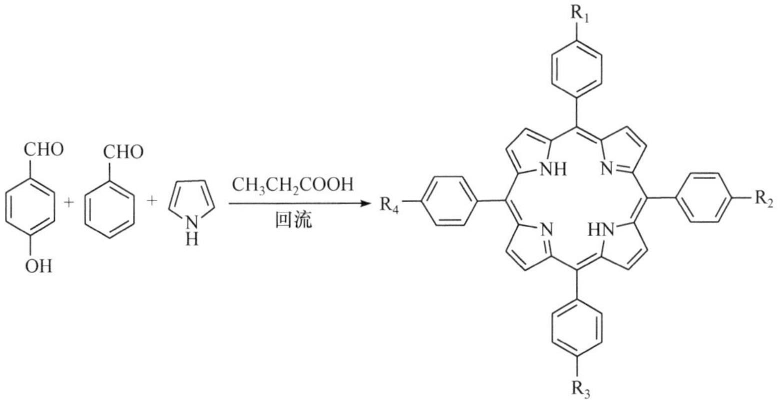

1. TPP $R_1 = R_2 = R_3 = R_4 = H$　　2. TPP(OH) $R_1 = OH, R_2 = R_3 = R_4 = H$
3. *trans*-TPP$(OH)_2$ $R_1 = R_3 = OH, R_2 = R_4 = H$　　4. *cis*-TPP$(OH)_2$ $R_1 = R_2 = OH, R_3 = R_4 = H$
5. TPP$(OH)_3$ $R_1 = R_2 = R_3 = OH, R_4 = H$　　6. TPP$(OH)_4$ $R_1 = R_2 = R_3 = R_4 = OH$

图 2.17　羟基苯基卟啉的合成路线

中，加入 200mL 丙酸并快速搅拌使二者充分溶解，加热至微沸；将新蒸吡咯 6.76mL(100.0mmol)溶解于 50mL 丙酸溶液中，并用恒压滴液漏斗逐滴加入上述溶液中，30min 左右滴加完毕；混合溶液升温至 130℃回流，反应结束后加入 100mL 无水乙醇，冷却至室温后放入冰箱冷藏静置过夜，随后进行抽滤，用 30mL 丙酸洗涤滤饼；将滤饼在 80℃真空干燥 8h，得到紫色的混合卟啉粗产品 1.7g。使用薄层层析法确定了混合卟啉中包含六种化合物，进一步使用硅胶柱层析分离法得到以下不同基团卟啉(分别为样品 1～6)：四苯基卟啉(TPP)，5-(4-羟基苯基)-10,15,20-三苯基卟啉(TPPOH)，5,15-二(4-羟基苯基)-10,20-二苯基卟啉[*trans*-TPP$(OH)_2$]，5,10-二(4-羟基苯基)-15,20-二苯基卟啉[*cis*-TPP$(OH)_2$]，5,10,15-三(4-羟基苯基)-20-苯基卟啉[TPP$(OH)_3$]，5,10,15,20-四(4-羟基苯基)卟啉[TPP$(OH)_4$]。

2.4.2　光谱性质的表征

1. 紫外-可见吸收光谱性质表征

以三氯甲烷为溶剂，将系列卟啉溶解，测定波长范围设定在 300～1000nm。实验均在室温下进行。四苯基卟啉和系列羟基苯基卟啉紫外-可见吸收光谱见图 2.18，其具体特征峰数据见表 2.1。

从紫外-可见吸收光谱来看，卟啉在 420nm 左右有一个强的吸收带(S 带特征峰)，在 515～652nm 有四个弱吸收带(Q 带特征峰)。S 带特征峰由卟啉环内电子 $\pi\rightarrow\pi^*$ 跃迁产生，Q 带特征峰由 $a_{2u}(\pi)\rightarrow e_g(\pi^*)$电子跃迁产生。从表 2.1 可看出，系列羟基苯基卟啉的吸收光谱特征峰与 TPP 的特征峰基本一致，发生较小的红移。这主要是因为供电子基的羟基使卟啉环上电子云密度增大，进而降低卟啉大环上的电子跃迁能级，使其紫外吸收随羟基苯基数量的增加发生红移[71]。

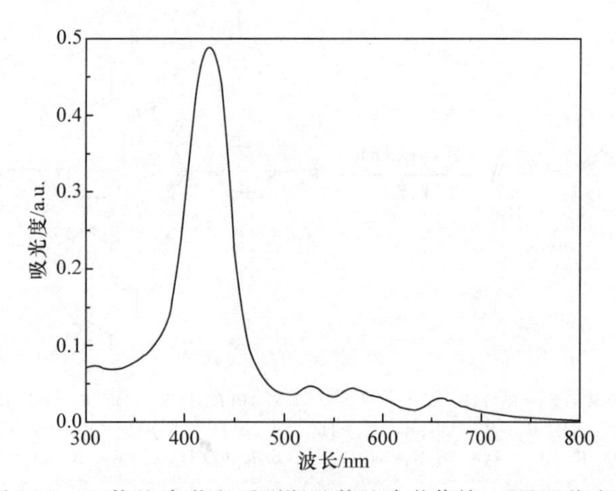

图 2.18 四苯基卟啉和系列羟基苯基卟啉紫外-可见吸收光谱

表 2.1 四苯基卟啉和系列羟基苯基卟啉紫外-可见吸收光谱特征峰数据

样品	S 带特征峰 λ_{max} /nm	Q 带特征峰 λ_{max} /nm			
1	418	515	550	590	648
2	419	516	551	591	652
3	421	517	552	592	651
4	420	517	553	592	652
5	422	518	555	593	652
6	422	519	555	593	652

2. 红外吸收光谱性质表征

将卟啉的金属配合物干燥后用 KBr 压片，测定范围设定在 400～4000cm^{-1}。实验均在室温下进行。化合物 TPP 和 TPP(OH)的红外光谱如图 2.19 所示。其中，3490cm^{-1}处的吸收峰为 O—H 的伸缩振动吸收，3317cm^{-1}处的吸收峰为吡咯环上 N—H 的伸缩振动吸收，2925cm^{-1}、2854cm^{-1}处的吸收峰均为饱和 C—H 伸缩振动吸收，966cm^{-1}处的吸收峰为吡咯环β-位 C—H 伸缩振动吸收峰。

3. 核磁共振氢谱表征

将干燥处理过的样品溶于氘代氯仿($CDCl_3$)溶剂，三甲基硅基(TMS)为内标，测核磁共振氢谱。测得的四苯基卟啉和系列羟基苯基卟啉核磁共振氢谱化学位移如表 2.2 所示。

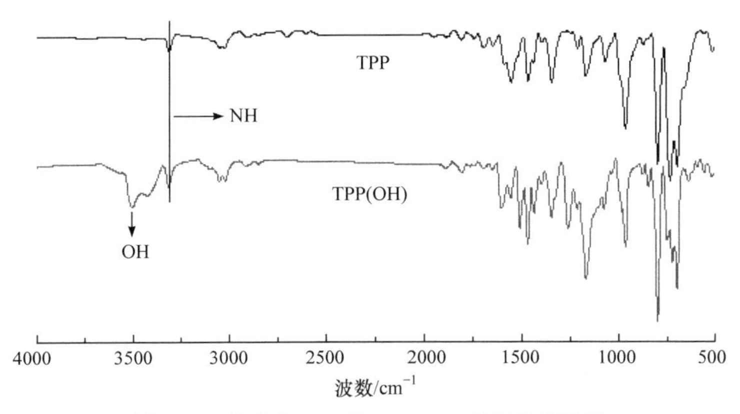

图 2.19　化合物 TPP 和 TPP(OH)的红外光谱图

表 2.2　四苯基卟啉和系列羟基苯基卟啉核磁共振氢谱化学位移

样品	化学位移/ppm
1	−2.78(s，2H，—NH)，8.89(s，8H，pyrrole-H)，8.30～8.33(t，8H，aromatic-H)，7.87～7.95(m，2H，aromatic-H)
2	−2.79(s，2H，N—H)，10.17(s，1H，—OH)，8.82～8.97(m，8H，pyrrole-H)，8.29～8.33(t，6H，aromatic-H)，8.11～8.17(d，2H，aromatic-H)，7.89～7.96(m，9H，aromatic-H)，7.41～7.46(d，2H，aromatic-H)
3	−2.79(s，2H，N—H)，10.12(s，2H，—OH)，8.89(s，4H，pyrrole-H)，8.85(s，4H，pyrrole-H)，8.32～8.35(t，4H，aromatic-H)，8.11～8.16(d，4H，aromatic-H)，7.94～7.96(d，6H，aromatic-H)，7.30～7.33(d，4H，aromatic-H)
4	−2.73(s，2H，N—H)，10.14(s，2H，—OH)，8.89(s，4H，pyrrole-H)，8.94(m，4H，pyrrole-H)，8.23～8.26(t，4H，aromatic-H)，8.12～8.15(d，4H，aromatic-H)，7.93～7.96(d，6H，m，pyrrole-C_6H_5)，7.33～7.34(d，4H，aromatic-H)
5	−2.75(s，2H，N—H)，10.14～10.17(d，3H，—OH)，9.01(s，6H，pyrrole-H)，8.92(d，2H，pyrrole-H)，8.32～8.35(t，2H，aromatic-H)，8.12～8.15(m，6H，aromatic-H)，7.94～7.95(d，3H，aromatic-H)，7.31～7.36(m，6H，aromatic-H)
6	−2.76(s，2H，N—H)，10.14(s，4H，—OH)，8.97(s，8H，pyrrole-H)，7.32～7.34(d，8H，aromatic-H)，8.15～8.23(d，8H，aromatic-H)

注：pyrrole-H 为吡咯的 H；aromatic-H 为芳香族的 H。

2.5　金属卟啉的合成及表征

金属卟啉作为一种重要的卟啉衍生物被广泛研究[72]。金属卟啉配合物作为生物大分子辅基，具有大环 π 共轭体系和很好的稳定性，以较高活性存在于自然界中(如植物的叶绿素和动物的血红素)。它还具有很多特性，可作为抗癌药物、生物显色剂、催化剂及其他功能材料，科学价值和应用前景不言而喻[73,74]。金属卟啉衍生物拥有与很多过程相关的独特界面活性，包括发光装置、分子识别、光学治疗、酶催化反应、光电器件及氧的运输和还原[75,76]。

卟啉中心由四个氮原子构成的空腔能够与大多数金属离子发生配位，大量的研究表明[77-85]，直径在 0.60～0.65Å 的金属离子，可与卟啉形成 1∶1 的配合物，如过渡系金属离子 Fe^{2+}、Cu^{2+}、Co^{2+}、Ni^{+}、Zn^{2+}等。离子半径较大的金属离子(如 Mn^{2+}、稀土元素的离子等)不容易进入卟啉中心，可与卟啉分子进行变形(拱形)配位，这些金属离子一般在卟啉环平面外形成 1∶1、1∶2、2∶3 等比例的配合物；一些半径较小的金属离子(如 Li^{+}、Na^{+}、K^{+}等)，通常与卟啉形成 2∶1 的配合物，即两个金属离子分别与两个氮原子配位，位于卟啉环平面的上方和下方。形成金属卟啉配合物后，其光、电、磁性质发生变化。例如，Fe、Co、Ni 金属卟啉的光学性质被猝灭，而它们表现出极好的催化性能，目前在光、电催化中应用较多。

金属卟啉合成一般是将金属盐与卟啉配体在高沸点溶剂中进行回流反应，选用的溶剂能够充分溶解卟啉配体和金属盐，常用的溶剂有 DMF、乙酸、吡啶和苯腈等。金属盐一般有氯化金属盐、乙酸金属盐、乙酰丙酮金属盐等。Zelaski 首次合成 Cu(Ⅱ)和 Zn(Ⅱ)的无机卟啉配合物以来，金属卟啉在众多领域迅猛发展。

2.5.1 金属卟啉合成及表征选例

Adler-Longo 法[86,87]将卟啉与金属盐在溶剂中回流得到金属卟啉配合物，该方法操作简单，得到的金属卟啉产率较高，目前大多数金属卟啉采用这种方法合成。根据金属离子与卟啉配位难易程度和溶剂的溶解性质，具体的合成方法又可分为以下五种。①氯仿-甲醇/乙酸盐法：将卟啉溶解在氯仿和甲醇 1∶1 的混合溶剂中，加入乙酸盐后回流搅拌 4～8h，反应结束后浓缩溶剂，用甲醇稀释洗涤得到金属卟啉。②乙酸/乙酸盐法：将卟啉和乙酸盐在乙酸溶液中加热回流，反应结束后加入水即析出金属卟啉。③DMF/金属盐法：将卟啉配体和氯化金属盐或乙酸金属盐加入 DMF 溶液中回流搅拌，反应结束后蒸出部分溶剂并加入大量水，金属卟啉沉淀析出。此法存在一些缺点，DMF 在高温下容易分解成二甲胺，此外 DMF 上的氮原子容易与金属离子形成配合物，这给产物分离带来极大的不便。④吡啶/金属盐法：吡啶也是一种较好的溶剂，部分金属卟啉对酸敏感，因此可以采用吡啶作溶剂。该方法的唯一缺点是吡啶对人体的伤害较大。⑤羰基金属法：通常用于合成 Ru、Rh、Os、Ir 等金属卟啉，将此类金属羰基配合物与卟啉在惰性溶剂(如苯、甲苯、十氢化萘等)中加热回流，即得贵金属卟啉。

本小节主要介绍锌卟啉的合成和表征。采用 Adler-Longo 法首先合成卟啉配体，以 DMF 为溶剂合成金属卟啉(图 2.20)。

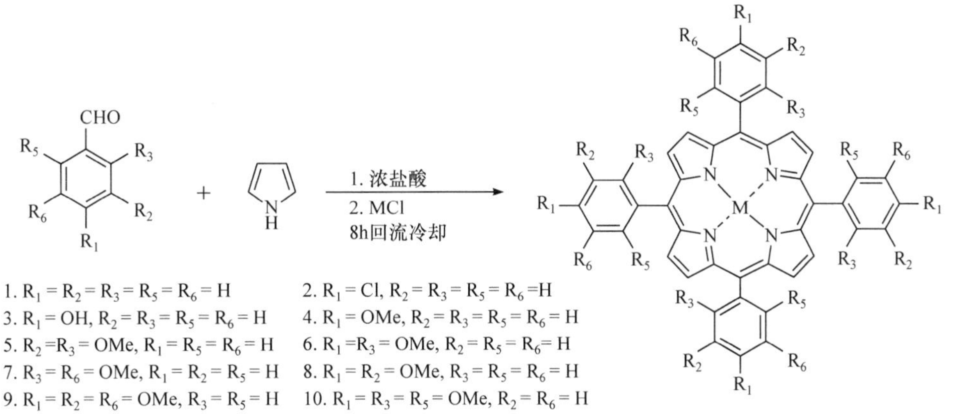

1. 浓盐酸
2. MCl
8h回流冷却

1. $R_1 = R_2 = R_3 = R_5 = R_6 = H$
2. $R_1 = Cl, R_2 = R_3 = R_5 = R_6 = H$
3. $R_1 = OH, R_2 = R_3 = R_5 = R_6 = H$
4. $R_1 = OMe, R_2 = R_3 = R_5 = R_6 = H$
5. $R_2 = R_3 = OMe, R_1 = R_5 = R_6 = H$
6. $R_1 = R_3 = OMe, R_2 = R_5 = R_6 = H$
7. $R_3 = R_6 = OMe, R_1 = R_2 = R_5 = H$
8. $R_1 = R_2 = OMe, R_3 = R_5 = R_6 = H$
9. $R_1 = R_2 = R_6 = OMe, R_3 = R_5 = H$
10. $R_1 = R_3 = R_5 = OMe, R_2 = R_6 = H$

图 2.20　Adler-Longo 法合成金属卟啉

1. 四苯基锌卟啉的合成

将 100mg TPP 溶于 30mL DMF 中，充分搅拌后加入 0.5g 乙酸锌，80℃加热条件下回流，用薄层色谱板检测直到原料点消失。待反应结束后冷却至室温，并加入大量超纯水，用二氯甲烷萃取三次，收集紫红色二氯甲烷溶液，用饱和氯化钠溶液洗涤(目的是除去多余的 DMF)，有机相用无水硫酸镁干燥、过滤，然后减压蒸馏除去溶剂，得到粗产物。使用硅胶柱层析分离，以石油醚与三氯甲烷体积比为 3：1 的混合溶剂作为洗脱剂，收集第一个色带。将收集的第一个色带溶液除去溶剂得到锌卟啉，产物进一步用甲醇重结晶后得玫红色晶体 0.078g，产率约为 83%。用本小节合成的系列卟啉单体作为原料，采用上述类似方法，得到相应的化合物 1～3。其中，化合物 1 为四苯基锌卟啉(ZnTPP)、化合物 2 为单羟基苯基锌卟啉[ZnTPP(OH)]、化合物 3 为单硝基苯基锌卟啉[$ZnTPP(NO_2)$]。

2. 金属卟啉的表征

1) 紫外-可见吸收光谱

ZnTPP 紫外-可见吸收光谱图如图 2.21 所示。以三氯甲烷为溶剂，将卟啉的金属配合物溶解，测定波长范围设定在 300～1000nm。实验均在室温下进行。ZnTPP(OH)紫外-可见吸收光谱图如图 2.22 所示，$ZnTPP(NO_2)$紫外-可见吸收光谱图如图 2.23 所示。

金属卟啉紫外-可见吸收光谱数据见表 2.3。由表 2.3 可知，四苯基卟啉的 S 带特征峰 λ_{max} 为 418nm。当苯环上的氢被羟基取代时，S 带特征峰 λ_{max} 红移到 419nm；当取代基为吸电子的硝基时，S 带特征峰 λ_{max} 蓝移到 415nm。也就是说，卟啉的 UV 特征峰波长与苯环外取代基有关，当取代基是供电子基团，特征峰的

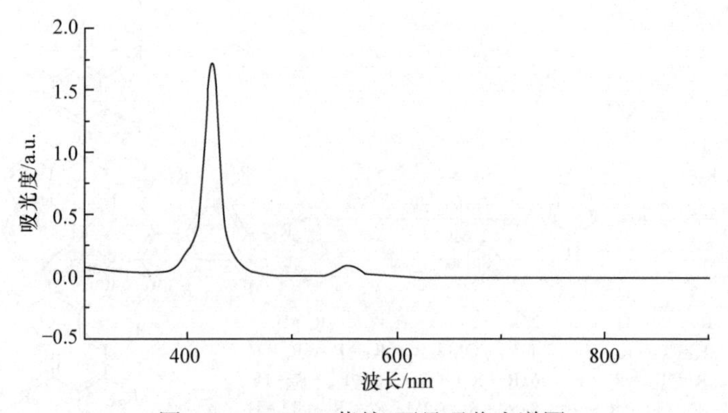

图 2.21　ZnTPP 紫外-可见吸收光谱图

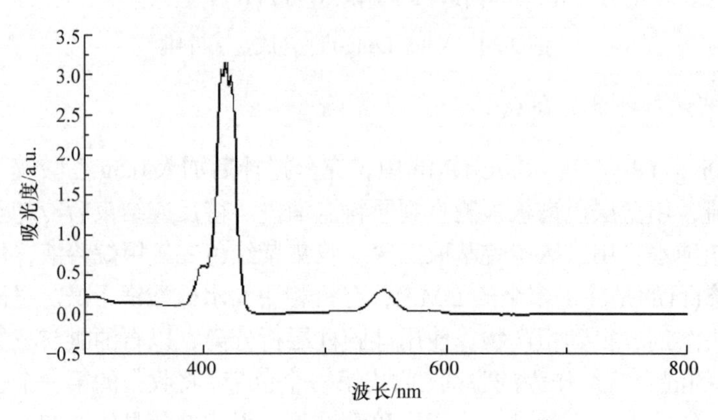

图 2.22　ZnTPP(OH)紫外-可见吸收光谱图

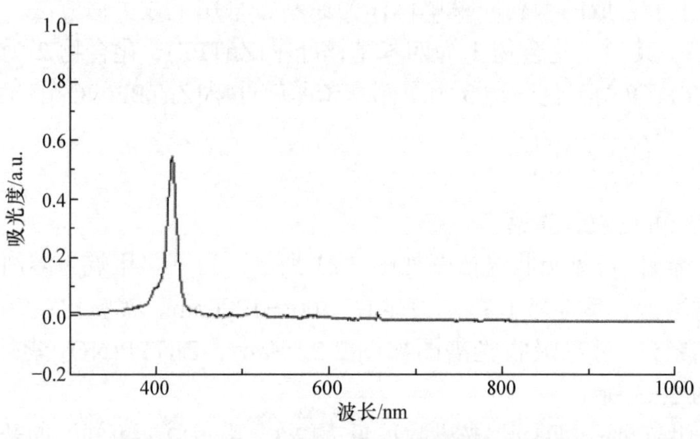

图 2.23　ZnTPP(NO_2)紫外-可见吸收光谱图

波长会相应增加；当取代基为吸电子基团时，波长相应地降低。这主要是由于取代基供/吸电子性质不同，卟啉环上的电子云密度发生变化，成键轨道与反键轨道的能级差也相应改变，从而 S 带特征峰发生红移或蓝移。另外，金属卟啉与其卟啉配体相比，Q 带特征峰数目减少。这是由于生成金属配合物后，分子的对称性降低，分子轨道的分裂程度降低，简并度增加，吸收峰数目减少[88,89]。金属卟啉 S 带特征峰与对应的卟啉单体相比，λ_{max} 分别从 419nm 红移到 420nm、415nm 红移到 419nm。以上变化可说明金属卟啉的生成。

表 2.3　金属卟啉紫外-可见吸收光谱数据

试样	S 带特征峰λ_{max}/nm	Q 带特征峰λ_{max}/nm			
TPP	418	515	550	590	648
ZnTPP	423	—	552	595	—
TPP(OH)	419	512	553	592	652
ZnTPP(OH)	420	514	546	—	—
TPP(NO_2)	415	517	555	593	652
ZnTPP(NO_2)	419	518	—	588	—

2) 红外吸收光谱

卟啉的金属配合物干燥后，用 KBr 压片，测定范围设定在 400～4000cm^{-1}。实验均在室温下进行。ZnTPP 红外光谱图如图 2.24 所示，ZnTPP(OH)红外光谱图如图 2.25 所示，ZnTPP(NO_2)红外光谱图如图 2.26 所示。

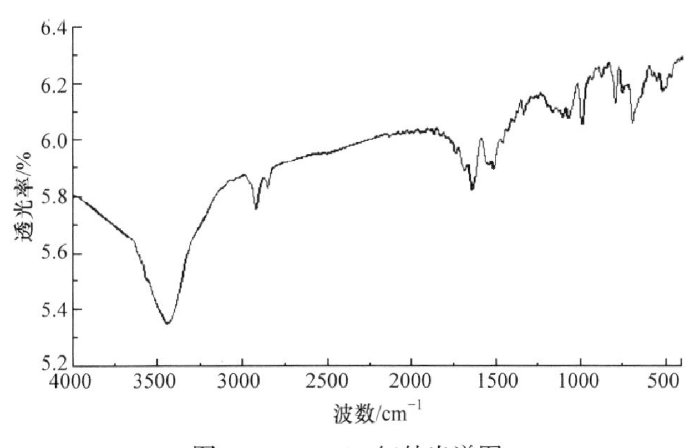

图 2.24　ZnTPP 红外光谱图

当金属离子嵌入卟啉环内时，吡咯环上的 N—H 断裂，N—M 生成。因此，卟啉环内的 N—H 在 966cm^{-1} 的吸收峰消失，在 990cm^{-1} 附近生成新的 N 和金属的骨架振动峰。ZnTPP 的 N—Zn 振动峰在 993cm^{-1}，这也是判断是否形成金属卟啉配合物的一个重要标志[90]。

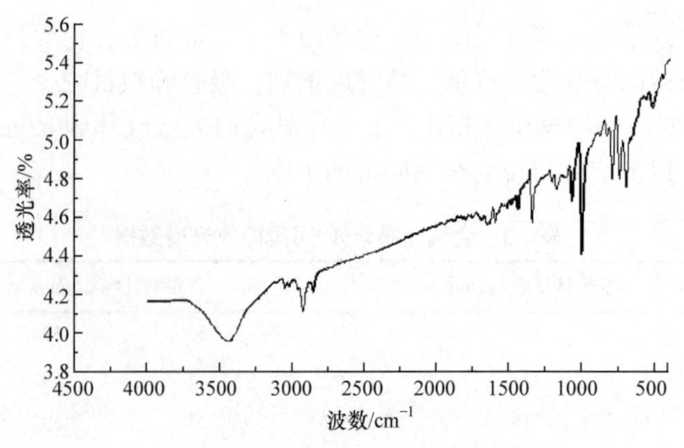

图 2.25 ZnTPP(OH)红外光谱图

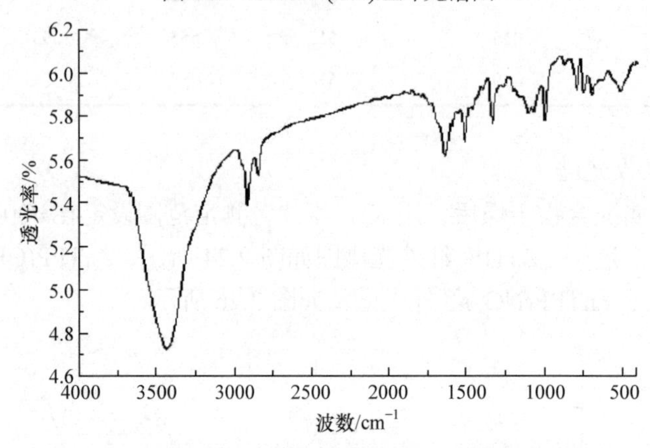

图 2.26 ZnTPP(NO_2)红外光谱图

2.5.2 *N*-反转卟啉及其金属锌配合物合成与表征

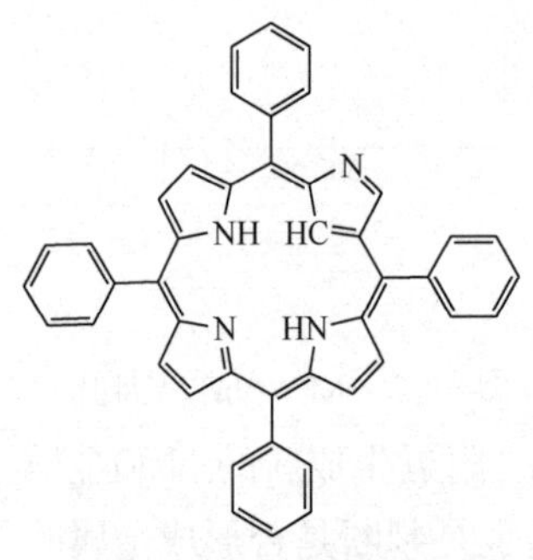

图 2.27 2-杂氮-21-碳-5, 10, 15, 20-四苯基卟啉的异构体 NCP 结构简式

1. *N*-反转卟啉及其金属锌配合物的合成

1994 年，Furuta 等[91]和 Latos-Grazynski 等[92]分别分离出 *N*-反转卟啉(*N*-confused porphyrin，NCP)。*N*-反转卟啉是四苯基卟啉的一种异构体。当卟吩环上四个吡咯中的一个发生反转，环内的氮原子和 2 号位的碳原子互换，就形成了四苯基卟啉最常见的一种命名为 2-杂氮-21-碳-5, 10, 15, 20-四苯基卟啉的异构体 NCP(图 2.27)。它颇为独特的结构引起了人们浓厚的兴趣[93,94]。

本小节 NCP 的合成路线如图 2.28 所示[95,96]。

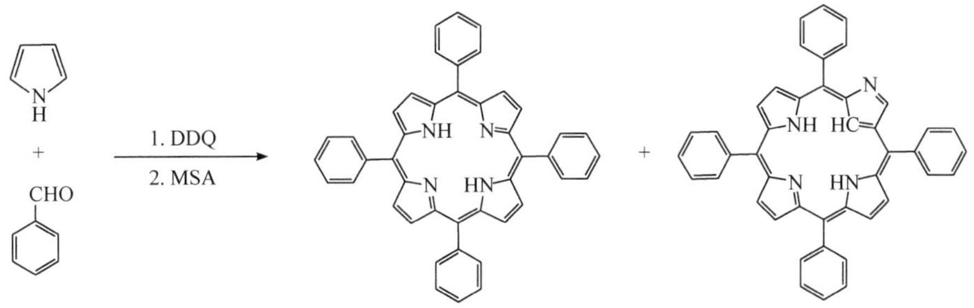

图 2.28　NCP 的合成路线

在 500mL 的容器中分别加入 0.375L 二氯甲烷、0.26mL 吡咯、0.35mL 苯甲醛，再加入 0.17mL 甲基磺酸(MSA)作为催化剂，室温下搅拌 30min 后加入 0.75g DDQ 搅拌 1min，加入 1.45mL 三乙胺(TEA)停止反应。将 75g 碱性氧化铝装柱，倒入所有反应液，用含 2.5mL TEA 的 250mL 二氯甲烷洗脱一遍，收集所有溶液，旋转蒸干溶剂，得到粗产品。将粗产品再次用碱性氧化铝柱层析分离，环己烷与二氯甲烷体积比依次为 3∶1、1∶1、1∶2 的混合溶液和 100%二氯甲烷为洗脱剂。当洗脱剂是环己烷与二氯甲烷体积比为 3∶1 的混合溶液时，收集的产物主要为 TPP；环己烷与二氯甲烷体积比为 1∶2 时，可以开始收集 NCP，最后得 200mg NCP，产率为 36%。

取 25mg NCP 溶于二氯甲烷，另用 40mg 二水乙酸锌溶于适量甲醇，两者混合后，溶液变成绿色，室温下搅拌反应 2h。加入饱和食盐水后溶液分层，收集有机层并旋转蒸发出溶剂，再将粗产品溶于二氯甲烷，加环己烷后有结晶析出，冰浴 0.5h，得 17mg 绿色固体，产率为 60%。

2. *N*-反转卟啉的表征

将真空干燥过的 *N*-反转卟啉溶于二氯甲烷中，测定波长范围为 300～1200nm。*N*-反转卟啉紫外-可见吸收光谱图见图 2.29，由图可知 S 带特征峰 λ_{max} 为 439nm，

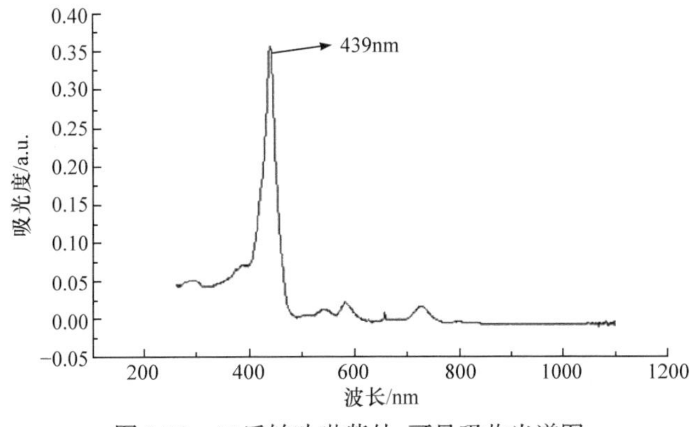

图 2.29　*N*-反转卟啉紫外-可见吸收光谱图

其他吸收波长λ_{max}分别为 386nm、504nm、538nm、582nm、728nm。

将干燥处理过的样品溶于氘代氯仿($CDCl_3$)，以三甲基硅基(TMS)为内标测核磁共振氢谱。如图 2.30 所示，化学位移−5.001ppm(s，21-CH)处即为 21 号 H，化学位移−2.436ppm 处代表吡咯环上的 N—H，化学位移 8.60～8.99ppm 处代表吡咯环上的氢原子，化学位移 7.24～8.56ppm 处代表苯环上的氢原子。

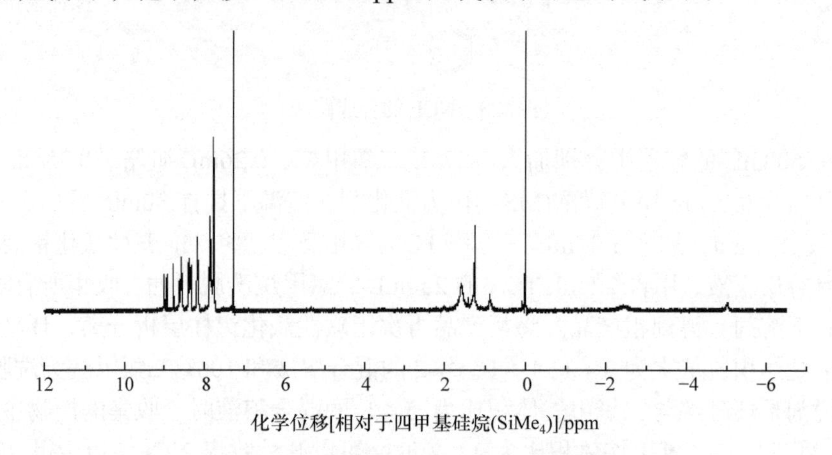

图 2.30　*N*-反转卟啉核磁共振氢谱图

参 考 文 献

[1] ADLER A D, LONGO F R, SHERGALIS W, et al. Mechanistic investigations of porphyrin syntheses preliminary studies on *meso*-tetraphenylporphin[J]. Journal of the American Chemical Society, 1964, 86: 3145-3149.

[2] ADLER A D, LONGO F R, FINARELLI J D, et al. A mechanistic study of the synthesis of *meso*-tetraphenylporphin[J]. Journal of Heterocyclic Chemistry, 1968, 5(5): 669-678.

[3] 陈林, 佟珊玲, 吴雅红, 等. *meso*-四[(4-苯乙烯氨基)苯基]卟啉合成及其波谱特点[J]. 应用化学, 2013, 30(3): 290-294.

[4] 朱宝库, 徐志康, 徐又一, 等. 四(4-硝基苯基)卟啉和四(4-氨基苯基)卟啉的合成[J]. 应用化学, 1999, 16(1): 68-70.

[5] 李春霖. 四苯基金属锰卟啉合成中的关键化工问题研究[D]. 长沙: 湖南大学, 2015.

[6] BARIS T, HILAL K. Unexpected formation of *β*, *meso*-directly linked diporphyrins under Adler-Longo reaction conditions[J]. Synthetic Communications, 2018, 48(16): 2112-2117.

[7] QIU Y J, CHEN Y J, LEI L, et al. Bottom-up oriented synthesis of metalloporphyrin-based porous ionic polymers for the cycloaddition of CO_2 to epoxides[J]. Molecular Catalysis, 2022, 521: 112171.

[8] 郭灿城, 何兴涛, 邹纲要, 等. 合成四苯基卟啉及其衍生物的新方法[J]. 有机化学, 1991, 11(4): 416-419.

[9] 潘继刚, 何明威, 刘轻轻, 等. 四苯基卟啉及其衍生物的合成[J]. 有机化学, 1993, 13(5): 533-536.

[10] LINDSEY J S, SCHREIMAN I C, HSU H C, et al. ChemInform abstract: Synthesis of tetraphenylporphyrins under very mild conditions[J]. ChemInform, 1987, 18(11): 827-836.

[11] MONTANARI F, CASELLA L. Metalloporphyrins catalyzed oxidations[M]. Dordrecht: Kluwer Academic Publishers, 1994.

[12] DOLPHIN D. Porphyrinogens and porphodimethenes, intermediates in the synthesis of *meso*-tetraphenylporphins from pyrroles and benzaldehyde[J]. Journal of Heterocyclic Chemistry, 1970, 7(2): 275-283.

[13] SILVA E M P, RAMOS C I V, PEREIRA P M R, et al. Cationic *β*-vinyl substituted *meso*-tetraphenylporphyrins: Synthesis and non-covalent interactions with a short poly(dGdC) duplex[J]. Journal of Porphyrins & Phthalocyanines, 2012, 16(1): 101-113.

[14] JIN Q, XUE Y, QING F, et al. The synthesis and spectroscopic investigation of vinylated *meso*-tetraphenylporphyrin[J]. Chinese Chemical Letters, 2007, 18(11): 1319-1322.

[15] GRADILLAS A, CAMPO C D, SINISTERRA J V, et al. Novel synthesis of 5,10,15,20- tetraarylporphyrins using high-valent transition-metal salts[J]. Journal of the Chemical Society, Perkin Transactions 1, 1995, 1, 2611-2613.

[16] AOYAGI K, TOI H, AOYAMA Y, et al. ChemInform abstract: Facile syntheses of perfluoroalkylporphyrins. Electron deficient porphyrins. Part 2[J]. ChemInform, 1989, 20(24): 2.

[17] LEE C H, LINDSEY J S. One-flask synthesis of *meso*-substituted dipyrromethanes and their application in the synthesis of *trans*-substituted porphyrin building blocks[J]. Tetrahedron, 1994, 50(39): 11427-11440.

[18] MACDONALD S F, ARSENAULT G P, BULLOCK E, et al. Pyrromethanes and porphyrins therefrom[J]. Journal of the American Chemical Society, 1960, 82(16): 4384-4389.

[19] DURANTINI E N, SILBER J J. Synthesis of 5-(4-acetamidophenyl)-10,15,20-*tris*(4-substituted-phenyl)porphyrins using dipyrromethanes[J]. Synthetic Communications, 2010, 29(19): 3353-3368.

[20] TEMELLI B, UNALEROGLU C. Synthesis of *meso*-tetraphenyl porphyrins via condensation of dipyrromethanes with *N*-tosylimines[J]. Tetrahedron, 2009, 65(10): 2043-2050.

[21] GEIER R G III, LITTLER B J, LINDSEY J S. Investigation of porphyrin-forming reactions. Part 3. The origin of scrambling in dipyrromethane+aldehyde condensations yielding *trans*-A_2B_2-tetraarylporphyrins[J]. ChemInform, 2001, 32(36): 701-711.

[22] FOX S, HUDSON R, BOYLE R, et al. Use of orthoesters in the synthesis of *meso*-substituted porphyrins[J]. Tetrahedron Letters, 2003, 44(3): 1183-1185.

[23] WALLACE D M, LEUNG S H, SENGE M O, et al. Rational tetraarylporphyrin syntheses: Tetraarylporphyrins from the MacDonald route[J]. Journal of Organic Chemistry, 1993, 58(25): 7245-7257.

[24] WALLACE D M, SMITH K M. Stepwise syntheses of unsymmetrical tetra-arylporphyrins. Adaptation of the MacDonald dipyrrole self-condensation methodology[J]. Tetrahedron Letters, 1990, 31(50): 7265-7268.

[25] 佘远斌, 李凯, 王朝明, 等. A_3B 型卟啉合成方法及在仿生催化中的应用[J]. 化工进展, 2014, 33(6): 1444-1452.

[26] 石伟民, 陶京朝, 吴健. 卟啉及其衍生物合成进展[J]. 化学通报, 2005, 68(10): 751-760.

[27] RAVIKANTH M, STRACHAN P J, LI F, et al. Trans-substituted porphyrin building blocks bearing iodo and ethynyl groups for applications in bioorganic and materials chemistry[J]. Tetrahedron, 1998, 54(27): 7721-7734.

[28] 毛炳炎, 李春霖, 王勤波, 等. 四苯基卟啉合成方法及反应机理研究进展[J]. 有机化学研究, 2014, 2(2): 28-37.

[29] LASH T D. ChemInform abstract: Porphyrin synthesis by the '3+1' approach: New applications for an old methodology[J]. Chemistry: A European Journal, 1996, 2(10): 1197-1200.

[30] MOMENTEAU M, BOUDIF A. A new convergent method for porphyrin synthesis based on a '3+1' condensation[J]. Journal of the Chemical Society, Perkin Transactions, 1996, (11): 1235-1242.

[31] SENGE M O, HATSCHER S. Synthetic access to 5,10-disubstituted porphyrins[J]. Tetrahedron Letters, 2003, 44(1): 157-160.

[32] LASH T D. Porphyrins with exocyclic rings. Part 9 [1] synthesis of porphyrins by the '3 + 1' approach[J]. Journal of

Porphyrins and Phthalocyanines, 1997, 1(1): 29-44.

[33] UNO H, TAGAWA K, MORI S, et al. Synthesis and properties of bicyclo[2.2.2]octadiene- and benzene-fused bis(thiaporphyrin)s[J]. Bulletin of the Chemical Society of Japan, 2017, 90(12): 1375-1381.

[34] OKUJIMA T, MACK J, NAKAMURA J, et al. Synthesis, characterization, and electronic structures of porphyrins fused with polycyclic aromatic ring systems[J]. Chemistry: A European Journal, 2016, 22: 1-10.

[35] HIN P Y, WIJESEKERN T, DOLPHIN D, et al. ChemInform abstract: An efficient route to vinylporphyrins[J]. Journal of the Chemical Society, 2010, 22(17): 1-5.

[36] ZHANG H, ZHAO L, WANG D X, et al. $Cu(OTf)_2$-catalyzed selective arene C—H bond hydroxylation and nitration with KNO_2 as an ambident *O*- and *N*-nucleophile via a Cu(Ⅱ)-Cu(Ⅲ)-Cu(Ⅰ) mechanism[J]. Organic Letters, 2013, 15 (15): 3836-3839.

[37] CATALANO M M, CROSSLEY M J, HARDING M M, et al. Control of reactivity at the porphyrin periphery by metal ion co-ordination: A general method for specific nitration at the *β*-pyrrolic position of 5,10,15,20-tetra-arylporphyrins[J]. Journal of the Chemical Society, Chemical Communications, 1984, 10(60): 1535-1536.

[38] 黄齐茂, 陈彰评, 徐汉生, 等. 区域选择性合成2-硝基-5,10,15,20-四芳基金属卟啉[J]. 有机化学, 2001, 21(10): 746-750.

[39] EVANS B, SMITH K M, CAVALEIRO J A S, et al. ChemInform abstract: Bile pigment studies. Part 4. Some novel reactions of metalloporphyrins with thallium (Ⅲ) and cerium(Ⅳ) salts ring cleavage of *meso*-tetraphenylporphyrin[J]. Journal of the Chemical Society, Perkin Transactions, 1978, 7(13): 768-773.

[40] CHEN Q, ZHU Y Z, FAN Q J, et al. Simple and catalyst-free synthesis of *meso*-O-,-S-, and -C-substituted porphyrins[J]. Organic letters, 2014, 16(6): 1590-1593.

[41] ANURA W, LANURENT J, DANIEL J N, et al. Investigations on the directive effects of a single *meso*-substituent via nitration of 5,12,13,17,18-pentasubstituted porphyrins: Syntheses of conjugated *β*-nitroporphyrins[J]. Tetrahedron, 2001, 57(20): 4261-4269.

[42] GIRAUDEAU A, CALLOT H J, JORDAN J, et al. Substituent effects in the electroreduction of porphyrins and metalloporphyrins[J]. Journal of the American Chemical Society, 1979, 101(14): 3857-3862.

[43] LIER J E, LIER V, ALI H, et al. ChemInform abstract: Phenylselenyl halides. Efficient reagents for the selective halogenation and nitration of porphyrins[J]. Tetrahedron Letters, 1991, 32(38): 5015-5018.

[44] BHYRAPPA P, KRISHNAN V. Octabromotetraphenylporphyrin and its metal derivatives: Electronic structure and electrochemical properties[J]. Inorganic Chemistry, 1991, 30(2): 239-245.

[45] DOLPHIN D, BRCKNER C. 2,3-*vic*-Dihydroxy-*meso*-tetraphenylchlorins from the osmium tetroxide oxidation of *meso*-tetraphenylporphyrin[J]. Tetrahedron Letters, 1995, 36(19): 3295-3298.

[46] PONOMAREV G V, KIRILLOVA G V, LAZUKOVA L B, et al. Porphyrins. 15. Effect of stesic factors on the orientation of *meso*-substitution in the formylation of porphyrins. First example of the chromatographic identification of isomers of porphyrins of the Ⅰ and Ⅱ types[J]. Chemistry of Heterocyclic Compounds, 1982, 18(11): 1169-1173.

[47] YAMADA Y, KUBOTA T, NISHIO M, et al. Sequential and spatial organization of metal complexes inside a peptide duplex[J]. Journal of the American Chemical Society, 2014, 136 (17): 6505-6509.

[48] GAZZANO E R A, LAZARO M J M, BULDAIN G Y. A new look at the halogenation of porphyrin[J]. Current Organic Chemistry, 2017, 21 (2): 177-182.

[49] BONNETT R, STEPHENSON G F. The *meso* reactivity of porphyrins and related compounds Ⅰ. Nitration[J].

Journal of Organic Chemistry, 1965, 30: 2791-2798.

[50] BONNETT R, GALE I A D, STEPHENSON G F, et al. The *meso*-reactivity of porphyrins and related compounds. part Ⅱ. Halogenation[J]. Journal of the Chemical Society C: Organic, 1966: 1600-1604.

[51] NUDY L R, HUTCHINSON H G, SCHIEBER G, et al. A study of bromoporphins[J]. Tetrahedron, 1984, 40(12): 2359-2363.

[52] OSUKA A, NAKANO A, SHIMIDZU H, et al. Facile regioselective *meso*-iodination of porphyrins[J]. Tetrahedron Letters, 1998, 39(51): 9489-9492.

[53] SENGE M O, FENG X D. One-pot synthesis of functionalized asymmetric 5,10,15,20-substituted porphyrins from 5,15-diaryl- or- dialkyl-porphyrins[J]. Tetrahedron, 2000, 56(4): 587-590.

[54] JIANG X Q, NURCO D J, SMITH M K, et al. Direct *meso*-alkylation of *meso*-formylporphyrins using grignard reagents[J]. Chemical Communications, 1996, (15): 1759-1760.

[55] THERIEN M J, DIMAGNO S G, LIN V S, et al. Facile elaboration of porphyrins via metal-mediated cross-coupling[J]. Journal of Organic Chemistry, 1993, 58(22): 5983-5993.

[56] SINHA A K, BIHARI B P, MANDAL B K, et al. Nonlinear optical properties of a new porphyrin-containing polymer[J]. Macromolecules, 1995, 28(61): 5681-5683.

[57] SUGITA N, HAYASHI S, ISHII S, et al. Palladium-catalyzed polyfluorophenylation of porphyrins with bis(polyfluorophenyl)zinc reagents[J]. Catalysts, 2013, 3(4): 839-852.

[58] FORD M B, FOXWORTHY A D, MAINS G J, et al. Theoretical investigations of ozone vibrational relaxation and oxygen atom diffusion rates in Ar and xenon matrixes[J]. The Journal of Physical Chemistry, 1993, 97(47): 12134-12143.

[59] BATTIONI P, BRIGAUD O, MANSUY D, et al. Preparation of functionalized polyhalogenatedtetraaryl-porphyrins by selective substitution of the *p*-fluorines of *meso*-tetra-(pentafluorophenyl)porphyrins[J]. Tetrahedron Letters, 1991, 32(17): 2893-2896.

[60] BOOKSER B C, BUICE T C. Syntheses of quadruply two- and three-atom, aza-bridged, cofacial bis(5,10,15,20-tetraphenylporphyrins)[J]. Journal of the American Chemical Society, 1991, 113(11): 4208-4218.

[61] KARAMAN R, BRUICE T C, BOOKSER B C, et al. Design, synthesis, and characterization of a "shopping basket" bisporphyrin. The first examples of triply bridged closely interspaced cofacial porphyrin dimers[J]. Journal of Organic Chemistry, 1992, 57(7): 2169-2173.

[62] WAGNER R W, SETH J, YANG S I, et al. Synthesis and excited-state photodynamics of a molecular square containing four mutually coplanar porphyrins[J]. Journal of Organic Chemistry, 1998, 63(65): 5042-5049.

[63] SRIVASTAVA T S, TSUTUI T. Unusual metalloporphyrins. XVI Preparation and purification of tetrasodium *meso*-tetra(*p*-sulfophenyl)porphine. An easy procedure[J]. Journal of Organic Chemistry, 1973, 38(11): 2103-2106.

[64] KRUPER W J, CHAMBERLIN T A, KOCHANNY M, et al. Regiospecific aryl nitration of *meso*-substituted tetraarylporphyrins: A simple route to bifunctional porphyrins[J]. Journal of Organic Chemistry, 1989, 54(11): 2753-2756.

[65] WU J, SHI W M, WU D, et al. Synthesis and photocytotoxicity of nitroxyl radical-substituted porphyrin[J]. Chemistry Letters, 2004, 33(4): 460-461.

[66] SHI W M, WU J, WU Y F, et al. Synthesis and photocytotoxicity of mono-functionalised porphyrin with valine moiety[J]. Chemistry Letters, 2004, 15(12): 1427-1429.

[67] LUGUYA R, JAQUINOD L, FROCZEK F R, et al. Synthesis and reactions of (*p*-nitrophenyl)porphyrins[J].

Tetrahedron, 2004, 60(12): 2757-2763.

[68] LITTLE R G. The mixed-aldehyde synthesis of difunctional tetraarylporphyrins[J]. Journal of Heterocyclic Chemistry, 1981, 18(1): 129-133.

[69] 雷裕武, 郭灿城, 曾德璋, 等. 取代四苯基卟啉的催化合成[J]. 化学试剂, 1994, 16 (2): 105-106.

[70] 康敬万, 耿再新, 卢小泉, 等. 几种对称镍卟啉配合物的合成、表征和电化学性质[J]. 应用化学, 1999, 16(3): 73-75.

[71] DIOGENES C N, CARVALHO M M, LONGHNOTTI E, et al. A study of pyridinethiolate derivative complexes adsorbed on gold by surface-enhanced Raman scattering[J]. Journal of Electroanalytical Chemistry, 2007, 605(1): 1-7.

[72] KURAMOCHI Y, KAWAKAMI Y, SATAKE A. Synthesis and photophysical properties of porphyrin macrorings composed of free-base porphyrins and slipped-cofacial zinc porphyrin dimers[J]. Inorganic Chemistry, 2017, 56: 11008-11018.

[73] QUADRADO F N, VITORIA F V, FERREIRA D C, et al. Hybrid polymer aerogels containing porphyrins as catalysts for efficient photodegradation of pharmaceuticals in water[J]. Journal of Colloid and Interface Science, 2022, 613: 461-476.

[74] NING X M, WU Y L, MA X F, et al. A novel charge transfer channel to simultaneously enhance photocatalytic water splitting activity and stability of CdS[J]. Advanced Functional Materials, 2019, 29: 1902992.

[75] CUESTA V, SINGH M K, GUTIERREZ-FERNANDEZ E, et al. Gold(Ⅲ) porphyrin was used as an electron acceptor for efficient organic solar cells[J]. ACS Applied Materials & Interfaces, 2022, 14: 11708-11717.

[76] ZHANG Y P, ZHAO Y Q, HAN Z G, et al. Switching the photoluminescence and electrochemiluminescence of liposoluble porphyrin in aqueous phase by molecular regulation[J]. Angewandte Chemie-International Edition, 2020, 59: 23261-23267.

[77] LUECHAI A, POOTRAKULCHOTE N, KENGTHANOMMA T, et al. Photosensitizing triarylamine- and triazine-cored porphyrin dimers for dye-sensitized solar cells[J]. Journal of Organometallic Chemistry, 2014, 753: 27-33.

[78] SCHMOOK T, BUDDE K, ULRICH C, et al. Successful treatment of nephrogenic fibrosing dermopathy in a kidney transplant recipient with photodynamic therapy[J]. Nephrology Dialysis Transplantation, 2005, 20(1): 220-222.

[79] CAI W R, ZHANG G Y, LU K K, et al. Enhanced electrochemiluminescence of one-dimensional self-assembled porphyrin hexagonal nanoprisms[J]. ACS Applied Materials & Interfaces, 2017, 9(24): 20904-20912.

[80] ARATANI N, KIM D, OSUKA A. Discrete cyclic porphyrin arrays as artificial light-harvesting antenna[J]. Accounts of Chemical Resesrch, 2009, 42: 1922-1934.

[81] SESSLER J L, SEIDEL D. Synthetic expanded porphyrin chemistry[J]. Angewandte Chemie-International Edition, 2003, 42: 5134-5175.

[82] TING M A, PAN Z, MIAO L, et al. Porphyrin-based symmetric redox flow batteries towards cold-climate energy storage[J]. Angewandte Chemie-International Edition, 2018, 130: 3212-3216.

[83] HUYNH E, RAJORA M A, ZHENG G. Multimodal micro, nano, and size conversion ultrasound agents for imaging and therapy[J]. Wiley Interdisciplinary Reviews Nanomedicine & Nanobiotechnology, 2016, 8: 796-813.

[84] NG K K, ZHENG G. Molecular interactions in organic nanoparticles for phototheranostic applications[J]. Chemical Reviews, 2015, 115: 11012-11042.

[85] ELGERSMA R C, MEIJNEKE T, POSTHUMA G, et al. Self-assembly of amylin(20-29) amide-bond derivatives into helical ribbons and peptide nanotubes rather than fibrils[J]. Chemistry, 2006, 12: 3714-3725.

[86] ADLER A D, LONGO F R, KAMPAS F, et al. On the preparation of metalloporphyrins[J]. Journal of Inorganic and Nuclear Chemistry, 1970, 32(7): 2443-2445.

[87] DUNCAN A, MEEK J H, CLEMENCE M, et al. Optical pathlength measurements on adult head, calf and forearm and the head of the newborn infant using phase resolved optical spectroscopy[J]. Physics in Medicines & Biology, 1995, 40(2): 295-304.

[88] 倪春林, 卢惠娟. *β*-硝基四苯基卟啉锌的合成及其光谱性质[J]. 化学试剂, 2002, (5): 268-270.

[89] 任奇志, 黄锦汪, 刘展良, 等. 单核铁双卟啉配合物的可见光谱及其构象[J]. 光谱学与光谱分析, 1999, 19(1): 38-40.

[90] 王兰芝, 佘远斌. 取代金属(铁、锰、钴、铜、锌)卟啉的光谱分析[J]. 光谱学与光谱分析, 2008, (10): 2312-2317.

[91] FURUTA H, ASANO T, OGAWA T, et al. “*N*-confused porphyrin”: A new isomer of tetraphenylporphyrin[J]. Journal of the American Chemical Society, 1994, 116(2): 767-768.

[92] LATOS-GRAZYNSKI L, CHMIELEWSKI P J, RACHLEWIWICZ K, et al. Tetra-*p*-tolylporphyrin with an inverted pyrrole ring: A novel isomer of porphyrin[J]. Angewandte Chemie International Edition, 1994, 33(7): 779-781.

[93] CHEN W C, HUNG C H. Synthesis and characterization of iron *N*-confused porphyrins: Structural evidences of agostic interaction[J]. Inorganic Chemistry, 2001, 40(20): 5070-5071.

[94] IKAWA Y, HARADA H, TOGANOH M, et al. Synthesis and protonation behavior of a water-soluble *N*-fused porphyrin: Conjugation with an oligoarginine by click chemistry[J]. Bioorganic & Medicinal Chemistry Letters, 2009, 19(9): 2448-2452.

[95] GEIER G R, HAYNES D M, LINDSEY J S, et al. An efficient one-flask synthesis of *N*-confused tetraphenylporphyrin[J]. Organic Letters, 1999, 1(9): 1455-1458.

[96] SCHMIDT I, CHMIELEWSKI P J. Nickel(Ⅱ) complexes of 21-C-alkylated inverted porphyrins: Synthesis, protonation, and redox properties[J]. Inorganic Chemistry, 2003, 42(18): 5579-5593.

第 3 章　卟啉核壳结构材料

3.1　概　　述

核壳结构已经成为纳米材料的研究热点。卟啉的 π 共轭结构拥有独特的光电性质和良好的热力学稳定性，作为光电器件、模拟酶、分子识别和传感材料，在化学、医学、生物化学等领域显示出良好的应用前景。本节简要介绍卟啉核壳结构材料的制备过程、应用及前景。

3.1.1　卟啉

卟啉作为光合作用的中心，具有氧和生物酶催化的重要成分，在生命系统中起着不可替代的作用[1]。同时，作为一类大环化合物，由于其良好的光敏性质、热力学稳定性和许多独特的理化性质等，在超分子领域备受关注。许多基于卟啉的应用具有广泛的空间，卟啉核壳结构便是其中一种。部分金属卟啉是生物体所必需的物质。例如，具有镁卟啉的叶绿素能在光合作用过程中把吸收的 CO_2 转化为有机化合物[2]，血红素中的铁卟啉和维生素 B_{12} 中的钴卟啉在氧的传输、活化和储存，酶催化，电子传递等过程中发挥着重要的作用[3,4]。

1912 年，Kuster 首次提出卟啉具有“四吡咯”大环结构，但在当时这种结构被认为是很不稳定的，并没有得到人们的认可[5]，直到 1929 年 Fishert 和 Zeile 合成了氯高铁卟啉，其结构才得到了证实[6]。众多实验证明卟啉具有独特的光电性能，可以合成不同取代中心的金属卟啉衍生物，已经实现了仿生催化过氧化氢酶的酶氧化模拟[7,8]。金属卟啉仿生催化剂应用的关键是设计合成高效、稳定、廉价的金属卟啉衍生物。

3.1.2　核壳结构材料

纳米核壳型结构材料是通过物理静电作用或化学键合作用，在表面上涂覆一层或多层均匀的纳米材料而形成的，以尺寸在纳米或微米级的球形颗粒为核的复合材料。

1. 核壳结构材料的分类

核壳结构材料根据核与壳的不同可以分为无机@无机、无机@有机、有机@

有机、有机@无机四大类。无论是作为核还是作为壳，无机物不仅包括单一的金属，如 Au、Pt 等纳米粒子，还包括金属或非金属的氧化物或硫化物，如 SiO_2、TiO_2、ZnS、CdS 等；同样，有机物高分子也可以作为核或者壳，如聚甲基丙烯酸甲酯(PMMA)微球。

在溶液中分散的无机物粒子表面覆盖一层其他的无机物层，即可形成功能化的具有核壳结构的无机@无机材料。其中，围绕半导体材料 CdS、ZnS 纳米微球的体系多见报道[9-11]，有 CdS@HgS、CdS@PbS、ZnS@CdS、ZnS@CdSe、CdS@SiO_2、CdS@Ag_2S、CdS@ZnO、CdS@ZnS 等；另一研究热点是以在催化领域有卓越贡献的贵金属为核或壳的材料，Henglein[12]报道了 Au@Pt、Pt@Au 粒子，Lee 等[13]报道了 Au@SiO_2、SiO_2@Au 复合微球。铁氧化物的核壳结构材料也备受关注，包括 γ-Fe_2O_3@SiO_2 材料[14]和具有铁磁性的 Fe_3O_4@SiO_2 纳米粒子[15]。

高分子聚合物包裹无机纳米粒子可形成无机@有机核壳结构材料。由于 SiO_2 小球具有制备技术成熟和尺寸可控、易分散的特性，且表面丰富的硅羟基易被修饰，所以是一种常见的无机核。Koch 等[16]报道了二氧化硅@二乙烯基苯(SiO_2@PDVB)的制备。杨柏课题组制备了核壳型二氧化硅@聚苯乙烯@聚吡咯(SiO_2@PS@PPy)，图 3.1 是 SiO_2@PS@PPy 复合微球的扫描电子显微镜(scanning electron microscope，SEM)和透射电子显微镜(transmission electron microscope，TEM)图像，图 3.2 是复合微球的制备过程示意图，该复合微球制备过程中包含了比较全面的有机高分子聚合物包覆思想[17]。乳液技术的发展，使难以分散的金属氧化物也可以被有机物有效包裹，在此技术上比较有代表性的无机@有机核壳材

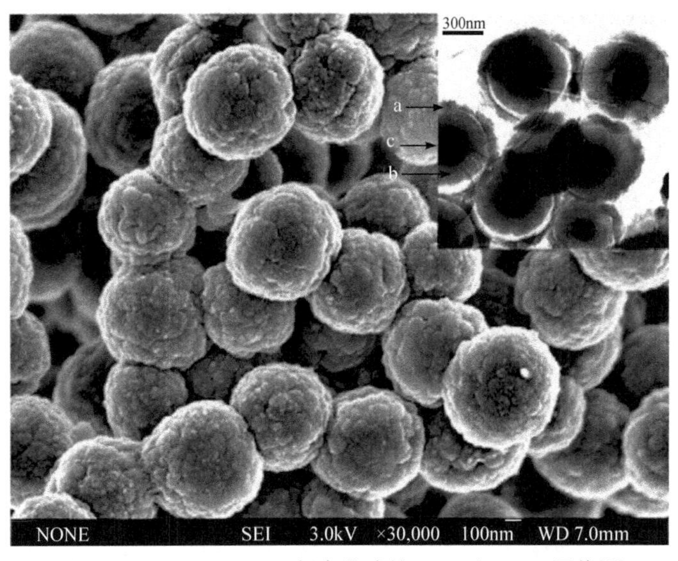

图 3.1　SiO_2@PS@PPy 复合微球的 SEM 和 TEM 图像[17]

a-PPy 层；b-PS 层；c-SiO_2 球

料有 α-Fe_2O_3@PPy[18]、Fe_3O_4@PS[19]。1999 年，Marinakos 等设计了一套独特的核壳材料制备方法来制备 Au@PPy[20]。此外，炭黑、$CaCO_3$ 等也可作为核，在外层包裹有机高分子聚合物。

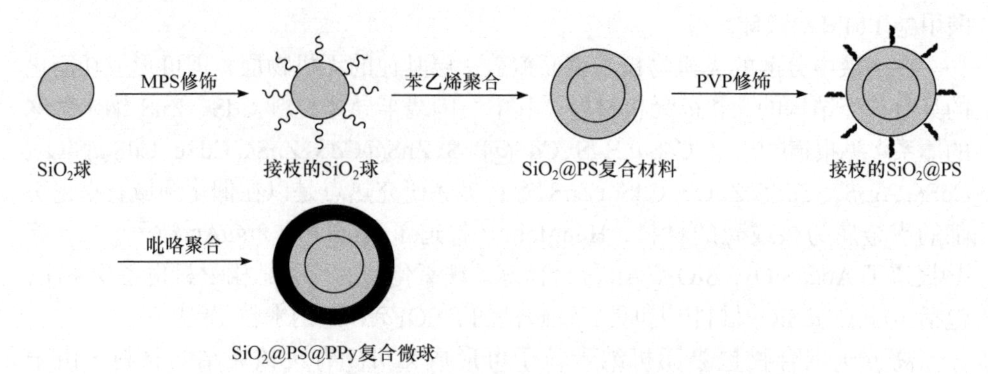

图 3.2 SiO_2@PS@PPy 复合微球的制备过程示意图[17]

MPS-3-(三乙氧基硅烷)甲基丙烯酸丙酯；PVP-聚 *N*-乙烯基吡咯烷酮

在常见的 PS、PMMA 等聚合物微球表面包裹无机物或无机物纳米粒子，可形成有机@无机纳米核壳结构材料。Shiho 等[21]水解 $FeCl_3$ 生成 Fe_3O_4，包裹在 PS 微球上，制备得到 PS@Fe_3O_4 磁性纳米复合微球；Ji 等[22]制备了 PS@Au，并继续包覆，制得了多层核壳结构材料 PS@Au@SiO_2；Zhu 等[23]制备了 PS@ZnS 复合微球。嵌段共聚物也被用作有机@无机纳米核壳结构材料的核，Wormuth[24]以双亲性嵌段共聚物合成了超顺磁性的聚(环氧乙烷)-聚(甲基丙烯酸)@三氧化二铁(PEO-PMMA@Fe_2O_3)核壳材料。有机物可以通过焙烧除去，作为核的高分子微球焙烧后留下了中空的壳，因此有机@无机纳米核壳结构材料常常被用作空球制备的前躯体。有机@有机核壳结构纳米材料，主要是以聚酰胺(PA)、聚丙烯酰胺(PMA)、聚丙烯(PP)、PVP 等聚合物为核或者壳，从而得到目标核壳结构材料。

2. 核壳结构材料的制备方法和形成过程

核壳型纳米复合微球在制备过程中的作用主要有化学键、静电吸引、媒介作用等，在材料的制备过程中，常常是共同发生作用。这几种作用机理既是材料制备方法依据的理论，也是材料制备方法反映的理论。核壳型纳米粒子制备的通用方法主要有聚合法和自组装法，其他如溶胶-凝胶法、反胶束法、离子交换法和化学反应法也经常被使用。

聚合法包含了很多方式，其中乳液聚合可避免有机物挥发，有良好安全的热交换过程，而具有别样的优越性。用这种方法制备有机@有机纳米复合微球时，第一步通过乳液聚合形成种子纳米球体，作为第二步聚合包裹的核(图 3.3)。

用此方法，Ha 等[25]制备了 PS@PFA，Pusch 等[26]合成了具有聚二乙烯苯(PDVB)核和聚乙酸乙烯酯(PVAc)壳的 PDVB@PVAc，Ni 等[27]报道了 PS@MPS。制备无机@有机纳米复合微球也可以用这种方法。近年来，研究中比较热门的贵金属 Au、Ag、Pt 等纳米颗粒由于具有独特的性质，在微电子、化学传感、催化等领域有潜在的应用。但是裸金属纳米粒子非常容易聚集，形成核壳保护内部贵金属纳米粒子[28]可以很好地避免此现象，最可行的方式是表面修饰后聚合。在贵金属纳米粒子上嫁接功能性分子，壳单体与功能性分子相互作用，聚合后包覆在外层(图 3.4)。

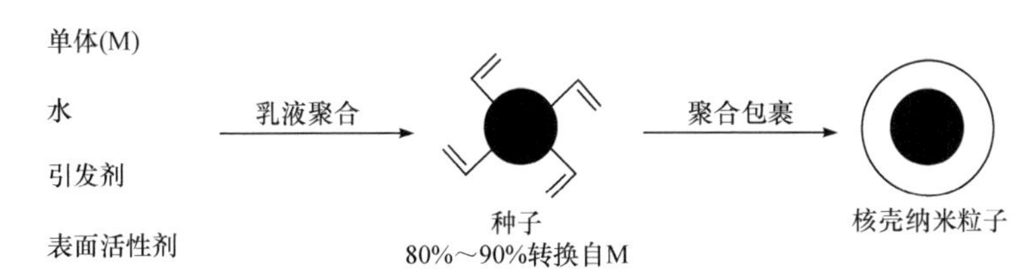

图 3.3　两步乳液聚合合成核壳纳米粒子过程示意图[25]

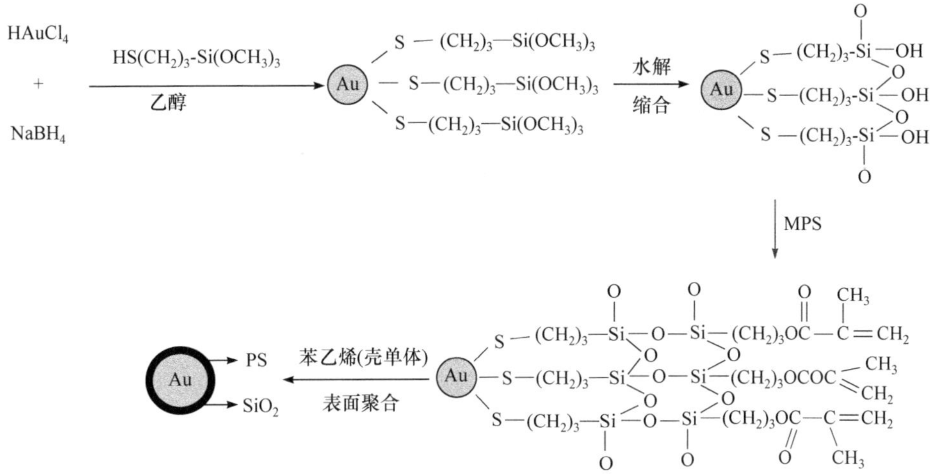

$HAuCl_4$ + $NaBH_4$ —— $HS(CH_2)_3\text{-}Si(OCH_3)_3$ / 乙醇 ——→ Au—[S—$(CH_2)_3$—$Si(OCH_3)_3$]$_3$ —— 水解 / 缩合 ——→ Au—[S—$(CH_2)_3$-Si(O)—OH]$_3$ —— MPS ——→ Au—[S—$(CH_2)_3$—Si—O—Si—$(CH_2)_3OCOC(CH_3)=CH_2$]$_3$ —— 苯乙烯(壳单体) / 表面聚合 ——→ Au (PS, SiO_2)

图 3.4　表面包覆聚合制备 Au@PS 核壳纳米粒子示意图[28]

制备核壳结构材料的另一种重要方法是自组装，形成过程无须人工干预，各组分自动组装成需要的结构[29,30]。在制备核壳结构纳米材料方面，自组装方法主要可以分为两种：两亲性共聚[31]和层层自组装(layer-by-layer self-assembly，LbL)[32,33]。两亲性共聚物本质上同时含有亲水性和疏水性双功能端，在水环境下，体系达到临界胶束浓度以上，疏水端就会自组装成核，亲水端包覆在疏水核上形成核壳胶束(图 3.5)。虽然该方法操作简单，但是形成的核壳胶束并不是很稳定。LbL 方法可用于制备层层自组装纳米 SiO_2 核壳复合粒子(图 3.6)。首先，选择一种合成方法合成核心模板；然后，将生成的模板通过阳离子和阴离子单体进行修饰；最后，改性后的模板通过 LbL 沉积得到目标核壳材料。LbL 方法有很多潜在的优势：①成本低、纯度高、可用于大规模生产；②可通过改变吸附条件调整沉积层厚度和数量[34]；③不同大小、形状和成分的模板可以用来制作各种自组装核壳颗粒[35]。然而，这种方法需要多次连续沉积循环和净化步骤，通常在中间提纯或分离过程中减少了净产量。因此，寻找简单、温和、高收益的方法仍然是值得探究的。

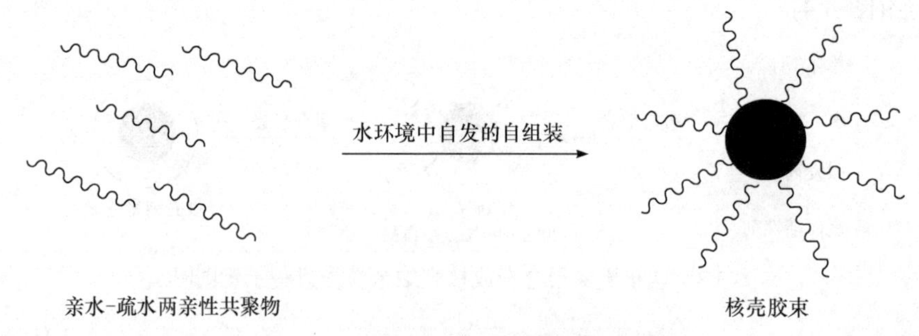

图 3.5 两亲性共聚物自组装成核壳胶束

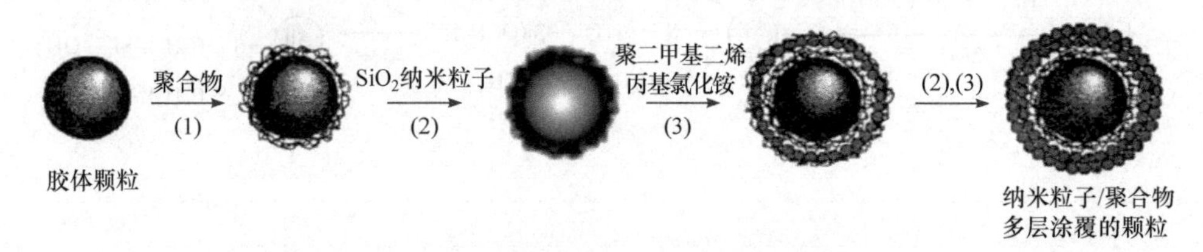

图 3.6 层层自组装纳米 SiO_2 核壳复合粒子[33]

其他方法如化学反应法，主要用来制备金属@金属型纳米核壳结构材料。首先制备好某种金属纳米粒子，将另外一种金属的化合物同还原剂一起加入体系，在表面反应从而得到复合粒子，如 Au@Ag，即可通过在 Au 纳米表面进行 Ag^+ 的还原反应，得到的 Ag 纳米簇在表面生长，形成核壳结构[36]。溶胶-凝胶法则是将所需包覆的粒子分散在制备好的前驱体溶液中，再在一定条件下凝胶化，即可得到包覆的核壳凝胶材料[37]。反胶束法的表面活性剂分子极性基团指向核内，磺化琥珀酸二辛酯钠盐(AOT)和十六烷基三甲基溴化铵(CTAB)等常被用作此方法的表面活性剂，当有机相形成大量聚集体时，核可在表面活性剂分子指向的核内生成，再通过一系列变化得到壳层。杜玉扣课题组用 AOT 作表面活性剂，用水合肼还原制备 Au 纳米粒子，再用硫与金的吸引作用引入 S^{2-}，最后加入 $Cd(NO_3)_2$ 洗涤，静置得到 Au@CdS(图 3.7)[38]。制备方法还有离子交换法与离子注入法等，但应用并不广泛。

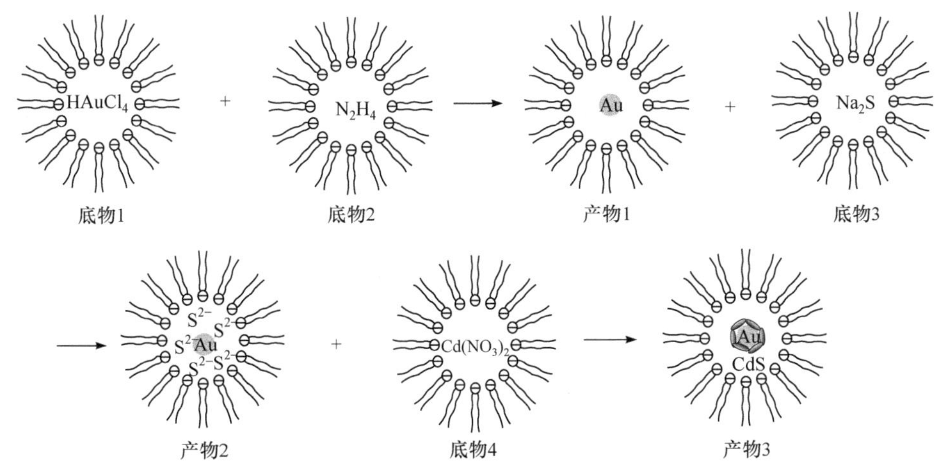

图 3.7　反胶束法合成 Au@CdS 核壳纳米粒子步骤[38]

3. 核壳结构材料在各个领域的应用

催化剂是否具有良好的活性、稳定性和重复使用性，通常决定着一种催化剂的经济价值。核壳结构纳米材料有外壳包裹，可以形成封闭的内部环境用于富集反应物，提高反应速率，外层的保护作用将大大提高催化剂的稳定性，防止催化剂团聚，延长催化剂寿命。核壳型催化剂主要有金属@金属、金属@氧化物、氧化物@氧化物等，催化反应类型主要有氧化、还原、光降解与环境催化。

纳米尺寸越小的 Pd 催化剂对甲酸电催化氧化活性越好，核壳型的 Au@Pd 催化剂活性远高于单一的 Pd 纳米粒子[39]。甲醇氧化反应在 Au@Pt、Fe_3O_4@Au@Pt 和 Pt@Ru 等核壳型催化剂作用下，发生协同作用而使得活性很好[40]。核壳型的 Ni@Pt 催化剂催化氧化还原反应，活性高于单一的纯 Pt[41]；无定型 Fe 的核壳型材料 Fe@Pt 应用到催化电氧化液体燃料氨硼烷(AB)反应中，具有活性高、循环重复性良好等优点[42]。核与壳之间强烈的相互作用常常能够增强材料的活性，WO_3@TiO_2 催化 H_2O_2 体系氧化环戊二烯合成戊二醛[43]，SiO_2@ WO_4^{2-} 催化水相氧化硫代苯甲醚具有明显的优势[44]。Toshima 等将制备的 Au@Pt@Rh 和 Pd@Au@PVP 催化剂应用于催化丙烯酸甲酯加氢反应中，活性均比单一组分粒子要高[45]；复合催化剂 Fe_2O_3@SiO_2@Au 催化液相 $NaBH_4$ 还原 4-硝基酚的活性较好，分离容易，是一种理想的液相还原催化剂[46]。

在环境催化方面，Pt@Cu 催化氮氧化物还原[47]，TiO_2@SiO_2@Fe_3O_4 光催化溴氨酸脱色[48]，Fe@Fe_2O_3 负载于碳纳米管催化罗丹明 B 降解[49]，Au@Ag@TiO_2 核壳纳米颗粒光催化消解臭氧[50]等，取得了一定的成果。其他催化降解反应如 MFe_2O_4@SiO_2@TiO_2(M 为 Co、Mg)降解甲基橙[51]，$Zn_{0.35}Ni_{0.65}Fe_2O_4$@$SiO_2$@$TiO_2$ 光催化降解草酸[52]，具有较高的降解活性。

生物修饰过的核壳纳米粒子能够提升药物的靶向功能[53,54]，提高作用于局部病体部位的药物浓度，从而达到良好的治疗效果，满足了医学上对肿瘤药物靶向作用的较高要求。小鼠试验证实这种载药纳米粒子具有明显的治疗作用，图3.8(a)～(c)分别为靶向载药纳米粒子示意图、细胞试验结果、体内试验结果。具有磁性的核壳型载药纳米粒子，在外加磁场作用下可有效富集于病理区域。Lübbe等[55]制备了抗肿瘤药物表柔比星(epirubicin)的磁性核壳结构纳米粒子，并在临床试验治疗患者头部和颈部肿瘤过程中发现疗效非常好。

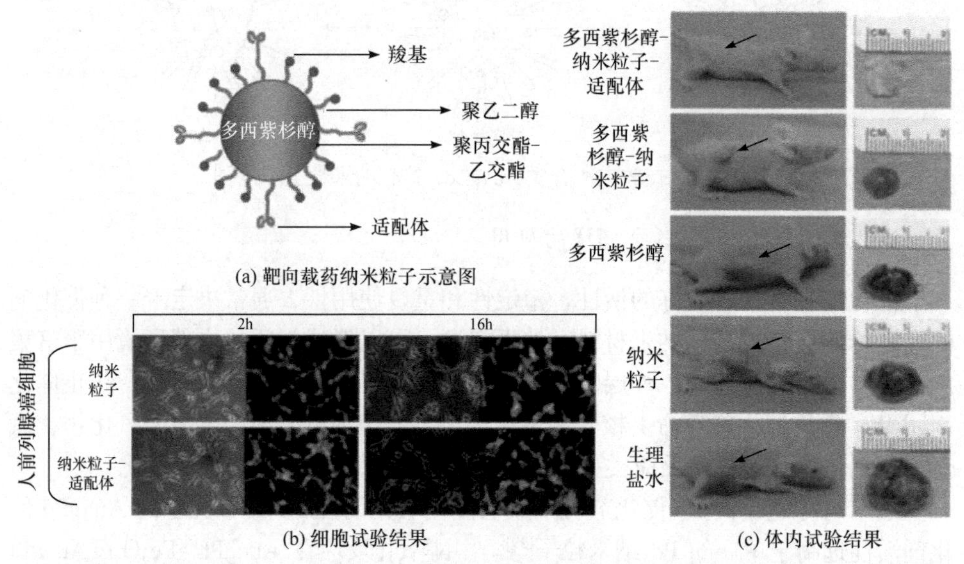

图3.8 载药核壳纳米材料用于前列腺癌的治疗[53,54]

分离与纯化是材料界永远不能够停止的工作。材料本身需要分离，也可用于分离与提纯，核壳材料制备技术的发展为核酸、蛋白质等细胞活性物质的分离提供了新的方向[56]。Maier 等[57]用阳离子聚苯乙烯纳米球与寡核苷酸疏水端的静电作用力实现脱氧核糖核酸(deoxyribonucleic acid，DNA)的分离，相比其他高效液相色谱(high performance liquid chromatography，HPLC)等常规方法，大大缩短了分离时间；庞代文课题组合成了具有被包裹量子点和磁流体的纳米材料，成功地从血液中分离出乳腺癌细胞[58]；Herr 等[59]也采用同样具有磁性和荧光的连接适配体的双功能核壳纳米材料，实现了对血液中淋巴癌细胞的同步分离与检测，这大大促进了癌症的快速检测。通过修饰核壳型复合纳米粒子可以实时观察标记分子与靶标的相互作用，因此，在基因转染、光学成像和磁共振成像中也多有应用[60]。

当两种半导体材料以核壳形式复合在一起时，由于核与壳的相互补充，缺陷产生的陷阱大大减小，表面状态的改变和光生电子空穴对的分离延长了电荷的寿命，因此具有光电材料稳定性良好的优点。硫属化合物复合主要表现为吸收光谱和荧光光谱性质的特殊变化，金属氧化物@硫属化合物主要表现光电转化方面的特性。核壳型 CdS@ZnS 复合纳米粒子连续光解水，氢的产率远高于单一的 CdS 粒子。光电太阳能转换电池研究中普遍使用的材料有 TiO_2、ZnO、SnO_2，但这些半导体氧化态物质禁带宽度比较大，只能够响应波长小的紫外光，光电转化效率低。利用窄带隙半导体或染料分子对其进行复合敏化，光响应可被拓宽至可见光区，甚至可以被拓宽至红外光区，可以很好地提高光电转化效率[61]。

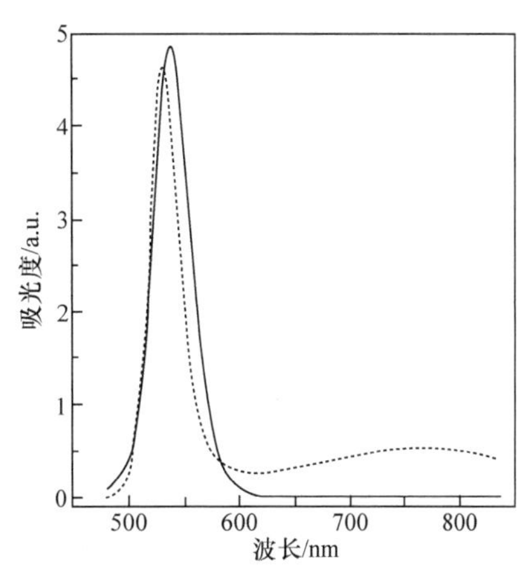

图 3.9　半导体材料 CdSe(虚线)和 CdSe@ZnS(实线)的荧光吸收比较

半导体的多样复合使得核壳复合材料表现出荧光增强或者新的荧光光谱峰。CdSe@ZnS 核壳纳米粒子中半导体 ZnS 对 CdSe 起到表面修饰的作用，消除了非辐射复合，提高量子效率，从而增强荧光作用[62](图 3.9)；$Cd(OH)_2$ 复合的 CdS 纳米粒子荧光增强效应也特别明显。除此之外，在核壳型 HgS@CdS[63]和 CdS@ZnS[64]材料中，可以发现新的荧光光谱峰。核壳型 HgS@CdS 在激发波长λ_{exc} = 360nm 和λ_{exc} = 950nm 处有新的强荧光发光(由于 HgS@CdS 在界面上俘获电荷发生复合)，而在此激发波长下，纯的 HgS 和 CdS 并不发射荧光。核壳型复合半导体纳米材料，作为半导体纳米材料的一个重要分支，因其具有优良的性能受到越来越广泛的关注。

3.2　卟啉核材料

3.2.1　卟啉核的特性

近年来，具有卟啉核的树枝状聚合物作为生命反应的重要单元，受到学者的关注并且用于模拟生命功能，如能量漏斗、酶反应或携带双分子等。通常，卟啉核单元的特性可以通过调节金属离子的排列来实现。例如，修饰在 FeP 中心轴向位置上的铜络合物，有助于提高细胞色素氧化酶的催化能力。Imaoka 等[65]用带有卟啉核的对甲基苯乙胺树枝状大分子，在每个亚胺上的络合来组装一个多金属离子，这是因为对甲基苯乙胺的主链适合用金属离子对树枝状大分子的电化学或光物理功能进行修饰。以内消旋四(4-氨基苯基)卟啉和相应的苯氮唑亚胺(DPA)树突为原料，采用 $TiCl_4$ 脱水法制备了一系列以卟啉为核心的树枝状大分子(PnH_2)。虽然逐步径向络合作用对核心的电子密度很敏感，但是具有金属卟啉核的对甲基苯乙胺树枝状大分子的路易斯酸金属离子可控组装是可行的。

3.2.2 卟啉核的应用

树枝状卟啉(dendrimer porphyrin，DP)在生物医学中的应用具有一定意义，因为它们具有可预测的结构，即单分散的分子量和可调的三维结构，以及它们对周围高密度官能团的灵活性。Jang 等[66]将 DP 加入新型纳米载体(聚合物胶束)，产生了增加光毒性而不损害 DP 的光物理性质，DP 的光动力学功效得到了显著的改善。

Huang 等[67]制备了卟啉-TiO_2 纳米粒子，作为可见光催化剂，采用溶液-凝胶反应制备核壳结构 TiO_2 包裹的 5,10,15,20-四(五氟苯基)-21H,23H-卟啉(PF_6)。这种纳米粒子在可见光范围内具有宽的吸收光谱，可以分解有机染料，纳米粒子壳足够薄，从而使得 PF_6 有效地吸收可见光。核壳 PF_6-TiO_2 纳米粒子相对于卟啉-TiO_2，对罗丹明 B 具有更好的光降解作用[68-76]。

3.3 卟啉壳化合物

卟啉类化合物广泛存在于自然界的生命体中，并且在许多领域具有很大的潜在应用价值。在过去的研究中，卟啉化学得到了极大的发展。Fisher 和 Zeile 于 1929 年首次合成氯高铁卟啉以来，研究者们对卟啉的研究逐渐深入。目前，卟啉的合成方法可分为两大类[77]：一类是利用非卟啉前体进行分子内或分子间缩合反应制备卟吩大环，然后合成卟啉类化合物：另一类是通过修饰现有卟啉分子的化学结构合成新的卟啉。近年来，在前人工作的基础上，国内外学者不断改进和完善卟啉的合成方法，在第 2 章中已进行了详细的介绍。

3.3.1 单层卟啉壳

Wang 等[78]使用吸附的阳离子锡卟啉作为光催化剂，合成了促进二氧化硅纳米球表面金属生长的二氧化硅-Pt 核壳结构。当 Pt 配合物和电子供体暴露于可见光时，卟啉光催化产生 Pt 金属形成种子纳米颗粒，然后自催化地生长成纳米级的 Pt 树枝状结构，连接在一起形成均匀的薄壳。除了用作光催化剂，卟啉还可改性二氧化硅表面，使 Pt 颗粒和树枝状结构结合到更疏水的卟啉改性表面，可以除去二氧化硅核以得到中空 Pt 壳。磁性纳米颗粒也可以包在二氧化硅核中以促进 Pt 分离和回收。此外，略微修改铂修饰的方法，可以在二氧化硅纳米球上生长其他催化金属(如 Pd)。通过对光强度、暴露时间和金属配合物浓度等变量的控制，达到对核壳结构的控制，可用于生产稀疏金属化的二氧化硅纳米结构。

Huynh 等[79]用单层卟啉-油脂混合常规的磷脂包裹氟化气体，合成了内插囊泡，其在声学和光学方面具有优越的物理性能[80,81]，卟啉-油脂壳可以增加囊泡的光激性，改善血清的稳定性，该囊泡的直径为 2.7μm ± 0.2μm。利用声学模型，通过计算内部结构得知光激性磷脂囊泡比商品囊泡坚硬 3～5 倍，在共振频率为 9～10MHz 的超声和光声下都很稳定，这种独特的性质使其在生物医学成像和治疗方面具有广阔的应用前景[82]。

3.3.2　多层卟啉壳

Sun 等[83]合成了新型的卟啉功能化的 Fe_3O_4@SiO_2 核壳磁性分析试剂材料，用于检测、吸附和移除溶液中 Hg^{2+}(图 3.10)。

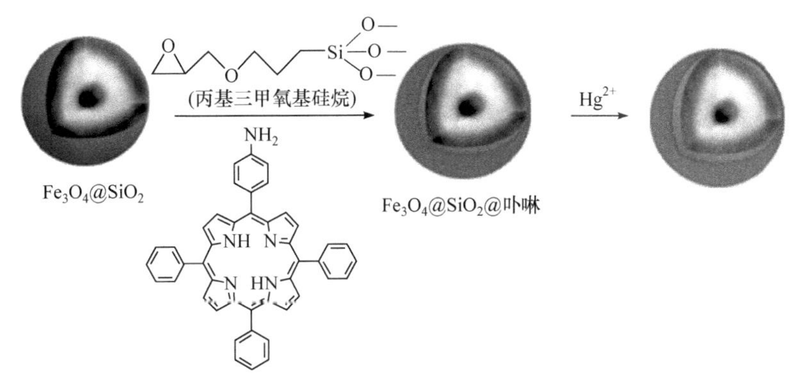

图 3.10　卟啉功能化的 Fe_3O_4@SiO_2 核壳磁性分析试剂材料[83]

Cho 等[84]合成了卟啉功能化的 Au@SiO_2 核壳纳米粒子(图 3.11)，它不仅具有对 Hg^{2+}的高吸附性和选择性，而且可以作为其他荧光/比色传感器的设计目标。

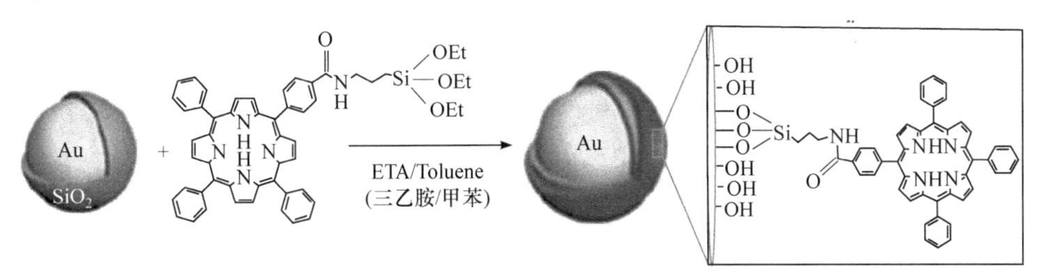

图 3.11　卟啉功能化的 Au@SiO_2 核壳纳米粒子的合成[84]

3.3.3　其他卟啉壳

Choi 等[85]使用铁卟啉吸附热敏感的核壳聚合物表面，作为正温催化剂。环己烷在水溶液中氧化主要依靠亚碘酰苯，催化活性随温度而发生变化，铁卟啉纳米球的合成方案和结构如图 3.12 所示。

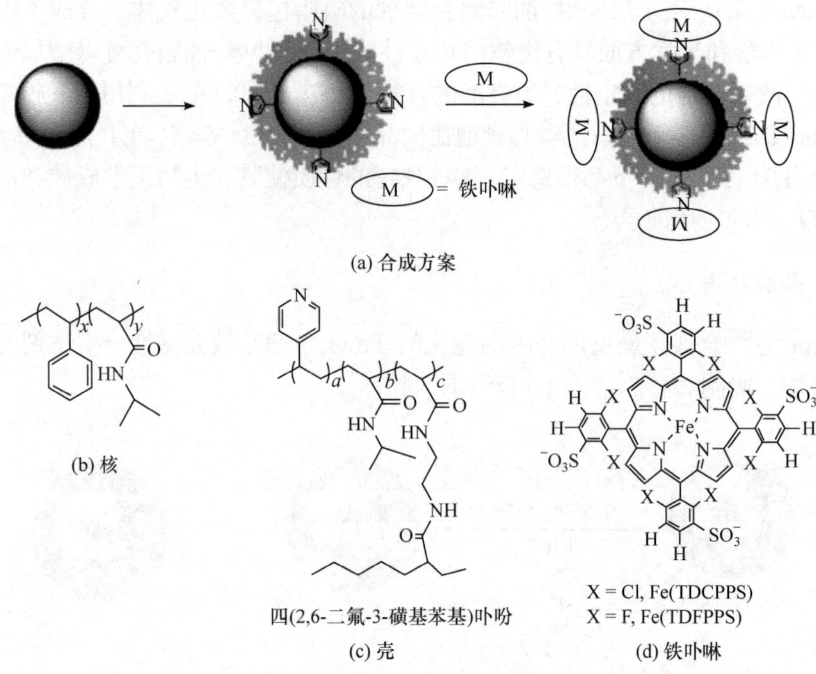

图 3.12 铁卟啉纳米球的合成方案和结构示意图[85]

卢小泉课题组合成了新型四羟基苯基卟啉包裹纳米金核壳结构(Au@THPP)修饰的竖直排列碳纳米管(CNTs)复合材料，并将其组装在氧化铟锡(ITO)表面，作为一个简单模拟光合作用系统中光捕获天线的模型(图 3.13)[86]。图 3.13(a)是嵌入自然光合作用类囊体膜内的光合作用光依赖组分及其光捕获过程和电子转移(electron transfer, ET)的示意图，图 3.13(b)是人工光合作用模型和可能的 ET 途径。在光系统中，卟啉作为具有大 π 电子结构的大环化合物，是色素的主要组成部分。该仿生模型 Au@THPP/CNTs，可以通过化学的方法在可见光诱导下研究质体醌(PQ)的同系物苯醌(BQ)的再生过程，从而达到简单地研究复杂光捕获过程中 ET 的目的。

郭新闻课题组通过蒸发诱导简单碳化铁(Ⅲ)卟啉(FeP)层均匀涂覆的炭黑，得到 N 掺杂的类石墨烯层，作为一种新颖的核壳结构非贵金属电催化剂(non-precious metal electrocatalyst，NPME)(图 3.14)[87]。通过改变负载在碳上 FeP 的量，可以容易地将类石墨烯壳的厚度调节至 6.6nm。该催化剂在碱性和酸性介质中表现出高的氧化还原反应(oxidation-reduction reaction，ORR)活性。

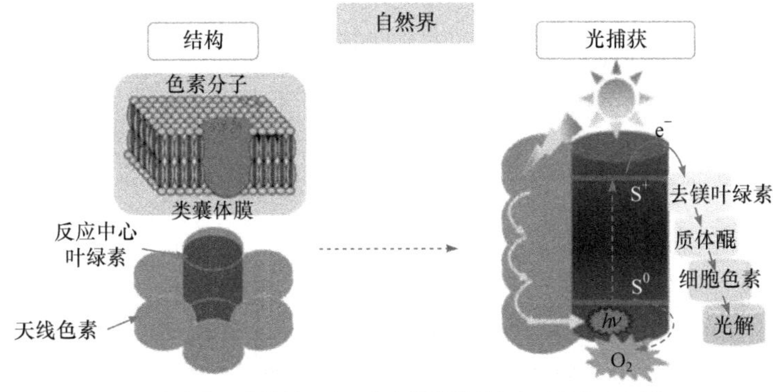

(a) 光合作用光依赖组分及其光捕获过程和电子转移示意图

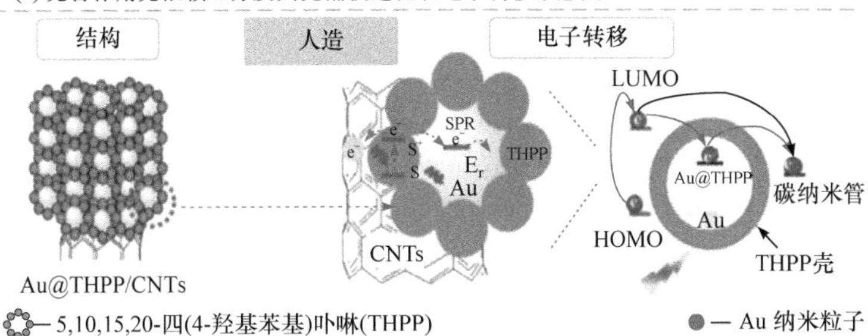

(b) 人工光合作用模型和可能的ET途径

图 3.13　简单模拟光合作用系统中光捕获天线的模型[86]

SPR-表面等离子体共振(surface plasmon resonance)；LUMO-最低未占分子轨道(lowest unoccupied molecular orbit)；HOMO-最高占据分子轨道(highest occupied molecular orbit)

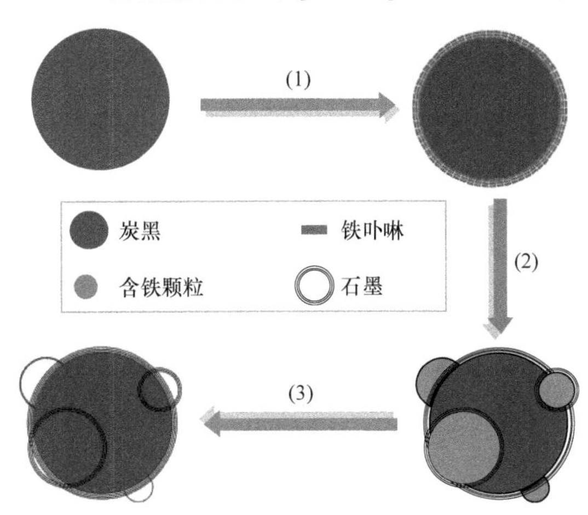

图 3.14　NPME 的合成示意图[87]

(1) 旋转蒸发诱导的自组装；(2) 铁卟啉涂覆炭黑的热处理；(3) 酸浸，去除不稳定的物质和副产物

参 考 文 献

[1] MILGROM L R. The colours of life: An introduction to the chemistry of porphyrins and related compounds[J].

Quarterly Review of Biology, 1997, 75(1): 45.

[2] DIXON D W, SCHINAZI R, MARZILLI L G. Porphyrins as agents against the human immunodeficiency virus[J]. Annals of the New York Academy of Sciences, 2010, 616: 511-513.

[3] HOD I, SAMPSON M D, DERIA P, et al. Fe-porphyrin-based metal-organic framework films as high-surface concentration, heterogeneous catalysts for electrochemical reduction of CO_2[J]. ACS Catalysis, 2005, 5(11): 6302-6309.

[4] WAKAHARA T, MIYAZAWA K, NEMOTO Y, et al. Fullerene/cobalt porphyrin hybrid nanosheets with ambipolar charge transporting characteristics[J]. Journal of the American Chemical Society, 2012, 134(17): 7204-7206.

[5] HAIGLER B E, SPAIN J C. Biotransformation of nitrobenzene by bacteria containing toluene degradative pathways[J]. Applied and Environmental Microbiology, 1991, 57(11): 3156-3162.

[6] BIESAGA M, PYRZYNSKA K, TROJANOWIEZ M, et al. Porphyrins in analytical chemistry. A review[J]. Talanta, 2000, 51: 209-224.

[7] SU S H, WANG J L, VARGAS E, et al. Porphyrin immobilized nanographene oxide for enhanced and targeted photothermal therapy of brain cancer[J]. ACS Biomaterials Science & Engineering, 2016, 2(8): 1357-1366.

[8] DIPASQUALE A G, MAYER G M. Hydrogen peroxide: A poor ligand to gallium tetraphenyl porphyrin[J]. Journal of the American Chemical Society, 2008, 130(6): 1812-1813.

[9] SADHU S, PATRA A. Relaxation dynamics of anisotropic shaped CdS nanoparticles[J]. Journal of Physical Chemistry C, 2011, 115 (34): 16867-16872.

[10] VELIKOV K P, BLAADERDN A V. Synthesis and characterization of monodisperse core-shell colloidal spheres of zinc sulfide and silica[J]. Langmuir, 2001, 17 (16): 4779-4786.

[11] PANDA S K, DATTA A, CHAUDHURI S. Nearly monodispersed ZnS nanospheres: Synthesis and optical properties[J]. Chemical Physics Letters, 2007, 440(4): 235-238.

[12] HENGLEIN A. Preparation and optical aborption spectra of $Au_{core}Pt_{shell}$ and $Pt_{core}Au_{shell}$ colloidal nanoparticles in aqueous solution[J]. Journal of Physical Chemistry B, 2000, 104(10): 2201-2203.

[13] LEE H B, YOO Y M, HAN Y H. Characteristic optical properties and synthesis of gold-silica core-shell colloids[J]. Scripta Materialia, 2006, 55(12): 1127-1129.

[14] WEI W, DING Y, ZHAO A K, et al. Monodisperse and mesoporous walnut kernel-like SiO_2/γ-Fe_2O_3 nanocomposite: Synthesis, magnetic properties, and application in drug delivery[J]. Journal of Alloys and Compounds, 2017, 728: 585-591.

[15] DENG Y H, CAI Y, ZHAO D Y, et al. Multifunctional mesoporous composite microspheres with well-designed nanostructure: A highly integrated catalyst system[J]. Journal of the American Chemical Society, 2010, 132(24): 8466-8473.

[16] KOCH F, PETROVA-KOCH V. Light from Si-nanoparticle systems—A comprehensive view[J]. Journal of Non-Crystalline Solids, 1996, 198-200(9): 840-846.

[17] YAO T, LIN Q, ZHANG K, et al. Preparation of SiO_2@polystyrene@polypyrrole sandwich composites and hollow polypyrrole capsules with movable SiO_2 spheres inside[J]. Journal of Colloid and Interface Science, 2007, 315(2): 434-438.

[18] MANGENEY C, FERTANI M, BOUSALEM S, et al. Magnetic Fe_2O_3-polystyrene/PPy core/shell particles: Bioreactivity and self-assembly[J]. Langmuir, 2007, 23 (22): 10940-10949.

[19] SONG L G, LIU T B, LIANG D H, et al. Coupling of optical characterization with particle and network synthesis for

biomedical applications[J]. Journal of Biomedical Optics, 2002, 7: 498-506.

[20] MARINAKOS S M, SHULTZ D A, FELDHEIM D L. Gold nanoparticles as templates for the synthesis of hollow nanometer-sized conductive polymer capsules[J]. Advanced Materials, 1999, 11(1): 34-37.

[21] SHIHO H, KAWAHASHI N. Iron compounds as coatings on polystyrene latex and as hollow spheres[J]. Journal of Colloid and Interface Science, 2000, 226(1): 91-97.

[22] JI T, LIRTSMAN V G, AVNY Y, et al. Preparation, characterization, and application of Au-shell/polystyrene beads and Au-shell/magnetic beads[J]. Advanced Materials, 2001, 13(16): 1253.

[23] ZHU Y, QIAN Y, LI X, et al. γ-Radiation synthesis and characterization of polyacrylamide-silver nanocomposites[J]. Chemical Communications, 1997, (12): 1081-1082.

[24] WORMUTH K. Superparamagnetic latex via inverse emulsion polymerization[J]. Journal of Colloid and Interface Science, 2001, 241(2): 366-377.

[25] HA J W, PARK I J, LEE S B, et al. Preparation and characterization of core-shell particles containing perfluoroalkyl acrylate in the shell[J]. Macromolecules, 2002, 35(18): 6811-6818.

[26] PUSCH J, VAN HERK A M. Emulsion polymerization of transparent core-shell latices with a polydivinylbenzene styrene and vinyl acetate[J]. Macromolecules, 2005, 38(16): 6909-6914.

[27] NI K F, SHAN G R, WENG Z X, et al. Synthesis of hybrid core-shell nanoparticles by emulsion (co) polymerization of styrene and γ-methacryloxypropyltrimethoxysilane[J]. Macromolecules, 2005, 38(17): 7321-7329.

[28] KOTAL A, MANDAL T K, WALT D R, et al. Synthesis of gold-poly (methyl methacrylate) core-shell nanoparticles by surface-confined atom transfer radical polymerization at elevated temperature[J]. Journal of Polymer Science Part A: Polymer Chemistry, 2005, 43(16): 3631-3642.

[29] LIN K J, CHEN L J, PRASAD M R, et al. Core-shell synthesis of a novel, spherical, mesoporous silica/platinum nanocomposite: Pt/PVP@MCM-41[J]. Advanced Materials, 2004, 16(20): 1845-1849.

[30] SHI Q, AN Z, TSUNG C K, et al. Ice-templating of core/shell microgel fibers through 'bricks-and-mortar' assembly[J]. Advanced Materials, 2007, 19(24): 4539-4543.

[31] READ E S, ARMES S P. Recent advances in shell cross-linked micelles[J]. Chemical Communications, 2007, (29): 3021-3035.

[32] JANG J, HA J, LIM B, et al. Synthesis and characterization of monodisperse silica-polyaniline core-shell nanoparticles[J]. Chemical Communications, 2006, (15): 1622-1624.

[33] KALTENPOTH G, HIMMELHAUS M, SLANSKY L, et al. Conductive core-shell particles: An approach to self-assembled mesoscopic wires[J]. Advanced Materials, 2003, 15(13): 1113-1118.

[34] DECHER G. Fuzzy nano assemblies: Toward layered polymeric multi composites[J]. Science, 1997, 277(5330): 1232-1237.

[35] CARUSO F. Hollow capsule processing through colloidal templating and self-assembly[J]. Chemistry: A European Journal, 2000, 6(3): 413-419.

[36] 纪小会, 王连英, 袁航, 等. Au/Ag 核-壳结构复合纳米粒子形成机制的研究[J]. 化学学报, 2003, 61(10): 1556-1560.

[37] NIKOLIC L, RADONJIC L. Alumina strengthening by silica sol-gel coating[J]. Thin Solid Films, 1997, 295(1): 101-103.

[38] WANG Y, NISHIDA N, YANG P, et al. Synthesis, separation, and characterization of Au@CdS nanoparticles[J]. Journal of Dispersion Science and Technology, 2009, 30(8): 1175-1181.

[39] ZHOU W P, LEWERA A, LARSEN R, et al. Size effects in electronic and catalytic properties of unsupported palladium nanoparticles in electrooxidation of formic acid[J]. Journal of Physical Chemistry B, 2006, 110(27): 13393-13398.

[40] LUO J, WANG L, MOTT D, et al. Core/shell nanoparticles as electrocatalysts for fuel cell reactions[J]. Advanced Materials, 2008, 20(22): 4342-4347.

[41] CHEN Y, YANG F, DAI Y, et al. Ni@Pt core-shell nanoparticles: Synthesis, structural and electrochemical properties[J]. Journal of Physical Chemistry C, 2008, 112(5): 1645-1649.

[42] ZHANG X B, YAN J M, HAN S, et al. Magnetically recyclable Fe@Pt core-shell nanoparticles and their use as electrocatalysts for ammonia borane oxidation: The role of crystallinity of the core[J]. Journal of the American Chemical Society, 2009, 131(8): 2778-2779.

[43] YANG X L, DAI W L, GUO C, et al. Synthesis of novel core-shell structured WO_3/TiO_2 spheroids and its application in the catalytic oxidation of cyclopentene to glutaraldehyde by aqueous H_2O_2[J]. Journal of Catalysis, 2005, 234(2): 438-450.

[44] SREEDHAR B, RADHIKA P, NEELIMA B, et al. Selective oxidation of sulfides with H_2O_2 catalyzed by silica-tungstate core-shell nanoparticles[J]. Catalysis Communications, 2008, 10(1): 39-44.

[45] TOSHIMA N, ITO R, MATSUSHITA T, et al. Trimetallic nanoparticles having a Au-core structure[J]. Catalysis Today, 2007, 122(3): 239-244.

[46] XUE W, ZHANG J, WANG Y, et al. Oxidative carbonylation of phenol to diphenyl carbonate catalyzed by ultrafine embedded catalyst Pd-Cu-O/SiO_2[J]. Catalysis Communications, 2005, 6(6): 431-436.

[47] ZHOU S, VARUGHESE B, EICHHORN B, et al. Pt-Cu core-shell and alloy nanoparticles for heterogeneous NO_x reduction: Anomalous stability and reactivity of a core-shell nanostructure[J]. Angewandte Chemie International Edition, 2005, 117(29): 615-4619.

[48] 吴自清, 金名惠, 邱于兵. $TiO_2/SiO_2/Fe_3O_4$的光催化性能及动力学[J]. 化工进展, 2006, 25(1): 69-73.

[49] AI Z, WANG Y, XIAO M, et al. Microwave-induced catalytic oxidation of RhB by a nanocomposite of Fe@Fe_2O_3 core-shell nanowires and carbon nanotubes[J]. Journal of Physical Chemistry C, 2008, 112(26): 9847-9853.

[50] 孙彦红, 张敏, 杨建军. 双金属核壳结构负载型 Au@Ag/TiO_2 催化剂的制备及表征[J]. 无机化学学报, 2009, 25(11): 1965-1970.

[51] 邵启伟, 董鹏飞, 施利毅, 等. 微电极结构 Ag/ZnO/Ni 三层复合膜的制备及光催化性能的研究[J]. 无机化学学报, 2009, 25(5): 860-864.

[52] LU Z L, ZHANG H, DUAN X. Synthesis, characterization and catalytic property of nanoscale magnetic photocatalyst titania/silica/cobalt ferrite[J]. Advances in Materials Research, 2006, 11: 611-614.

[53] FAROKHZAD O C, CHENG J, TEPLY B A, et al. Targeted nanoparticle-aptamer bioconjugates for cancer chemotherapy *in vivo*[J]. Proceedings of the National Academy of Sciences, 2006, 103(16): 6315-6320.

[54] FAROKHZAD O C, JON S, KHADEMHOSSEINI A, et al. Nanoparticle-aptamer bioconjugates: A new approach for targeting prostate cancer cells[J]. Cancer Research, 2004, 64(21): 7668-7672.

[55] LÜBBE A S, BERGEMANN C, RIESS H, et al. Clinical experiences with magnetic drug targeting: A phase Ⅰ study with 4'-epidoxorubicin in 14 patients with advanced solid tumors[J]. Cancer Research, 1996, 56(20): 4686-4693.

[56] 杨文胜, 高明远, 白玉白, 等. 纳米材料与生物技术[M]. 北京: 化学工业出版社, 2005.

[57] MAIER M, FRITZ H, GERSTER M, et al. Quantitation of phosphorothioate oligonucleotides in human blood plasma using a nanoparticle-based method for solid-phase extraction[J]. Analytical Chemistry, 1998, 70(11):

2197-2204.

[58] WANG G P, SONG E Q, XIE H Y, et al. Biofunctionalization of fluorescent-magnetic-bifunctional nanospheres and their applications[J]. Catalysis Communications, 2005, (34): 4276-4278.

[59] HERR J K, SMITH J E, MEDLEY C D, et al. Aptamer-conjugated nanoparticles for selective collection and detection of cancer cells[J]. Analytical Chemistry, 2006, 78(9): 2918-2924.

[60] HOEHN M, KÜSTERMANN E, BLUNK J, et al. Monitoring of implanted stem cell migration *in vivo*: A highly resolved *in vivo* magnetic resonance imaging investigation of experimental stroke in rat[J]. Proceedings of the National Academy of Sciences, 2002, 99(25): 16267-16272.

[61] 王艳芹, 程虎民, 马季铭. 半导体复合纳米粒子的制备, 性质及在光电转换方面的应用[J]. 化学通报, 1999, 62(8): 20-25.

[62] HINES M A, GUYOT-SIONNEST P. Synthesis and characterization of strongly luminescing ZnS-capped CdS enanocrystals[J]. Journal of Physical Chemistry, 1996, 100(2): 468-471.

[63] HÄSSELBARTH A, EYCHMÜLLER A, EICHBERGER R, et al. Chemistry and photophysics of mixed cadmium sulfide/mercury sulfide colloids[J]. Journal of Physical Chemistry, 1993, 97(20): 5333-5340.

[64] ZHAI X M, ZHANG R B, LIU J L, et al. Shape-controlled CdS/ZnS core/shell heterostructured nanocrystals: Synthesis, characterization, and periodic DFT calculations[J]. Crystal Growth & Design, 2015, 15(3): 1344-1350.

[65] IMAOKA T, HORIGUCHI H, YAMAMOTO K, et al. Metal assembly in novel dendrimers with porphyrin cores[J]. Journal of the American Chemical Society, 2003, 125: 340-341.

[66] JANG W D, KATAOKA K. Supramolecular nanocarrier of anionic dendrimer porphyrins with cationic block copolymers modified with polyethylene glycol to enhance intracellular photodynamic efficacy[J]. Angewandte Chemie International Edition, 2005, 117: 423-427.

[67] HUANG C C, PARASURAMAN P S, TSAI H C, et al. Synthesis and characterization of porphyrin-TiO_2 core-shell nanoparticles as visible light photocatalyst[J]. RSC Advances, 2014, 4(13): 6540-6544.

[68] LI X Q, ZHANG L, MU J, et al. Fabrication and properties of porphyrin nano- and micro-particles with novel morphology[J]. Nanoscale Research Letters, 2008, 3: 169-178.

[69] SOJA G R, WATSON D F. TiO_2-Catalyzed photodegradation of porphyrins: Mechanistic studies and application in monolayer photolithography[J]. Langmuir, 2009, 25(9): 5398-5403.

[70] TSAI H C, CHANG C H, CHIU Y C, et al. *In vitro* evaluation of hexagonal polymeric micelles in macrophage phagocytosis[J]. Macromolecular Rapid Communications, 2011, 32(18): 1442-1446.

[71] KIM C, CHOI M, JANG J, et al. Nitrogen-doped SiO_2/TiO_2 core/shell nanoparticles as highly efficient visible light photocatalyst[J]. Catalysis Communications, 2010, 11(5): 378-382.

[72] STÖBER W, FINK A, BOHN E, et al. Controlled growth of monodisperse silica spheres in the micron size range[J]. Journal of Colloid and Interface Science, 1968, 26(1): 62-69.

[73] LEE J W, KONG S, KIM W S, et al. Preparation and characterization of SiO_2/TiO_2 core-shell particles with controlled shell thickness[J]. Materials Chemistry and Physics, 2007, 106(1): 39-44.

[74] KHAIRUTDINOV R F, SERPONE N. Laser-induced light attenuation in solutions of porphyrin aggregates[J]. Journal of Physical Chemistry, 1995, 99(31): 11952-11958.

[75] HUANG S Y, SCHLICHTHÖRL G, NOZIK A J, et al. Charge recombination in dye-sensitized nanocrystalline TiO_2 solar cells[J]. Journal of Physical Chemistry B, 1997, 101(14): 2576-2582.

[76] CHEN D, YANG D, GENG J, et al. Improving visible-light photocatalytic activity of *N*-doped TiO_2 nanoparticles via

sensitization by Zn porphyrin[J]. Applied Surface Science, 2008, 255(5): 2879-2884.

[77] SHANMUGATHASAN S, EDWARDS C, BOYLE R W, et al. Advances in modern synthetic porphyrin chemistry[J]. ChemInform, 2000, 56(8): 1025-1046.

[78] WANG H, SONG Y J, WANG Z C, et al. Silica-metal core-shells and metal shells synthesized by porphyrin-assisted photocatalysis[J]. Chemistry of Materials, 2008, 20: 7434-7439.

[79] HUYNH E, LOVELL J F, HELFIELD B L, et al. Porphyrin shell microbubbles with intrinsic ultrasound and photoacoustic properties[J]. Journal of the American Chemical Society, 2012, 134(40): 16464-16467.

[80] LOVELL J F, JIN C S, HUYNH E, et al. Porphysomenanovesicles generated by porphyrin bilayers for use as multimodal biophotonic contrast agents[J]. Nature Materials, 2011, 10(4): 324-332.

[81] LOVELL J F, JIN C S, HUYNH E, et al. Enzymatic regioselection for the synthesis and biodegradation of porphysomenanovesicles[J]. Angewandte Chemie International Edition, 2012, 51(10): 2429-2433.

[82] DINDYAL S, KYRIAKIDES C. Ultrasound microbubble contrast and current clinical applications[J]. Recent Patents on Cardiovascular Drugs and Discover, 2011, 6(1): 27-41.

[83] SUN L, LI Y, SUN M, et al. Porphyrin-functionalized Fe_3O_4@SiO_2 core/shell magnetic colorimetric material for detection, adsorption and removal of Hg^{2+} in aqueous solution[J]. New Journal of Chemistry, 2011, 35(11): 2697-2704.

[84] CHO Y, LEE S S, JUNG J H, et al. Recyclable fluorimetric and colorimetric mercury-specific sensor using porphyrin-functionalized Au@SiO_2 core/shell nanoparticles[J]. Analyst, 2010, 135(7): 1551-1555.

[85] CHOI B G, SONG R, NAM W, et al. Iron porphyrins anchored to a thermosensitive polymeric core-shell nanosphere as a thermotropic catalyst[J]. Chemical Communications, 2005, 23: 2960-2962.

[86] NING X M, MA L, ZHANG S T, et al. Construction of a porphyrin-based nanohybrid as an analogue of chlorophyll protein complexes and its light-harvesting behavior research[J]. Journal of Physical Chemistry C, 2016, 120(2): 919-926.

[87] LI J, SONG Y J, ZHANG G X, et al. Pyrolysis of self-assembled iron porphyrin on carbon black as core/shell structured electrocatalysts for highly effcient oxygen reduction in both alkaline and acidic medium[J]. Advanced Functional Materials, 2017, 27: 1604356.

第 4 章　卟啉光化学

4.1　光化学反应基础

4.1.1　光化学反应基本概念及原理

光化学反应指的是某种物质在可见光或紫外线照射下产生的化学反应，其主要的反应机理是物质的分子吸收光子而引发反应[1,2]。光化学反应主要分为初级、次级两个过程，其中初级过程是反应体系吸收光能的过程，次级过程是初级过程中涉及的反应物、生成物进一步发生反应的过程。

光化学反应是分子吸收光子引发的反应。当分子吸收光子后，内部的电子发生能级跃迁，形成不稳定的激发态，然后进一步发生解离或其他反应。基本的光化学反应过程如下。

(1) 引发反应产生激发态分子 A^*：

$$A(分子) + h\nu \longrightarrow A^* \tag{4.1}$$

(2) A^* 解离产生新物质 $(C1 + C2 + \cdots)$：

$$A^* \longrightarrow C1 + C2 + \cdots \tag{4.2}$$

(3) A^* 与其他分子 (B) 反应产生新物质 $(D1 + D2 + \cdots)$：

$$A^* + B \longrightarrow D1 + D2 + \cdots \tag{4.3}$$

(4) A^* 失去能量回到基态而发光(磷光或荧光)：

$$A^* \longrightarrow A + h\nu \tag{4.4}$$

(5) A^* 与其他惰性的化学分子 (M) 发生碰撞而失去活性:

$$A^* + M \longrightarrow A + M^{\bullet} \tag{4.5}$$

反应(4.1)中，分子或原子吸收光子，生成激发态 A^*，分子或原子的电子能级差与引发反应(4.1)所吸收的光子能量基本相同。此过程中，分子的电子能级差很大，只有可见光、紫外线和远紫外线中的高能部分才能使其激发，从而引发光化学反应。激发态分子比较活泼，能够发生反应(4.2)～反应(4.4)所表示的复杂反应过程。最终，激发态分子通过反应(4.4)、反应(4.5)两个过程失去能量，回到较为稳定的初始状态。

光化学反应和一般的化学反应形式大致相同，都能引起氧化还原、分解、电离、化合等常见的化学反应。光分解作用过程就像自然界常见的高层大气中氧分子吸收宇宙照射的紫外线，分解为原子态的氧；又如人们生活中用到的染料在空气中发生的褪色反应。光合作用更为普遍，绿色植物能够在光照的条件下，借助植物细胞中的叶绿素，将空气中的二氧化碳和水转化为自身所需要的能量物质——碳水化合物。

4.1.2　光化学反应相关定律

光化学反应中，最重要的是活泼的激发态分子通过光化学反应产生新物质的过程。科学家已在光化学反应相关研究领域取得了很多重要的研究成果，使得光化学反应获得了里程碑式的发展，其中较为突出的光化学反应相关定律有以下几个。

1. 光化学第一定律

1818 年，格鲁西斯(Grotthus)与特拉帕(Draper)首次提出了光化学第一定律。该定律提出，物质只有吸收了光，才能发生光化学反应。当光照射到反应物时，并不是所有的入射光都能被吸收用于激发反应物生成激发态，而是只有被反应物吸收的那部分光，才能将稳定的反应物分子激发生成激发态，进而发生光化学反应。由此可以认为，光化学反应是具有波长选择性的化学反应，光化学反应的反应物，只有在吸收适当能量的光子后，其电子才能被激发跃迁到更高能级的激发态。不具备这样能量的光子是不能被吸收的，按第一定律来看，是不能引发光化学反应的。根据能量与波长公式可知，光的能量与其波长成反比例关系。此定律虽然只是定性的定律，但它却是近代光化学的重要基础，开拓了近代光化学反应的研究。

2. 光化学第二定律

在光化学第一定律提出以后，对于光化学反应的研究逐渐增多。1905 年，爱因斯坦(Einstein)提出了光化学第二定律，为光化学反应的研究带来了重要的突破。该定律中提到，在光化学反应的初级过程中，每一个光子只能和一个分子、原子或者离子发生反应，也就是说被活化的分子数目等于吸收的光子数目[3]。光化学第二定律可用公式 $E = h\nu = hc/\lambda$ 来表示，其中 E 为光子能量，h 为普朗克常量，c 为光在真空中的传播速度，ν为光的振动频率，λ 为光的波长。由于一般化学键的键能大于 $167.4\text{kJ}/\text{mol}$，由光化学第二定律可知，当照射光的波长大于 700nm 时，不能引起光化学反应。对于确定波长的激光，由光化学第二定律可知，光化学反应的最终产额(光化效应)与光子总数目成正比，光子总数目在宏观上即为光的总能量。因此，对于确定波长的激光，其光化效应只取决于光的总能量。

3. 光化学第三定律

光化学第一定律对光化学反应进行了定性。同时，分子对光吸收的定量研究也引起了人们的注意，光化学第三定律就对光化学反应做出了定量的说明。光化学第三定律又称为朗伯-比尔定律，其发展较为漫长。皮埃尔 · 布格和约翰 · 海因里希 · 朗伯分别在 1729 年和 1760 年发现了物质对光的吸收与吸收介质厚度之间存在一定的定量关系；1852 年，比尔提出物质对光的吸收与吸光物质的浓度之间也具有一种相似的定量关系。后来研究者将两者结合，得到有关光吸收的基本定律——布格-朗伯-比尔定律，简称为朗伯-比尔定律。作为光吸收的基本定律，该定律可以表示为 $A = \lg(1/T) = Kbc$ ，即一束平行的单色光垂直通过某一均匀非散射的光化学反应物质时，其吸光度 A 与吸光物质的浓度 c、吸收层厚度 b 呈正比例关系，与透光度 T 成反比例关系，K 为摩尔吸光系数。

4.2　卟啉光化学的应用

卟啉与生命体内能量和电子转移核心的重要组成有着不可分割的关系，堪称“生命之源”。卟啉是具有较高熔点、高热稳定性的深色固体粉末或结晶，多数不溶于碱和水，却溶于无机酸；溶液有强烈的红色荧光，固体卟啉分子聚集导致荧光猝灭使得卟啉在固体状态下没有荧光。随着研究者的不断探索，卟啉类化合物的光学性能研究取得了很大的进展，尤其是聚集诱导发光概念的提出及新型卟啉类化合物复合材料的成功制备，使得卟啉类化合物在光化学方面的应用有了新的进展。

1. 卟啉的电化学发光

卟啉类化合物具有优异的光化学性质、电化学性质和光物理性质，其较高的电子转移效率在电化学发光中具有很好的研究前景。大多数卟啉是脂溶性的，因此研究最多的是有机相中的电化学发光。1972 年，Bard 等[4]研究了二氯甲烷溶液中四苯基卟啉(TPP)的阴离子自由基与 TPP、红荧烯或 10-甲基吩噻嗪的阳离子自由基反应产生的电化学发光，电化学发光与 TPP 在荧光光谱中观察到的发射峰位置基本相同；此外，提出了一种 ECL 机理，涉及自由基离子电子转移过程中产生的 TPP 三线态，然后进行三线态湮灭以产生激发单线态 TPP。随后，Tokel 等[5]研究了在含有 0.1mol/L 四丁基高氯酸铵(TBAP)的二氯甲烷溶液中，Pt(Ⅱ)和 Pd(Ⅱ)与四苯基卟啉(TPP)复合物的电化学发光，通过单电子转移形成氧化态和还原态组分，这些物质之间的电子转移反应产生了光的发射；通过与以前的光谱研究结果进行比较，确定其辐射光的组分为Pt(TPP)和Pd(TPP)的最低三线态，这些研究为以后有机相中卟啉的ECL研究提供了指导。除此之外，少数水溶性卟啉也被用于ECL的研究中，在分析检测领域发挥着重要的作用。例如，最常见的四磺酸基苯基卟啉(TSPP)[6]和四羧基苯基卟啉(TCPP)[7]等，由于具有相对较好的水溶性，在分析检测中应用广泛。2001年，Chen等[8]研究了大空间位阻的水溶性卟啉[四(3-磺酸基)卟啉]在水相中的ECL，四(3-磺酸基)卟啉经过电化学氧化后可形成稳定的自由基阳离子，当三丙胺或草酸盐作为共反应剂时，在水溶液中发生阳极氧化产生电化学发光，最大发射波长分别在640nm和700nm处；同时，提出了通过空间位阻保护活性位点免受亲核试剂的攻击，为在水相中设计新的ECL化合物提供了新策略。2015年，卢小泉课题组研究了TSPP和TCPP在水相中的ECL，并将其应用到了实际水样的分析检测中。2020年，卢小泉课题组选用了典型的脂溶性卟啉——四羟基苯基卟啉(THPP)，利用β-环糊精内疏水、外亲水的性质和丰富的羟基基团，两者通过氢键超分子自组装，改善了卟啉的水溶性，避免了π-π堆积作用引起的卟啉分子聚集，还增强了其生物相容性，从而提高了其ECL信号。此外，用于水溶液中氟离子的检测，具有较好的响应[9]。

2. 卟啉应用于光诱导电子转移

卟啉类化合物具有卓越的电子缓冲性、光电磁性、光敏性，以及高度的化学稳定性和光谱响应宽等特点，常被用作光电转化中的光捕获剂。例如，Imahori课题组组装了多种卟啉复合材料来研究光诱导电子转移的过程。该课题组首次以二茂铁(Fc)作为电子供体，富勒烯(C_{60})作为电子受体，将*meso*-位取代的卟啉二聚体[$(ZnP)_2$]作为光捕获体色素分子引入光合多步电子转移模型中，实现了有效的电荷分离，并解释了光诱导电荷转移的机制；揭示了从卟啉激发的单线态到C_{60}的光诱导电荷分离，随后发生电荷转移，最终达到高的电荷分离态[10-14]。一些研究者致力于卟啉光诱导电子转移过程，进行了一些深入的研究。Achey等[15]根据钴卟啉可发生光诱导界面电子转移过程，研究该过程诱导金属钴配位数增加。

3. 卟啉的荧光

卟啉是刚性的共轭大环化合物，在光的照射下易被激发，产生强荧光。基于卟啉的这一发光特性，通常将卟啉与其他功能材料结合而获得卟啉复合材料，表现出不同的功能，使其性能更加优异，取得了令人满意的技术进步，极大地提高了荧光分析检测的灵敏度。卢小泉课题组设计合成了基于卟啉MOF复合材料的双发射荧光探针，实现宽范围的pH实时监测[16]。将罗丹明B异硫氰酸酯

(RBITC)修饰 Fe_3O_4 纳米颗粒与卟啉金属有机骨架(PCN-224)复合，得到了 pH 荧光探针 RB-PCN。RB-PCN 对 pH 在 1.7～7.0 和 7.0～11.3 的检测伴随着不同颜色的荧光变化。此外，将此探针应用于观察活细胞中的 pH 变化及测量实际水样中的 pH。

4. 卟啉应用于仿生化学

卟啉可用于仿生化学模拟光合作用。Park 课题组一直致力于卟啉基光合作用仿生模型的构建，将 THPP 与具有分子识别能力的苯丙氨酸二肽(FF)自组装成双有机分子的肽纳米管，然后进一步结合具有光生电子分离器作用的铂纳米颗粒(PtNPs)，从而构建高效的仿生模型。研究结果表明，构建的综合光催化系统可以有效地在可见光驱动下进行还原型辅酶 I (NADH)再生和谷氨酸氧化还原酶合成[17]。2016 年，闫学海课题组将有关利用肽调节的发色团自组装发表在《德国应用化学》上，综述了其用于仿生光捕获纳米材料的构建，指出生物色素分子卟啉决定整个体系的荧光共振能量转移(FRET)或激子耦合系统[18-25]。

5. 卟啉应用于光催化

研究表明，卟啉具有良好的光电性质。Ren 等[26]将 THPP 负载到还原氧化石墨烯(RGO)和 Pt 纳米颗粒中进行研究，通过对 THPP-RGO/Pt 纳米复合材料光催化产氢性能的研究，发现卟啉是一种很好的 P 型光敏剂半导体。由于石墨烯具有良好的吸附和电子离域作用，加快了 THPP-RGO 的电子转移速度，被认为是光催化产氢最佳助催化剂的 Pt 纳米颗粒上发生了光催化产氢。Zhu 等[27]通过相关的热力学驱动力自定向组装途径，成功引入了二肽来调整卟啉自组装的长度。纤维束的定向排列带来了新的性质，包括各向异性双折射、大斯托克斯(Stokes)位移、放大手性、优异的光稳定性及可持续的光催化活性[28]。

6. 卟啉应用于染料敏化太阳能电池

染料敏化太阳电池(dye-sensitized solar cell，DSC)作为高效的能量转化设备，许多科研工作者致力于它的构建与开发。光敏化剂联吡啶钌复合体材料的光电转化效率较高，但是它存在环境及成本方面的弊端，因此亟须开发廉价、安全、高效的替代品。卟啉具有较快的电子注射速率、较高的电子注射效率及较慢的电荷重组动力学性能，成为近年来的明星有机染料分子。研究者发现，卟啉功能化、卟啉分子共轭程度、侧链长度都会改变卟啉分子本身的性质。因此，增加卟啉的共轭程度、引入长烷基侧链和引入功能化的小分子等，可提高相应的太阳能电池光电转化效率。卟啉敏化剂的分子设计趋向于供体-卟啉核-π 桥键-受体结构，形成推-拉式卟啉结构是 DSC 绿色染料应用中最高效的方式之一。美国威奇托州立大学教授 Lee 等[29]表面改性 TiO_2 纳米晶，通过金属配体轴向配位作用构建超分子太阳能电池，该太阳能电池可明显增强光电流再生作用。Subbaiyan 等[30]还合成了一系列 *meso*-位取代卟啉敏化剂，通过在该位置引入 π 电子延伸单元及羧基锚定官能团，从而对卟啉分子结构与光电转化性能的相互关系取得了规律性的认识。研究发现，卟啉本身的电学、光学和光电性质受环外取代基位置和数量的影响，增加卟啉环外特殊官能团的数量，在一定程度上可以增加其在可见光范围的吸收[31-34]。

4.3 卟啉的紫外-可见吸收光谱

卟啉是大的共轭杂环有机物，具有芳香性，对光和热具有良好的稳定性，在紫外-可见吸收光谱中显示有一个强的 Soret 吸收带(400～450nm)，该范围强的单吸收来自 $\pi \rightarrow \pi^*(a_{1u} \rightarrow e_{R^*})$ 跃迁；4 个弱的 Q 吸收带(500～700nm)，该范围的吸收峰来自 $\pi \rightarrow \pi^*(a_{2u} \rightarrow e_g)$ 跃迁。当中心有金属配位时，由于分子的结构对称性增强，Q 带特征峰吸收峰的数量往往会减少 1～2 个。卟啉具有优异的光致发光性能，两个发射光谱波长主要在 650nm 和 720nm 附近，也会因为卟啉之间的聚集及自组装而有所移动，蓝移还是红移主要由聚集体的存在形式决定。

卟啉具有大杂环和大 π 共轭体系的结构单元，中间是卟吩环，外面接有 4 个苯环。在卟啉类化合物的合成及性能研究中发现，卟啉紫外-可见吸收光谱的影响因素很多，主要包括溶液的酸度、取代基的电子效应、溶剂效应等。其中，取代基对卟啉紫外-可见吸收光谱的位置和强度影响最大。卟啉外围取代基不同，物理化学特性有所改变的这一性质，已广泛用于催化、光电器件和化学传感器[35,36]。这种芳香族大环化合物最易发生 π-π 堆积，为了避免堆积作用，外围可修饰多种取代基，取代基可与其他物质相互作用，如金属-配体配位、氢键和静电相互作用等。基于这些非共价相互作用，卟啉被广泛用作合成各种结构的材料，如纳米棒、纳米线、纳米球及纳米阵列等，并显示出优良的光化学和光电化学性质[37-39]。

卟啉体系最显著的化学特点是能与大多数金属离子生成 1∶1 配合物，Na^+、K^+、Li^+以 2∶1 配比关系络合，其金属离子略微低于或高于卟啉环平面。当二价的金属离子[Co(Ⅱ)、Ni(Ⅱ)、Cu(Ⅱ)等]与卟啉以 1∶1 络合时，Ni(Ⅱ)、Cu(Ⅱ)与卟啉配位对额外的配体亲和力较弱，而 Mg(Ⅱ)、Cd(Ⅱ)、Zn(Ⅱ)金属配位的螯合物中金属离子可以和额外的配体络合，形成具有空间稳定性的四面体锥形结构。Fe(Ⅱ)、Co(Ⅱ)、Mn(Ⅱ)卟啉可以与额外两个配体结合，形成扭曲的八面体结构。卟啉与元素周期表中金属元素的配合物大多数已获得，且部分金属卟啉具有生理功能，如镁离子存在于叶绿素中，铁离子存在于血红素中。没有取代基的卟吩环，近似于平面结构，环空腔中心到 4 个氮原子的距离为 204pm，第一过渡系金属原子和氮原子的共价半径之和恰好能够与之相匹配，因此极易形成配合物[40-43]。金属卟啉与卟啉的紫外-可见吸收光谱特征差异主要表现为 Q 带特征峰由 4 个变为 2 个[44]。卟啉几乎与所有的金属离子都能形成配合物[45]。通过常见的四苯基金属卟啉紫外-可见吸收光谱数据(表 4.1)可知，不同金属卟啉的紫外-可见吸收带位置差异较大。

表 4.1　常见的四苯基金属卟啉紫外-可见吸收光谱数据

化合物	吸收波长 λ/nm				
	Soret 带	Q_1 带	Q_2 带	Q_3 带	Q_4 带
四苯基铅卟啉	355.0	466.0	611.0	658.0	—
四苯基钴卟啉	408.0	533.0	—	—	—
四苯基铁卟啉	411.0	536.0	—	—	—
四苯基镉卟啉	413.0	546.0	586.0	—	—
四苯基卟啉	416.0	515.0	548.0	588.0	644.0
四苯基铜卟啉	419.0	534.0	620.0	—	—
四苯基锌卟啉	420.0	546.0	581.0	—	—

4.4　卟啉的荧光光谱

卟啉及其衍生物是一类共轭性良好的大环化合物。在自然界中发现的卟啉类化合物叶绿素在光合作用中扮演重要角色，血红素是人体血液中载氧及生物催化剂的关键组件。这些天然卟啉在自然界中的特殊功能，吸引人们对其结构和性质进行研究并人工合成，以期模拟天然卟啉的各种功能。在广泛的应用研究中，发现卟啉及其衍生物具有 18π 电子的结构特点，能够产生波长更长的红色荧光，这极大地增加了人们对卟啉及其衍生物荧光性能展开研究的兴趣。将卟啉类化合物应用于荧光体，具有以下优点：

(1) 光学稳定性好；

(2) 在可见光区 400～450nm(Soret 带)摩尔吸光系数高；

(3) 荧光量子产率高；

(4) 具有大的 Stokes 位移、相对长的激发波长(>400nm)和发射波长(>600nm)等。

卟啉类化合物的这些优点，大大降低了卟啉在其应用过程中环境背景荧光的干扰。卟啉作为荧光体有着良好的光学稳定性，是一类理想的荧光基团，适用于新型荧光探针的开发。一些卟啉因其具有独特高效的发光性质，成为性能优良的光电功能材料。本节的重点是卟啉作为发光材料的研究，着重介绍卟啉的基本光物理特性及作为发光材料的特性。

1. 荧光产生的理论基础

荧光是一种光致冷发光现象，自然界中的一些生物(如萤火虫)会产生生物荧光，极光也是一种高层大气产生的荧光现象，荧光现象在日常照明、生化医药方面应用普遍。

分子具有不同的能级，分子中的电子位于不同的能级上。在光照条件下，电子被激发，从较低的能级跃迁到更高的能级，分子由稳定的基态分子变为活泼的激发态分子。此时，电子可以通过辐射跃迁和非辐射跃迁失去能量返回基态，通过辐射跃迁返回基态的过程中伴随着光的发射，产生荧光，具体的产生过程如图 4.1 所示。

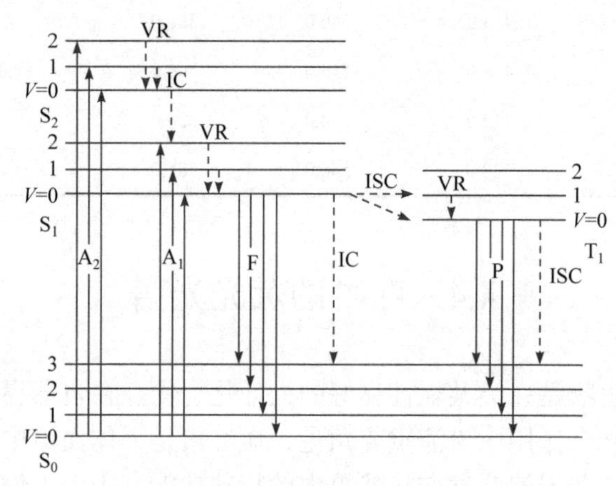

图 4.1　分子荧光的产生过程

A_1,A_2-吸收；F-荧光；P-磷光；IC-内转换；ISC-系间穿越；VR-振动弛豫

2. 影响荧光的因素

荧光试剂不同，对应的荧光激发和发射光谱不同；同一种荧光试剂，环境因素不同，荧光发射波长、位置及荧光强度也会不同。在稀溶液中，荧光强度满足式(4.6)：

$$I_{\mathrm{f}} = 2.3\varphi I_0 \varepsilon bc \tag{4.6}$$

其中，I_{f} 为荧光强度；φ 为荧光效率；ε 为摩尔吸光系数；I_0 为激发光源强度；c 为荧光物质浓度；b 为样品池厚度。由式(4.6)可见，当其他条件一定时，某一波长处荧光强度与其浓度大小成正比。因此，在分析检测研究中可以根据测定的荧光强度大小，来分析荧光物质的种类和含量。同时，荧光参数很容易受到环境因素的影响，了解和利用这些因素，对实际应用过程中提高荧光分析的灵敏度和选择性至关重要。

1) 溶剂的影响

对于荧光材料来说，除了部分聚集诱导发光的物质之外，大多数的有机荧光物质或者复合材料需要在溶剂中溶解形成溶液，才能进行荧光光谱的测定。对于同一种荧光物质来说，在不同的溶剂中，荧光光谱的位置和强度都有差别。在极性溶剂中，$\pi \to \pi^*$ 跃迁所需的能量差小，且跃迁的概率也明显增加。因此，通常情况下，荧光材料的荧光波长随溶剂极性的增大而红移，荧光强度也有所增强。此外，溶液中荧光物质的溶剂浓度减小时，可以增加分子间的碰撞机会，使非辐射跃迁增加，荧光减弱，因此荧光强度随溶剂浓度的增大而增大。

2) 温度的影响

荧光材料之所以会发射荧光，是因为激发态的荧光分子将其能量以光这种辐射跃迁的形式释放，回到基态。由于温度对分子运动影响较大，因此对溶液的荧光强度会有显著的影响。温度升高时，分子运动速率加快，分子间碰撞概率增加，非辐射跃迁增加，使激发态的能量消耗增加，而以荧光这种辐射跃迁形式回到基态的概率降低，其荧光强度和荧光量子产率降低。通常来说，在一定范围内，温度的升高与荧光强度的减弱呈线性关系。

3) pH 的影响

对荧光材料来说，在不同酸碱度的溶液中，荧光分子的结构有所不同。尤其是荧光物质本身为弱酸或弱碱，当分子结构发生改变时，分子的杂化方式、轨道和能级都会发生明显变化，激发能量和发射能量也会不同，因此溶液的 pH 对荧光强度和光谱上波峰位置会有较大影响。

除此之外，荧光分子在溶液中受到的氢键作用和其他溶剂效应，也会在某些特殊的环境中对其产生较大的影响，但一般比较少见，在此不做过多讨论。

3. 卟啉的光物理机制

卟啉是光化学和光生物学中一类重要的化合物，关于卟啉激发态行为的研究颇受科学家的青睐。

光具有波粒二相性，同时具有能量，是地球上生物赖以生存的基础。其能量表达式为 $E = h\nu = hc/\lambda$，式中，E 为光子能量，h 为普朗克常量，ν 为光的振动频率，λ 为光的波长，c 为光在真空中的传播速度。由此可以看出，不同波长的光具有不同能量。当光照到物质表面时，其能量可能被物质吸收，在物质内部消耗或转化；也可能透过或者反射，在物质内部不发生实质性变化。分子吸收光子后从基态跃迁到激发态，其获得的激发能有三种可能的转化方式，即发生光化学反应转化为化学能、以发射光的形式耗散及通过其他方式转化成热能。

在光照的条件下，卟啉分子吸收光子，它的一个电子就从原来能量较低的最高占据轨道 a_{1u} 和 a_{2u}，激发到未被电子占据的较高能级的最低未占据轨道 $e_g(\pi^*)$。吸收光子后产生的电子轨道组态可以分成两种，其中一种组态中两个电子是自旋反平行的，自旋磁矩为零，为单线态 $S(\pi\text{-}\pi^*)^1$；另一种组态中的两个电子是自旋平行的，自旋磁矩不为零，在磁场作用下，分裂为三个量子态，称为三线态 $T(\pi\text{-}\pi^*)^3$。

卟啉分子是具有共轭大π键的刚性环状化合物，无金属配位的卟啉及其衍生物具有强烈的荧光发射，大多在长波长范围内，一般为红色荧光。由于红色荧光具有较强的组织穿透力，在生物医学中具有很大应用潜力。

4. 卟啉类的荧光复合材料及其应用

近年来，卟啉在分子识别研究方面的发展特别迅速，成为当前卟啉应用研究的热点。生物体大分子之间的专一性结合现象称为分子识别，主要反映主客体分子间的化学反应，在酶促反应、免疫反应和蛋白质的合成等过程中都具有十分重要的意义。卟啉为常见的主体分子，与生命体组成成分有着强烈的关系，使得分子识别更易接近生命活动的真实过程和真实环境。例如，卟啉作为主体分子对手性氨基酸酯进行分子识别，该氨基酸酯独特的结构使其非常适合作为被识别的客体分子，客体氨基酸酯分子中的羧基和氨基可以与主体分子卟啉活性中心之间形成轴向配位键、氢键、静电相互作用(如库仑力、偶极-偶极相互作用、疏水作用、空间排斥作用)等多种相互作用。通过它们之间发生的化学反应，可以系统地研究识别体系的功能和分子间的相互作用。Rebouc 等[46]设计了分子识别体系，使用钌(Ⅱ)卟啉硫醇配合物作为探针，发现配体硫醇中—SH 共振数据向高场移动，可以反映卟啉环电流的变化；并且使用经验模型定量描述了硫醇配体之间的非键相互作用、电子和空间相互作用，其中空间因素占优势，卟啉平面中电子因素占主导地位，这些相互作用在金属卟啉系统内涉及典型的小分子识别。

卟啉分子化学稳定性和热稳定性强，结构易于修饰，在光动力学疗法、电子材料、工业催化、生物制药等领域应用前景广阔[47-59]。在光电材料方面，卟啉衍生物类新型复合材料的开发成为分子材料研究中的热点之一[60]。卟啉是良好的电子供体，通过寻找更强的电子受体与之相连，形成具有优异光电性能的电荷转移复合物新材料。目前，研究最为广泛的是将卟啉及其衍生物与碳纳米管、富勒烯、多酸、蛋白质、核酸等连接，与单纯的卟啉衍生物相比，其紫外-可见吸收光谱发生了显著的变化，这也进一步证明成功制备了性能优异的复合材料。

基于卟啉分子在生命活动中扮演的重要角色，科学家已经合成出多种卟啉及其衍生物，来理解与解释自然界的各种生命活动机理[61]。由于卟啉类化合物具有长波长荧光激发发射的特点，除了在新型光电材料的开发中有很好的应用前景外，在肿瘤的治疗中也显示了独特的优势。

1990 年，Pottier 等[62]研究发现，正常生理状态下细胞组织的 pH 维持在 7.0～8.0，呈弱碱性；肿瘤组织由于异常代谢，pH 为 5.85～6.68，呈偏酸性。研究卟啉在正常组织和肿瘤组织中的酸平衡体系发现，中性卟啉分子在中性或弱碱性的正常组织只富集 3%，而在偏酸性的肿瘤组织中富集 45%，由此认为卟啉类抗肿瘤药物可通过“pH 定位机制”富集在肿瘤细胞周围。研究表明，卟啉类化合物在肿瘤细胞周围的富集是通过低密度脂蛋白(low density lipoprotein，LDL)受体的吞噬作用和肿瘤细胞结合实现的[63-70]。亲脂性的卟啉类化合物与 LDL 结合后能被肿瘤细胞识别、摄取及降解，LDL 受体在肿瘤细胞中异常表达，进而细胞膜表面的 LDL 受体数量明显增加，实现卟啉类化合物在肿瘤细胞中的选择性积聚[71]。因此，与其他类型的抗肿瘤药物相比，卟啉类化合物具有独特的肿瘤细胞亲和力及抗癌活性。

结合 DNA 的卟啉类化合物，经光活化、电化学活化或活化剂(如氧、超氧化物离子)的作用后，可选择性地断裂 DNA 并杀伤癌细胞。研究卟啉类化合物与 DNA 的相互作用，有助于设计疗效好、细胞摄入率高、毒副作用小的抗肿瘤活性卟啉类药物。

除了卟啉类抗肿瘤药物的合成设计外，卟啉类化合物由于具有光敏作用优异、生物相容性良好、易于后修饰的优点，还被研究用于肿瘤的光动力治疗。目前，卟啉及其衍生物等光敏剂是研究最广泛的光敏剂种类之一，包括血卟啉、血卟啉衍生物等。与传统治疗癌症的方法相比，光动力学疗法(photodynamic therapy，PDT)具有选择性高、毒副作用小等优点。

血卟啉光动力学疗法的作用机制：在特定波长光的激发下，卟啉类化合物吸收光能后被活化成单线态卟啉(不稳定)[72]；通过电子跃迁，单线态卟啉转变为三线态卟啉(较稳定)，三线态卟啉与周边的氧发生能量转换使氧生成单线态的氧；单线态的氧与癌细胞发生作用，破坏癌细胞及其成分。光动力学疗法可产生多种生物学效应。Kessel[73]研究证实，在组织培养中，血卟啉衍生物的光辐射治疗效应是改变膜通透性及抑制膜运转；在细胞核中，光辐射治疗效应是核膜受损、染色体断裂及姐妹染色单体交换增加；在细胞质中，光辐射治疗导致溶酶体膜破坏、水解酶释放，线粒体氧化磷酸化解偶联，抑制核糖体的活性。

卟啉还可以与金属有机骨架(MOF)材料相结合，制备复合材料，用于光催化反应、分析检测等医疗的许多方面。例如，金属卟啉与细胞色素酶 P-450 相似性极高，将具有模拟酶活性的金属卟啉作为配体与金属节点结合，构建具有生物酶模拟活性的 MOF，用于生物分析检测。

参 考 文 献

[1] SKUBI K L, BLUM T R, YOON T P, et al. Dual catalysis strategies in photochemical synthesis[J]. Chem Reviews, 2016, 116(17): 10035-10074.

[2] KAUR M, LIU Q, CROZIER P A, et al. Photochemical reaction patterns on heterostructures of ZnO on periodically poled lithium niobate[J]. Journal of the American Chemical Society, 2016, 8(39): 26365-26373.

[3] ROHATGI K, MUKHERJEE K. Fundamentals of photochemistry[J]. New Age International, 2013, 3(70): 234-247.

[4] BARD A J, TOKEL N E, KESZTHELYI C P, et al. Electrochemiluminescence chemiluminescence. 6-Tetraphenylporphine chemiluminescence[J]. Journal of the American Chemical Society, 1972, 94(14): 4872-4877.

[5] TOKEL T N, BARD A J. Electrogenerated chemiluminescence of palladium and platinum α, β-tetraphenylporphyrin complexes[J]. Chemical Physics Letters, 1974, 25(2): 235-238.

[6] ZHANG D, DEVARAMANI S, SHAN D, et al. Eleteteoiecen behavior of *meso*(-sulfonatopheny) porphyrin in aqueous medium: Its aplaionin for highly selective sensing of nanomolar Cu^{2+}[J]. Analytical and Bioanalytical Chemistry, 2016, 408(51): 7155-7163.

[7] LUO D, HUANG B, WANG L, et al. Cathodic electrochemiluminescence of *meso*-tetra(4-carboxyphenyl) porphyrin/potassium peroxydisulfate system in aqueous media[J]. Electrochim Acta, 2015, 151: 42-49.

[8] CHEN F C, HO J H. Electrogenerated chemiluminescence of sterically hindered porphyrins in aqueous media[J]. Journal of Electroanalytical Chemistry, 2001, 499(1): 17-23.

[9] LU X Q, WU Y X, HAN Z G, et al. Depolymerization-induced electrochemiluminescence of insoluble porphyrin in aqueous phase[J]. Analytical Chemistry, 2020, 92(7): 5464-5472.

[10] IMAHORI H, TAMAKI K, ARAKI Y, et al. Stepwise charge separation and charge recombination in ferrocene-*meso*, *meso*-linked porphyrin dimer-fullerene triad [J]. Journal of the American Chemical Society, 2002, 124: 5165-5174.

[11] KODIS G, TERAZONO Y, LIDDELL P A, et al. Energy and photoinduced electron transfer in a wheel-shaped artificial photosynthetic antenna-reaction center complex[J]. Journal of the American Chemical Society, 2006, 128: 1818-1827.

[12] YUAN J, GUO W, YANG X, et al. Anticancer drug DNA interactions measured using a photoinduced electron-transfer mechanism based on luminescent quantum dots[J]. Analytical Chemistry, 2009, 81: 362-368.

[13] WAISIELEWSKI M R. Photoinduced electron transfer in supramolecular systems for artificial photosyn thesis[J]. Chemical Reviews, 1992, 92: 452-461.

[14] AMEMIYA S, NIORADZE N, SANTHOSH P, et al. Generalized theory for nanoscale voltammetric measurements of heterogeneous electro-transfer kinetics at macroscopic substrates by scanning electrochemical microscopy[J]. Analytical Chemistry, 2011, 83 (15): 5928-5935.

[15] ACHEY D, ARDO S, MEYER G, et al. Increase in the coordination number of a cobalt porphyrin after photo-induced interfacial electron transfer into nanocrystalline TiO_2[J]. Inorganic Chemistry, 2012, 51: 9865-9872.

[16] LU X Q, CHEN H, WANG J, et al. Dual-emitting fluorescent metal-organic framework nanocomposites as a broad-range pH sensor for fluorescence imaging[J]. Analytical Chemistry, 2018, 90 (11): 7056-7063.

[17] KIM J H, LEE M, LEE J S, et al. Self-assembled light-harvesting peptide nanotubes for mimicking natural photosynthesis[J]. Angewandte Chemie International Edition, 2012, 51: 517-520.

[18] ZOU Q, LIU K, ABBAS M, et al. Peptide-modulated self assembly of chromophores toward biomimetic light-harvesting nano architectonics[J]. Advanced Materials, 2016, 28: 1031-1043.

[19] PAPIZ M Z, PRINCE S M, HOWARD T, et al. The structure and thermal motion of the B800-850 LH2 complex from *Rps.acidophila* at 2.0Å resolution and 100K: New structural features and functionally relevant motions[J]. Journal of Molecular Biology, 2003, 326(5): 1523.

[20] ROSZAK A W, HOWARD T D, SOUTHALL J, et al. Crystal structure of the RC-LH1 core complex from *Rhodopseudomonas palustris*[J].Science, 2003, 302(5652): 1969.

[21] HASOBE T, KAMAT P V, TROIANI V, et al. Collective oscillations and the linear and two-dimensional infrared spectra of inhomogeneous beta-sheets[J]. The Journal of Physical Chemistry B, 2005, 109(19): 178-190.

[22] JINTOKU H, SAGAWA T, MIYAMOTO K, et al. Highly efficient and switchable electron-transfer system realised by peptide-assisted J-type assembly of porphyrin[J]. Chemical Communications, 2010, 46: 7208-7216.

[23] SAKAMOTO M, UENO A, MIHARA H, et al. Construction of α-helical peptide dendrimers conjugated with muli-metloporopyrins: Photoinduced electron transfer on dendrimer architecture[J]. Chemical Communications, 2000, 18: 1741-1742.

[24] GARIFULLIN R, ERKAL T S, TEKIN S, et al. Encapsulation of a zinc phthalocyanine derivative in self-assembled peptide nanofibers[J]. Journal of Materials Chemistry, 2012, 22(6): 2553-2559.

[25] FRY H, GARCIA J, MEDINA M J, et al. Self-assembly of highly ordered peptide amphiphile metalloporphyrin arrays[J]. Journal of the American Chemical Society, 2012, 134: 14646-14658.

[26] REN F, WANG C, ZHAI C, et al. One-pot synthesis of a RGO-supported ultrafine ternary PtAuRu catalyst with high electrocatalytic activity towards methanol oxidation in alkaline medium[J]. Journal of Materials Chemistry A, 2013, 1(24): 7255-7261.

[27] ZHU M S, LI Z, XIAO B, et al. Surfactant assistance in improvement of phocalytic hydrogen production with the porphyrin noncovalenly functionalized graphene nanocomposite[J]. ACS Applied Materials & Interfaces, 2013, 5: 1732-1740.

[28] LIU K, XING R R, CHEN C G, et al. Peptide-induced hierarchical long-range order and photocatalytic activity of porphyrin assemblies[J]. Angewandte Chemie International Edition, 2015, 54: 500-505.

[29] LEE C W, LU H P, LAN C M, et al. Zinc porphyrin sensitizers for dye-sensitized solar cells: Synthesis and spectral, electrochemical, and photovoltaic properties[J]. European Journal of Chemistry, 2009, 15: 1403-1412.

[30] SUBBAIYAN N K, WIJESINGHE C A, DOUZA F, et al. Supramolecular solar cells: Surface modification of nanocrytalline TiO_2 with coordinating ligands to immobilize sensitizers and dyads via metal-ligand coordination for enhanced photocurrent generation[J]. Journal of the American Chemical Society, 2009, 131: 14646-14647.

[31] HIGASHINO T, KAWAMOTO K, SUGIURA K, et al. Efects of bulky substituents of push-pull porphyrins on photovoltaic properties of dye-sensitized solar cells[J]. ACS Applied Materials & Interfaces, 2016, 8: 15379-15390.

[32] KIRA A, UMEYAMA T, MATANO Y, et al. Supramolecular donor-acceptor heterojunctions by vectorial stepwise assembly of porphyrins and coordination-bonded fullerene arrays for photocurrent generation[J]. Journal of the American Chemical Society, 2009, 131: 3198-3200.

[33] HASOBE T, IMAHORI H, KAMAT P V, et al. Self-organization of porphyrin and fullerene units by clusterization with gold nanoparticles on SnO_2 electrodes for organic solar cells[J]. Journal of the American Chemical Society,

2003, 125: 14962-14963.

[34] HASOBE T, IMAHORI H, KAMAT P V, et al. Photovoltaic cells using composite nanoclusters of pophyrins and fullerens with gold nanoparticles[J]. Journal of the American Chemical Society, 2005, 127: 1216-1228.

[35] XIE Y, TANG Y, WU W, et al. Porphyrin cosensitization for non-ruthenium solar cells based on iodine electrolyte[J]. Journal of the American Chemical Society, 2015, 137(44): 14055-14058.

[36] DING Y, ZHU H, XIE Y, et al. Development of ion chemosensors based on porphyrin analogues[J]. Chemical Reviews, 2017, 117(4): 2203-2256.

[37] RONG Y, CHEN P, LIU M, et al. Self-assembly of water soluble TPPS in organic solvents: From nanofibers to mirror imaged chiral nanorods[J]. Chemical Communications, 2013, 49(89): 10498-10500.

[38] WANG L, CHEN Y. Controlling the growth of porphyrin based nanostructures for tuning third-order NLO properties[J]. Nanoscale, 2014, 6(3): 1871-1878.

[39] SUN R, WANG L, TIAN J, et al. Self-assembled nanostructures of optically activephthalocyanine derivatives effect of central metal ion on the morphology dimension and handedness[J]. Nanoscale, 2012, 4(22): 6990-6996.

[40] CHIRVONY V S, HOEK A V, GALIEVSKY V A, et al. Comparative study of the photophysical properties of nonplanar tetraphenylporphyrin and octaethylporphyrindiacids[J]. Journal of Physical Chemistry B, 2000, 104(42): 9909-9917.

[41] LITTLER B J, CIRINGH Y, LINDESY J S, et al. Investigation of conditions giving minimal scrambling in the synthesis of *trans*-porphyrins from dipyrromethanes and aldehydes[J]. The Journal of Organic Chemistry, 1999, 64(8): 2864-2872.

[42] RAO P D, LITTLER B J, GEIER G R, et al. Efficient synthesis of monoacyl dipyrromethanes and their use in the preparation of sterically unhindered *trans*-porphyrins[J]. The Journal of Organic Chemistry, 2000, 65(4): 1084-1092.

[43] VAZ B, ALVAREZ R, NIETO M, et al. Suzuki cross-coupling of *meso*-dibromoporphyrins for the synthesis of functionalized A_2B_2 porphyrins[J]. Tetrahedron Letters, 2010, 33(33): 7409-7412.

[44] VALASINAS A, HURST J, FRYDMAN B, et al. Concerning the synthesis of 3,7,13,17-tetramethyl-5,15-diphenylporphyrin, a sterically hindered porphyrin[J]. The Journal of Organic Chemistry, 1998, 63(4): 1239-1243.

[45] WONG C P, WILLIAM D, HORROCKS W. et al. New metalloporphyrins: Thorium and yttrium complexes of tetraphenylporphyrin[J]. Tetrahedron Letters, 1975, 16(1): 2637-2640.

[46] REBOUC J S, JAMES B R. Molecular recognition using ruthenium(Ⅱ)-porphyrin-thiol complexes as probes[J]. Inorganic Chemistry, 2013, 52(1): 1084-1098.

[47] JOBE D J, VERRALL R E, PALEPU R, et al. Fluorescence and conductometric studies of potassium 2-(*p*-toluidinyl)naphthalene-6-sulfonate/cyclodextrin/surfactant systems[J]. Journal of Physical Chemistry, 1988, 92(12): 3582-3586.

[48] KHAIRUTDINOV R F, SERPONE N. Laser-induced light attenuation in solutions of porphyrin aggregates[J]. Journal of Physical Chemistry, 1995, 99(31): 11952-11958.

[49] HUANG C C, PARASURAMAN P S, TSAI H C, et al. Synthesis and characterization of porphyrin-TiO_2 core-shell nanoparticles as visible light photocatalyst[J]. RSC Advances, 2014, 4(13): 6540-6544.

[50] CHEN D, YANG D, GENG J, et al. Improving visible-light photocatalytic activity of *N*-doped TiO_2 nanoparticles via sensitization by Zn porphyrin[J]. Applied Surface Science, 2008, 255(5): 2879-2884.

[51] JANG W D, KATAOKA K. Supramolecular nanocarrier of anionic dendrimer porphyrins with cationic block copolymers modified with polyethylene glycol to enhance intracellular photodynamic efficacy[J]. Angewandte

Chemie International Edition, 2005, 117: 423-427.
[52] HUANG S Y, SCHLICHTHÖRL G, NOZIK A J, et al. Charge recombination in dye-sensitized nanocrystalline TiO_2 solar cells[J]. Journal of Physical Chemistry B, 1997, 101(14): 2576-2582.
[53] WONG C P, JR HORROCKS W D. New metalloporphyrins. Thorium and yttrium complexes of tetraphenylporphin[J]. Tetrahedron Letters, 1975, 16(31): 2637-2640.
[54] 陶海鹏, 俞华姗. 金属卟啉稳定性与其电子光谱关系的初探[J]. 华西药学杂志, 1995, 7(1): 15-18.
[55] ALEXANDRA F, PHILIP A C, CHRISTOPHER P I, et al. A water-stable porphyrin-based metal-organic framework active for visible-light photocatalysis[J]. Angewandte Chemie International Edition, 2012, 51: 7440-7444.
[56] SON H J, JIN S, PATWARDHAN S, et al. Light-harvesting and ultrafast energy migration in porphyrin-based metal-organic frameworks[J]. Journal of the American Chemical Society, 2013, 135(2): 862-869.
[57] JIN S, SON H J, FARHA O K, et al. Energy transfer from quantum dots to metal-organic frameworks for enhanced light harvesting[J]. Journal of the American Chemical Society, 2013, 135(3): 955-958.
[58] HALDER G J. Guest-dependent spin crossover in a nanoporous molecular framework material[J]. Science, 2002, 298(5599): 1762-1765.
[59] ZHANG X M, HAO Z M, ZHANG W X, et al. Dehydration-induced conversion from a single-chain magnet into a metamagnet in a homometallic nanoporous metal-organic framework[J]. Angewandte Chemie International Edition, 2007, 46(19): 3456-3459.
[60] 振华, 宋钰兴, 陈跃文, 等. 系列金属卟啉的合成及表征[J]. 大连民族学院学报, 2007, (3): 96-103.
[61] RATH H, SANKAR J, PRABHURAJA V, et al. Core-modified expanded porphyrins with large third-order nonlinear optical response[J]. Journal of the American Chemical Society, 2005, 127(33): 11608-11609.
[62] POTTIER R, KENNEDY J C. New trends in photobiology the possible role of ionic species in selective biodistribution of photochemotherapeutic agents toward neoplastic tissue[J]. Journal of Photochemistry & Photobiology B: Biology, 1990, 8(1): 1-16.
[63] 郭阳, 郑东明, 刘晓梅, 等. 低密度脂蛋白受体基因 Nco Ⅰ、ApoC-Ⅱ基因 Sac Ⅰ多态性与动脉粥样硬化脑梗死关系[J]. 中国现代医学杂志, 2006, 16(5): 641-644.
[64] 平其能. 现代药剂学[M]. 北京：中国医药科技出版社,1998.
[65] LI H, ZHANG Y, WEI X, et al. Rare intracranial cholesterol deposition and a homozygous mutation of LDLR in a familial hypercholesterolemia patient[J]. Gene, 2015, 569(2): 313-317.
[66] MERAT S, CASANADA F, SUTPHIN M, et al. Western-type diets induce insulin resistance and hyperinsulinemia in LDL receptor-deficient mice but do not increase aortic atherosclerosis compared with normoinsulinemic mice in which similar plasma cholesterol levels are achieved by a fructose-rich diet[J]. Arteriosclerosis, Thrombosis, and Vascular Biology, 1999, 19(5): 1223-1230.
[67] GAL D, MACDONALD P C, PORTER J C, et al. Cholesterol metabolism in cancer cells in monolayer culture. Ⅰ. The effect of cell density and confluency[J]. Cancer Research, 1981, 41(2): 473-477.
[68] VITOLS S, GAHRTON G, OST A, et al. Elevated low density lipoprotein receptor activity in leukemic cells with monocytic differentiation[J]. Blood, 1984, 63(5): 1186-1193.
[69] PONTY E, CARTON M, SOULA G, et al. Biodistribution study of ^{99m}Tc-labeled LDL in B16-melanoma-bearing mice. Visualization of a preferential uptake by the tumor[J]. International Journal of Cancer, 2010, 54(3): 411-417.
[70] KADER A, DAVIS P J, KARA M, et al. Drug targeting using low density lipoprotein (LDL): Physicochemical factors affecting drug loading into LDL particles[J]. Journal of Controlled Release, 1998, 55(2-3): 231-243.

[71] 田华, 黄锁义, 郝振文. 叶啉类抗癌药物的研究进展[J]. 化学研究, 2004, 15(3): 63-67.

[72] HASRAT A, JOHAN E L. Metal complexes as photo- and radiosensitizers[J]. Chemical Reviews, 1999, 99(9): 2379-2450.

[73] KESSEL D. Transport and binding of hematoporphyrin derivative and related porphyrins by murine leukemia L1210 cells[J]. Cancer Research, 1981, 41: 1318-1322.

第5章　金属卟啉在液/液界面上的电子转移

5.1　液/液界面电化学简介

5.1.1　液/液界面电化学基础

液/液界面电化学主要研究互不相溶的两种电解质界面(interface of two immiscible electrolytes，ITIES)的电荷转移反应和相关的化学反应。液/液界面(liquid/liquid interface，L/L interface)也称为油/水界面(oil/water interface，O/W interface)，被认为是模拟生物膜模型最简单的方式之一[1]，也是最基本的物理化学反应界面之一。在液/液界面上电荷转移过程的动力学和热力学研究是界面电化学研究的核心问题。

液/液界面的电荷转移包括电子转移(electron transfer，ET)和离子转移(ion transfer，IT)。电子转移是生命过程的基本运动，而且普遍存在于生命过程中，因此研究生物分子中的电子转移过程具有深远的意义。模拟生物膜的研究与液/液界面密切相关，可以通过模拟来研究生命体中电子转移过程，从而筛选最优药物分子，以及控制电子转移过程等。通过电化学方法来研究这类生命过程有明显的优越性，同时可以探索生命过程的奥秘。液/液界面上电子转移是一类重要的电荷转移过程，在化学传感器、电渗析、生物化学、药物动力学、相转移催化及能量转换等领域都有重要的理论和应用价值[2]。

针对环境危机和能源短缺等问题，为了获得清洁高效的新能源，人们将目光聚焦到模拟绿色植物的光合作用。对植物光合作用的追踪研究发现，叶绿素的主要组成部分是金属卟啉，其在能量转移与物质转化方面具有潜在的应用价值。近年来，科学家在电子学、物理学、医药学、化学、材料科学和生物学等领域对卟啉进行了探究，卟啉化学迅速发展，已经成为一门新兴的交叉学科[3-6]。

作为生物大分子辅基，金属卟啉是科学家研究模拟生物电子转移过程的最佳生物大分子，特别是金属卟啉类化合物，其对氧的催化还原具有较高的催化活性。因此，不同金属卟啉配合物的性质得到了广泛的关注和深入的研究[7-10]。电子转移过程是生命体中最基础的过程，广泛存在于生命活动的多个环节中，研究生命体内电子转移过程具有十分重大的科学价值和重要的现实意义。

5.1.2 液/液界面电化学发展

利用电化学方法研究液/液界面模拟生物膜可以追溯到20世纪初期。1902年，Nernst研究了水/苯酚界面上电子转移，开创了研究液/液界面的先河[11]。1939年，Cremer等指出W/O/W浓度池与生物膜的相似性，提出了由背靠背扩散层构成的VN模型液/液界面结构；随后，Gavach等也对此展开了研究，将液/液界面作为模拟生物膜的简单模型来研究生物膜上电现象[12-19]。1939年，Verwey等[20]构建了虚拟神经网络模型，这是首次描述液/液界面结构的模型。20世纪60年代，由于对液/液界面的结构和电位分布缺乏了解，以及高阻抗有机相引起的IR降，难以获得可靠的数据，液/液界面电化学的发展非常缓慢，研究仅限于测定有机相中存在不同电解质迁移数时两相和电解质之间的电位平衡或稳态电位差。Gavach等[13-16]发现，在一定的实验条件下，液/液界面类似于金属电极/电解质溶液界面，可被极化；首次利用计时电位法研究了液/液界面的离子转移过程，揭示了液/液界面的伽伐尼(Galvani)电势差与离子转移反应驱动力之间的关系。此后，液/液界面的研究进入了快速发展时期，并取得了一些重要突破。

Samec等[17,18]设计了四电极恒电位仪，解决了界面电位控制和IR降补偿问题。此外，Koryta等[21-24]发现了液/液界面上加速离子转移研究的新领域，发展了液/液界面相应的理论基础，并为今后的研究奠定了一定的理论和实验技术基础。1985年，Wang等[25]率先在液/液界面电化学方面展开了研究，利用国产元件成功构筑了多功能四电极电分析仪，进行离子转移和络合推动离子转移的实验和理论研究。

Taylor等[26]将液/液界面先后支持在微量移液管(micropipette)和微细孔(micro-hole)上，获得微液/液界面(micro-ITIES)来研究电荷转移反应。Bard等基于超微电极(ultramicroelectrode，UME)和扫描隧道显微镜(scanning tunneling microscope，STM)提出并构建了扫描电化学显微镜(scanning electrochemical microscope，SECM)[27-31]。Shi等在打磨干净并抛光处理的石墨电极上铺展有机薄层，与水相形成微液/液界面，来研究界面电子转移反应，能有效地克服有机相IR降的影响[32-36]。Shao等[37]发展了制备各种纳米、微米电极和SECM探针的方法，并结合SECM研究了液/液界面电荷在液/液界面上异相和均相快速反应动力学过程。虽然研究电子在液/液界面上的转移过程相对于离子转移比较困难，合适的体系比较少，但它的理论发展还是比较快的。卢小泉课题组[38-41]对卟啉类化合物在软界面上的仿生催化及机理进行研究，建立了难溶/微溶超痕量化合物薄层电化学研究新方法，建立了高灵敏度的研究方法；在国际上首次将薄层循环伏安法(thin layer cyclic voltammetry，TLCV)与SECM联合用于液/液界面的研究中，结合TLCV和SECM两种实验手段，探究了界面电子转移过程中模拟生物膜上抗坏血酸抗氧化的反应过程，并用 SECM 模拟了细胞中铁卟啉跨膜电子转移过程；对不同取代基的金属卟啉类化合物电子转移动力学过程进行研究，提出同种金属卟啉的反应速率与驱动力之间的马库斯(Marcus)反转关系，模拟了光合作用机理。Samec 课题组 1979 年首次发表关于电子在液/液界面上转移反应的文章之后，在这方面取得了显著的研究进展。Marcus[42-44]发展了相应的异相电子转移反应理论，在 1992 年获得诺贝尔化学奖。该理论进一步推动了电子转移理论研究，为人类更清晰地认识和研究这一重要的化学过程夯实基础。2010 年，本书作者研究团队提出了化合物多步电子转移动力学新方法和新理论、多步电子转移新理论、有机化合物液/液界面上的动力学研究方法，对系列芳基卟啉液/液界面多步电子转移过程进行了深入的研究，为进一步探索生命体内电子转移过程提供了理论依据及实验支持。卢小泉课题组在液/液界面方面的研究取得了一系列的新成果，为液/液界面电子转移的发展开辟了新路径。

5.2　液/液界面结构及模型

液/液界面电化学理论研究的一个核心问题是界面的结构，该问题也是理论发展的一个难点。液/液界面与固体电极基底不同，无法应用原子级分辨率的扫描显微技术或其他图像技术来获得界面的微观形貌[45-50]。界面的微观结构大多由计算机对界面体系液/液界面结构中的微观模型进行模拟得到(图 5.1)[51,52]。

对界面结构进行深入细致的研究后，发现液/液界面是一个由混合溶剂层分开的两个扩散层。大多数电荷分布于两个背对背的扩散层中，可较好地运用古依-查普曼(Gouy-Chapman)理论来定性地描述；在零电荷电位附近，穿过界面混合溶剂层的电势降可忽略[53]。Benjamin[54]基于界面分子动力学模拟方法的研究表明，液/液界面在分子水平上是一个粗糙的界面。根据 Gros 等[55]测量界面张力的结果和 Samec 等[56]测量的电容数据伏安图可以得到，界面电势差与两背靠背扩散层间的电势差一致。实验表明，当极化逐渐增加时，界面厚度随之变小[57]。

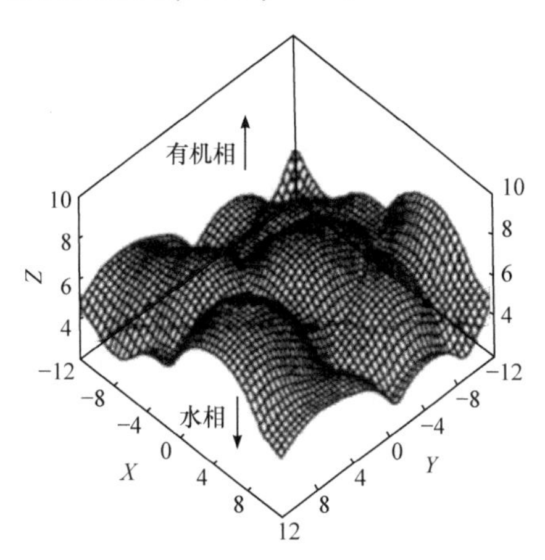

图 5.1　液/液界面结构中的微观模型

目前，国际上提出并被认可的液/液界面结构模型主要有以下三种：VN 模型、MVN 模型、混合溶剂层(GS)模型。

Verwey 和 Nissen[20]于 1939 年首次提出了液/液界面结构模型，即 VN 模型，此模型认为界面结构由两个彼此独立背靠背的分散层构成。Gavach 在 1977 年提出了 MVN 模型，该模型认为：在两个扩散层之间还存在一个定向排列的溶剂分子组成的自由离子层，在液/液界面两侧的每一相中都存在着与电极/溶液界面 Stern 模型十分相似的内亥姆霍兹(Helmholtz)平面和外亥姆霍兹平面[13-16]。Samec 等[58]认为离子能够进入扩散层，进入程度与离子溶剂化程度有关，其简易模型如图 5.2 所示。

1984 年，Girault 等[59-61]提出了一种新的界面结构模型——GS 模型，认为水(W)/油(O)两相之间不存在明显的分界面，内层实际上是两种溶液混合分子层，其双电层和电位如图 5.3 所示。

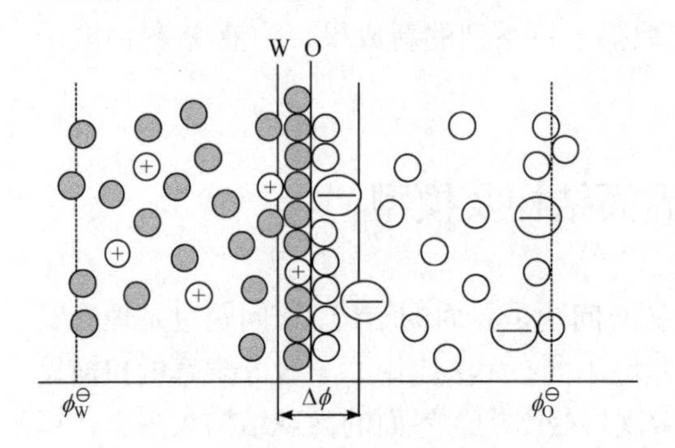

图 5.2　MVN 模型 O/W 界面双电层简易模型示意图

$\phi_W^{\ominus}$- 水相电位；$\phi_O^{\ominus}$- 油相电位；$\Delta\phi$- 电势差

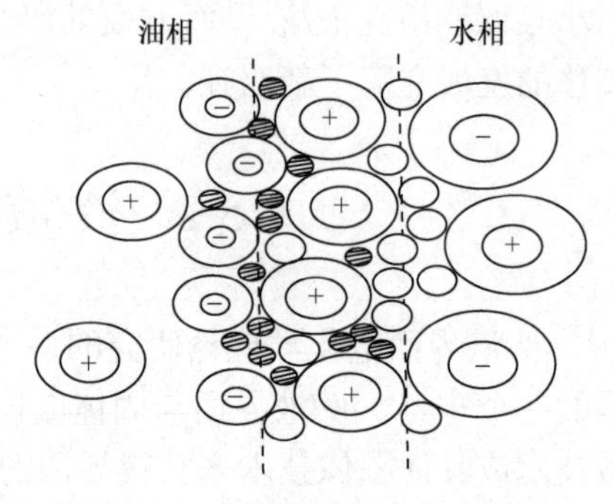

图 5.3　GS 模型液/液界面双电层和电位示意图[61]

1995 年，Schiffrin 等[62]采用比耶鲁姆(Bjerrum)离子对形成理论，计算特征吸附对界面电容的贡献，提出了液/液界面是一个混合溶剂层，离子对可进入其中，这是液/液界面结构的最佳模型。

从早期的电化学和热力学分析方法，到近年来计算机模拟和界面光谱的应用，液/液界面的结构已在三个方面达成共识：

(1) 液/液界面是由混合溶剂层分隔的两个扩散层；

(2) 大部分电荷分布在背靠背的扩散层中，可用 Gouy-Chapman 理论来描述；

(3) 在零电荷点附近，混合溶剂层的电势降可以忽略不计。

5.3　液/液界面上的电子转移反应

由于在液/液界面上进行电子转移反应的合适体系很少[63]，因此很难研究液/液界面。1979 年 Samec 课题组发表了第一篇关于电子在液/液界面转移反应的文章后，这方面的报道越来越多[64]。Schiffrin 等[65]系统地研究了水相中含 $Fe(CN)_6^{3-}$/$Fe(CN)_6^{4-}$ 的氧化还原电对与有机相中一些大型有机金属化合物之间的界面电子转移反应。Bard 等[66]用 SECM 研究了液/液界面离子诱导的电子转移反应，证实了常用的电子转移反应理论适用于一定电位范围内的界面电子转移反应。Sun 等[67]还观察到了未改性液/液界面上 Marcus 电子转移理论中的电子转移区域。根据 Marcus 理论，在互不相溶两相中两个反应物发生反应的速率常数 k_{et} 表示如下：

$$k_{et} = \text{const}\exp\left(-\frac{\Delta G^{\neq}}{RT}\right) \tag{5.1}$$

$$\Delta G^{\neq} = \left(\frac{\lambda}{4}\right)\left(1+\frac{\Delta G^{\ominus}}{\lambda}\right) \tag{5.2}$$

$$\Delta G^{\ominus} = -F\left(\Delta E^{\ominus} + \Delta_{W}^{O}\phi\right) \tag{5.3}$$

其中，$\Delta G^{\neq}$ 表示活化 Gibbs 自由能；$\Delta G^{\ominus}$ 表示反应标准 Gibbs 自由能；液/液界面的驱动力由 $\Delta E^{\ominus}$ 和 $\Delta_{W}^{O}\phi$ 组成，$\Delta E^{\ominus}$ 表示两个氧化还原电对间的电势差，$\Delta_{W}^{O}\phi$ 表示液/液界面两相 Galvani 电势差；λ 表示重组能；F 表示法拉第常数；R 表示摩尔气体常数；T 表示开尔文温度。因此，液/液界面(ITIES)上电子转移速率主要取决于 λ、$\Delta E^{\ominus}$ 和 $\Delta_{W}^{O}\phi$ 三个参数。

$\Delta_{W}^{O}\phi$ 的值可通过调整对电位起决定作用的离子浓度而改变(如在液/液界面上迁移的 ClO_4^-)。因此，ITIES 上电子转移速率与界面驱动力关系的研究很大程度上集中在相间 $\Delta_{W}^{O}\phi$ 的调整。Unwin 等[68,69]在扩展的液滴及 TritonX-100 修饰的界面上研究了电子转移过程。一般来说，界面电子转移分为单步电子转移和多步电子转移。相对于单步电子转移，多步电子转移过程的研究更加复杂且更具有现实意义。在自然界中，几乎每一个生命活动都包含多步电子转移过程，如光合作用、呼吸链上的电子转移过程和自由基清除反应等[70]。关于多步电子转移的报道较少[71-73]，因此，对多步电子转移过程展开研究迫在眉睫。

Shi 等 1998 年首次提出用有机薄层(厚度 10～100μm)在石墨电极上铺展，水形成微液/液界面来研究界面电子转移反应。该方法是一种快速简便研究液/液界面电荷转移过程的方法[32]。液/液界面的光诱导电子转移反应在光能转换中具有潜在应用价值，引起了人们的研究兴趣[74-77]。

5.3.1 电子转移反应的能斯特方程

液/液界面的电子转移反应是当界面极化时，有机相中氧化还原电对和水相中氧化还原电对之间的界面上的电子转移反应，两相中的反应物分别从溶液层扩散到界面，从而发生反应(图 5.4)。

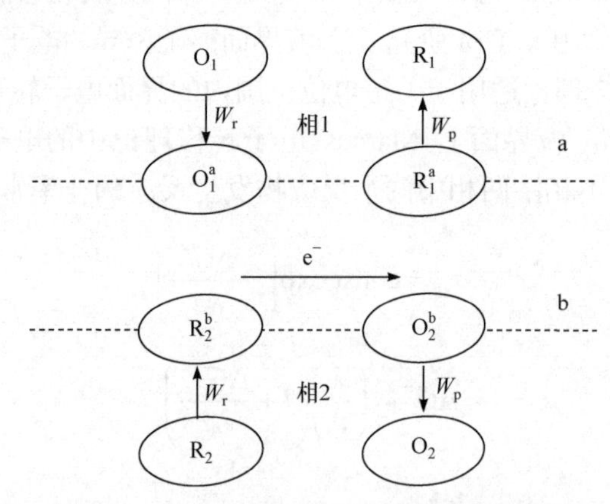

图 5.4 液/液界面上的电子转移反应示意图

O 表示氧化态物质；R 表示还原态物质；a 和 b 分别表示水相和油相；W_r 表示反应物从溶液扩散至界面的势能；W_p 表示反应物从界面扩散至溶液的势能

水相中氧化还原电对和有机相中氧化还原电对之间的异相电子转移反应可以表示为

$$n_2O_1(W)+n_1R_2(O) = n_2R_1(W)+n_2O_2(O) \tag{5.4}$$

式中，O_1、O_2 和 R_1、R_2 分别表示不同的氧化态和还原态物质；括号中的 W 和 O 分别表示水相和油相；n_1、n_2 为数量。

反应的 Gibbs 能为

$$\Delta G_{ir}^{W\to O} = \mu_{R_1}^{\ominus} - \mu_{O_1}^{\ominus} - nF(\phi^W - \phi^O) + \mu_{O_2}^{\ominus} - \mu_{R_2}^{\ominus} + RT\ln\frac{\alpha_{R_1}}{\alpha_{R_2}} \tag{5.5}$$

式中，$\mu_O^{\ominus}$ 和 $\mu_R^{\ominus}$ 分别为氧化态和还原态的电位(下标 1、2 分别表示不同物质)；F 为法拉第常数；α 为离子活度(下标表示不同物质)；R 为摩尔气体常数；T 为开尔文温度；n 为电极反应中电子转移数。当体系达到平衡时，$\Delta G_{ir}^{W\to O}=0$，Galvani 电势差为

$$\Delta_W^O\phi = \frac{\mu_{R_1}^{\ominus} - \mu_{O_1}^{\ominus}}{nF} + \frac{\mu_{O_2}^{\ominus} - \mu_{R_2}^{\ominus}}{nF} + \frac{RT}{nF}\ln\frac{\alpha_{R_1}\alpha_{O_2}}{\alpha_{O_1}\alpha_{R_2}} \tag{5.6}$$

在本体溶液中，标准 Gibbs 能($\Delta G_{O_1/R_1}^{\ominus}$、$\Delta G_{O_2/R_2}^{\ominus}$)和电对的标准氧化还原电位之间存在如下关系：

$$\Delta G_{O_1/R_1}^{\ominus} = \mu_{R_1}^{\ominus} - \mu_{O_1}^{\ominus} = -nFE_{O_1/R_1}^{\ominus} \tag{5.7}$$

$$\Delta G_{O_2/R_2}^{\ominus} = \mu_{R_2}^{\ominus} - \mu_{O_2}^{\ominus} = -nFE_{O_2/R_2}^{\ominus} \tag{5.8}$$

式中，$E^{\ominus}_{O_1/R_1}$ 和 $E^{\ominus}_{O_2/R_2}$ 分别为水相和有机相的标准氧化还原电位(相对于标准氢电极)。因此，液/液界面电子转移反应的能斯特(Nernst)方程为

$$\Delta_{W}^{O}\phi = E^{\ominus}_{O_2/R_2} - E^{\ominus}_{O_1/R_1} + \frac{RT}{nF}\ln\frac{\alpha_{R_1}\alpha_{O_2}}{\alpha_{O_1}\alpha_{R_2}} \tag{5.9}$$

5.3.2　电子转移反应的动力学过程

Samec 等[56]最早提出了电子转移反应动力学理论。电子转移反应速率应为

$$i_{et}^{\alpha\to\beta} = k^{\alpha\to\beta}c_{R_1}c_{O_2} - k^{\beta\to\alpha}c_{O_1}c_{R_2} \tag{5.10}$$

Galvani 电势差 $\Delta_{\beta}^{\alpha}\phi$ 决定速率常数 $k^{\alpha\to\beta}$ 与 $k^{\beta\to\alpha}$ 的大小，存在以下关系：

$$k^{\alpha\to\beta} = k_{app}^{\ominus}\exp\left[-n\alpha F\left(\Delta_{O}^{W}\phi - \Delta_{O}^{W}\phi^{\ominus}\right)/RT\right] \tag{5.11}$$

$$k^{\beta\to\alpha} = k_{app}^{\ominus}\exp\left[(1-\alpha)nF\left(\Delta_{O}^{W}\phi - \Delta_{O}^{W}\phi^{\ominus}\right)/RT\right] \tag{5.12}$$

$$\frac{k^{\alpha\to\beta}}{k^{\beta\to\alpha}} = \exp\left[nF\left(\Delta_{O}^{W}\phi - \Delta_{O}^{W}\phi^{\ominus}\right)\right] \tag{5.13}$$

式中，α 和 β 分别表示电极电位对氧化反应和还原反应活化能的影响程度，为传递系数；$k_{app}^{\ominus}$ 为标准电极反应速率常数；c_R 和 c_O 分别为还原物和氧化物的体浓度。

当 $\Delta_{O}^{W}\phi = \Delta_{O}^{W}\phi^{\ominus}$ 时，有 $k^{\alpha\to\beta} = k^{\beta\to\alpha} = k^{\ominus}$，$k^{\ominus}$ 为标准速率常数。

由 $\alpha = -(RT/nF)(\partial\ln k/\partial E)$，可以得到表观电子传递系数：

$$i = F\alpha k^{\ominus}\left[c_O(0,t)e^{-\alpha F\left(E-E^{\ominus}\right)} - c_R(0,t)e^{(1-\alpha)F\left(E-E^{\ominus}\right)}\right] \tag{5.14}$$

5.4　液/液界面电子转移反应的研究方法

本节主要介绍本书作者实验室采用的研究方法：TLCV 和 SECM。结合本书作者的研究工作，探讨了适用于 TLCV 的有机相溶剂和离子诱导电子转移反应，利用 SECM 技术模拟并研究了生物体系中跨膜电子转移过程。

5.4.1　薄层循环伏安法

TLCV 是 Anson 课题组于 20 世纪 90 年代提出来的[32-36,78]，是一种简单测定异相电子转移反应动力学参数的方法，该方法无需昂贵的实验仪器，药品消耗少，数据处理简单。此外，由于工作电极表面积比较大，在表面容易形成比较薄的薄层，在电极反应进程中可以忽略边缘效应和有机相的 IR 降对液/液界面电荷转移

过程造成的影响，可在很大程度上简化研究过程。尤其是在有机相薄层中，仅需数微升就能进行检测，为研究一些产率低、难溶于水的化合物界面行为提供了有利的分析手段。另外，TLCV 也可以作为其他研究方法的辅助性手段，开展界面反应机理的探索[79]。研究表明，该方法还能够有效地研究多步电子转移过程[39]，这是其他研究方法所不能及的。随着理论的不断完善，TLCV 的应用范围将越来越广。

1. TLCV 实验装置

TLCV 是一种测定异相电子转移反应动力学参数的简单方法。TLCV 实验由常规电化学工作站完成，电解池实验装置如图 5.5 所示。将微量(几微升)的有机液体滴加在电极表面，有机液体会迅速地铺展形成有机薄层(厚度 10～100μm)并黏附在电极表面。迅速将工作电极倒置，垂直浸入已配好的水相中，这时就形成两互不相溶的界面(ITIES)，对此体系进行循环伏安扫描。具体操作和数据的采集、分析都通过与工作站相连的计算机完成。

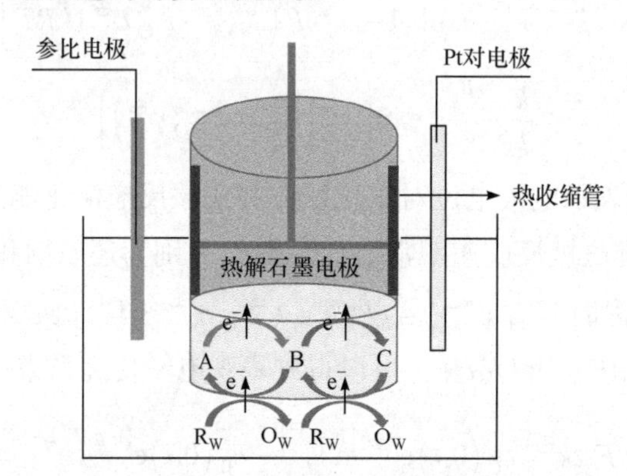

图 5.5　TLCV 电解池实验装置

A、B、C 为不同电活性物质；R_W 和 O_W 分别为还原态和氧化态物质

2. TLCV 工作电极

热解石墨电极(EPG)是 TLCV 实验装置的重要部件。环状 EPG 由横截面积为 $0.32cm^2$ 的热解石墨棒和外面的聚四氟乙烯热敏收缩管组成，为了使其具有良好的导电性，电极内部的石墨和铜制导线之间由汞滴连接。此外，电极表面还需经过机械抛光。

3. TLCV 实验基本原理

利用 TLCV，不仅可对部分常规体系的电子转移过程进行研究，还可探讨两相离子强度、界面离子迁移及水相反应物浓度等因素对液/液界面上电子转移过程的影响。用 TLCV 研究液/液界面上的电子转移，首先要在 EPG 表面构筑有机相薄层，即将微量(几微升)有机溶剂用微量进样器滴加到电极表面，由于电极表面积较大(约 0.32cm^2)，有机溶剂可以在电极表面自然铺展开，形成有机相薄层。然后将电极朝下插入到事先准备好的水溶液中，EPG 上的有机相薄层可以将电极表面和水相隔开，在互不相溶的有机相和水相之间形成液/液界面。此外，可以分别在有机相和水相中添加相应的氧化还原性物质，利用循环伏安法(cyclic voltammetry，CV)进行检测，研究界面上的电荷转移机理及动力学过程。EPG 三电极体系不但具有方便、迅速、易执行等特点，还由于工作电极表面积较大，形成的薄层较薄，电极反应过程可以忽略边缘效应及有机相的 IR 降对液/液界面电荷转移过程的影响，大大简化研究过程。TLCV 也可以作为其他研究方法的辅助性手段，进行界面反应机理的研究。

将微量(几微升)的有机液体滴涂在电极表面，有机液体会在电极表面快速地展开形成薄层。有机相中含有电活性的物质 Ox_1，水相中含有另一种电活性的物质 Ox_2。当把黏附有 Ox_1 薄层的电极浸入水相中，Ox_2 不能直接在电极表面发生氧化还原反应。当 Ox_2 和 Red_1 之间发生氧化还原反应时，在电极和液/液界面上就会发生如下反应：

$$Ox_1 + e^- \longrightarrow Red_1(EPG) \tag{5.15}$$

$$Red_1 + Ox_2 \longrightarrow Ox_1 + ITIES \tag{5.16}$$

ITIES 上发生的反应是电子在互不相溶的两相中 Red_1 和 Ox_2 之间的转移，称为异相电子转移反应。电极反应生成的 Red_1 扩散至液/液界面，与 Ox_2 发生双分子氧化还原反应，产生的 Ox_1 再扩散到电极，引起电极电流的迅速升高，在薄层中产生一个循环过程。如果有机相中反应物浓度选择适宜，电流将升高形成稳态；如果界面反应速率快，再生的 Ox_1 量大，阴极电流大大增加，整个反应的速率只取决于有机相中 Ox_1 的扩散速率，而与扫描电位的大小无关。另外，在电极上产生的 Red_1 会立即被界面上的 Ox_2 消耗，使得反扫时不出现氧化峰。

4. TLCV 实验过程

TLCV 的具体实验过程分为以下四个步骤(在所有过程中参比电极和对电极均置于水相中)。

(1) 用 EPG 工作电极测定水相反应物的循环伏安图，确定水相反应物的氧化还原半波电位(水相反应的表观电位)。

(2) 在工作电极上加入有机相薄层(此时薄层中不含有机相反应物)，水相含有相应的氧化还原电对，作循环伏安图(cyclic voltammogram，CV 图)，观察有机相薄层是否将 EPG 表面与水相隔开。如果薄层已完全覆盖电极表面，则在 CV 图上观察不到水相反应物的氧化还原峰，CV 图的氧化电流和还原电流平行，说明薄层已经成功地挂在工作电极表面，并且可以阻断水相反应物到达电极表面。

(3) 事先在有机相中加入相应的反应物及支持电解质，将其引入电极表面形成薄层。与上一步不同的是水相不含有反应物，只含有支持电解质。此时的 CV 图是有机相反应物的氧化还原峰，由此可以确定有机相反应物的氧化还原电位。它们的参比电极和对电极都位于水相中，而工作电极在两相界面上，因此第三步所测的电位实际上已包含了液/液界面电势差。比较第一步和第三步所得的CV图，如果相对于两相反应物的半反应，形成的界面反应具有较高的电势差，则界面反应可以发生。界面反应如下式所示：

$$O_1(O)+R_2(W)\xrightarrow{n_e}R_1(O)+O_2(W) \tag{5.17}$$

式中，括号里面的 O 和 W 分别代表有机相和水相；括号外面的 O 和 R 分别代表氧化态和还原态物质，下标 1 和 2 分别代表有机相和水相中的不同反应物；n_e 为界面反应过程中转移的电子数。

(4) 在两相中都加入相应的反应物(有机相反应物浓度恒定，水相反应物浓度不断变化)，发现对应于有机相反应物的出峰位置，将出现平台电流(对应不同的研究体系，平台电流可能出现在氧化峰的位置，也可能出现在还原峰的位置)。这说明界面发生了电子转移反应，如果有机相中某种价态的反应物浓度恒定，则薄层中出现了循环过程。这个过程中反应实现了有机相反应物扩散控制的界面反应(一般认为反应物在不同价态时的扩散系数相同)，而且随着水相反应物浓度的增加，平台电流也会不断变大。当水相的浓度达到一定值时，平台电流基本不再变化。读取平台电流值，经过一系列数据处理，就可以得到电子在界面上的转移速率常数，进一步探讨反应物结构对液/液界面上电子转移过程的影响。

5. TLCV 定量分析理论

Anson 课题组经过研究和实践，指出阴极平台电流是稳态极限扩散电流和界面反应动力学电流组成的。TLCV 在探讨液/液界面上电子转移理论方面已具有一定的定量分析理论基础，可以计算相应的电子转移速率常数。理论计算公式如下：

$$(i_{obs})^{-1}=(i_{et})^{-1}+(i_D)^{-1} \tag{5.18}$$

$$i_D=nFAC_{NB}^{*}D/d \tag{5.19}$$

$$i_{et}=nFAk_{et}C_{NB}^{*}C_{H_2O}^{*} \tag{5.20}$$

将式(5.19)和式(5.20)代入式(5.18)，可得

$$(i_{obs})^{-1}=\frac{d}{nFAC_{NB}^{*}D_{NB}}+\left(nFAC_{NB}^{*}\right)^{-1}\left(C_{H_2O}^{*}\right)^{-1}k_{et}^{-1} \tag{5.21}$$

其中，i_{obs} 为平台电流；i_D 为有机薄层中由 Ox_1 扩散控制的稳态极限扩散电流；i_{et} 为两相间反应的动力学电流；n 为反应过程中转移的电子数；F 为法拉第常数；A 为 EPG 面积；D_{NB} 为 Ox_1 在有机薄层中的扩散系数；d 为有机薄层厚度；C_{NB}^* 为有机薄层中 Ox_1 浓度；$C_{H_2O}^*$ 为水相中 Ox_2 浓度；k_{et} 为双分子速率常数。将 $(i_{obs})^{-1}$ (平台电流的倒数值)与对应 $(C_{H_2O}^*)^{-1}$ (水相反应物浓度的倒数值)作图，再线性拟合，根据得到的拟合斜率就可以计算研究体系中液/液界面上的电子转移速率常数。

对于多步电子转移过程，后面几步的反应中有机相电活性物质的浓度不再是起始浓度。也就是说，每反应完一步，有机相中电活性物质的浓度逐渐减小。因此，计算多步电子转移每步反应的有机相电活性物质浓度，是得到动力学常数最为关键的一步。从式(5.19)看出，扩散电流与有机相中电活性物质的浓度成正比，可以根据这个关系来计算出下一步反应消耗的有机相中电活性物质。相关公式如下：

$$\frac{i_{D_1}}{i_{D_n}}=\frac{C_{NB_1}^*}{C_{NB_n}^*} \tag{5.22}$$

$$C_{NB_n}^*=\frac{i_{D_n}}{i_{D_1}}\times C_{NB_1}^*\left(n>1\right) \tag{5.23}$$

实际连续电子转移过程中双分子反应并不完全，为了更精确计算 $C_{NB_n}^*$，卢小泉课题组[80]依据法拉第电解定律，确定有机相中参与反应的反应物实际浓度。幸运的是，平台电流在一定时间范围内是保持不变的，因此，可以通过平台电流乘以相应时间来确定电量。基于大量的实验数据，计算方程式校正如下：

$$0.5C_{NB_n}^*=\frac{i_{D_n}}{i_{D_1}}\times 0.6C_{NB_1}^*\left(n>1\right) \tag{5.24}$$

从式(5.21)可以看出，界面多步电子转移速率常数与有机相中反应物的实际浓度有关。依据法拉第电解定律及大量实验数据的统计结果，得到式(5.24)中的校正系数。薄层循环伏安法应用于研究测定多步连续电子转移过程中速率常数的理论仍处在探索性阶段，理论和数学模型还需进一步完善。要得到更精确的计算结果，需要考虑各种影响电子转移的因素，如多步双分子反应之间的相互限制影响及界面上形成离子对等因素[81,82]。得到有机相反应物的浓度之后，速率常数的计算就可以按照式(5.21)进行。因此，研究薄层循环伏安法测定液/液界面多步电子转移速率的理论尤为重要。

5.4.2　扫描电化学显微镜技术

SECM 是由 Bard 等[83]提出的一种电化学扫描探针显微镜技术，将能够三维移动的 UME 作为探头插入电解质溶液中，在离固相基底表面很近的位置进行扫描，来研究基底的形貌和固/液界面的氧化还原活性。Bard 等还提出了 SECM 理论[28]，并对其应用进行了拓展[29]。近年来，SECM 和微米、纳米管结合，在液/液界面中的应用得到了快速的发展。

1. SECM 简介

著名化学家 Bard 开创并发展了 SECM 技术，已经发展为研究异相电子转移反应的有力电化学分析工具，解决了许多传统电化学技术难以解决的问题，如 IR 降、充电电流，以及电子转移与离子转移的差别。有关 SECM 的应用已有大量的报道[84]。近几年，苏彬课题组利用 SECM 定量评价二氧化硅纳米通道膜的分子选择性和渗透性[85,86]；朱志伟课题组在生物传感[87]、液/液界面的结构与功能化等方面进行了研究[88]。除此之外，SECM 也被成功地用于微观结构表面的修饰沉积和刻蚀过程，并且结合各种分析技术，从物质敏感性到光学分析来补充其他技术。SECM 已经被大量用于异相电子转移过程的研究，为揭示界面反应过程的机理和基本界面结构提供有力证据。

2. SECM 的仪器装置

SECM 的仪器装置主要由含有中介体溶液的电解池、探头、基底、各种电极、双恒电位仪、压电位置仪和压电控制仪，以及用来控制操作、获取和分析数据的计算机(包括接口)等部分组成，其仪器装置示意图如图 5.6 所示。

UME 可以通过驱动非常小的三维方向控制仪来进行微小而精确的空间移动。当 UME 移动到界面处，可以检测到界面的电化学信息来完成实验数据的采集。图 5.6 中所有仪器的操作及实验数据的分析与采集，均通过终端的计算机软件来进行操作。SECM 的高空间分辨率取决于扫描探头的形状大小及与基底的间距。因此，UME 制作对实验数据的精确度和分辨率起决定性的作用。应用 SECM 的 UME 探针研究界面与基底上的电化学信息，最初的 UME 尺寸在 10^{-6}m 量级，随着科技的发展，电化学仪器设备及制备技术的不断更新，UME 的制作尺寸越来越小[35]，从开始的微米级逐渐发展到如今的纳米级。SECM 主要结构为玻璃管端口中心处的铂丝在玻璃管内部通过银胶与铜丝相连，其具体结构如图 5.7 所示。随着实验技术的不断提高，对 UME 提出了越来越多特殊功能的要求[89,90]。

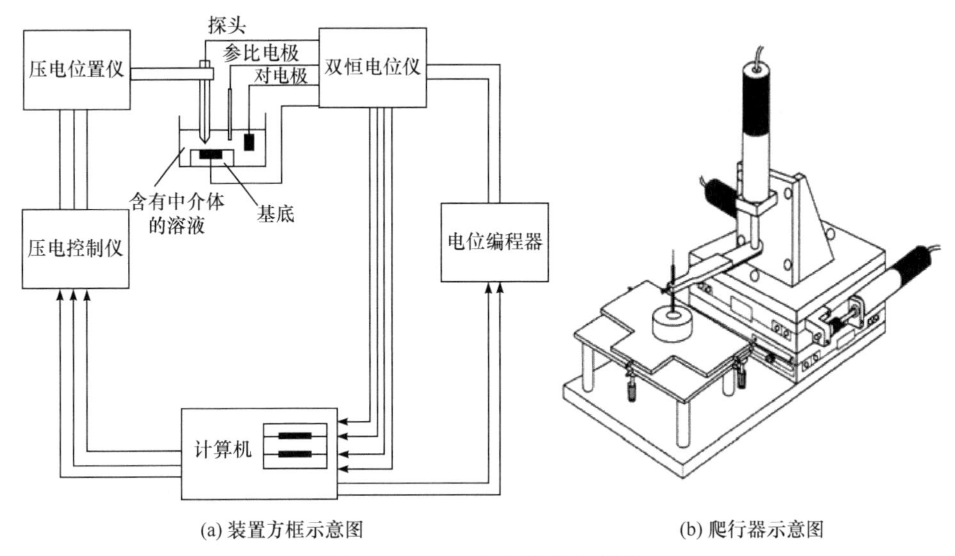

(a) 装置方框示意图 (b) 爬行器示意图

图 5.6 SECM 仪器装置示意图

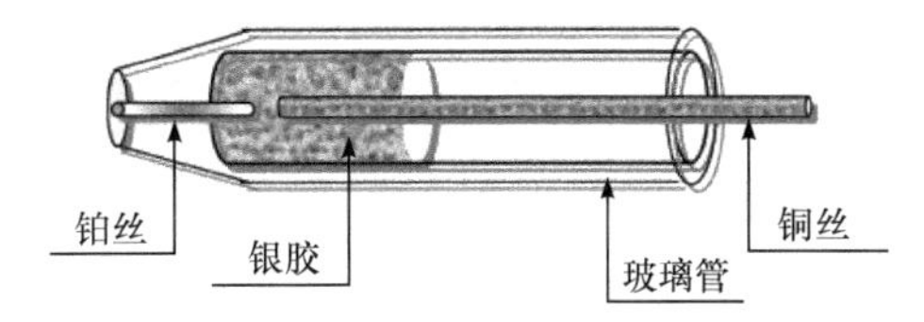

图 5.7 常规 SECM 微米圆盘电极具体结构示意图

SECM 的分辨率主要取决于探针的尺寸、形状和与基底的间距(d)，绝大多数情况下，SECM 工作处于“恒高度”下，因此探针的制备就显得尤为重要。要建立理想的电化学反馈，探针顶端必须是平面或半球面，锥形顶端探针的电流不随 d 而改变，不能产生反馈效应。常用的探针材料为 Pt 丝或碳纤维(直径为 0.2～50μm)，更小的探针可以通过电化学腐蚀制取，并将其包封在玻璃管内。同时，根据不同的实验需要，可以制作不同材料和尺寸的探针。为避免实验中探针向基底逼近时因玻璃屏蔽层首先碰撞基底表面，而无法获得较小的探针-基底间距 d，探针顶端部位周围的玻璃屏蔽层必须用砂纸和金刚石粉等小心地磨成锥形。因此，实验装置最好配有机械微调装置，可使探针和基底相对平行性调整，这一点对提高 SECM 的分辨率是必需的。进入电化学反馈后，探针的逼近和平行性调整应反复交叉进行，以保证探针顺利到达预定范围。此外，影响 SECM 分辨率的因素还有扫描速度、仪器参数等。

3. SECM 工作电极

以直径为 25μm 的 Pt 微电极作为 SECM 的探头，用光学显微镜检查其质量，微电极每次测定前都要用粒径为 0.30μm 和 0.05μm 的三氧化二铝抛光粉打磨，二次水清洗，氮气吹干(约 30s)。饱和甘汞电极为参比电极，Pt 丝为对电极，参比电极和对电极二者均置于水相中。油相和水相体积均为 0.3mL，体积比为 1∶1。以直径为 0.6cm 的玻璃池作为电解池，使用前先用三甲基氯硅烷浸泡 12h，使其硅烷化。实验过程中，先加入 0.3mL 水相，再加入 0.3mL 有机相，两相间形成稳定的界面。利用 CHI900 系统完成各种常规电化学实验和 SECM 实验。实验均在室温 20℃±2℃下进行。

4. SECM 的工作原理

SECM 是以电化学基本原理为工作基础而设计的一种扫描探针技术，具有许多不同的操作模式，其主要的工作模式见图 5.8。

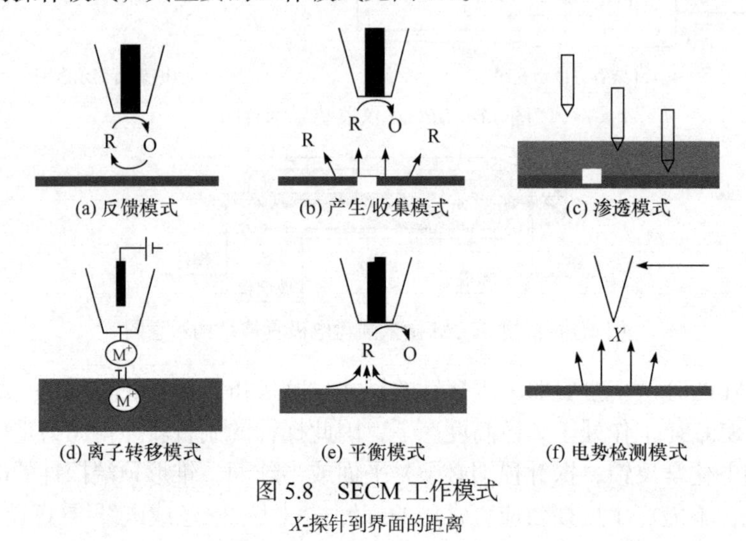

(a) 反馈模式 (b) 产生/收集模式 (c) 渗透模式
(d) 离子转移模式 (e) 平衡模式 (f) 电势检测模式

图 5.8 SECM 工作模式

X-探针到界面的距离

在以上几种模式中，反馈(feedback)模式是 SECM 在具体实验操作中运用最为广泛的操作模式之一，其基本过程如图 5.9 所示。在反馈模式中，SECM 的探头

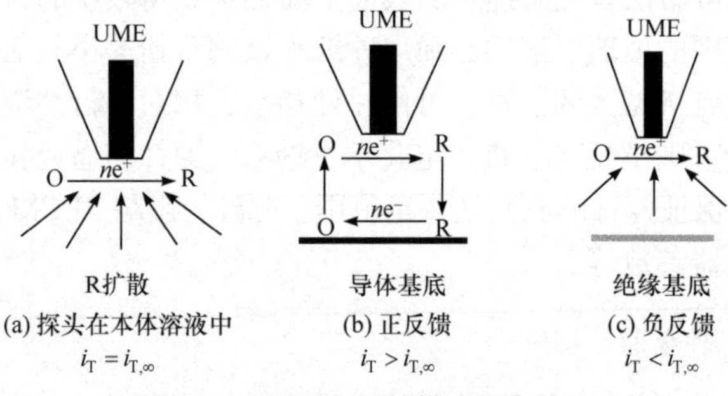

R扩散 导体基底 绝缘基底

(a) 探头在本体溶液中 (b) 正反馈 (c) 负反馈

$i_T = i_{T,\infty}$ $i_T > i_{T,\infty}$ $i_T < i_{T,\infty}$

图 5.9 SECM 的反馈模式基本过程

i_T-探针电流；$i_{T,\infty}$-稳态扩散电流

插入含有电化学活性的本体溶液中时，样品固定在基底上，在探头上施加一定的正电位，可能发生如下的反应[91-93]：

$$R-ne^{-} \longrightarrow O \tag{5.25}$$

当继续移动 UME 探头至反应基底时，如果基底具有导电性，能够与溶液中被氧化的电活性物质发生反应，使其还原为电活性物质 R，那么将大大增加扩散至探头 UME 的电活性物质 R，使其增大电流信号而产生正反馈；相反，若基底不导电，那么扩散至基底的物质不仅不能被基底还原，而且基底还会减少电活性物质 R 扩散到探头 UME 的数量，从而降低电流值而产生负反馈。SECM 反馈曲线如图 5.10 所示，图中 a 为正反馈曲线，b 为负反馈曲线。若基底是导体，扫描探针电流大大增加，即 $i_{\mathrm{T}} > i_{\mathrm{T},\infty}$，则出现正反馈曲线；若基底是绝缘体，微扫描探针的电流 i_{T} 随着探头接近基底，由于基底减少了扩散至探头的电活性物质数量，探针电流 i_{T} 减小，即 $i_{\mathrm{T}} < i_{\mathrm{T},\infty}$，就出现了负反馈曲线。

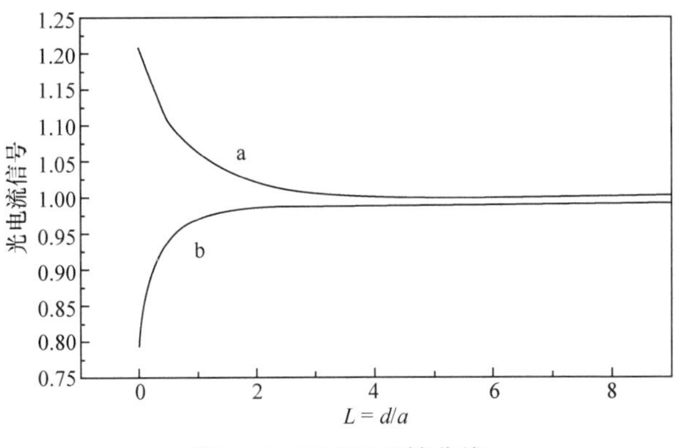

图 5.10　SECM 反馈曲线

d-探头到基底的垂直距离；*a*-扫描探针半径

当微扫描探针 UME 离基底很远时，即两者之间的距离 $d > 10a$ 时，探头上的稳态扩散电流 $i_{\mathrm{T},\infty}$的大小可由式(5.26)计算，反应速率受电活性物质 R 向探头的扩散过程控制。

$$i_{\mathrm{T},\infty} = 4nFDca \tag{5.26}$$

其中，n 为转移电子数；F 为法拉第常数；D 为 R 的扩散系数(cm^2/s)；c 为 R 的浓度；a 为扫描探针半径；∞ 表示探头与基底间距离很大(一般为探头直径的几倍)。当扫描探针 UME 不断靠近基底时，探针电流 i_{T} 将会随着基底导电性质差异发生相应变化，分别产生正反馈和负反馈现象。R 被氧化后形成的物质 O，当其扩散到基底时，重新在基底上被还原为 R 的速率最终决定了扫描探针电流 i_{T} 的大小，为研究氧化还原反应的动力学过程提供了依据。

5. SECM 实验过程

SECM 的基本实验过程分为以下几个步骤(在所有步骤中对电极和参比电极都置于水相中)。

(1) 用 Pt 微电极作为 SECM 的探头,得到水相中活性物质的稳态循环伏安图,确定水相反应物的氧化还原半波电位(水相反应的表观电位)。

(2) 有机相位于电解池的上部,水相置于下部。有机相和水相体积均为 0.3mL,体积比为 1∶1,此时两相间形成稳定的界面。微电极位于上面的有机相中,参比电极和对电极置于水相中。用微电极测得有机相中的稳态循环伏安,可以得到有机相电活性物质的半波电位;参比电极和对电极都位于水相中,而工作电极在两相界面上,因此所测的电位实际上已包含了液/液界面电位差。比较(1)和(2)得到的伏安图,如果相对于两相反应物的半反应,产生的界面反应拥有较高的电位差,则界面反应能够进行。

(3) 将 Pt 微电极浸入有机相中,在一定电位下,有机相中反应物在探头上被还原,从探针扩散至界面发生电子转移而产生电流。微电极上产生的油相分子二甲基甲酰胺(DMF)给水相中的高铁离子传递一个电子,重新恢复氧化态,扩散至探头使探头附近的 DMF 的浓度增加,则 $i_T > i_{T,\infty}$,此时探针得到较大的电流而产生正反馈曲线。在不同浓度的水相氧化还原电对下,利用 SECM 扫描得到一系列异相电子转移反应的反馈曲线。

(4) 根据式(5.26),应用稳态扩散电流的表达式分别求出有机相和水相中反应物的扩散系数。

6. SECM 的定量分析理论

SECM 具有定量分析的理论基础,受均相和异相反应系统、扫描探针 UME 的尺寸大小、基底的不同形貌及导电性的影响而各不相同。在不同的电化学反应过程中,应用菲克(Fick)定律会产生不相同的边界条件,从而使探头电流有所改变,对反应过程中的分析理论进行限制。若电极为超微圆盘电极,只要基底的面积足够大,那么在稳态条件下,探头的归一化电流 I_T 为

$$I_T = i_T / i_{T,\infty} \tag{5.27}$$

式中,$i_{T,\infty} = 4nFDca$ 为稳态扩散电流,又称为极限电流;i_T 为探头电流。归一化距离 L 为

$$L = \frac{d}{a} \tag{5.28}$$

式中,d 为探头到基底的垂直距离;a 为扫描探针半径。

I_T 与 L 之间有如下的表达式：

$$I_T^c = 0.68 + \frac{0.78377}{L} + 0.3315\exp\left(-\frac{1.0672}{L}\right) \tag{5.29}$$

$$I_T^{ins} = 1 \Bigg/ \left\{0.15 + \frac{1.5358}{L} + 0.58\exp\left(-\frac{1.14}{L}\right) + 0.0908\exp\left[(L-6.3)/(1.017L)\right]\right\} \tag{5.30}$$

$$I_S^k = \frac{0.78377}{L(1+1/\Lambda)} + \frac{\left[0.68 + 0.3315\exp\left(-\frac{1.0672}{L}\right)\right]}{1+F(L,\Lambda)} \tag{5.31}$$

$$I_T^k = I_S^k\left(1 - \frac{I_T^{ins}}{I_T^c}\right) + I_T^{ins} \tag{5.32}$$

式中，I_T^c 为扩散控制的基底为导体时的探头归一化电流；I_T^{ins} 为扩散控制的基底为绝缘体时的探头归一化电流；I_S^k 为动力学控制的基底电流；I_T^k 为有限基底动力学控制的探头电流；$\Lambda = K_f d/D$，K_f 为异相反应的表观速率常数(cm/s)；$F(L,\Lambda) = (11+7.3\Lambda)/[\Lambda(110-40L)]$。当 $0.1 \leqslant L \leqslant 1.5$，且 $-2 \leqslant \log_{10}K \leqslant 3$，$K = K_f a/D$ 时，式(5.29)～式(5.32)的误差不超过 2%。

7. SECM 的应用

1) 样品表面扫描成像

探针在靠近样品表面扫描记录 X-Y-Z 坐标位置函数的探针电流，通过相关的数据处理可以得到三维的 SECM 图像，以获得一些表面活性区域的信息。

Ye 等[94]应用 SECM 研究了基于阵列光催化剂的不同组成的多种 n 型 $BiVO_4$，和传统的超微电极不同，使用一种光纤电极对 Na_2SO_3 和水的氧化光催化剂进行快速筛选，当 Bi/V/W 氧化物的比例达到 4.5∶5.0∶0.5 时，通过对可见光照射下水的光氧化进行研究，发现此种材料在紫外和可见光区域有较高的光电流。

Zhang 等[95]简化了传统的四电极体系，只用了工作电极(WE)和参比电极(RE)，通过探测 I^- 光激发产生的 I^{3-} 离子稳态电流来研究染料敏化 TiO_2 的光诱导电子转移过程。这种方法对评估印花染料在染料敏化太阳能电池中的快速筛选来说，是切实可行的。Ding 等[96]首次实现了应用 SECM 技术定量研究碳纤维的电催化多样性，通过原位的 SECM 响应及光学成像，指出了电催化活性中心的分布情况，与建立在单线碳纤维基础上的纳米生物传感器发展密切相关，同时提供了检测多种生物活性分子新方法。Johnson 等[97]引入 SECM[98-100]作为一种新型的扫描探针技术，用于微纳级别定量研究电子转移，为进一步研究多晶电极材料，尤其是具有电催化活性的材料提供了平台。Barker 等[101]以可溶解 Ag 颗粒的 $IrCl_6^{3-}$ 为中介体研究了 SECM 的黑白底片成像，并且讨论了影响成像的因素。

2) 异相电子转移反应研究

SECM 的探针可非常靠近样品电极表面从而形成薄层池，达到很高的传质系数，且 SECM 探针电流测量很容易在稳态进行，具有很高的信噪比和测量精度，也基本不受 IR 降和充电电流的影响。SECM 可以定量测量探针或基底表面的异相电子转移速率常数。

Ritzert 等[102]用 SECM 研究了两互不相容界面上的异相电子转移，发现在较高的驱动力下，随着过电势的增加，电子转移速率常数减小，偏离了巴特勒-福尔默(Butler-Volmer)动力学预测，但这种现象符合 Marcus 理论反转区，在低驱动力下，电子转移速率常数符合 Butler-Volmer 理论。Mezour 等[103]应用 SECM 定量地研究了热喷对防腐超耐热不锈钢电化学活性的影响，以二茂铁甲醇(FcMeOH)为电子载体，研究了铬镍铁合金/电解质溶液界面的异相电子转移动力学。卢小泉课题组[104]将系列巯基卟啉修饰于金电极表面，研究了其异相电子转移行为，发现电子供体(电活性物质)和电子受体(自组装膜)之间的双分子反应是动力学循环的过程，这可以用来模拟叶绿素光系统Ⅱ中的电子转移反应。Osakai 等[105]应用 SECM 研究了醌二甲烷的异相电子转移和均相归中反应的速率常数。

3) 均相化学反应动力学研究

SECM 的收集模式、反馈模式及与计时安培法、快扫描循环伏安法(fast scan cyclic voltammetry，FSCV)等电化学方法的联用，已用于研究均相化学反应动力学和与电极过程偶联的其他类型化学反应动力学。

Sugihara 等[106]将 FSCV 与交流扫描电化学显微镜(alternating current-scanning electrochemical microscopy，AC-SECM)联用(图 5.11)，用于同时监测阻抗和法拉第电流，发现在碳纤维电极上外加的正弦电压对循环伏安几乎没有影响。此项技术将单个碳纤维作为基底可以提供化学形貌信息，在基底的多维化学成像方面有着广阔的应用领域。Sasaki 等[107]将 SECM 和双电位阶跃计时电流(double potential step chrono-current，DPSC)法结合，研究了液/液界面上溶质分区现象和 1,2-二氯乙烷/水界面上的二茂铁离子转移原理、理论。SECM-DPSC 联用可以用来研究两个互不相容相界面上电致物质的转移。

4) 薄膜表征

SECM 可监测微区反应，因此也是研究电极表面薄膜十分有效的方法。它既可以通过媒介反应进行测量，也可以把探针伸入膜中直接测量。

Jensen 等[77]应用 SECM 研究了水相和非水相中单层石墨烯电极的表面电子转移动力学过程，发现电子载体 FcMeOH 在水合乙腈中的电子转移动力学过程是有

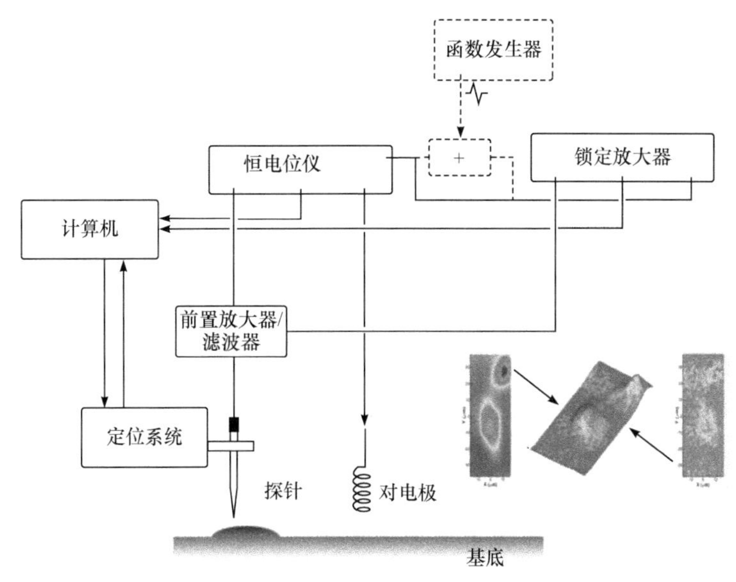

图 5.11　FSCV/AC-SECM 仪器结构示意图

限的。其归因于石墨烯的内在特性，在部分吸附锇物种层存在的情况下，FeEDTA 和$[Ru(CN)_6]^{4-}$的电子转移动力学过程得到增强，这表明准可逆电子转移动力学的电子介质可以用来检测少量的吸附物质。Eugster 等[108]将巯基卟啉修饰到多晶电极表面，通过 CV 和 SECM 技术，借助氧分子的氧化还原研究了修饰膜的电化学催化活性及相关的动力学过程，探针尖端的产生-收集模式为研究氧分子的氧化还原反应和过氧化氢形成提供了可能。Bauer 等[109]应用 SECM 研究了铜基底上 2-巯基苯并咪唑形成的抗氧化剂防腐行为，成功地监测了样品中无抗氧化剂和有抗氧化剂覆盖区域的不同电化学活性。

5) 液/液界面研究

SECM 主要应用于研究固体基底。研究表明，液/液界面是一个稳定的、亚微米级尺寸的界面，从而可作为 SECM 的基底。

已有研究应用 SECM 研究了双分子反应对 O/W 界面上电子转移反应速率的影响和 O/W 界面上自然抗氧化剂的氧化机理[110,111]，以及吸附于极化 O/W 界面上与膜结合的果糖脱氢酶电子转移和酶催化活性[67]。卢小泉课题组[112]研究了组装在水/1,2-二氯乙烷界面结合点上的羧基锌卟啉配位方向和反应活性，以及液/液界面上的光诱导电子转移反应。Rimboud 等[113]通过组装卟啉离子，研究了醌类的异相光致还原动力学过程。Izquierdo 等[114]借助光学二次谐波的产生，研究了极化的水/ 1,2-二氯乙烷界面上核-壳金属纳米材料的可控可逆吸附过程。卢小泉课题组[39,115]研究了多种液/液界面上的异相电子转移动力学。Hillier 等[116]在液/液界面上发现了电子转移反应的 Marcus 反转区。Bard 等[117]研究了液/液界面上不同取代基金属卟啉对电子转移的影响。Hess 等[118]研究了稳态情况下石墨电极上的异相多步电子转移过程，将阳极氧化铝(anodic aluminum oxide，AAO)模板修饰在液/液界面上模拟生物过程中的离子通道，结果表明 AAO 修饰的液/液界面很好地模拟了离子转移反应，这为一些药物输送及纳米传感提供了可行性。Tu 等[119]研究了酞菁铥和 $Fe^{Ⅲ/Ⅱ}$在水/二氯乙烷/硝基苯界面上的电子转移，以及耦合离子转移对电子转移的影响，发现只有在水/二氯乙烷界面上才有电子转移峰，同时伴随着离子转移，在水/硝基苯界面上被氧化或还原与界面电位产生的离子相关。Deng 等[120]研究了液/液界面上沉积 Pt 纳米粒子的空间扫描光谱电化学，说明纳米粒子不但可以沉积在界面上，而且可以扩散至本体水相溶液中。

6) 联用技术

(1) SECM 与石英晶体微天平(quartz crystal microbalance，QCM)联用。由 SECM 提供电化学信息，由 QCM 提供质量效应信息来研究有机或无机薄膜性质。

首次将 SECM 与 QCM 联用的是 Sklyar[121]。Hočevar 等[122]早期应用 SECM-QCM 联用技术研究了薄膜沉积于石英微晶的薄银层刻蚀。Gollas 等[123]建立了电化学石英晶体微天平(electrochemical quartz crystal microbalance，EQCM)与 SECM 的新型组合。Eckhard 等[124]应用 EQCM/SECM 联用技术解决了表面修饰过程中的横向、纵向频率测量问题。Huang 等[125]采用 EQCM/SECM 联用技术，通过石英微晶转移作用系数，快速地对 $Cu^{(Ⅱ/Ⅰ/0)}$系统实现原位检测。Szunerits 等[126]将 SECM 与扫描离子电导显微镜(scanning ion conductance microscopy，SICM)相结合，研究了酸碱中性溶液中聚对苯二胺薄膜在金电极上的循环伏安行为，并将膜的微刻蚀用于考察膜的多孔性和稳定性。Takahashi 等[127]将 SECM/SICM 应用于表征新型葡萄糖传感器。

(2) SECM 与原子力显微镜(atomic force microscope，AFM)联用，同时提供高空间分辨率的电化学和基底形貌信息，用于表面刻蚀和固/液界面研究。

Grisotto 等[128]将 AFM 与 SECM 技术联用，用 SECM 探针逼近曲线和形貌分析具有形貌和电化学特征的半导体基底模型，实际得到的实验数据和理论计算得到的形貌数据相一致，因此，AFM-SECM 联用技术可以广泛地用于研究电化学与形貌成像。Bard 等[129]利用 SECM 和 AFM 研究了铋膜电极膜/溶液界面上的反应活性，发现在溴离子存在的情况下，基底电极表面长了较密的小铋晶体，而修饰溶液中无溴离子时晶体很大很稀疏。Lazenby 等[130]将 AFM 尖端和环形微电极整合用于交流电模式成像，研究了此种技术在记录成像数据、金/玻璃结构和微电极阵列表面导电性等方面的应用。此外，Bard 等[131]应用 AFM-SECM 探究了氧化还原剂标记聚乙二醇功能化的大小约 20nm 的金纳米离子物理及电化学性质。

(3) SECM 与扫描光学显微技术联用，同时进行扫描电化学、光学研究，获得空间分辨信息。

Bard 等[132]通过表面等离子体共振(surface plasmon resonance，SPR)成像与SECM 技术联用，用于微型图像的处理与识别；将 SICM 与 SECM 联用，将离子电流反馈定位控制用于非接触和电化学物种空间分布形貌，进行同时成像研究[133]。这项技术也被用于电活性物质通过细胞膜渗透性的研究，与光学显微镜结合，SECM 可用于导电基底上直接的局部乙烯基单体电接枝，反应物传输模式主要受迁移而不是扩散模式影响，在化学、生物及技术应用领域具有广阔的前景[134]。通过将 SECM 和光学显微镜结合，可以获得交叉电极的形貌、电化学和光学形貌等信息，SECM 的电流反馈模式也可以提供样品(如恒定电流模式下的聚碳酸酯膜和硅藻类)的电化学和光学形貌，这种模式也可用于生物细胞生化活性的成像[135]。Bard 课题组[136]引进阶跃接触(hopping intermittent contact，HIC)扫描与 SECM 技术联用，成为一种氧化还原活性和界面浓度定量研究技术。

8. SECM 的展望

随着 SECM 研究的飞速发展，人们已将注意力从简单的模型实验推广到更为复杂的体系。更多的研究工作应该放在探讨微异相体系的区域特征，如高分子薄膜、生物体系、人工和生物膜及检测单分子、单细胞等，发展纳米级的探头对于SECM 的未来研究至关重要，可以促进从研究腐蚀动力学过程到生物体系中现场高分辨测量发展。

5.5　金属卟啉的电子转移反应

金属卟啉类配合物具有很高的活性，且广泛存在于自然界中，如血红蛋白、细胞色素 P-450、过氧化酶中的铁卟啉、叶绿素中的镁卟啉等，它们与生命活动息息相关，在生命体的电子转移过程中发挥着极其重要的作用。除此之外，金属卟啉衍生物可用于分子识别、光学治疗、催化反应、氧的运输和还原，可作为抗癌药物、生物显色剂、催化剂及其他功能材料，具有很高的科学价值和广阔的应用前景。

液/液界面是研究生物体中电子转移过程最简单理想的模拟生物模型，研究物质在其上的 ET 反应过程具有重要的意义。在液/液界面上不仅可以开展一系列的实验来研究电子转移动力学，还可以获得卟啉及其他一些药物分子的生物信息。数值模拟技术在电化学，特别是在电分析化学中所起的作用越来越显著。在电分析实验中，通过比较实验曲线和从电化学反应体系理论模型中得到的数据，就能对实验过程及结果进行更加方便、有效的分析。卢小泉课题组利用数值模拟分别研究探讨了反应物浓度比、薄层厚度及扩散系数等参数对界面多电子转移(multi electron transfer，MET)和单电子转移(single electron transfer，SET)的影响。结果显示，随着两相反应物浓度比的增大，无论是 MET 还是 SET，其电流响应均逐渐增强；随着薄层厚度的增大，其电流响应也逐渐增强，且平台电流逐渐代替峰电流产生；有机相反应物扩散系数和水相反应物扩散系数的同时增大使电流响应增强，水相反应物扩散系数增大，电流响应也逐渐增强，表明了反应体系反应物的扩散系数相差越大，其平台电流越易产生。这些规律在 MET 中第二步 ET 反应过程与第一步 ET 反应过程不尽相同，尽管第二步 ET 反应的电流响应也会随着浓度的增大而增强，但其变化幅度有所不同；薄层厚度变化，第二步电流响应与第一步不同；扩散系数变化，其电流响应更是与第一步相反。采用 TLCV 对界面 MET 和 SET 进行对比研究，人们更加深入地了解了界面上 MET 与 SET 的异同，促进了界面动力学的深入发展，使液/液界面可以真正地模拟生命现象，促进生命科学的飞速发展。

5.5.1　金属卟啉的单步电子转移

研究液/液界面的方法主要有 SECM 和 TLCV。SECM 不但可以研究探头与基底上的异相反应动力学及溶液中的均相反应动力学，给出导体和绝缘体表面的形貌，分辨电极表面微区的电化学不均匀性，而且可以对材料进行微加工，研究许多重要的生物过程等[137-141]。然而，SECM 也具有一定的局限性，它对仪器设备要求高且实验数据处理复杂。1998 年，Anson 课题组开创性地提出了 TLCV，该法是最简单的测量液/液界面上 ET 速率的方法。利用这种方法，Wang 等[142]对部分常规体系的 ET 过程进行了研究，探讨了两相离子强度、界面离子迁移及水相反应物浓度等因素对液/液界面上 ET 过程的影响。

1. TLCV 对液/液界面单步电子转移的研究

在 ITIES 上产生的电活性物质 Ox_1 通过传质过程到达电极表面，从而引起电极电流的迅速升高。响应电流主要由传导电流和动力学电流组成，有机相中反应物 Ox_1 的浓度与水相中 Ox_2 的浓度相比较，水相溶液的浓度较大时，在液/液界面上 Ox_1 的浓度就可以被忽略，此时以传导电流为主。若水相中 Ox_1 的浓度较小，Ox_2 的浓度就可以被忽略，这时电流主要是动力学电流。

基于菲克第二定律，利用数值模拟中的有限差分法模拟两相中反应物的扩散过程，从而得到薄层理论中的时间扩散电流 i_d。基于薄层定量分析理论公式，得到时间电流响应值 i_{obs}。模拟中所用的工作电极如图 5.12 所示。

该理论不仅给出了有机相反应物浓度的选择范围，同时也是水相反应物浓度选择的先决条件。将该理论应用在具体操作中也得到了令人满意的实验结果。此外，研究薄层厚度对电子转移速率的影响，表明改变薄层厚度是利用 TLCV 测定广泛电子转移速率常数的有效途径。

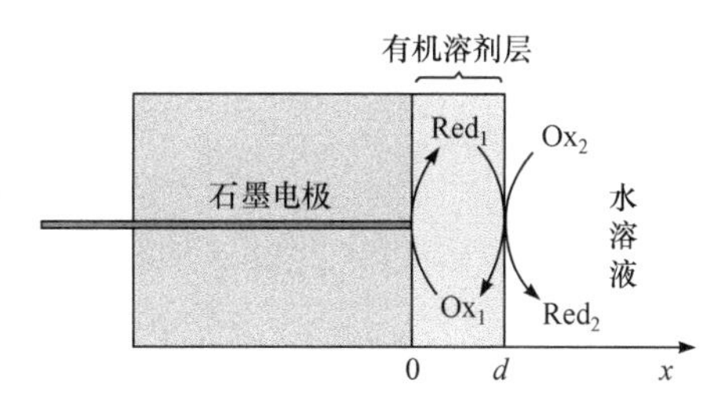

图 5.12　EPG 表面挂有有机薄层的工作电极

0-有机溶剂层表面；*d*-有机溶剂层厚度；*x*-电极到水溶液的距离

2. SECM 对液/液界面单步电子转移的研究

SECM 作为一种应用广泛的研究方法，最大的优点在于可以通过其反馈模式来研究界面的电子转移动力学。基于此，SECM 被利用来考察单取代锌卟啉在液/液界面的电子转移反应，发现含有不同取代基的卟啉对电子转移反应有一定的影响。基于第 4 章的初步探究，本章通过研究带有不同取代基金属卟啉的界面动力学，对这个问题作了进一步的探讨。近几年，密度泛函理论(density functional theory，DFT)在研究分子的几何结构、电子结构和振动光谱上取得了令人瞩目的进展，可以应用于超分子和生物大分子物理性质、化学性质的预测。DFT 无论在研究无机体系还是有机体系时，其计算的 HOMO 及 LUMO 的轨道能与光谱和电化学电位都具有密切的联系。因此，SECM 和 DFT 被紧密地联合起来探讨热力学能、分子几何结构、电子密度及轨道能与卟啉类生物分子动力学常数之间的关系。

5.5.2　金属卟啉的两步电子转移

电子转移过程是生命现象最基本的过程，普遍存在于生命活动中。因此，研究生物体内电子转移过程具有十分重要的科学价值和重大的现实意义。现代电分析技术为生命科学的发展和研究提供了强有力的技术保证。卢小泉课题组利用 TLCV 研究得到了 5,10,15,20-四苯基金属卟啉(MTPP,M = Zn,Fe,Ni 等，结构见图 5.13)和亚铁氰化钾在两相界面上的两步电子转移过程[80]，硝基苯作为有机相，$K_4Fe(CN)_6$ 作为水相中的氧化还原电对，计算得到了界面双分子反应速率常数，并且对 TLCV 理论作了一定的补充。

利用 TLCV 研究四苯基金属卟啉在液/液界面上的电子转移过程，首先在 EPG 表面涂上 1.5μL 含有 MTPP 的硝基苯溶液，插入 $K_4Fe(CN)_6$ 溶液中，一定的电位下金属卟啉在电极表面被氧化成 $MTPP^+$，然后一部分 MTPP 扩散到两相界面上得到 $K_4Fe(CN)_6$ 提供的电子，重新恢复还原态而使电极表面的 MTPP 浓度急剧升高，

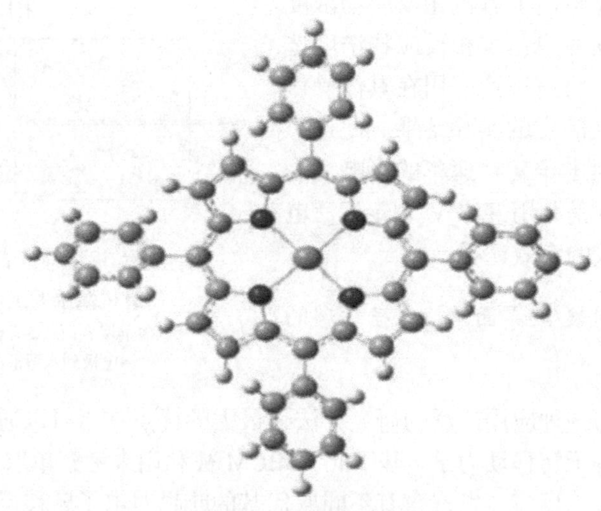

图 5.13　四苯基金属卟啉

在薄层中形成一个循环过程。图 5.14 中 ZnTPP 的循环伏安图出现了两个比较对称的峰，不同取代基的锌卟啉 $ZnTPP(OCH_3)_4$、$ZnTPP(NO_2)_2$ 与 ZnTPP 的循环伏安图有明显差异，是不同取代基影响的结果。

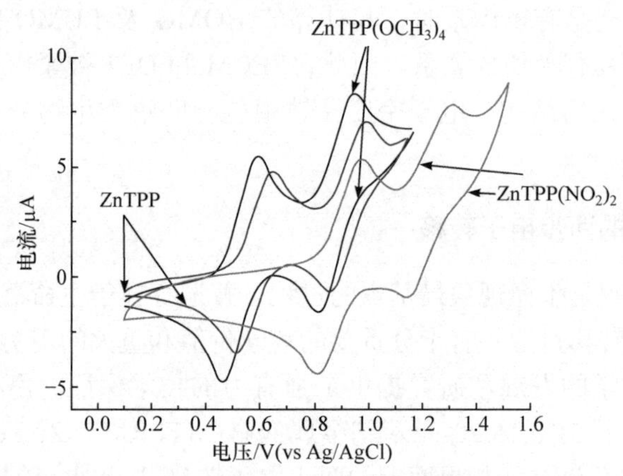

图 5.14　三种不同取代基锌卟啉在硝基苯溶液中的稳态循环伏安图(扫描速率为 5mV/s)[101]

利用 Randles-Sevcik 公式计算金属卟啉的扩散系数。Randles-Sevcik 公式为 $i_p = 2.69\times10^5 n^{3/2} AD^{1/2} v^{1/2} C^b$，$n$ 为转移电子数，A 为电极表面积(cm^2)，D 为电活性物质在溶液中的扩散系数(cm^2/s)，v 为电化学工作站扫描的速率(V/s)，C^b 为电活性物质的浓度(mol/L)，i_p 为峰电流。据此可以求出金属卟啉在硝基苯溶液中的扩散系数，使用稳态扩散电流的公式能够得到各种反应物在相应相中的扩散系数。同理，应用此公式还可以求出不同取代基金属卟啉的扩散系数。

研究液/液界面上的两步电子转移过程，采用 $MTPP^{+}$和 $K_4Fe(CN)_6$ 作为有机相的氧化还原电对，$K_4Fe(CN)_6$ 作为水相的电子供体，在微液/液界面上实现如下的异相氧化还原过程。在水相和有机相中的四个半反应分别为

$$MTPP \longrightarrow MTPP^{+} + e^{-}(EPG) \tag{5.33}$$

$$MTPP^{+} \longrightarrow MTPP^{2+} + e^{-}(EPG) \tag{5.34}$$

$$MTPP^{+} + Fe(CN)_6^{4-} \longrightarrow MTPP + Fe(CN)_6^{3-}(ITIES) \tag{5.35}$$

$$MTPP^{2+} + Fe(CN)_6^{4-} \longrightarrow MTPP^{+} + Fe(CN)_6^{3-}(ITIES) \tag{5.36}$$

图 5.15 的 a 曲线是没有修饰任何电活性物质的 EPG 浸入 1mmol/L $K_4Fe(CN)_6$ 溶液中得到的可逆循环伏安图，支持电解质为 0.1mol/L $NaClO_4$ 和 0.1mol/L NaCl。随后将 1.5μL 不含有任何电活性物质的硝基苯(NB)溶液涂于干燥的石墨电极表面，倒置于 $K_4Fe(CN)_6$溶液中。$Fe(CN)_6^{4-}$ 的氧化还原峰消失，循环伏安曲线变成一条直线，如图 5.15 的 b 曲线所示，这是因为 $K_4Fe(CN)_6$ 分子被硝基苯薄层阻隔而不能有效地到达电极表面形成电化学信号。图 5.15 的 c 曲线是电极表面涂有溶解了锌卟啉的硝基苯薄层，置于仅含支持电解质的水溶液中得到的循环伏安图，观察到两对可逆的氧化还原峰，并获得锌卟啉两步电子转移反应过程中的氧化还原电位和半波电位。图 5.15 中的 d 曲线是水相中存在 $K_4Fe(CN)_6$，重复 c 曲线操作时得到的两个显著增加的阳极平台电流伏安图，表明薄层中发生了两步双分子反应过程。在该实验中，硝基苯中的 MTPP 与水相中的 $Fe(CN)_6^{4-}$ 之间发生了异相电子转移反应。把含有 MTPP 的有机薄层滴加到电极表面上，铺展在整个电极上，倒置浸入水相中。在电极上施加一定的电压，MTPP 氧化变成 $MTPP^{+}$，然后 $MTPP^{+}$ 扩散到硝基苯与水相的界面上，并与水相中的 $Fe(CN)_6^{4-}$ 发生氧化还原反应，$MTPP^{+}$又被还原为 MTPP，从而使电极上的响应电流迅速升高达到稳态，形成平台电流。同时，还有一部分的 $MTPP^{+}$在一定的电位下氧化成为 $MTPP^{2+}$，形成的 $MTPP^{2+}$继续扩散至两相界面处与水相中的 $Fe(CN)_6^{4-}$ 发生氧化还原反应，之后 $MTPP^{2+}$被还原成 $MTPP^{+}$，重新生成的 $MTPP^{+}$扩散至电极表面上，使响应电流升高形成稳态，再次形成一个平台电流，如图 5.15 中 d 曲线所示。随着水相中加入 $K_4Fe(CN)_6$ 浓度的变化(几毫摩尔/升到几十毫摩尔/升)，平台电流也随之变化，说明薄层中发生了 $K_4Fe(CN)_6$ 扩散控制的稳态循环过程。当水相中 $K_4Fe(CN)_6$ 浓度增加到一定值时，平台电流不再增加。这证明当水相电活性物质浓度足够大时，界面电子转移过程不再受水相反应物的扩散控制，而是受有机相中电活性物质的扩散控制。

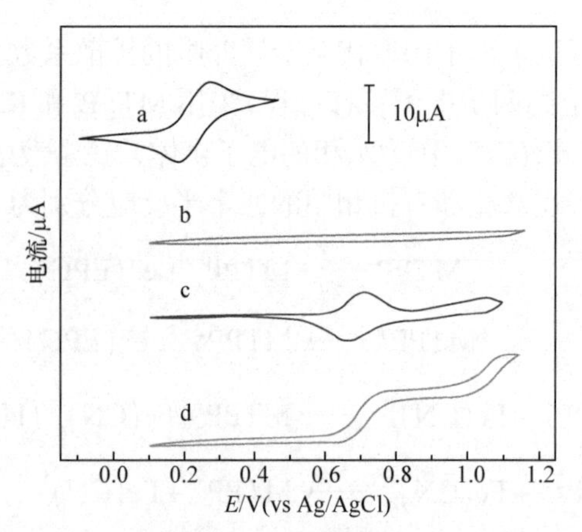

图 5.15　电子从水相的 $Fe(CN)_6^{4-}$ 向硝基苯薄层中 ZnTPP 转移过程的循环伏安图

使用 TLCV 计算液/液界面双分子反应速率常数的方法是：在固定任一相中反应物浓度的条件下改变另一相中反应物的浓度，从而得到相应浓度与极限扩散电流 i_{obs} 的相关曲线。在本小节实验中，固定有机相中金属卟啉的浓度而改变水相中 $K_4Fe(CN)_6$ 的浓度直到极限值，这时界面反应电流达到最大极限值，水相中 $K_4Fe(CN)_6$ 浓度变化的影响可以忽略不计。因为水相中 $K_4Fe(CN)_6$ 浓度相比于有机相的浓度很高，所以可以保证金属卟啉以足够小的浓度影响模拟微界面上扩散电流的大小。应用相应的方程式可得到 i_{obs}^{-1}-$C_{K_4Fe(CN)_6}^{-1}$ 关系图，通过作图得到斜率和截距，从而得到极限扩散电流和双分子反应动力学常数，探讨共同离子控制的界面电位差和有机薄层厚度对 NB(硝基苯)/H_2O 上的多步电子转移动力学过程的影响。

5.5.3　金属卟啉的三步电子转移

金属卟啉在自然界中扮演着非常重要的角色，研究其在生物体内细胞膜上的电子转移反应具有重要的指导意义。维生素 B_{12} 中的电活性成分——CoTPP 被用于研究自然界化合物的生物活性和生理机能，卢小泉课题组研究了不同生理环境和条件优化下电子转移过程的机理，可以为进一步研究生命过程发生的电子转移过程提供理论指导。主要研究 CoTPP 在 NB/H_2O 上的电子转移，水相中的电子供体是氯化六氨合钌[$Ru(NH_3)_6Cl_3$]。通过模拟生物体内多步电子转移过程，证明其在界面上发生了三步电子转移反应。CoTPP 从零价变到正一价、正二价，最后被氧化为正三价。这个研究有助于理解生物细胞内的双分子反应，并且对进一步探索生物的电子转移过程本质具有重要意义。

图 5.16 为 CoTPP-$Ru(NH_3)_6Cl_2$ 在石墨电极上发生的电子转移过程。图中 a、b、c 和 d 分别代表 CoTPP、$CoTPP^+$、$CoTPP^{2+}$和 $CoTPP^{3+}$。在一定电位下，CoTPP

在石墨电极上被氧化为 $CoTPP^+$。其中，一部分的 $CoTPP^+$扩散到液/液界面上，从水相中的 $Ru(NH_3)_6^{2+}$上获得一个电子，重新生成 CoTPP。此时，完成了 $CoTPP^+$和 $Ru(NH_3)_6^{2+}$在界面上的第一步电子转移反应，生成的 CoTPP 继续扩散到电极表面，增强了电流响应信号，电流增大形成平台电流。与此同时，另一部分的 $CoTPP^+$在电极表面继续被氧化为 $CoTPP^{2+}$，其扩散到界面上被水相中的 $Ru(NH_3)_6^{2+}$ 还原为 $CoTPP^+$，完成界面电子转移过程的第二步。相似地，一部分 $CoTPP^{2+}$在电极表面还可以继续被氧化形成 $CoTPP^{3+}$，其在界面上又被还原为 $CoTPP^{2+}$，第三步电子转移过程完成。系统中发生的三步电子转移过程如式(5.37)～式(5.40)所示，电子从水相的 $Ru(NH_3)_6^{2+}$ 向硝基苯薄层中 CoTPP 转移过程的循环伏安图如图 5.17 所示。a 曲线为 EPG 在 1mmol/L $Ru(NH_3)_6^{2+}$ 中的循环伏安图，支持电解质为 0.1mol/L $NaClO_4$ + 0.1mol/L NaCl。b 曲线在电极上引入 1L 硝基苯，其他条件同 a 曲线。c 曲线的硝基苯中含有 1mmol/L CoTPP，0.1mol/L $TBAClO_4$ 作为支持电解质，水相只有支持电解质(0.1mol/L $NaClO_4$ + 0.1mol/L NaCl)。d 曲线的水相加入 1mmol/L $Ru(NH_3)_6^{2+}$，1L 硝基苯中含有 1mmol/L CoTPP，其他条件同 c 曲线。扫描速率为 5mV/s。

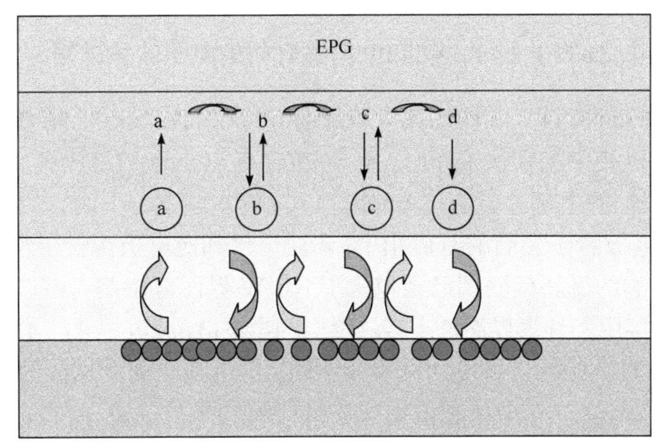

图 5.16　CoTPP-$Ru(NH_3)_6Cl_2$ 在石墨电极上发生的电子转移过程

$$a \xrightarrow{-e^-} b \xrightarrow{-e^-} c \xrightarrow{-e^-} d(EPG) \tag{5.37}$$

$$b + O \longrightarrow a + O^-(ITIES) \tag{5.38}$$

$$c + O \longrightarrow b + O^-(ITIES) \tag{5.39}$$

$$d + O \longrightarrow c + O^-(ITIES) \tag{5.40}$$

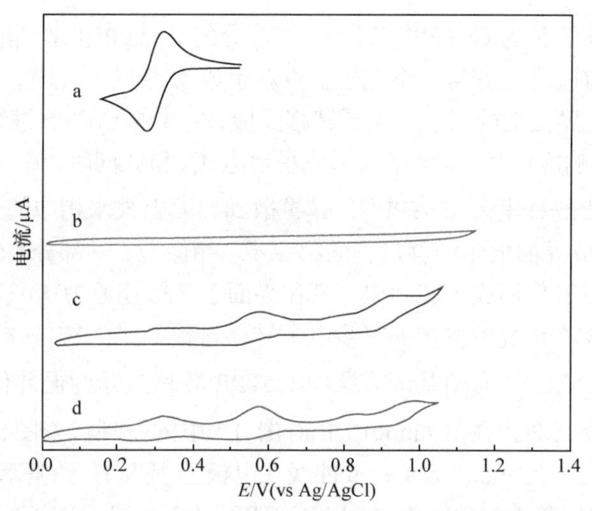

图 5.17　电子从水相的 $Ru(NH_3)_6^{2+}$ 向硝基苯薄层中 CoTPP 转移过程的循环伏安图

5.6　不同取代基卟啉在模拟生物膜上的电子转移过程

5.6.1　有机相中 ZnTPP 和 ZnNCTPP 与探针间的电子转移过程

ZnTPP 和 ZnNCTPP 结构的较大差异会导致它们得失电子能力不同。在测定两种锌卟啉有机相中循环伏安图时，有机相(含有 10mmol/L $TBAClO_4$ 作为支持电解质)位于电解池的上部，含有 0.1mol/L LiCl 的水相置于下面，两相间形成稳定的界面。将微电极置于上面的有机相中，参比电极和对电极都置于水相中。图 5.18 中有机相反应物的循环伏安图已经包含了 NB/W 界面电位差，可以将图上显示的半波电位值直接用于计算界面电子转移反应的半波电位差。从图 5.18 中可以发现，ZnTPP、ZnNCTPP 的循环伏安曲线有所不同，但是都出现了相似的三个平台电流(从低电位向高电位，三个稳态依次代表锌卟啉的零价、正一价和正二价三种状态)。其半波电位存在明显的差异，$E_{ZnTPP^+/ZnTPP}$、$E_{ZnNCTPP^+/ZnNCTPP}$ 分别为 775mV、584mV。*N*-反转四苯基卟啉(NCTPP)上反转的氮原子使大环的配位能力和空腔大小发生改变，从而表现出更优越的性质。结合实验和 DFT 计算，反转的吡咯环使 ZnTPP 和 ZnNCTPP 的结构及轨道能量发生了变化，从而在电极上发生反应时所需的能量不同，相应电位产生差异。量化计算表明，ZnTPP 的结构为对称的 D_{4h} 群结构，而 ZnNCTPP 是近似 C_{2v} 群不对称结构，这也可能造成 ZnTPP 分子轨道总能量较低。

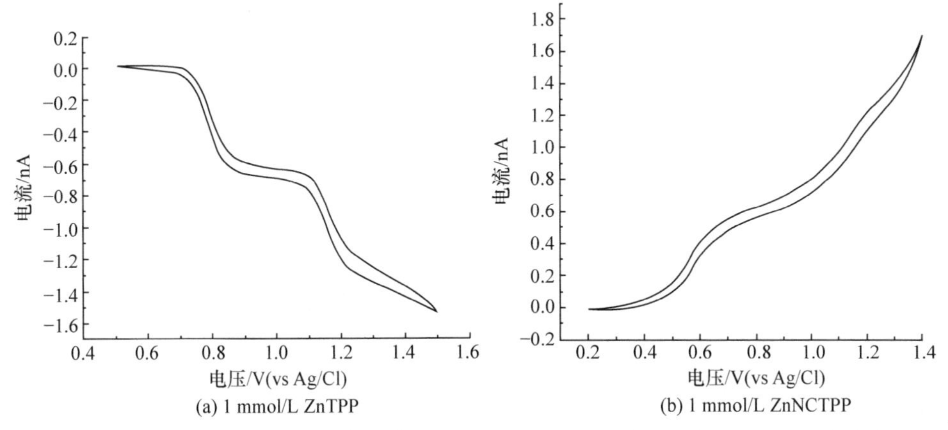

图 5.18 锌卟啉 ZnTPP 及同分异构体 ZnNCTPP 在硝基苯溶液中的稳态循环伏安图

5.6.2 利用 SECM 研究模拟生物膜上的电子转移过程

将微探针浸入有机相中，一定电位下锌卟啉在探头上被氧化后，从探针扩散至界面发生电子转移而产生电流。被氧化的锌卟啉分子得到 $K_4Fe(CN)_6$ 提供的电子，重新恢复到还原态，再次扩散至探头，使探头附近的还原型锌卟啉浓度增加，则 $i_T > i_{T,\infty}$，此时探针得到较大的电流而产生正反馈曲线。在上述过程中，如果水相不存在 $K_4Fe(CN)_6$ 或 $K_4Fe(CN)_6$ 的浓度很小，就没有足够的电子提供给氧化态的锌卟啉，这样在界面上也就不能得到还原态金属卟啉，此时的界面类似于绝缘基底。

只研究界面上的单电子转移过程时，采用 ZnTPP 和 ZnNCTPP 分别作为有机相的氧化还原电对，$K_4Fe(CN)_6$ 作为水相的电子供体。在构建的界面上，根据两相中氧化还原电对的半波电位差 $\Delta E'$，可以得到界面驱动力，$\Delta E'_{ZnTPP/K_4Fe(CN)_6}$ 和 $\Delta E'_{ZnNCTPP^+/K_4Fe(CN)_6}$ 分别为 554mV 和 363mV。水相中以 0.1mol/L LiCl 和 10mmol/L $NaClO_4$ 作为支持电解质，有机相中以 10mmol/L $TBAClO_4$ 作为支持电解质，两相的体积均为 0.3mL。利用 SECM 反馈模式对水相反应物的浓度变化作渐近线，见图 5.19。操作过程中探头电位控制在稳态，使有机相中的反应物始终处于正一价的氧化态。随着探头向 NB/W 界面不断靠近，探头上检测到的电流越来越大，出现了正反馈曲线。有机相反应物含量不变，当水相还原性物质的浓度降低时，正反馈曲线最终几乎变平，即当水中反应物很少时，液/液界面相当于半导体。在构建的液/液界面上发生的异相氧化还原过程为

$$ZnTPP^+(O)+\left[Fe(CN)_6\right]^{4-}(W) \longrightarrow ZnTPP(O)+\left[Fe(CN)_6\right]^{3-}(W) \quad (5.41)$$

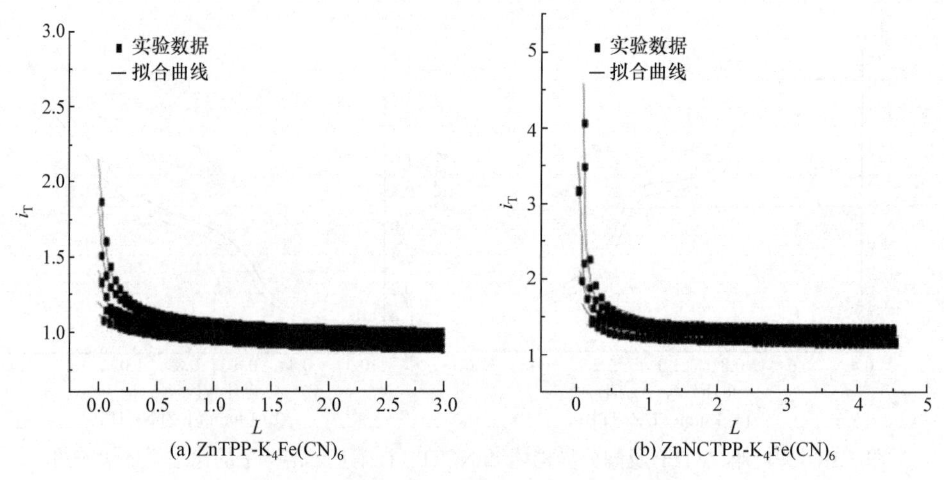

图 5.19　两种体系迁移反应的 SECM 渐近线

水相 $Fe(CN)_6^{4-}$ 与有机相中反应物的浓度比 K_r 为 15、10、5、3、1(从上到下)，反应中 $ZnNCTPP^+$简写为 $ZnTPP^+$。每组体系在水相不同物质浓度下的实验渐近线与理论曲线较好地吻合。根据拟合过程中得到的参数可以求得相应的异相反应速率常数 K_f (表 5.1)。发现随着浓度比的降低，异相反应速率常数表现出与之一致的变化趋势。此外，动力学常数随氧化还原电对的改变而改变。

表 5.1　两组反应在界面的相关参数

$K_r(C_{R_2}^W / C_{R_1}^O)$	K_f/(cm/s)	
	ZnTPP	ZnNCTPP
1	0.00156	0.00125
3	0.00162	0.00130
5	0.00178	0.00140
10	0.00200	0.00161
15	0.00235	0.00193

尽管 ZnNCTPP 性质比传统卟啉活泼，与探针间的电子转移过程较易发生，但在模拟生物膜上的动力学过程时却没有 ZnTPP 快，而是与其驱动力的变化一致。这可能是由于液/液界面的电子转移为扩散控制。O/W 界面上的电子转移过程是一个双分子反应，因此，氧化还原电对在界面临近区域并不是线性扩散的，而是半球形的扩散形式。当有机相中氧化还原电对扩散为界面电子转移速率的决定步骤时，扩散控制的电子转移速率常数 K_D 为

$$K_D = 4\pi\gamma_A\gamma_B D_A N \tag{5.42}$$

式中，γ_A 和 γ_B 分别为有机相和水相中氧化还原电对的半径；D_A 为有机相中氧化还原电对的扩散系数；N 为阿伏伽德罗(Avogadro)常数。根据此公式可以近似计算出 ZnTPP 及其异构体在液/液界面上扩散控制的电子转移速率常数分别为 27.6cm/(mol · s)和 24.3cm/(mol · s)(计算中用到的 $ZnTPP^+$ 和 $[Fe(CN)_6]^{4-}$ 氧化还原电对半径分别为 0.62nm 和 0.45nm)。

综上所述，尽管吡咯环内氮原子的反转对锌卟啉结构、电极间的电子转移及界面电子反应有一定的影响，但是在驱动力不大的情况下，界面电子转移过程仍是受有机相中氧化还原电对的扩散过程控制的，同时界面电子转移速率随驱动力的增大而增大。

5.6.3　不同取代基铁卟啉在模拟生物膜上的电子转移过程

铁卟啉在生命活动中扮演着重要的角色。实验在液/液界面上进行是基于其可以作为理想的模拟生物膜，来研究生物体系的电子转移反应。在生物体细胞内，三价铁卟啉首先在膜的一侧获得抗氧化剂或者自由基提供的电子，自身被还原并得到二价铁卟啉来完成生理机能。之后，二价铁卟啉在膜上失去一个电子后得到三价铁卟啉，完成跨膜电子转移的过程。同时，在膜的一定位置上含有的蛋白质同时发生着离子转移过程。生物体内的整个跨膜电子转移过程是复杂的，但运输氧的过程与铁卟啉在液/液界面上的电子转移过程基本上是一致的，都是二价铁与三价铁的转换过程，并且都是单电子转移过程。

众所周知，肌红蛋白的作用不仅在于铁卟啉载氧，而且在特定的时间和地点释放氧。氧的运输过程是可逆的，且伴随着铁价态的转换，载氧时铁卟啉的铁公认是二价，释放氧以后铁变为三价。这主要是因为在释放氧的过程中三价铁卟啉比二价铁卟啉稳定，而且其结构有利于脱氧过程的发生。跨膜电子转移的复杂过程和价态变化过程可以用铁卟啉在液/液界面上的电子转移过程来模拟研究。

三价铁卟啉首先从电极得到一个电子被还原成二价铁卟啉。当二价铁卟啉扩散到作为模拟生物膜的液/液界面时，提供电子给氧化态物质从而自身被氧化，再次得到三价铁，在此实验体系中液/液界面模拟了细胞中的磷脂双分子膜。从以上的过程中得知，二价铁卟啉的结构和稳定性会直接影响氧的运输过程。因此，在铁卟啉大环上引入不同的取代基，来探讨铁卟啉化合物的稳定性及跨膜电子转移的影响。由于铁卟啉的电化学活性不是很好，对其进行的电化学研究较少，前文锌卟啉模拟生物膜的研究为其研究奠定了基础。

卟啉的 *meso*-位 π 电子的密度较高，易被其他基团选择性攻击。因此，采用此位带有不同取代基的铁卟啉作为血红素的类似物来研究模拟生物膜上的电子转移过程。不同取代基铁卟啉的结构式见图 5.20。

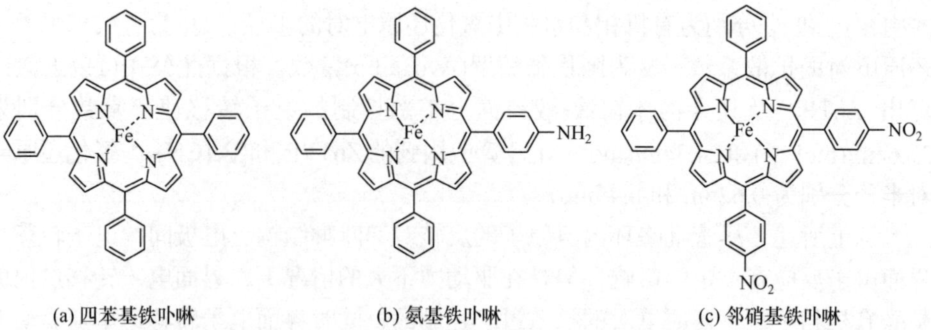

(a) 四苯基铁卟啉　　　(b) 氨基铁卟啉　　　(c) 邻硝基铁卟啉

图 5.20　不同取代基铁卟啉的结构式

四苯基铁卟啉、氨基铁卟啉、邻硝基铁卟啉具有不同的取代基，由于取代基的电负性具有差异，在电极上发生氧化还原反应时表现出的性质也不同。在测定三种铁卟啉在有机相的 CV 图(图 5.21)过程中，有机相(支持电解质为 10mmol/L $TBAClO_4$)位于电解质的上面，含有 0.1mol/L LiCl 的水相位于下部，两相间产生稳定的界面。微电极位于上面的有机相中，参比电极和对电极都置于水相中。

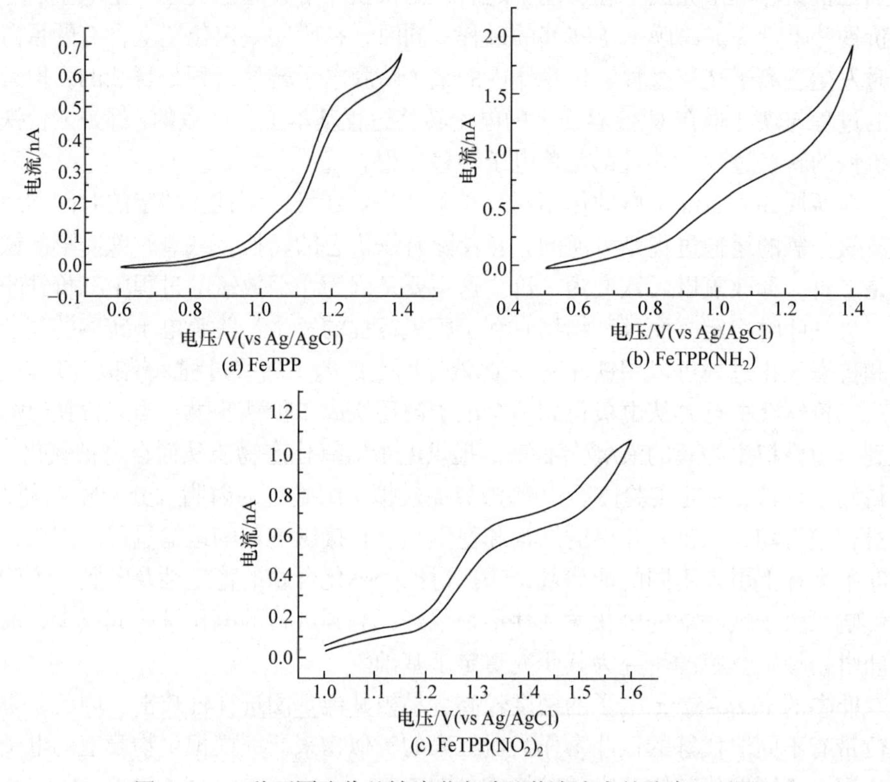

图 5.21　三种不同取代基铁卟啉在硝基苯溶液中的稳态 CV 图

利用 SECM 分别研究 $FeTPP/K_4Fe(CN)_6$、$FeTPP(NH_2)/K_4Fe(CN)_6$、$FeTPP(NO_2)_2/K_4Fe(CN)_6$ 三个体系在模拟生物膜上的电子转移过程。发现探头向 NB/W 得到三价铁卟啉，当三价铁卟啉再扩散至探头，探头附近的氧化型铁卟啉的浓度增加，探头电流也就随之增加 ($i_T > i_{T,\infty}$)，此时得到正反馈曲线。有机相反应物含量保持不变，当水相反应物浓度减小时，正反馈曲线电流逐步降低，当水中反应物非常少时，液/液界面类似于一个半导体。实验体系中，实验渐近线与理论线重合得比较好。从拟合参数便可求得每组氧化还原反应在不同浓度下的表观速率常数 (K_f 见表 5.2)。从表 5.2 可以发现，随着浓度比 K_r 的降低，异相反应速率随之减小，同时不同取代基的铁卟啉动力学常数也不同。电子转移速率常数遵循以下顺序：$K_{f_{FeTPP(NO_2)_2}} < K_{f_{FeTPP(H)}} < K_{f_{FeTPP(NH_2)}}$。这种差异可能主要取决于取代基电负性。当电极产生的铁(Ⅱ)卟啉扩散到界面时，Fe(Ⅱ)$TPP(NH_2)$氨基的推电子作用，使其不稳定更易失去电子而发生界面反应。硝基是强吸电子基团，当 Fe(Ⅱ)$TPP(NO_2)_2$ 扩散至界面时，两个硝基的强吸电性使其电子云密度较另外两种铁卟啉大大降低而较稳定，不易失去电子发生界面反应。Fe(Ⅱ)TPP(H)由于不带有取代基团，界面电子转移速率常数介于二者中间。

表 5.2　三组反应在界面的相关参数

$K_r(C_{R_2}^W/C_{R_1}^O)$	K_f/(cm/s)		
	FeTPP(H)	$FeTPP(NH_2)$	$FeTPP(NO_2)_2$
1	0.00210	0.00265	0.00136
3	0.00246	0.00300	0.00141
5	0.00294	0.00391	0.00197
10	0.00381	0.00502	0.00283
15	0.00535	0.00718	0.00396

根据 Marcus 理论，可以计算出界面反应半波电位差 $\Delta E'$，即界面反应驱动力。$FeTPP/K_4Fe(CN)_6$、$FeTPP(NH_2)/K_4Fe(CN)_6$ 和 $FeTPP(NO_2)_2/K_4Fe(CN)_6$ 三个体系在 NB/W 界面上的驱动力分别为 862mV、752mV 和 1049mV，这些界面电子转移过程可以发生。由于所得到的界面驱动力比较大，电子转移的速率相对较快，为了解决这一问题，实验中控制水油两相的浓度比 $K_r < 20$ 是可行的。实验结果也表明，尽管 $FeTPP(NO_2)_2$ 驱动力为 1049mV，远大于另外两者，但速率常数反而最小。这与 Marcus 理论相一致，当电位较大时，界面反应速率随驱动力的增大反而减小，即出现所谓的 Marcus 反转区域。

实验结果表明卟啉环上引入取代基对界面反应速率有一定的影响。另外，当引入供电子基团时，能够加速界面电子转移过程。之前提到，整个实验过程与细胞中跨膜电子转移过程十分相似，可以很好地模拟研究这一过程。血红蛋白的载氧过程也是铁卟啉从二价到三价的转换过程，可以通过选择恰当的取代基改变二价铁卟啉的结构和稳定性来控制其生物活性。换言之，对于亚铁血红素而言，卟啉环周围含有供电子基的这种结构更加有利于其发挥生物活性，即有利于跨膜电子转移的发生。然而，氧的运输过程中存在一个明显的矛盾。具有高稳定性的二价铁卟啉能有效载氧，但是脱氧过程却不容易发生。稳定性较差的载氧蛋白质能及时高效地脱氧却不能很好载氧。可行的解决方法是让铁卟啉从二价的高稳定性结构转换为三价的低稳定性结构。由实验结果可以得到以下结论。一方面，二价铁卟啉引入吸电子基后会保持很高的稳定性，其失去电子以后得到的三价铁卟啉稳定性反而降低了，这样铁卟啉就能更好地发挥在生命体内运输氧的生理机能。这一结论为指导人工合成高效的载氧血红蛋白提供了重要的参考。细胞中的载氧过程比较复杂，实验结果对于真实的生命过程来说只是初步的探讨，对于血红素更加深入和直接的电化学研究有待进一步开展，以期达到最贴合生命过程的目的。另一方面，不同取代基的铁卟啉提供了不同的界面驱动力，研究它们在液/液界面上的电子转移过程对 Marcus 理论中备受关注的反转区域理论有一定的意义。

5.6.4 SECM 研究系列四芳基锌卟啉界面电子转移行为

本小节将系统研究系列四芳基锌卟啉(zinc-tetraarylporphyrin，ZnTArP)在液/液界面上与氢醌发生双分子反应时的界面电子转移行为。ZnTArPs 结构中 *meso*-位取代基共轭体系以 $2^n(0 \leqslant n \leqslant 2)$ 形式递增，其中 2^n 为每个芳基取代基中苯环的个数。此体系可研究锌卟啉结构中 *meso*-位芳基取代基共轭体系改变对锌卟啉界面电子转移动力学的影响。

有机相的三种锌卟啉在 UME 上被氧化为锌卟啉阳离子，该阳离子为电子受体。水相中的氢醌(hydroquinone，HQ)作为电子供体。之所以选择 HQ 作为研究对象，是因为 HQ 与苯醌(benzoquinone，BQ)的氧化还原转化过程在生命体内的电子转移过程中扮演着极其重要的中介作用[143]，可以为卟啉结构改变对 HQ 氧化过程影响的研究提供实验依据。图 5.22 为简化的液/液界面上 ZnTArP-HQ 双分子反应电子转移过程，反应如式(5.43)和式(5.44)所示：

$$\mathrm{ZnTArP} \longrightarrow \left[\mathrm{Zn}\left(\mathrm{TArP}\cdot\right)\right]^{+} + \mathrm{e}^{-} \tag{5.43}$$

$$2\left[\mathrm{Zn}\left(\mathrm{TArP}\cdot\right)\right]^{+} + \mathrm{HQ} \longrightarrow 2\mathrm{ZnTArP} + \mathrm{BQ} + 2\mathrm{H}^{+}\left(\mathrm{ITIES}\right) \tag{5.44}$$

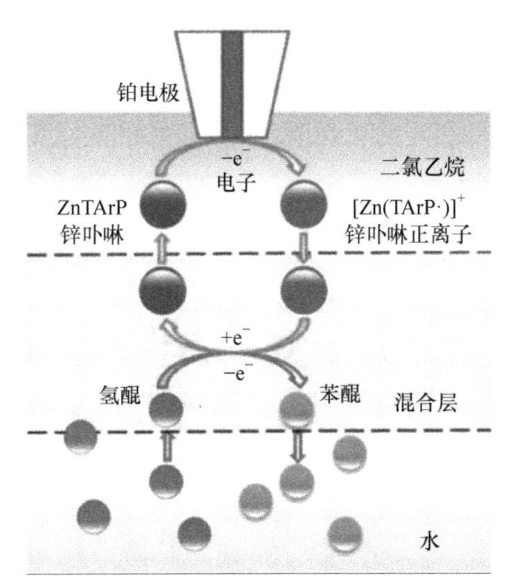

图 5.22　简化的液/液界面上 ZnTArP-HQ 双分子反应电子转移过程(SECM 反馈模式)

当 UME 逐渐逼近二氯乙烷/水(DCE/H_2O)界面时，在 UME 上施加适当的正电位，使 ZnTArP 氧化为$[Zn(TArP\cdot)]^+$(式 5.43)，$[Zn(TArP\cdot)]^+$在界面上与 HQ 发生双分子反应，重新生成 ZnTArP(式 5.44)，此时液/液界面相当于一个导电基底。同时，在 SECM 反馈模式下记录渐近线为正反馈曲线。

图 5.23 是各反应物稳态伏安曲线，图 5.23(a)为 10mmol/L HQ 水溶液(支持电解质为 0.1mol/L $NaClO_4$ + 0.1mol/L NaCl)稳态伏安曲线；图 5.23(b)为 1mmol/L ZnTPP 的 DCE 溶液(支持电解质为 0.01mol/L $TBAClO_4$)稳态伏安曲线；图 5.23(c)为 1mmol/L 锌四萘基卟啉(ZnTNP)的 DCE 溶液(支持电解质为 0.01mol/L $TBAClO_4$)稳态伏安曲线；图 5.23(d)为 1mmol/L 锌四(4-吡啶基)卟啉(ZnTPyP)的 DCE 溶液稳态伏安曲线(支持电解质为 0.01mol/L $TBAClO_4$)，其中小图为 1mmol/L ZnTPyP 第一步氧化还原的稳态伏安图。扫速为 10mV/s。其中，ZnTPP 和 ZnTNP 在 0.2～1.5V 电位范围内均表现为两步一电子氧化还原过程。ZnTPyP 的氧化还原过程[图 5.23(d)]与 ZnTPP 和 ZnTNP有些不同。ZnTPyP 第一步电子转移过程表现为稳态电流[图 5.23(d)小图)]，而第二步电子转移表现为一个尖锐的峰电流。ZnTArP 在第一步氧化还原过程中的形式电位大小顺序为 ZnTPP(765mV) < ZnTPyP(795mV) < ZnTNP(815mV)。相比于 ZnTPP，ZnTPyP 和 ZnTNP 的形式电位分别正移了 30mV 和 50mV。

三种锌卟啉的氧化还原行为与前文中的理论计算结果保持一致。稳态电流的计算公式如式(5.45)所示[144]：

$$I = 4nFDca \tag{5.45}$$

其中，n 为转移电子数目；F 为法拉第常数；D 为电活性物质扩散系数；c 为电活性

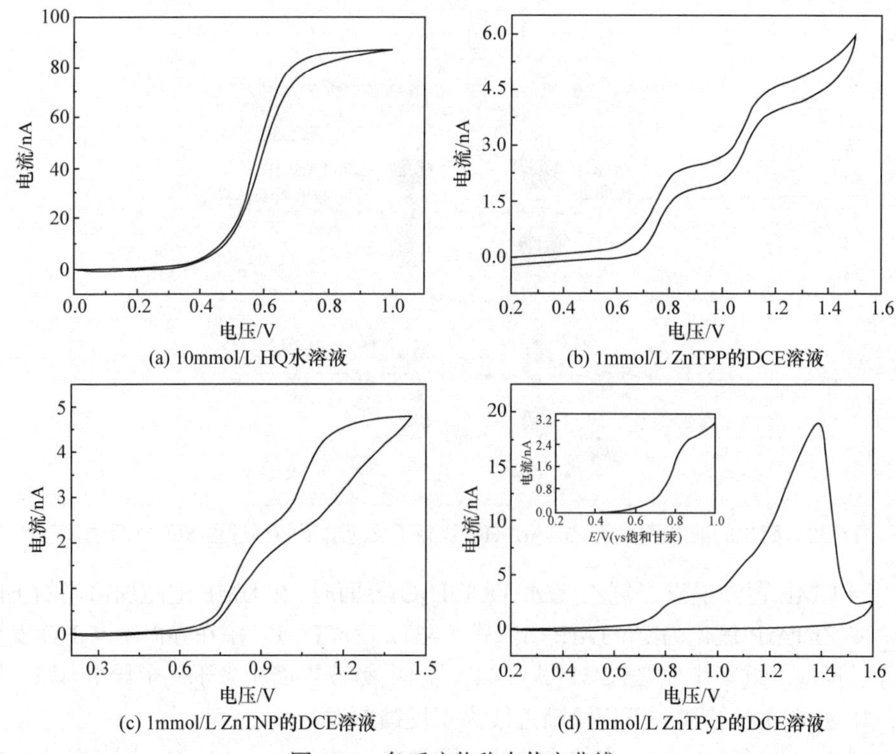

(a) 10mmol/L HQ水溶液　(b) 1mmol/L ZnTPP的DCE溶液

(c) 1mmol/L ZnTNP的DCE溶液　(d) 1mmol/L ZnTPyP的DCE溶液

图 5.23　各反应物稳态伏安曲线

物质的浓度；a 为铂丝半径。由式(5.45)可以求得各反应物的扩散系数，分别是：$D_{HQ} = (9.31 \pm 0.24) \times 10^{-6} cm^2/s$，$D_{ZnTPP} = (6.24 \pm 0.35) \times 10^{-6} cm^2/s$，$D_{ZnTNP} = (5.04 \pm 0.43) \times 10^{-6} cm^2/s$，$D_{ZnTPyP} = (5.41 \pm 0.41) \times 10^{-6} cm^2/s$。

为了避免扩散效应的干扰，在用 SECM 反馈模式测定 K_f 时，通常都采用水相中氧化还原电对浓度高于有机相中反应物浓度的实验条件[66,135,145]。这一点限制了水相中低浓度氧化还原电对的使用，不利于电子转移反应很快时测定速率常数。采用较低水油两相中反应物浓度比 K_r 时，能够克服传质限制对测定电子转移速率常数的影响，因此采用较低的浓度比 K_r。另外，预计较低的 K_r 能够降低液/液界面上电子转移速率，增大快速动力学限制条件下的渐近线差别[146]。当 K_r 较小时，需要考察两相中氧化还原电对的扩散效应。由 Barker 等[147]提出的恒定组成近似法与 K_r 和水油两相扩散系数比两个参数相关。当水相中 HQ 的扩散系数大于有机相中 ZnTArP 的扩散系数时，恒定组成近似法模型对于较小 K_r 有效。对于 HQ-ZnTPP、HQ-ZnTNP、HQ-ZnTPyP 体系而言，D_{HQ}/D_{ZnTArP} 分别为 1.5、1.8 和 1.7。因此，恒定组成近似法模型也适用于本章所研究的反应体系。

参 考 文 献

[1] VOLKOV A G. A molecular theory of solutions at liquid interfaces[J]. Interfacial Nanochemistry, 2001, 95: 97-125.

[2] 郭庆祥, 王隽, 刘有成, 等. 电子转移反应的 Marcus 理论[J]. 化学通报, 1993, 56(8): 1-9.

[3] OGOSHI H, MIZUTANI T. Multifunctional and chiral porphyrins: Model receptors for chiral recognition[J]. Accounts of Chemical Research, 1998, 31(2): 81-90.

[4] ELEMANS J A, HAMEREN R, NOLTE J M, et al. MolecularMaterials by self-assembly of porphyrins, phthalocyanines and perylenes[J]. Advanced Materials, 2006, 18(10): 1251-1266.

[5] BURRELL A K, OFFICER D L, PLIEGER P G, et al. Synthetic routes to multiporphyrin arrays[J]. Chemical Reviews, 2001, 101(9): 2751-2796.

[6] OLKHOV A. Fibrous materials on polyhydroxybutyrate and ferric iron(Ⅲ)-based porphyrins basis: Physical-chemical and antibacterial properties[J]. Materials Science and Engineering, 2017, (175): 1-13.

[7] LU X Q, DEVARAMANIA S. Photoinduced charge transfer kinetics and electrochemical investigation on porphyrin[J]. The Electrochemical Society, 2016, (46): 3372-3381.

[8] COLLMAN J P, DENISEVICH P, KONAI Y, et al. Electrode catalysis of the four-electron reduction of oxygen to water by dicobalt face-to-face porphyrins[J]. Journal of the American Chemical Society, 1980, (19): 6027-6036.

[9] CHANG C K, LIU H Y, ABDALMUHDI I, et al. Electroreduction of oxygen by pillared cobalt (Ⅱ) cofacialdiporphyrin catalysts[J]. Journal of the American Chemical Society, 1984, (9): 2725-2726.

[10] BIESAGA M, PYRZYŃSKA K, TROJANOWICZ M, et al. Porphyrins in analytical chemistry review[J]. Talanta, 2000, 51(2): 209-224.

[11] MARCUS R A. Theory of electron-transfer rates across liquid-liquid interfaces. 2. Relationships and application[J]. 1991, 95(5): 2010-2013.

[12] VERWEY E J, NIESSEN K F, PHILOS M, et al. Stability of oil-in-water emulsions[J]. Journal of Chemistry and Physics of Minerals and Rocks/Volcanology, 1939, (28): 435-442.

[13] GAVACH C, MLODNICK T, GUASTALL J, et al. Possibility of excess pressure phenomena at interface between organic solutions and aqueous solutions[J]. Journal of the American Chemical Society, 1968, (16): 1196-1203.

[14] GAVACH C, HENRY F. Chronopotentiometric investigation of the diffusion overvoltage at the interface between two non-miscible solutions: Aqueous solution-tetrabutylammonium ion specific liquid membrane[J]. Journal of Electroanalytical Chemistry and Interfacial Electrochemistry, 1974, 54(2): 361-370.

[15] GAVACH C, D'EPENOUX B. Chronopotentiometric investigation of the diffusion overvoltage at the interface between two non-miscible solutions: Ⅱ. Potassium halide aqueous solution-hexadecyl-trimethylammonium picrate nitrobenzene solution[J]. Journal of Electroanalytical Chemistry and Interfacial Electrochemistry, 1974, 55(1): 59-67.

[16] GAVACH C, D'EPENOUX B, HENRY F, et al. Transfer of tetra-*n*-alkylammonium ions from water to nitrobenzene: Chronopotentiometric determination of kinetic parameters[J]. Journal of Electroanalytical Chemistry and Interfacial Electrochemistry, 1975, 64(1): 107-115.

[17] SAMEC Z, MARECEK V, WEBER J, et al. Charge transfer between two immiscible electrolyte solutions: Part Ⅱ. The investigation of Cs^+ ion transfer across the nitrobenzene/water interface by cyclic voltammetry with IR drop compensation[J]. Journal of Electroanalytical Chemistry and Interfacial Electrochemistry, 1979, 100(1-2): 841-852.

[18] SAMEC Z. Charge transfer between two immiscible electrolyte solutions: Transfer of tris(2,2′-bipyridine)

ruthenium(Ⅱ) and alkyl viologen dications across the water/nitrobenzene, water/dichloromethane and water/dichloroethane interfaces[J]. Journal of Electroanalytical Chemistry and Interfacial Electrochemistry, 1983, 145(1): 213-216.

[19] KAKUTANI T, OSAKAI T, SENDA M, et al. Potential-modulated fluorescence spectroscopy of zwitterionic and dicationic membrane-potential-sensitive dyes at the 1,2-dichloroethane/water interface[J]. Analytical and Bioanalytical Chemistry, 1983, 404(3): 785-792.

[20] VERWEY E J, NIESSEN K F. The electrical double layer at the interface of two liquids[J]. The London, Edinburgh and Dublin Philosophical Magazine and Journal of Science, 1939, 28(189): 435-446.

[21] KORYTA J, VANÝSEK P, BŘEZINA M, et al. Electrolysis with an electrolyte dropping electrode[J]. Journal of Electroanalytical Chemistry and Interfacial Electrochemistry, 1976, (2): 263-266.

[22] KORYTA J, VANÝSEK P, BŘEZINA M, et al. Electrolysis with electrolyte dropping electrode: Ⅱ. Basic properties of the system[J]. Journal of Electroanalytical Chemistry and Interfacial Electrochemistry, 1977, 75(1): 211-228.

[23] KORYTA J. Electrolysis at the interface of two immiscible electrolyte solutions: Determination of ionophores[J]. Microchimica Acta, 1990, 100(34): 225-230.

[24] KORYTA J. Electrochemical polarization phenomena at the interface of two immiscible electrolyte solutions—Ⅲ. Progress since 1983[J]. Electrochimica Acta, 1988, 33(2): 189-197.

[25] WANG E K，PANG Z C. A study of ion transfer across the interface of two immiscible electrolyte solutions by chronopotentiometry with cyclic linear current-scanning: Part Ⅱ. Ion transfer facilitated by complex formation in the organic phase[J]. Journal of Electroanalytical Chemistry and Interfacial Electrochemistry, 1985, 189(1): 21-34.

[26] TAYLOR G, GIRAULT H J. Ion transfer reactions across a liquid-liquid interface supported on a micropipette tip[J]. Journal of Electroanalytical Chemistry and Interfacial Electrochemistry, 1986, 208(1): 179-183.

[27] BARD A J, FAN R F, KWAK J, et al. Scanning electrochemical microscopy. Introduction and principles[J]. Analytical Chemistry, 1989, 61(2): 132-138.

[28] BARD A J, KWAK J. Scanning electrochemical microscopy. Theory of the feedback mode[J]. Analytical Chemistry, 1989, 61(11): 1221-1227.

[29] BARD A J, KWAK J. Scanning electrochemical microscopy. Apparatus and two-dimensional scans of conductive and insulating substrates[J]. Analytical Chemistry, 1989, 61(17): 1794-1799.

[30] BARD A J, LEE C, MILLER C J, et al. Scanning electrochemical microscopy: Preparation of submicrometer electrodes[J]. Analytical Chemistry, 1991, 63(1): 78-83.

[31] BARD A J, MIRKIN M V. Scanning Electrochemical Microscopy[M]. New York: Marcel Dekker, 2002.

[32] SHI C, ANSON F C. A simple method for examining the electrochemistry of metalloporphyrins and other hydrophobic reactants in thin layers of organic solvents interposed between graphite electrodes and aqueous solutions[J]. Analytical Chemistry, 1998, 70(15): 3114-3118.

[33] SHI C, ANSON F C. Simple electrochemical procedure for measuring the rates of electron transfer across liquid/liquid interfaces formed by coating graphite electrodes with thin layers of nitrobenzene[J]. The Journal of Physical Chemistry B, 1998, 102(49): 9850-9854.

[34] SHI C, ANSON F C. Electron transfer between reactants located on opposite sides of liquid/liquid interfaces[J]. The Journal of Physical Chemistry B, 1999, 103(30): 6283-6289.

[35] SHI C, ANSON F C. Selecting experimental conditions for measurement of rates of electron-transfer at liquid/liquid interfaces by thin-layer electrochemistry[J]. The Journal of Physical Chemistry B, 2001, 105(5): 1047-1049.

[36] SHI C, ANSON F C. Rates of electron-transfer across liquid/liquid interfaces. Effects of changes in driving force and reaction reversibility[J]. The Journal of Physical Chemistry B, 2001, 105(37): 8963-8969.

[37] SHAO Y, MIRKIN M V. Fast kinetic measurements with nanometer-sized pipets. Transfer of potassium ion from water into dichloroethane facilitated by dibenzo-18-crown-6[J]. Journal of the American Chemical Society, 1997, 119(34): 8103-8104.

[38] LU X Q, HU L N, WANG X Q, et al. Study of eleetron transfer reactions between a water/l,2-diehloro-ethnae interface by scanning electrochemical microscopy[J]. Chinese Chemical Letters, 2004, 15(12): 1461-1465.

[39] LU X Q, SUN P, YAO D N, et al. Heterogeneous consecutive electron transfer at graphite electrodes under steady state[J]. Analytical Chemistry, 2010, 82(20): 8598-8603.

[40] LU X Q, HU L N, WANG X Q, et al. Anti-oxidant activity of ascorbic acid at liquid/liquid interface[J]. Electroanal, 2005, 17(2): 953-961.

[41] 卢小泉, 胡丽娜, 张立敏, 等. 仿生生物膜上多巴胺的电子转移过程研究[J]. 高等学校化学学报, 2005, 26(7): 367-372.

[42] MARCUS R A. On the theory of electron-transfer reactions. VI. Unified treatment for homogeneous and electrode reactions[J]. The Journal of Chemical Physics, 2004, 43(2): 679-701.

[43] MARCUS R A. Reorganization free energy for electron transfers at liquid-liquid and dielectric semiconductor-liquid interfaces[J]. The Journal of Physical Chemistry, 1990, 94 (3): 1050-1055.

[44] MARCUS R A. Theory of electron-transfer rates across liquid-liquid interfaces[J]. Journal of Physical Chemistry, 1990, 94(10): 4152-4156.

[45] REYMOND F, FEMIN D, LE H J, et al. Electrochemistry at liquid/liquid interfaces: Methodology and potential applications[J]. Electrochim Acta, 2000, 45: 2647-2662.

[46] HERVET H. Experimental studies of polymer concentration profiles at solid-liquid and liquid-gas interfaces by optical and X-ray evanescent wave techniques[J]. Annual review of physical chemistry, 1987, 38: 317-347.

[47] MEUNIER J. Experimental studies of liquids at interfaces: Classical methods for studies of surface tension, surface wave propagation and surface thermal modes for studies of viscoelasticity and bending elasticity[J]. Liquids and Interfaces, 1988, 327(4): 369-376.

[48] ZHANG Z, TSUYUMOTO I, TAKAHASHI S, et al. Monitoring of molecular collective behavior at a liquid/liquid interface by a time-resolved quasi-elastic laser scattering method[J]. The Journal of Physical Chemistry A, 1997, 101(23): 4163-4166.

[49] TAKAHASHI S, TSUYUMOTO I, KITAMORI T, et al. Monitoring of molecular behavior of a chemical oscillation system at a liquid/liquid interface using a time-resolved quasi-elastic laser scattering method[J]. Electrochimica Acta, 1998, 44(1): 165-169.

[50] VOLKOV A G, DEAMER D W. Liquid-Liquid Interfaces Theory and Methods[M]. Los Angeles: CRC Press, 1996.

[51] DAYTON M A, BROWN J C, STUTTS K J, et al. Faradaic electrochemistry at microvoltammetric electrodes[J]. Analytical Chemistry, 1980, 52(6): 946-950.

[52] CUNNANE V J, SCHIFFRIN D J, BELTRAN C, et al. The role of phase transfer catalysts in two phase redox reactions[J]. Journal of Electroanalytical Chemistry and Interfacial Electrochemistry, 1988, 247(2): 203-214.

[53] 刘秀辉, 张立敏, 胡丽娜, 等. 薄层液/液界面电子转移动力学的研究进展[J]. 分析化学, 2006, 34(1): 135-138.

[54] BENJAMIN I. Molecular structure and dynamics at liquid-liquid interfaces[J]. Annual Review of Physical Chemistry, 1997, 48(1): 407-451.

[55] GROS M, GROMB S, GAVACH C, et al. The double layer and ion adsorption at the interface between two non-miscible solutions: Part Ⅱ. Electrocapillary behaviour of some water-nitrobenzene systems[J]. Journal of Electroanalytical Chemistry and Interfacial Electrochemistry, 1978, 89(1): 29-36.

[56] SAMEC Z, MAREČEK V, HOMOLKA D, et al. Double layers at liquid/liquid interfaces[J]. Faraday Discussions of the Chemical Society, 1984, 77(5): 197-208.

[57] SAMEC Z, MAREČEK V, HOMOLKA D, et al. The use of the mean spherical approximation in calculation of the double-layer capacitance for the interface between two immiscible electrolyte solutions[J]. Journal of electroanalytical chemistry and interfacial electrochemistry, 1984, 170(1): 383-386.

[58] SAMEC Z, MARECEK V, HOMOLKA D J, et al. The double layer at the interface between two immiscible electrolyte solutions: Part Ⅱ. Structure of the water/nitrobenzene interface in the presence of 1 : 1 and 2 : 2 electrolytes[J]. Journal of Electroanalytical Chemistry and Interfacial Electrochemistry, 1985, 187(1): 31-51.

[59] GIRAULT H H, SCHIFFRIN D J. Theory of the kinetics of ion transfer across liquid/liquid interfaces[J]. Journal of Electroanalytical Chemistry and Interfacial Electrochemistry, 1985, 195(2): 213-227.

[60] GIRAULT H H, SCHIFFRIN D J. Thermodynamic surface excess of water and ionic solvation at the interface between immiscible liquids[J]. Journal of Electroanalytical Chemistry and Interfacial Electrochemistry, 1983, 150(2): 43-49.

[61] GIRAULT H H. Electrochemistry at the interface between two immiscible electrolyte solutions[J]. Electrochimica Acta, 1987, 32(3): 383-385.

[62] SCHIFFRIN D J, YUFEI C, VINCENT J, et al. Electron and ion transfer potentials of ferrocene and derivatives at a liquid-liquid interface[J]. Journal of the Chemical Society, 1995, 40(18): 3005-3014.

[63] 张志全, 佟月红, 孙鹏, 等. 应用扫描电化学显微镜研究水/1,2-二氯乙烷界面上离子诱导的电子转移反应[J]. 高等学校化学学报, 2001, 22(2): 206-211.

[64] SAMEC Z, MAREČEK V, WEBER J, et al. Charge transfer between two immiscible electrolyte solutions: Part Ⅸ. Kinetics of the transfer of choline and acetylcholine cations across the water/nitrobenzene interface[J]. Journal of Electroanalytical Chemistry and Interfacial Electrochemistry, 1983, 158(1): 25-36.

[65] SCHIFFRIN D J, CHENG Y. Impedance study of rate constants for two-phase electron-transfer reactions[J]. Journal of the Chemical Society, 1993, 89(2): 199-205.

[66] BARD A J, TSIONSKY M, MIRKIN M V, et al. Long-range electron transfer through a lipid monolayer at the liquid/liquid interface[J]. Journal of the American Chemical Society, 1997, 119(44): 10785-10792.

[67] SUN P, LI F, CHEN Y, et al. Observation of the Marcus inverted region of electron transfer reactions at a liquid/liquid interface[J]. Journal of the American Chemical Society, 2003, 125(32): 9600-9601.

[68] UNWIN P R, ZHANG J, SLEVINC J, et al. Scaling behavior of free-volume holes in polymers probed by positron annihilation[J]. Chemical Communications, 1999, 16(3): 1501-1508.

[69] UNWIN P R, ZHANG J. Potential dependence of electron-transfer rates at the interface between two immiscible electrolyte solutions reduction of 7, 7, 8, 8-tetracyanoquinodimethane in 1,2-dichloroethane by aqueous ferrocyanide studied with microelectrochemical techniques[J]. The Journal of Physical Chemistry B, 1999, 105(44): 2341-2347.

[70] OSAKAI T, JENSEN H, NAGATANI H, et al. Mechanistic aspects associated with the oxidation of l-ascorbic acid at the 1,2-dichloroethane water interface[J]. Journal of Electroanalytical Chemistry, 2001, 510(2): 43-49.

[71] XU J, FRCIC A, CLYBURNE J C, et al. Thin-layer electrochemistry of 1, 3-diferrocenyl-2-buten-1-one: Direct correlation between driving force and liquid/liquid interfacial electron transfer rates[J]. The Journal of Physical

Chemistry B, 2004, 108(18): 5742-5746.

[72] OKAJIMA T, MATSUMOTO N, THIEMANN T, et al. Cyclic and normal pulsvoltammetric studies of 2,3,6,7,10, 11-hexaphenyl-hexazatriphenylene using a benzonitrile thin layer-coated glassy carbon electrode[J]. The Journal of Chemical Physics B, 2003, 107(35): 9452-9458.

[73] HELFRICK J C, BOTTOMLEY L A. Cyclic square wave voltammetry of single and consecutive reversible electron transfer reactions[J]. Analytical Chemistry, 2009, 81(21): 9041-9047.

[74] LI F, UNWIN P R. Scanning electrochemical microscopy (SECM) of photoinduced electron transfer kinetics at liquid/liquid interfaces[J]. The Journal of Chemical Physics C, 2015, 119(8): 4031-4043.

[75] TOTH P S, RODGERS A N J, RABIUA K, et al. Electrochemical activity and metal deposition using few-layer graphene and carbon nanotubes assembled at the liquid-liquid interface[J]. The Journal of Chemical Physics C, 2015, 8(50): 6-10.

[76] RASTGAR S, PILARSKI M, WITTSTOCK G, et al. A polarized liquid-liquid interface meets visible light-driven catalytic water oxidation[J]. Chemical Communications, 2016, 52(76): 11382-11385.

[77] JENSEN H, KAKKASSERY J J, NAGATANI H, et al. Photoinduced electron transfer at liquid|liquid interfaces. Part Ⅳ. Orientation and reactivity of zinc tetra (4-carboxyphenyl) porphyrin self-assembled at the water|1, 2-dichloroethane junction[J]. Journal of the American Chemical Society, 2000, 122(44): 10943-10948.

[78] CHUNG T D, ANSON F C. Electrochemical monitoring of proton transfer across liquid/liquid interfaces on the surface of graphite electrodes[J]. Analytical Chemistry, 2001, 73: 337-342.

[79] WEI X Q, ERLEI J, WEI LI B, et al. Clean and highly selective oxidation of alcohols in an ionic liquid by using an ion-supported hypervalent iodine(Ⅲ) reagent[J]. Angewandte Chemie International Edition, 2005, 44(6): 952-955.

[80] LU X, LI Y, SUN P, et al. Investigation of the consecutive electron transfer of metalloporphyrin species containing different substituents at the liquid/liquid interface by thin-layer cyclic voltammetry[J]. The Journal of Physical Chemistry C, 2012, 116(31): 16660-16665.

[81] ZHANG J, BARKER A L, UNWIN P R, et al. Microelectrochemical studies of charge transfer at the interface between two immiscible electrolyte solutions: Electron transfer from decamethyl ferrocene to aqueous oxidants[J]. Journal of Electroanalytical Chemistry, 2000, 483(1): 95-107.

[82] LU X Q, ZHANG L, SUN P, et al. Thin-layer cyclic voltammetric studies electron transfer across liquid/liquid interface[J]. European Journal of Chemistry, 2011, 2(1): 120-124.

[83] BARD A J, FAN R E, KWAK J, et al. Scanning electrochemical microscopy—Introduction and principles[J]. Analytical Chemistry, 1989, 61(2): 132-139.

[84] CAI C X, LIU B, MIRKIN M V, et al. Scanning electrochemical microscopy of living cells rhodobacter sphaeroides[J]. Analytical Chemistry, 2002, 74(4): 114-119.

[85] YAO L N, FILICE F P, YANG Q, et al. Quantitative assessment of molecular transport through sub-3nm silica nanochannels by scanning electrochemical microscopy[J]. Analytical Chemistry, 2019, 91(2): 1548-1556.

[86] YAO L N, CHEN K X, SU B. Unraveling mass and electron transfer kinetics at silica nanochannel membrane modified electrodes by scanning electrochemical microscopy[J]. Analytical Chemistry, 2019, 91(24): 15436-15443.

[87] MENG L C, FANG Z Y, LIN J, et al. Highly sensitive determination of copper in HeLa cell using capillary electrophoresis combined with a simple cell extraction treatment[J]. Talanta, 2014, 121: 205-209.

[88] ZHU X Y, QIAO Y H, ZHANG X, et al. Fabrication of metal nanoelectrodes by interfacial reactions[J]. Analytical Chemistry, 2014, 86(14): 7001-7008.

[89] SHAO Y H, MIRKIN M V. Probing ion transfer at the liquid/liquid interface by scanning electrochemical microscopy[J]. The Journal of Chemical Physics B, 1998, 10 (49): 9915-9921.

[90] JOSHI V S, HARAM S K, DASGUPTA A, et al. Mapping of electrocatalytic sites on a single strand of carbon fiber using scanning electrochemical microscopy[J]. The Journal of Chemical Physics, 2012, 116(17): 9703-9708.

[91] IVANOVA E V, MAGNER E. Direct electron transfer of haemoglobin and myoglobin in methanol and ethanol at didodecyldimethylammonium bromide modified pyrolytic graphite electrodes[J]. Electrochemistry Communications, 2005, 7(4): 323-327.

[92] PATTEN H V, LAI C S, MACPHERSON J V, et al. Active sites for outer-sphere, inner-sphere, and complex multistage electrochemical reactions at polycrystalline boron-doped diamond electrodes (pBDD) revealed with scanning electrochemical cell microscopy[J]. Analytical Chemistry, 2012, 84(12): 5427-5432.

[93] LAI S C, PATEL A N, MCKELVEY K, et al. Definitive evidence for fast electron transfer at pristine basal plane graphite from high-resolution electrochemical imaging[J]. Angewandte Chemie International Edition, 2012, 51(22): 5405-5408.

[94] YE H, LEE J, JANG J S, et al. Rapid screening of $BiVO_4$-based photocatalysts by scanning electrochemical microscopy (SECM) and studies of their photoelectrochemical properties[J]. Journal of Physical Chemistry C, 2010, 114(31): 13322-13328.

[95] ZHANG M, SU B, CORTÉS-SALAZAR F, et al. Scanning electrochemical microscopy photography[J]. Electrochemistry Communications, 2008, 10(5): 714-718.

[96] DING Z, QUINN B M, BARD A J, et al. Kinetics of heterogeneous electron transfer at liquid/liquid interfaces as studied by SECM[J]. The Journal of Chemical Physics B, 2001, 105(27): 6367-6374.

[97] JOHNSON L, NIAZ A, BOATWRIGHT A, et al. Scanning electrochemical microscopy at thermal sprayed anti-corrosion coatings: Effect of thermal spraying on heterogeneous electron transfer kinetics[J]. The Journal of Chemical Physics, 2011, 657(2): 46-53.

[98] WANG W, LI X, WANG X, et al. Comparative electrochemical behaviors of a series of SH-terminated-functionalized porphyrins assembled on a gold electrode by scanning electrochemical microscopy[J]. The Journal of Chemical Physics B, 2010, 114(32): 10436-10441.

[99] EKANAYAKE C B, WIJESINGHE M B, ZOSKI C G, et al. Determination of heterogeneous electron transfer and homogeneous comproportionation rate constants of tetracyanoquinodimethane using scanning electrochemical microscopy[J]. Analytical Chemistry, 2013, 33(8): 156-162.

[100] KOCH J A, BAUR M B, WOODALL E L, et al. Alternating current scanning electrochemical microscopy with simultaneous fast-scan cyclic voltammetry[J]. Analytical Chemistry, 2012, 84(21): 9537-9543.

[101] BARKER A L, UNWIN P R. Measurement of solute partitioning across liquid/liquid interfaces using scanning electrochemical microscopy—double potential step chronoamperometry: Principles, theory, and application to ferrocenium ion transfer across the 1,2-dichloroethane/aqueous interface[J]. The Journal of Chemical Physics B, 2001, 105(48): 12019-12031.

[102] RITZERT N L, RODRÍGUEZ L J, TAN C, et al. Kinetics of interfacial electron transfer at single-layer graphene electrodes in aqueous and nonaqueous solutions[J]. Langmuir, 2013, 29(5): 1683-1694.

[103] MEZOUR M A, CORNUT R, HUSSIEN E M, et al. Detection of hydrogen peroxide produced during the oxygen reduction reaction at self-assembled thiol-porphyrin monolayers on gold using SECM and nanoelectrodes[J]. Langmuir, 2010, 26(15): 13000-13006.

[104] LU X Q, SANTANA J J, GONZÁLEZ S, et al. Scanning microelectrochemical characterization of the anti-corrosion performance of inhibitor films formed by 2-mercaptobenzimidazole on copper[J]. Progress in Organic Coatings, 2012, 74(3): 526-533.

[105] OSAKAI T, OKAMOTO M, SUGIHARA T, et al. Bimolecular-reaction effect on the rate constant of electron transfer at the oil/water interface as studied by scanning electrochemical microscopy[J]. Journal of Electroanalytical Chemistry, 2009, 628(2): 27-34.

[106] SUGIHARA T, KINOSHITA T, AOYAGI S, et al.A mechanistic study of the oxidation of natural antioxidants at the oil/water interface using scanning electrochemical microscopy[J]. Journal of Electroanalytical Chemistry, 2008, 612(2): 241-246.

[107] SASAKI Y, SUGIHARA T, OSAKAI T, et al. Electron transfer mediated by membrane-bound *D*-fructose dehydrogenase adsorbed at an oil/water interface[J]. Analytical Biochemistry, 2011, 417(1): 129-135.

[108] EUGSTER N, FERMÍN D J, GIRAULT H H, et al. Photoinduced electron transfer at liquid/liquid interfaces: Dynamics of the heterogeneous photoreduction of quinones by self-assembled porphyrin ion pairs[J]. Journal of the American Chemical Society, 2003, 125(16): 4862-4869.

[109] BAUER C, ABID J P, ABID M, et al. Controlled reversible adsorption of core-shell metallic nanoparticles at the polarized water/1,2-dichloroethane interface investigated by optical second-harmonic generation[J]. The Journal of Chemical Physics, 2007, 111(25): 8849-8855.

[110] XIE S, MENG X, LIANG Z, et al. Kinetics of heterogeneous electron transfer reactions at the externally polarized water/*o*-nitrophenyl octyl ether interface[J]. The Journal of Chemical Physics, 2008, 112(46): 18117-18124.

[111] CUI R, LI Q, GROSS D E, et al. Anion transfer at a micro-water/1,2-dichloroethane interface facilitated by *β*-octafluoro-*meso*-octamethylcalix [4] pyrrole[J]. Journal of the American Chemical Society, 2008, 130(44): 14364-14365.

[112] LU X Q, WANG T X, ZHOU X B, et al. Investigation of ion transport traversing the "ion channels" by scanning electrochemical microscopy[J]. The Journal of Chemical Physics C, 2011, 115(11): 4800-4805.

[113] RIMBOUD M, ELLEOUET C, QUENTEL F, et al. Electron transfer between a lutetium bisphthalocyanine and $Fe^{III/II}$ across liquid/liquid interfaces between water and dichlorohexane or nitrobenzene; influence of coupling with ion transfer[J]. Journal of Electroanalytical Chemistry, 2011, 660(1): 178-184.

[114] IZQUIERDO D, MARTINEZ A, HERAS A, et al. Spatial scanning spectroelectrochemistry study of the electrodeposition of Pd nanoparticles at the liquid/liquid interface[J]. Analytical Chemistry, 2012, 84(13): 5723-5730.

[115] LU X Q, ZHANG H, HU L, et al. Investigation of the effects of metalloporphyrin species containing different substitutes on electron transfer at the liquid/liquid interface[J]. Electrochemistry Communications, 2006, 8(6): 1027-1034.

[116] HILLIER A C, WARD M D. Scanning electrochemical mass sensitivity mapping of the quartz crystal microbalance in liquid media[J]. Analytical Chemistry, 1992, 64(21): 2539-2554.

[117] BARD A J, CLIFFEL D E. Scanning electrochemical microscopy combined scanning electrochemical microscope-quartz crystal microbalance instrument for studying thin films[J]. Analytical Chemistry, 1998, 70(9): 1993-1998.

[118] HESS C, BORGWARTH K, HEINZE J, et al. Integration of an electrochemical quartz crystal microbalance into a scanning electrochemical microscope for mechanistic studies of surface patterning reactions[J]. Electrochim Acta, 2000, 45(22-23): 3725-3736.

[119] TU X M, XIE Q J, XIANG C H, et al. Scanning electrochemical microscopy in combination with piezoelectric quartz crystal impedance analysis for studying the growth and electrochemistry as well as microetching of poly(*o*-phenylenediamine) thin films[J]. The Journal of Chemical Physics B, 2005, 109(9): 4053-4063.

[120] DENG C Y, LI M G, XIE Q J, et al. Construction as well as EQCM and SECM characterizations of a novel Nafion/glucose oxidase-glutaraldehyde/poly(thionine)/Au enzyme electrode for glucose sensing[J]. Sensors and Actuators B: Chemical, 2007, 122(1): 148-157.

[121] SKLYAR O, KUENG A, KRANZ C, et al. Numerical simulation of scanning electrochemical microscopy experiments with frame-shaped integrated atomic force microscopy–SECM probes using the boundary element method[J]. Analytical Chemistry, 2004, 77(3): 764-771.

[122] HOČEVAR S B, DANIELE S, BRAGATO C, et al. Reactivity at the film/solution interface of *ex situ* prepared bismuth film electrodes: A scanning electrochemical microscopy (SECM) and atomic force microscopy (AFM) investigation[J]. Electrochim Acta, 2007, 53(2): 555-560.

[123] GOLLAS B, BARTLETT P N, DENUAULT G, et al. An instrument for simultaneous EQCM impedance and scanning spectroelectrochemistry measurements[J]. Analytical Chemistry, 2000, 72(2): 349-356.

[124] ECKHARD K, SHIN H, MIZAIKOFF B, et al. Alternating current impedance imaging with combined atomic force scanning electrochemical microscopy (AFM-SECM)[J]. Electrochemistry Communications, 2007, 9(6): 1311-1315.

[125] HUANG K, ANNE A, BAHRI M A, et al. Probing individual redox pegylated gold nanoparticles by electrochemical-atomic force microscopy[J]. ACS Nano, 2013, 7(5): 4151-4163.

[126] SZUNERITS S, KNORR N, CALEMCZUK R, et al. New approach to writing and simultaneous reading ofmicropatterns: Combining surface plasmon resonance imaging with scanning electrochemical microscopy (SECM)[J]. Langmuir, 2004, 20(21): 9236-9241.

[127] TAKAHASHI Y, SHEVCHUK A I, NOVAK P, et al. Simultaneous noncontact topography and electrochemical imaging by SECM/SICM featuring ion current feedback regulation[J]. Journal of the American Chemical Society, 2010, 132(29): 10118-10126.

[128] GRISOTTO F, GHORBAL A, GOYER C, et al. Direct SECM localized electrografting of vinylic monomers on a conducting substrate[J].Chemistry of Materials, 2011, 23(6): 1396-1405.

[129] BARD A J, LEE Y, DING Z, et al. Combined scanning electrochemical/optical microscopy with shear force and current feedback[J]. Analytical Chemistry, 2002, 74(15): 3634-3643.

[130] LAZENBY R A, MCKELVEY K, UNWIN P R, et al. Hopping intermittent contact-scanning electrochemical microscopy (HIC-SECM): Visualizing interfacial reactions and fluxes from surfaces to bulk solution[J]. Analytical Chemistry, 2013, 85(5): 2937-2944.

[131] BARD A J, MIRKIN M V, RICHARDS T C, et al. Steady-state measurements of the fast heterogeneous kinetics in the ferrocene/acetonitrile system[J]. The Journal of Physical Chemistry, 1993, 97(29): 7672-7677.

[132] BARD A J, SOLOMON T. Reverse (uphill) electron transfer at the liquid/liquid interface[J]. The Journal of Physical Chemistry, 1995, 99(49): 17487-17489.

[133] BARD A J, WEI C, MIRKIN M V, et al. Application of SECM to the study of charge transfer processes at the liquid/liquid interface[J]. The Journal of Physical Chemistry, 1995, 99(43): 16033-16042.

[134] LIN T E, LU Y J, SUN C L, et al. Soft electrochemical probes for mapping the distribution of biomarkers and injected nanomaterials in animal and human tissues[J]. Angewandte Chemie-International Edition, 2017(56): 16498-16502.

[135] SLEVIN C J, MACPHERSON J V, UNWIN P R, et al. Measurement of local reactivity at liquid/solid, liquid/liquid, and liquid/gas interfaces with the scanning electrochemical microscope: Principles, theory, and applications of the double potential step chronoamperometric mode[J]. The Journal of Physical Chemistry B, 1997, 101(50): 10851-10859.

[136] BARD A J, DELVILLE M H, TSIONSKY M, et al. Scanning electrochemical microscopy studies of electron transfer through monolayers containing conjugated species at the liquid-liquid interface[J]. Langmuir, 1998, 14(10): 2774-2779.

[137] VELMURUGAN J, SUN P, MIRKIN M V, et al. Scanning electrochemical microscopy with gold nanotips: The effect of electrode material on electron transfer rates[J]. The Journal of Chemical Physics C, 2008, 113(1): 459-464.

[138] 卢小泉, 王晓强, 胡丽娜, 等. 扫描电化学显微镜及其在界面电化学研究中的应用[J]. 化学通报, 2004, 67(9): 673-678.

[139] MORIMOTO T, TANIGUCHI S, OSUKA A, et al. *N*-confused porphine[J]. European Journal of Organic Chemistry, 2005, (18): 3887-3890.

[140] KATZ E, WILLNER I. Probing biomolecular interactions at conductive and semiconductive surfaces by impedance spectroscopy: Routes to impedimetric immunosensors, DNA-sensors, and enzyme biosensors[J]. Electroanalysis, 2003, 15(11): 913-947.

[141] LIU Y, YUAN R, CHAI Y Q, et al. Direct electrochemistry of horseradish peroxidase immobilized on gold colloid/cysteine/Nafion-modified platinum disk electrode[J]. Sensors and Actuators B: Chemical, 2006, 115(1): 109-115.

[142] WANG C H, YANG C, SONG Y Y, et al. Adsorption and direct electron transfer from hemoglobin into a three-dimensionally ordered macroporous gold film[J]. Advanced Functional Materials, 2005, 15(8): 1267-1275.

[143] LU X Q, HU Y Q, WANG W T, et al. A novel platform to study the photoinduced electron transfer at a dye-sensitized solid/liquid interface[J]. Colloids and Surfaces B: Biointerfaces, 2013, 103: 608-614.

[144] TSIONSKY M, ZHOU J, AMEMIYA S, et al. Application of SECM to the study of charge transfer through bilayer lipid membranes[J]. Analytical Chemistry, 1999, 71(19): 4300-4305.

[145] TSIONSKY M, BARD A J, MIRKIN M V, et al. Potential dependence of the electron-transfer rate and film formation at the liquid/liquid interface[J]. The Journal of Chemical Physics, 1996, 100(45): 17881-17888.

[146] LU X Q, HU L N, WANG X Q, et al. Thin-layer cyclic voltammetric and scanning electrochemical microscopic study of antioxidant activity of ascorbic acid at liquid/liquid interface[J]. Electroanalysis, 2005, 17(11): 953-958.

[147] BARKER A L, UNWIN P R, AMEMIYA S, et al. Scanning electrochemistry microscopy (SECM) in the study of electron transfer kinetics at liquid/liquid interfaces: Beyond the constant composition approximation[J]. The Journal of Chemical Physics B, 1999, 103(34): 7260-7269.

第 6 章　卟啉在电化学发光方面的研究

电化学发光(electrochemiluminescence，ECL)，也称电致化学发光，是指对电极施加一定的电压，发光物质在电极表面发生反应产生的化学发光现象。

6.1　电化学发光的基本原理及特点

电化学发光利用电化学反应来激发，准确地说是发光物质之间或发光物质与体系的共反应剂之间发生电化学反应产生高能量的激发态，从而产生的一种发光现象[1-3]。电化学发光反应包含电化学反应过程及化学发光反应过程。电化学反应过程是为了激发反应，化学发光反应过程就是自由基离子之间或自由基离子与体系的共反应剂之间发生电子转移过程，产生激发态分子，释放出光子从而发光。几乎所有电化学发光体系中都存在高能量的激发态分子以光的形式释放能量而返回基态，但是发光机理基本不相同。

6.1.1　湮灭型电化学发光反应机理

当对电极施加双阶跃正负脉冲电位时，物质 R_1 和 R_2 在电极附近发生氧化还原反应而形成阳离子自由基 $R_1^{\bullet+}$ 和阴离子自由基 $R_2^{\bullet-}$，这两种物质发生电子转移反应生成激发态 R_1^*(或 R_2^*，由两者的相对能量决定)，R_1^* 返回基态产生发光现象[4-7]。这类反应通常被称为湮灭型电化学发光反应，机理如下：

$$R_1 - e^- \longrightarrow R_1^{\bullet+} \tag{6.1}$$

$$R_2 + e^- \longrightarrow R_2^{\bullet-} \tag{6.2}$$

$$R_1^{\bullet+} + R_2^{\bullet-} \longrightarrow R_1^* \tag{6.3}$$

$$R_1^* \longrightarrow R_1 + h\nu \tag{6.4}$$

6.1.2　共反应剂型电化学发光反应机理

共反应剂型电化学发光反应机理与湮灭型电化学发光反应机理的本质不同，在阳极区域发生氧化反应或者在阴极区域发生还原反应时，能够形成具有强还原性或强氧化性的物质，即自由基离子，这些自由基离子会与发光体发生电子转移反应，形成高能量的激发态物质，能量以光的形式散发出来，从而显示出发光的现象[8-26]。

草酸盐和三丙胺(TPrA)是经典发光体三联吡啶钌最常用的共反应试剂[11,14,18-25]。Bard 课题组最早发现的共反应剂 $C_2O_4^{2-}$ 在水相中能够失电子发生电化学反应，产生强还原性中间体 $CO_2^{\bullet-}$：

$$C_2O_4^{2-} - e^- \longrightarrow \left[C_2O_4^{\bullet-}\right] \longrightarrow CO_2^{\bullet-} + CO_2 \tag{6.5}$$

同时，电化学发光体系中的发光体 D 也能在一定的氧化电位下发生氧化：

$$D - e^- \longrightarrow D^{\bullet+} \tag{6.6}$$

$D^{\bullet+}$ 与 $CO_2^{\bullet-}$ 发生电子转移反应，形成高能量的激发态分子 D^*，D^*回到低能量的基态时释放出光子：

$$CO_2^{\bullet-} + D^{\bullet+} \longrightarrow D^* + CO_2 \tag{6.7}$$

$$D^* \longrightarrow D + h\nu \tag{6.8}$$

另一个典型的例子是 $Ru(bpy)_3^{2+}$/TPrA 体系的电化学发光反应机理[27]，见图 6.1。

$$Ru(bpy)_3^{2+} - e^- \longrightarrow Ru(bpy)_3^{3+} \tag{6.9}$$

$$TPrA - e^- \longrightarrow TPrA^{\bullet+} \longrightarrow TPrA^{\bullet} + H^+ \tag{6.10}$$

$$Ru(bpy)_3^{3+} + TPrA^{\bullet} \longrightarrow \left[Ru(bpy)_3^{2+}\right]^* + \text{产物} \tag{6.11}$$

$$\left[Ru(bpy)_3^{2+}\right]^* \longrightarrow Ru(bpy)_3^{2+} + h\nu \tag{6.12}$$

$C_2O_4^{2-}$、TPrA 本身具有强还原性，当对电极施加氧化电位时，其本身在电极附近失电子发生氧化反应，得到相应自由基中间体的共反应剂，称为氧化-还原型共反应剂。过硫酸钾($K_2S_2O_8$)、过氧化二苯甲酰(BPO)本身具有很强氧化性，当对电极施加还原电位，其发生还原反应得到相应自由基中间体的共反应剂，称为还原-氧化型共反应剂。过硫酸根离子($S_2O_8^{2-}$)作为还原-氧化型共反应剂，发生还原反应的过程中产生了强氧化性的自由基中间体 $SO_4^{\bullet-}$，然后 $SO_4^{\bullet-}$ 与发光体发生反应。$Ru(bpy)_3^{2+}/K_2S_2O_8$ 体系的还原-氧化型反应机理如下[8-10,12,13,15-17,24,25]：

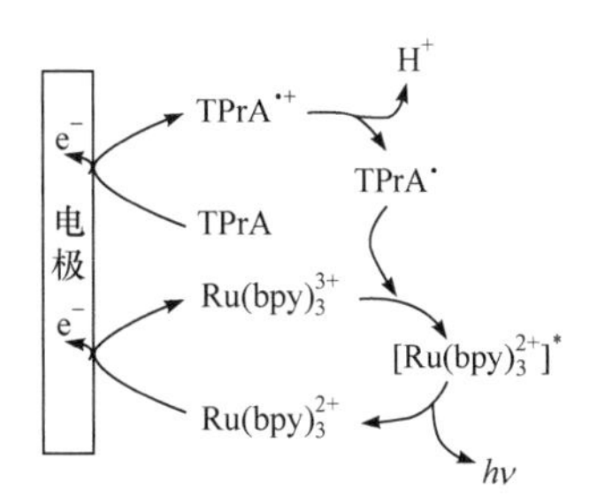

图 6.1　$Ru(bpy)_3^{2+}$/TPrA 体系的电化学发光反应机理

$$\mathrm{Ru(bpy)_3^{2+} + e^- \longrightarrow Ru(bpy)_3^+} \tag{6.13}$$

$$\mathrm{S_2O_8^{2-} + e^- \longrightarrow SO_4^{\bullet -} + SO_4^{2-}} \tag{6.14}$$

$$\mathrm{Ru(bpy)_3^+ + SO_4^{\bullet -} \longrightarrow \left[Ru(bpy)_3^{2+}\right]^* + SO_4^{2-}} \tag{6.15}$$

$$\mathrm{\left[Ru(bpy)_3^{2+}\right]^* \longrightarrow Ru(bpy)_3^{2+}} + h\nu \tag{6.16}$$

6.1.3　氧化物修饰的阴极电化学发光

在某些金属氧化物修饰的电极上可观察到另一种类型的电化学发光现象——阴极电化学发光。常用于此类氧化物修饰的金属电极主要有铝、钽、钛、锰、镓、铟等[28-30]。产生这种类型的高压阴极发光是由于热电子注入电解质溶液中，形成的水合电子具有强还原性，可与发光体发生反应。

氧化物修饰的半导体金属电极在阴极极化时向电解质溶液中注入热电子，由于热电子本身具有强还原性，会与溶液中的共反应剂(如溶解氧、过硫酸盐或过硫酸根离子等)反应，生成强氧化性的自由基，这些自由基再与溶液中的发光体进一步发生化学反应[31-36]。当没有共反应剂存在时，会在电极表面形成阳离子中心或阴离子空穴形式的强氧化性物质，强还原性和强氧化性的同时存在使发光体激发态产生，激发态辐射光子返回基态从而发光。Bard 课题组在 Ta/Ta_2O_5 电极表面将热电子注入水溶液中，使 $Ru(bpy)_3^{3+}$ 还原能够产生电化学发光[15,37]。在水溶液中，对氧化物修饰的铝电极施加阴极脉冲偏压，$Ru(bpy)_3^{2+}$ 能够发射出很强的电化学发光信号，其电化学发光反应机理如下：

$$\mathrm{e_{aq}^- + S_2O_8^{2-} \longrightarrow SO_4^{\bullet -} + SO_4^{2-}} \tag{6.17}$$

$$\mathrm{Ru(bpy)_3^{2+} + e_{aq}^- \longrightarrow Ru(bpy)_3^+} \tag{6.18}$$

$$\mathrm{Ru(bpy)_3^+ + SO_4^{\bullet -} \longrightarrow \left[Ru(bpy)_3^{2+}\right]^* + SO_4^{2-}} \tag{6.19}$$

$$\mathrm{Ru(bpy)_3^{2+} + SO_4^{\bullet -} \longrightarrow Ru(bpy)_3^{3+} + SO_4^{2-}} \tag{6.20}$$

$$\mathrm{Ru(bpy)_3^+ + e_{aq}^- \longrightarrow \left[Ru(bpy)_3^{2+}\right]^*} \tag{6.21}$$

$$\mathrm{\left[Ru(bpy)_3^{2+}\right]^* \longrightarrow Ru(bpy)_3^{2+}} + h\nu \tag{6.22}$$

6.1.4　电化学发光特点

电化学发光将电化学技术与化学发光结合起来，兼具二者的优点。电化学发光还具有实验装置简单、操作方便、检测快速，可进行原位检测，容易实现自动化，以及能与多种技术如流动注射、高效液相色谱、毛细管电泳(capillary electrophoresis，CE)等联用的优势。

(1) 灵敏度高，线性范围宽。在施加一定的电压时，分析物会通过吸附作用或者扩散作用到达电极表面，使得电极表面的溶液出现一个高浓度的区域来发生发光反应，这样浓度较低的分析物便可以使电化学发光信号改变。因此，电化学发光能够用来检测低浓度的待测物，且灵敏度高于化学发光。

(2) 反应可控性强。只有当施加外加电压于电化学发光体系时，电化学发光反应才会发生，使得反应易于控制。通过改变施加电极的电位，可以实现物质的选择性分析。另外，通过改变施加电压的方式或改变电极的材料、位置及尺寸，也可以实现对反应的控制，这有利于信号的捕捉和分析。这样的可控性是其他发光方法所不能相比的，它对于信号的捕捉和分析也是十分有利的，尤其是对反应机理的研究更是有着十分重要的作用。

(3) 分析速度较快，实验装置简单。发光试剂的激发态寿命十分短暂，瞬间释放出光信号，分析迅速。实验仪器简单，不需要激发光源，并且不需要额外的设备来消除光散射和杂质产生的光带来的影响。实验装置一般由电化学工作站和捕捉光信号的光电倍增管构成，十分简单，可自行组装。

(4) 试剂用量少，耗费低。电化学发光实验所使用的检测池通常小巧，只需几百微升溶液便可操作。近几年来发展的固相电化学发光更是将发光试剂通过物理或化学的方式修饰到电极表面。制备固相电化学发光膜，不仅在很大程度上节约了试剂，而且可以实现发光信号的放大，提高灵敏度。

(5) 获得信息的途径较多。在电化学发光反应中，电化学反应和光化学反应是同时发生并同时被记录的，这对于全面研究体系的反应历程是非常有效的。

(6) 与多种技术联用，应用前景广阔。电化学发光可以与多种技术联用来实现复杂环境中样品的分离与检测，如流动注射、高效液相色谱及毛细管电泳等技术。目前已越来越多地应用在生物领域中，用于抗原抗体、DNA、药物等的分析检测。

6.2　电化学发光主要体系

6.2.1　鲁米诺电化学发光体系

1. 鲁米诺-过氧化氢电化学发光体系

将铂电极作为工作电极，Sakura 对鲁米诺-过氧化氢体系的电化学发光机理进行了较为详细的研究[38]。实验结果显示，鲁米诺失电子发生电化学氧化反应形成自由基，过氧化氢在相同电位下失电子氧化，形成氧化产物超氧阴离子自由基，两者发生电子转移，产生高能量的激发态 3-氨基邻苯二甲酸盐，随后返回到低能量的基态，从而产生发光现象。具体的电化学发光反应机理见图 6.2。

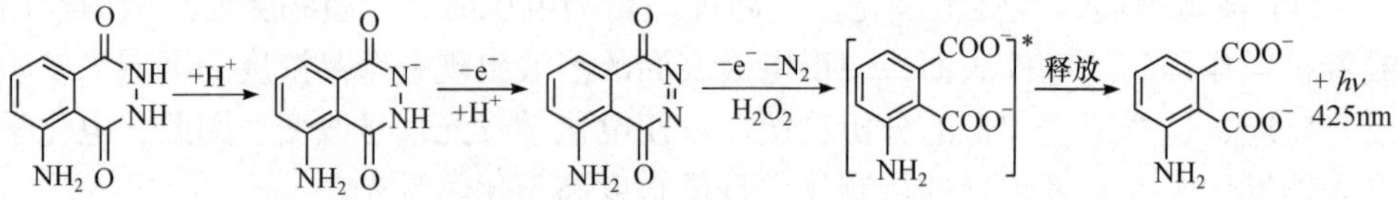

图 6.2　鲁米诺-过氧化氢体系的电化学发光反应机理

2. 鲁米诺-溶解氧的电化学发光体系

Haapakka 等[39,40]研究了鲁米诺-溶解氧电化学发光体系，鲁米诺失电子发生电化学反应，形成的氧化产物能够还原溶解氧，得到超氧阴离子自由基，然后与鲁米诺反应生成高能量的激发态，随后释放的能量由高能量的激发态返回低能量的基态，产生了发光现象。

3. 鲁米诺在半导体电极上的电化学发光

半导体电极可以提供具有强还原性的热电子，这种热电子能够还原溶解氧或其他共反应剂，形成活性中间体，活性中间体会与鲁米诺的氧化产物发生反应[41]。Yu 等[42]研究了鲁米诺在金电极和铜电极上不同准稳态电化学技术下的电化学发光行为，并探讨了发光机理，丰富了鲁米诺的电化学发光理论。Wróblewska 等[43]考察了铂电极和石墨电极在恒电位和动电位的条件下，鲁米诺的电化学发光特性与溶液 pH、介质和电极电位等的相关性。Zhang 等[44]在酸性介质中将鲁米诺涂覆在电极上形成聚鲁米诺修饰的电极，并研究了聚鲁米诺的电化学发光行为，用修饰后的电极建立了检测核黄素的电化学发光分析方法。

6.2.2　联吡啶钌电化学发光体系

1981 年，Rubinstein 等[18]发现了联吡啶钌在水相中的发光现象。二价的三联吡啶钌$[Ru(bpy)_3]^{2+}$释放电子发生氧化反应而成为三价的三联吡啶钌$[Ru(bpy)_3]^{3+}$，同时三丙胺(TPrA)也释放电子发生氧化反应而成为阳离子自由基 $TPrA^{\bullet+}$，并迅速自发脱去一个质子而形成激发态三丙胺。由于三丙胺的阳离子自由基具有强的还原性，从而与三联吡啶钌发生氧化还原反应产生$[Ru(bpy)^{3+}]^*$，激发态通过发出 620nm 的光回到基态继续参与循环，如图 6.3 所示[45]。

三联吡啶钌的共反应剂有氧化-还原型共反应剂和还原-氧化型共反应剂。其中，氧化-还原型共反应剂主要有草酸盐、三丙胺(TPrA)、2-(二丁氨基)乙醇(DBAE)、氨基酸、生物碱和 NADH 等[46]。还原-氧化型共反应剂主要有过二硫酸

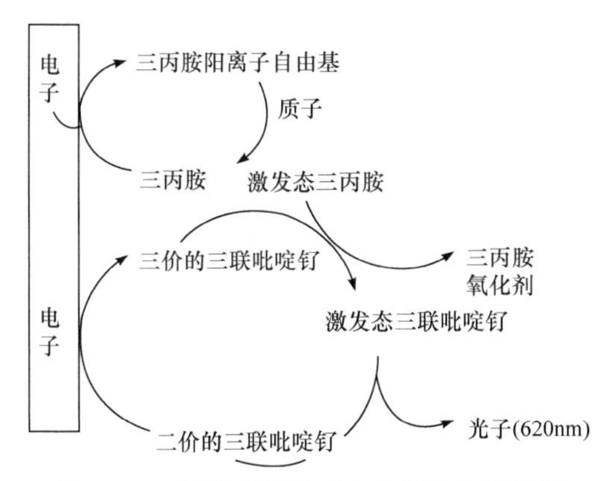

图 6.3　三联吡啶钌体系电化学发光机理图

盐和过氧化二苯甲酰。草酸盐、三丙胺(TPrA)和 2-(二丁氨基)乙醇(DBAE)这三种共反应剂在电化学发光猝灭体系中应用最为广泛。

6.2.3　吖啶酯电化学发光体系

吖啶酯的电化学反应研究通常在碱性环境中进行。过氧化氢能够与吖啶酯发生加成反应，在碱性条件下，得到的产物能够形成过氧负离子，然后亲核进攻羰基碳，离去基团离去，形成不稳定的四元环中间体，开环后形成高能量的激发态吖啶酮，返回到低能量基态的过程中释放出光子，产生发光现象。吖啶酯电化学发光机理如图 6.4 所示。

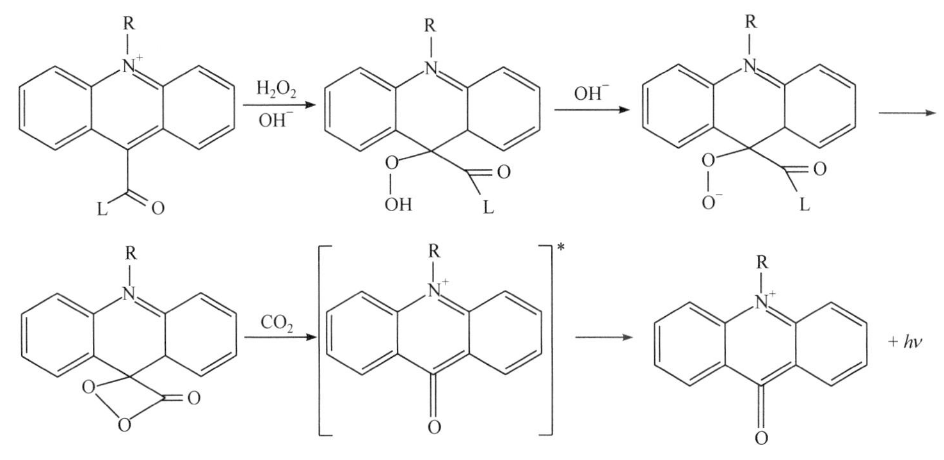

图 6.4　吖啶酯电化学发光机理

6.2.4　光泽精电化学发光体系

在 1939 年，光泽精(lucigenin)的电化学发光由 Tamamushi 和 Akiyama 首次提

出[47], 此后 Legg 等[48]和 Haapakka 等[49]分别研究了光泽精在中性非缓冲溶液和碱性条件下的电化学发光性能。在碱性条件下，氧气与光泽精的反应是经典的化学发光反应，因此文献[47]～[49]中的 ECL 与化学发光混淆。在以上研究基础上，张棘等[50]对光泽精在中性非缓冲体系(H_2O_2-KCl)的电化学发光性能及机理进行了进一步研究，提出了可能的电化学发光机理(图 6.5)。

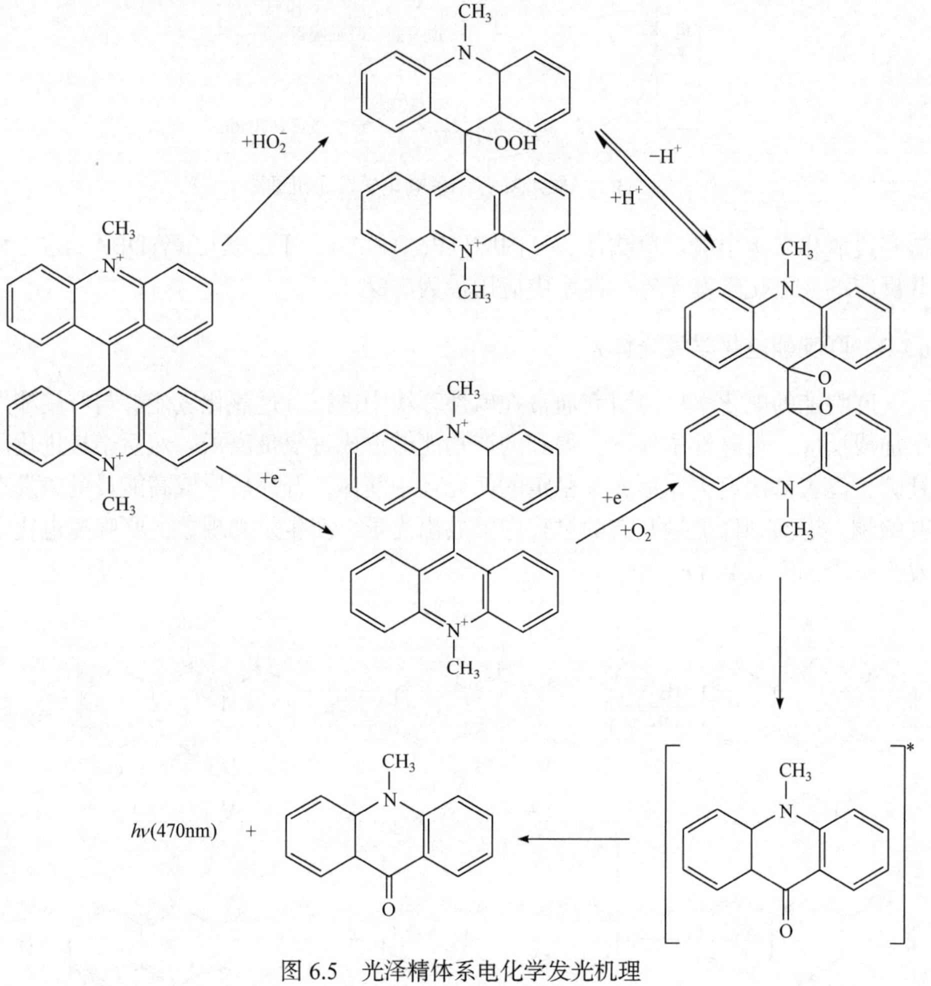

图 6.5 光泽精体系电化学发光机理

6.3 电化学发光的联用技术

6.3.1 流动注射-电化学发光联用技术

对于$[Ru(bpy)_3]^{2+}$电化学发光流动注射法，若被分析物和$[Ru(bpy)_3]^{2+}$不被固定在固体的基底上，当开起蠕动泵时，试剂溶液和样品溶液就会随着载流不断地向前流动，然后在电化学发光池中混合，被载体带动到检测区域后进行信号检测。流动注射-电化学发光联用技术中最主要是电化学发光池的制作，因为不同的研究会使用不同类型的电化学发光池，所以越来越多的研究者关注电化学发光池的研制。

Li 等[51]自行设计和研制了一种新型流动注射-电化学发光薄层检测池，该发光池用聚四氟乙烯材料制作，一片铂片镶嵌在窗口的正中间用作工作电极，其结构如图 6.6 所示。在这种构造中，直径 1mm 的不锈钢管为辅助电极，Ag/AgCl 电极为参比电极，用 O 形橡胶圈作为垫片保证薄层的厚度保持在 0.1mm 左右，溶液进出口管道用环氧树脂密封。检测时，发光池安装在不透光的盒子中，置于光电倍增管的前面。经计算，薄层的体积大约为 17.7μL。

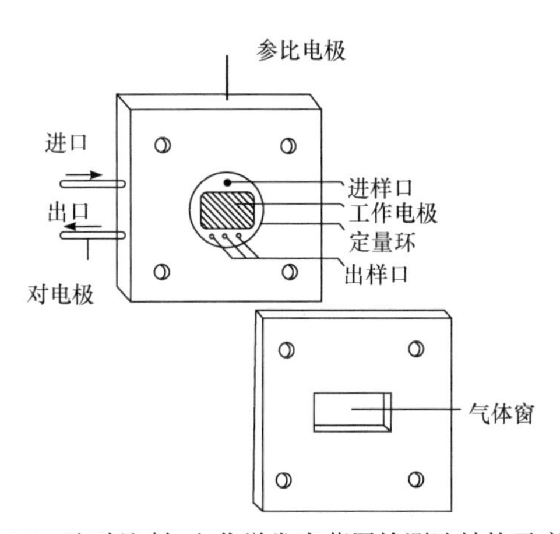

图 6.6　流动注射-电化学发光薄层检测池结构示意图

Chi 等[52]研制了一种电化学发光检测池用于流动注射-电化学发光联用，检测池用石英制作，Pt 丝为辅助电极，Ag/AgCl 为参比电极，光学透明的石墨电极(中间钻孔)为工作电极，如图 6.7 所示。为了消除边缘效应引起的光学误差，使光束直接从工作电极中间穿过。为了验证此系统的性能，将此系统应用于尿酸的检测，检测线性范围为 5.0×10^{-8}～2.5×10^{-4}mol/L，检出限为 3.0×10^{-8}mol/L。

Wang 等[53]提出了一种流动注射-电化学发光系统(图 6.8)，包括薄层电化学发光流动池、一个蠕动泵和两个注射阀门。检测池的体积为 162μL，当葡萄糖溶液通过葡萄糖酶固定的溶胶-凝胶填充柱和$[Ru(bpy)_3]^{2+}$/TPrA 电化学发光系统时，可准确测定葡萄糖的含量，用此体系检测葡萄糖的线性范围为 1.0～200.0μmol/L，

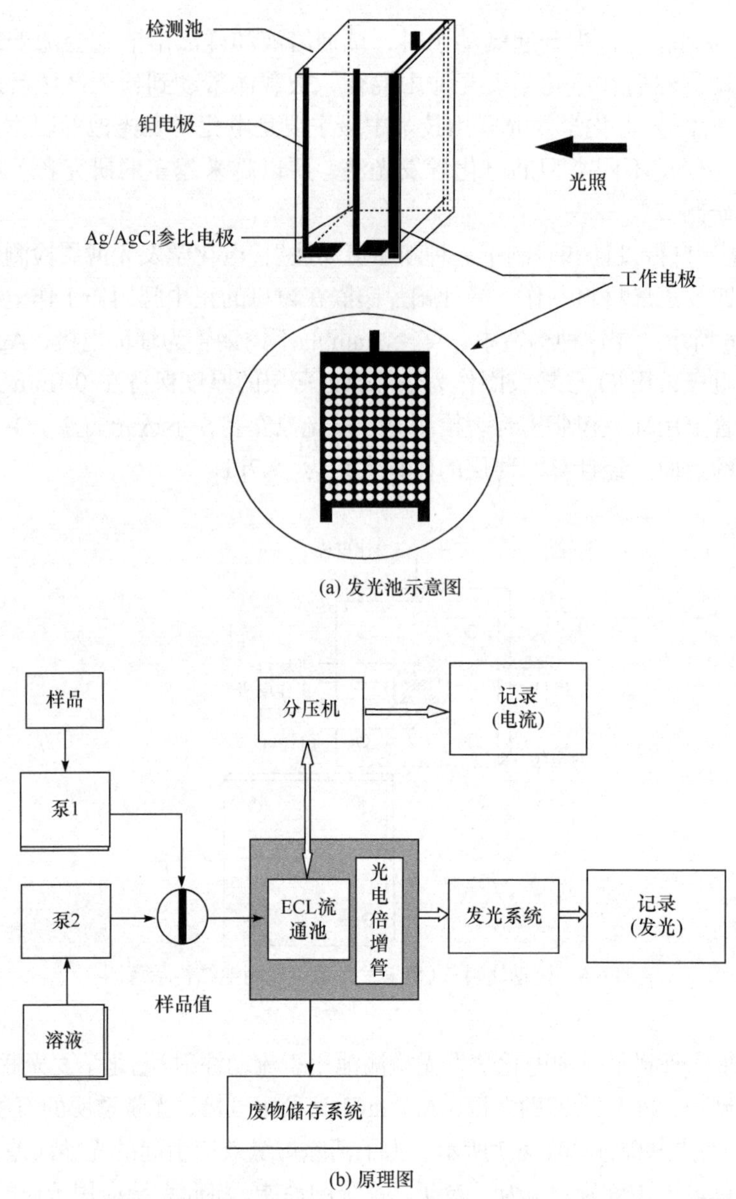

(a) 发光池示意图

(b) 原理图

图 6.7　流动注射-电化学发光检测池示意图和原理图

检出限为 1.0μmol/L，应用于饮料和人体血清中葡萄糖的分析检测。与其他电化学发光方法相比，此法的检出限低一个数量级。另外，由于此法的氧化酶被有效地固定在溶胶-凝胶中并包裹在反应柱里，所以此法还具有酶反应器寿命较长、节省酶试剂等优点。

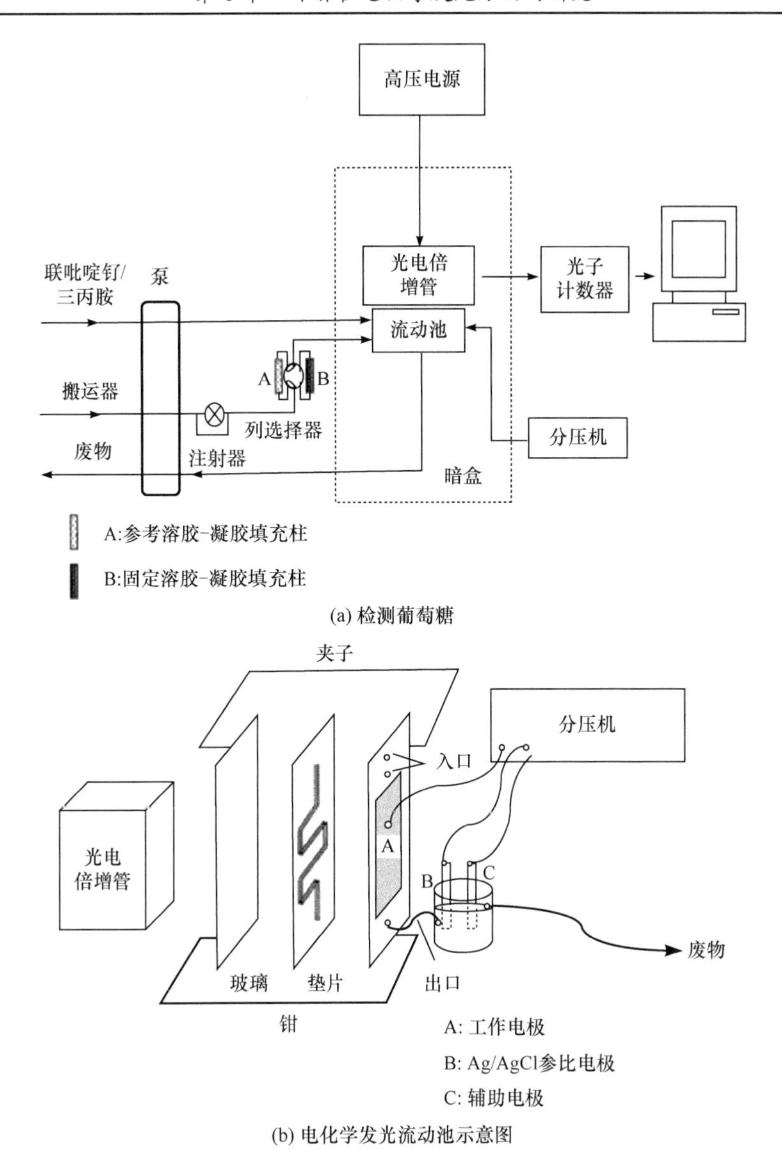

(a) 检测葡萄糖

(b) 电化学发光流动池示意图

图 6.8　流动注射-电化学发光法检测葡萄糖和电化学发光流动池示意图

6.3.2　毛细管电泳-电化学发光联用技术

20 世纪 80 年代以来，毛细管电泳法由于具有分离效率高、分析速度快、所需样品少、环保等优点，被广泛应用于各个领域[54,55]。与流动注射法相比，毛细管电泳法所需样品和溶剂量更少(nL)。由于在高压下毛细管内的电流影响电化学发光的强度，并且毛细管电泳的低流速使毛细管电泳法与电化学发光法的联用有一定难度，所以在毛细管电泳-电化学发光联用技术中，电化学发光检测池的制作非常关键。

Qiu 等[56]介绍了一种基于氧化铟锡(ITO)电极的$[Ru(bpy)_3]^{2+}$电化学发光(ECL)检测器，用于微芯片毛细管电泳(CE)。该微芯片 CE-ECL 系统由包含分离和注入通道的聚二甲基硅氧烷(PDMS)层和通过光刻法制造的带有 ITO 电极的电极板组成。PDMS 层可逆地结合到 ITO 电极板上，这大大简化了分离通道与工作电极对准，并提高了光子捕获效率。在本书作者的研究中，高分离电场对 ECL 检测器没有显著影响，并且在微芯片 CE-ECL 系统中不需要用于分离电场的解耦器。实验中使用的 ITO 电极在分析程序中显示出良好的耐久性和稳定性。选择脯氨酸来执行微芯片设备，检出限为 1.2μmol/L(信噪比为 3)，线性范围为 5～600μmol/L。

6.4　卟啉的电化学发光

在自然环境中，卟啉广泛存在，应用于各个领域的分析研究中。在生命科学中，卟啉经常用于 DNA 分析，通过功能基团与 DNA 发生特异性结合。在分析检测中，将卟啉修饰在电极表面，使得电极功能化，可用于多种物质的检测。此外，卟啉的光谱学及形成激发态物质和基态物质的过程伴随各种能量的变化，引起了人们的兴趣，因此卟啉在电化学发光中的发展受到了越来越多的关注。

6.4.1　$\alpha, \beta, \gamma, \delta$-四苯基卟啉的 ECL

Bard 课题组在 1972 年首次报道了四苯基卟啉能通过湮灭途径产生电化学发光现象[57]，随后他们研究了金属卟啉(四苯基 Pt 卟啉和四苯基 Pd 卟啉)在有机溶液中的电化学发光，结构式如图 6.9 所示。

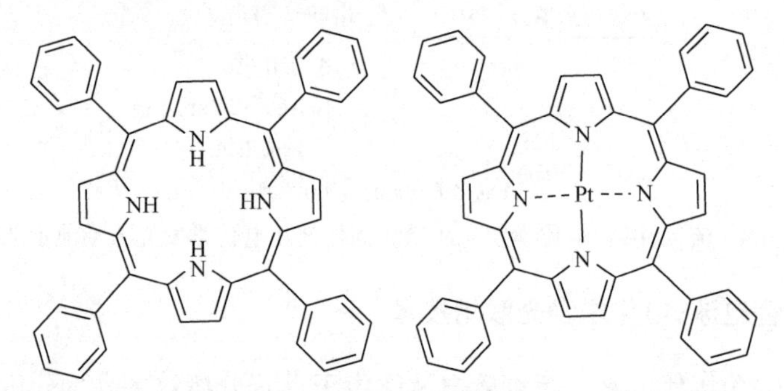

图 6.9　$\alpha, \beta, \gamma, \delta$-四苯基卟啉和$\alpha, \beta, \gamma, \delta$-四苯基 Pt 卟啉的结构式

铂电极上 TPP 的循环伏安图如图 6.10 所示，可以明显地观察到 TPP 在+1.05V 有一对氧化峰，–1.26V 有一对还原峰。

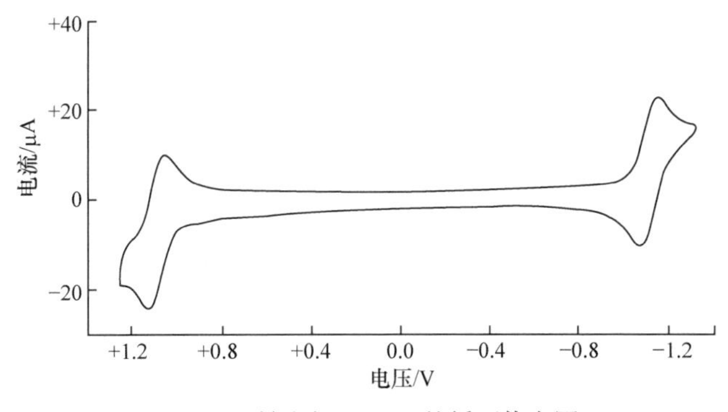

图 6.10　铂电极上 TPP 的循环伏安图

6.4.2　水溶液中空间位阻卟啉的 ECL

Chen 等[58]提出了空间位阻卟啉在水溶液中的电化学发光，通过电化学中一个电子的氧化，四(3-磺酸基)卟啉(H_2TSMP)在水溶液形成稳定的激发态阳离子。三丙胺和草酸根作为共反应剂，H_2TSM 氧化的阳离子在溶液中产生电化学发光的最大通量是在 640～700nm。电化学发光和荧光的散射光谱表明，电化学发光来自 H_2TSMP 的单线态激发。$ZnTSMP^+$和 $ZnTSMP^-$发生湮灭的电化学反应在乙腈和水 1∶1 的混合溶液中产生和光致发光一致的发射。Chen 等[58]通过空间位阻保护活性部位不受水及 OH^-的亲质子反应，进而在水溶液中成功地设计新颖的 ECL 活性化合物，同时提出了 ECL 的机理。此外，该课题组发现空间位阻保护的四(3-磺酸基)-金属卟啉(MTSMP)能够形成稳定的激发态阳离子，进而室温下在水溶液中进行电化学反应。正交甲基组在卟啉反应中提供很好的空间位阻，保护中间的碳原子不受亲核攻击。在纯水中，卟啉的阳离子能够稳定激发是电化学发光的前提。通过研究讨论，该课题组证明了水溶性卟啉在水溶液中的电化学发光，H_2TSMP 和 MTSMP 能够形成稳定的激发态，该激发态通过发光回到基态，结构式如图 6.11 所示。

1. H_2TSMP 的吸收光谱

经过试验验证，H_2TSMP 在缓冲溶液中随 pH 变化的吸收谱线如图 6.12 所示，自由基形式的卟啉分子中心氮原子可以被质子化[59,60]。

$$H_4P^{2+} \rightleftharpoons H_3P^+ + H^+ \qquad K_1 \tag{6.23}$$

$$H_3P^+ \rightleftharpoons H_2P^+ + H^+ \qquad K_2 \tag{6.24}$$

其中，P 为卟啉；当 pH 为 2.0～4.2 时，H_2TSMP 的光谱合理地出现在自由基 H_2TSMP 和二价形态中，吸收谱线也可以证实这一点[61,62]。

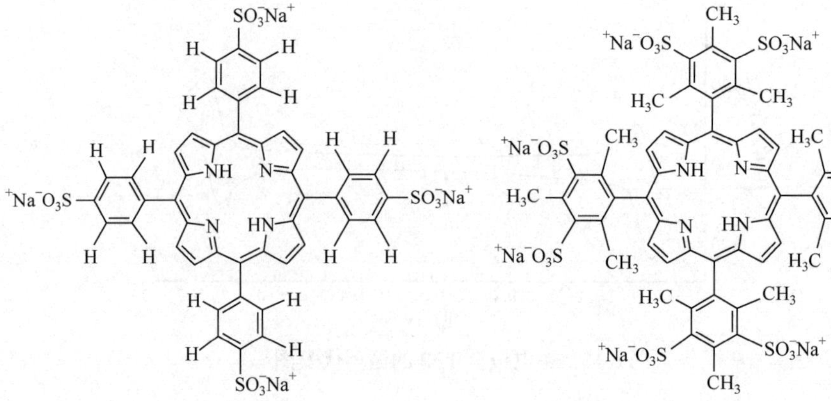

(a) H_2TSMP (b) MTSMP

图 6.11 H_2TSMP 和 MTSMP 的结构式

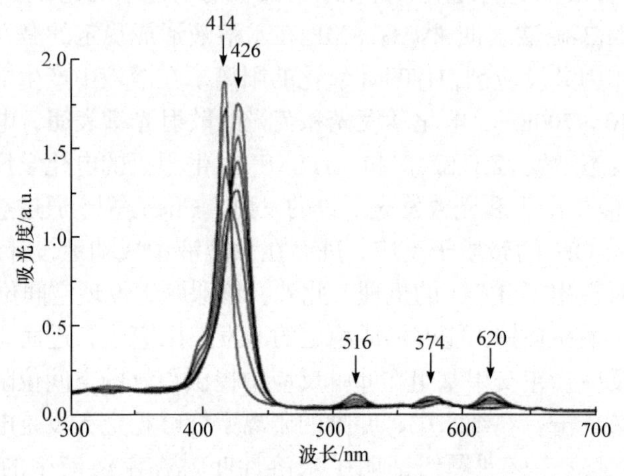

图 6.12 H_2TSMP 在不同 pH 的吸收谱线

曲线由上至下分别为 pH = 4.2，pH = 3.3，pH = 2.9，pH = 2.6，pH = 2.4，pH = 2.2，pH = 2.0

2. H_2TSMP 在不同缓冲溶液中的荧光光谱

从图 6.13 中可以看出，在酸性缓冲溶液 $HClO_4$ 中，H_2TSMP 的荧光波长发生了红移，并且可以看到卟啉典型的 S 带特征峰和 Q 带特征峰。

3. 水溶液中不同卟啉分子吸收及发射光谱的特性总结

H_2TSMP 分子的光化学性质和其他卟啉分子类似，不同卟啉在水溶液中的吸收和发射光谱数据如表 6.1 所示。

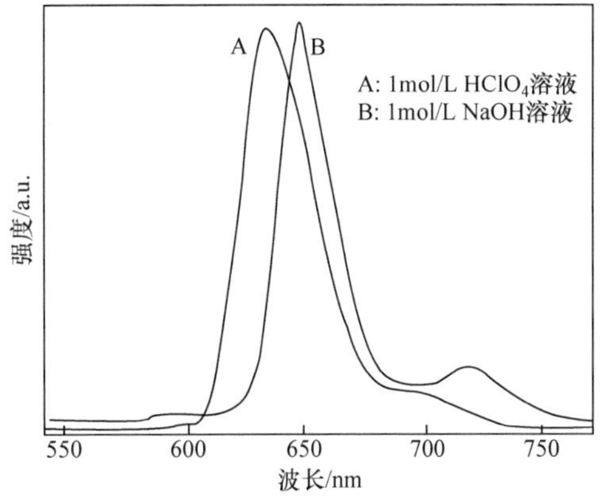

图 6.13　H_2TSMP 的荧光发射谱线

表 6.1　不同卟啉在水溶液中的吸收和发射光谱数据

卟啉	吸收波长λ/nm					荧光λ/nm		荧光量子产率
	S 带特征峰	Q 带特征峰 1	Q 带特征峰 2	Q 带特征峰 3	Q 带特征峰 4	Q(0,0)	Q(1,0)	
H_2TSMP	414	516	552	582	636	640	700	0.13
H_2TSPP	411	515	552	580	633[63]	644	703[64]	0.16[65]
H_4TSMP	426	—	574	620	—	630	680	0.58
H_4TSPP	434	—	595	644[66]	—	673	760[64]	0.42

4. 电化学反应过程

图 6.14 为 H_2TSMP 在不同 pH 缓冲溶液中的循环伏安图。当 pH = 6.5 时，在正电位+0.92V 处有一对氧化峰，表明在 CV 实验过程中形成了稳定的阳离子自由基。当 pH 降至 2.0 时，峰电位值为+1.21V，这一对氧化峰向更正电位方向变化，观察到不可逆波。当 pH = 2.0 时，H_2TSMP 形成 H_4TSMP^{2+}。卟啉环上的 N 质子化使卟啉平面发生扭曲，H_4TSMP^{2+}变得不稳定[67]。

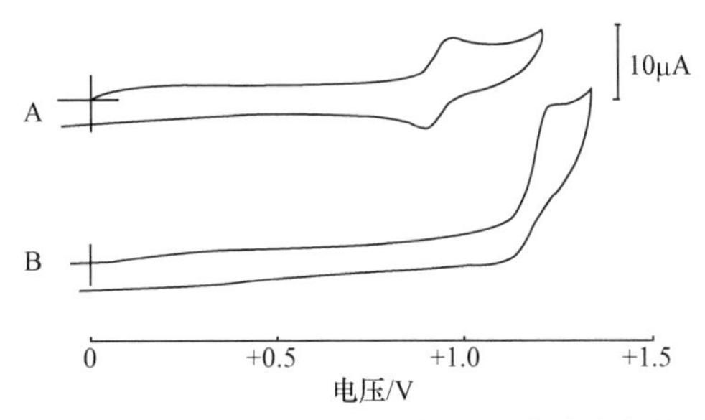

图 6.14　5×10^{-4}mol/L H_2TSMP 在不同 pH 缓冲溶液中的循环伏安图

A-pH = 6.5；B-pH = 2.0；扫描速度为 0.05V/s

在峰电位为+0.89V、pH 为 6.5 的缓冲溶液中，H_2TSPP 发生了不可逆的氧化过程。在酸性更强的溶液中(如 pH = 4.0)，质子化作用加强了聚集作用，进而延缓了电子在 H_4TSPP^{2+}与电极之间的转移，并且没有观察到明显的氧化还原反应。甲基的空间效应，使得 H_4TSMP^{2+}在相同的实验条件下不能聚集[64]。

5. H_2TSMP 的电化学发光

卟啉类化合物在水溶液中发生的电化学发光反应很少，在共反应剂存在下，通过阳极氧化或阴极还原使水溶液中发生 ECL 反应。当一个铂电极浸入到含有 1.0mmol/L H_2TSMP 和 50mmol/L TPrA 且 pH 为 6.0 的缓冲溶液中，电位是+1.00V，产生发射的最大通量是 640～700nm。图 6.15 为 H_2TSMP 在缓冲溶液中的 ECL 光谱和荧光光谱。由于两种光谱极为相似，可推测该 ECL 来自 H_2TSMP 的单重激发态。该发射光谱同样可在 H_2TSMP/草酸盐系统中观察到，$[Ru(bpy)]^{3+}$体系[66]的荧光光谱和ECL光谱强度分别为0.00024和0.00038。

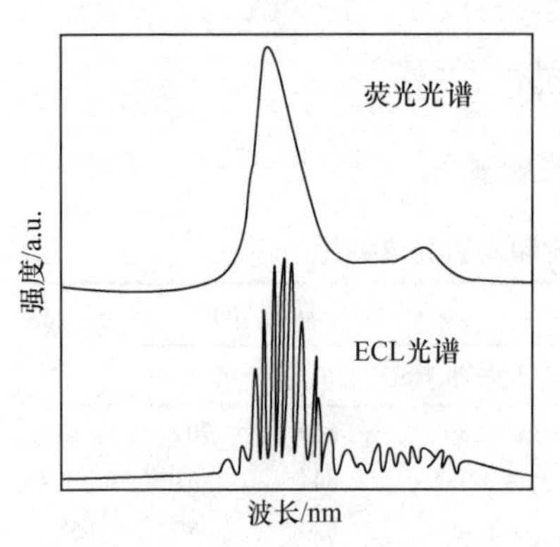

图 6.15　H_2TSMP 在缓冲溶液中的 ECL 光谱和荧光光谱

通过计算 H_2TSMP^+和 $PrNC^{\bullet}HEt$ 之间电子转移反应的焓值 E^0，经 0.1eV 左右的熵修正后，约为−1.88eV，略低于单重激发态所需的能量 E_s，因此被称为“能量转移”反应，进一步说明激发的单线态来自三线态的湮灭。根据文献[19,67]提出了如下的机理：

$$H_2TSMP^+ + e^- \longrightarrow H_2TSMP \qquad E^0 = +0.88\text{V vs SCE} \tag{6.25}$$

$$Pr_2NC^+HEt + e^- \longrightarrow Pr_2NC^*HEt \qquad E^0 = -1\text{V vs SCE} \tag{6.26}$$

$$\left(H_2TSMP\right)^*\left(\text{单线态}\right) \longrightarrow H_2TSMP + h\nu \qquad E_s = 1.94\text{eV} \tag{6.27}$$

$$H_2TSMP \longrightarrow H_2TSMP^{\bullet+} + e^- \tag{6.28}$$

$$Pr_3N \longrightarrow Pr_3N^{\bullet+} + e^- \tag{6.29}$$

$$Pr_3N^{\bullet} \longrightarrow Pr_2NC^{\bullet}HEt + H^+ \tag{6.30}$$

$$H_2TSMP^{\bullet+} + Pr_2NC^{\bullet}HEt \longrightarrow {}^3\left(H_2TSMP\right) + Pr_2NC^+HEt \tag{6.31}$$

$$2^3\left(H_2TSMP\right) \longrightarrow {}^1\left(H_2TSMP\right)^* + H_2TSMP \tag{6.32}$$

$${}^1\left(H_2TSMP\right)^* \longrightarrow H_2TSMP^{\bullet+} + h\nu \tag{6.33}$$

$$H_2TSMP \longrightarrow H_2TSMP^{\bullet+} + e^- \tag{6.34}$$

$$H_2TSMP^{\bullet +} + C_2O_4^{2-} \longrightarrow H_2TSMP + C_2O_4^{\bullet -} \tag{6.35}$$

$$C_2O_4^{2-} - e^- \longrightarrow C_2O_4^{\bullet -} \tag{6.36}$$

$$C_2O_4^{\bullet -} \longrightarrow CO_2 + CO_2^{\bullet -} \tag{6.37}$$

$$CO_2^{\bullet -} + H_2TSMP^{\bullet -} \longrightarrow {}^1(H_2TSMP)^* + CO_2 \tag{6.38}$$

6.4.3　八(乙基)铂(Ⅱ)苯基卟啉/三丙胺体系的电化学发光

1. 八(乙基)铂(Ⅱ)苯基卟啉的结构式

2005 年，Long 等[68]首次发现了八(乙基)铂(Ⅱ)苯基卟啉/三丙胺体系在乙腈/二氯甲烷(体积比为 50：50)中的电化学发光，并通过它的光致发光性能证实该体系的电化学发光是由三线态激发产生的。图 6.16 为八(乙基)铂(Ⅱ)苯基卟啉的结构式，与其他卟啉分子的不同之处是内部存在一个铂原子。

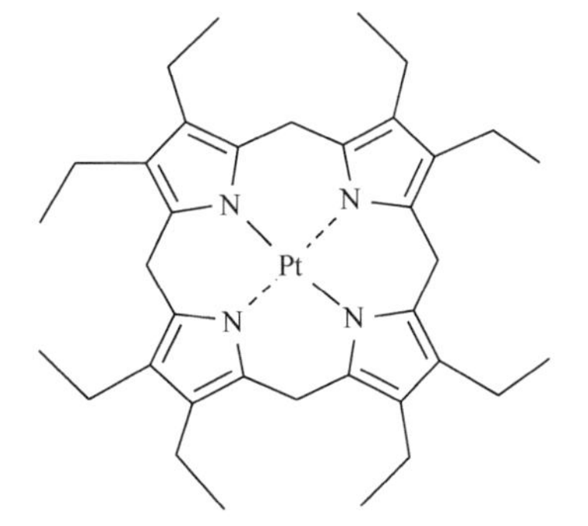

图 6.16　八(乙基)铂(Ⅱ)苯基卟啉的结构式

2. 八(乙基)铂(Ⅱ)苯基卟啉/三丙胺体系的电化学发光行为

图 6.17(a)为 0.1mmol/L 八(乙基)铂(Ⅱ)苯基卟啉(PtOEP)在 0.05mol/L 三丙胺作为共反应剂，乙腈：二氯甲烷＝50：50(体积比)(0.05mol/L $TBAPF_6$)体系中的 ECL 电位图，图 6.17(b)为 0.1mmol/L 八(乙基)铂(Ⅱ)苯基卟啉(PtOEP)在乙腈：二氯甲烷＝50：50(体积比)(激发波长为 377nm)的 ECL 光谱。

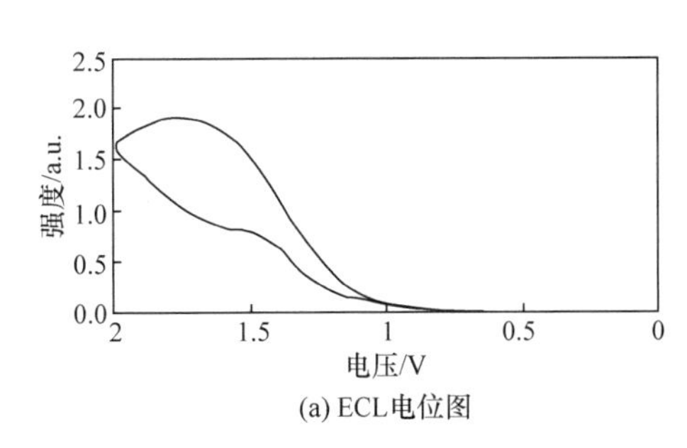

(a) ECL电位图

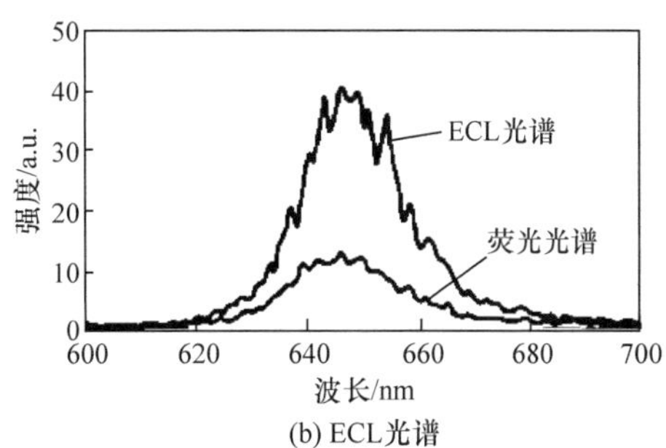

(b) ECL光谱

图 6.17　PtOEP 的发光性能

在+0.88V 下，0.05mol/L $TBAPF_6$ 作为支持电解质时，PtOEP 在 CH_2Cl_2 溶液中失电子发生氧化反应，形成 $Pt(OEP)^+$(Ag/AgCl 参比电极)。在前述这些条件下，溶剂氧化之前没有观察到其他氧化峰。通过紫外光谱表征，PtOEP 显示出典型的重金属卟啉配合物的吸收特征，在波长为 390nm、500nm 和 540nm 处具有最大吸收峰，这是 S 带特征峰和 Q 带特征峰的吸收。此外，不论是激发波长，还是发射峰的位置[69]，发射光谱基本上相同，窄发射峰集中在 650nm(半峰宽度约为 30nm)是三重激发态存在的特征[69-71]。与四苯基锌卟啉(ZnTPP)已经报道的量子效率(0.45)相比，PtOEP 在 CH_2Cl_2 和 CH_2Cl_2：CH_3CN = 50：50(体积比)中，量子效率分别为 2.3×10^{-5} 和 1.5×10^{-5}，都是以$[Ru(bpy)_3]^{2+}$作为标准。

6.4.4 联吡啶钌-卟啉的光致发光和电化学发光性质

2007 年，Vinyard 等[72]研究了$[H_2(MPy\text{-}3,4\text{-}DMPP)Ru(bpy)_2Cl](PF_6)$的光致发光和电化学发光性质($H_2MPy$-3,4-DMPP=*meso*-三-3,4-二甲氧基苯-单-(4-吡啶基)卟啉，结构式见图 6.18)，溶液选用乙腈，该化合物呈现出了卟啉和联吡啶钌的性质，且具有复杂的吸收光谱。当卟啉发生反应时，S 带特征峰荧光发射光谱最大强度在 655nm 处，大约在 600nm 处激发态波长向 Ru(bpy)转移过渡。在 655nm 散射时，光致发光的效率是 0.039，联吡啶钌的发光效率是 0.042，自由基形式卟啉的发光效率是 0.670。$[H_2(MPy\text{-}3,4\text{-}DMPP)Ru(bpy)_2Cl](PF_6)$具有复杂的电化学发光行为，Ru(Ⅱ)-Ru(Ⅲ)发生可逆氧化且两个准可逆的波更多对应于卟啉，在共反应剂 TPrA 存在的条件下发生氧化，产生 ECL。当把联吡啶钌的电化学发光强度看作标准(强度为 1)时，卟啉的 ECL 效率为 0.14，H_2MPy-3,4-DMPP 的 ECL 效率为 0.099。该物质电化学发光强度和其在 0.001～1mol/L 的浓度呈现线性相关性，用 TPrA 作为共反应剂时，ECL 强度峰电位值对应钌原子和一部分卟啉的氧化态，表明该物质可能的氧化态形成的方式有多种；电化学发光光谱具有与 Soret 发射光谱能量和形状相似的波段，证明在每个实验中生成相同的激发态物质。

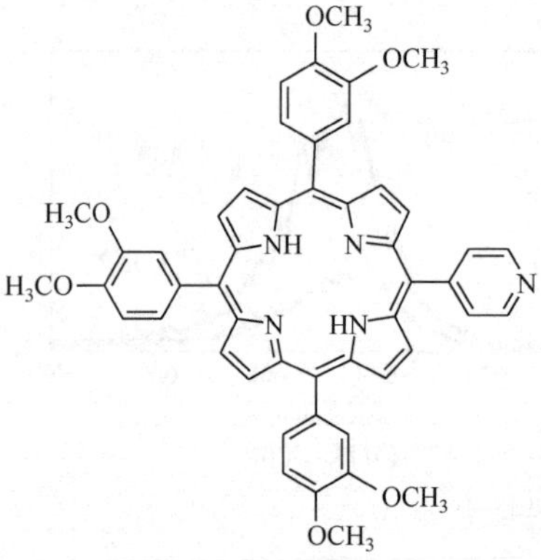

(a) H_2MPy-3,4-DMPP 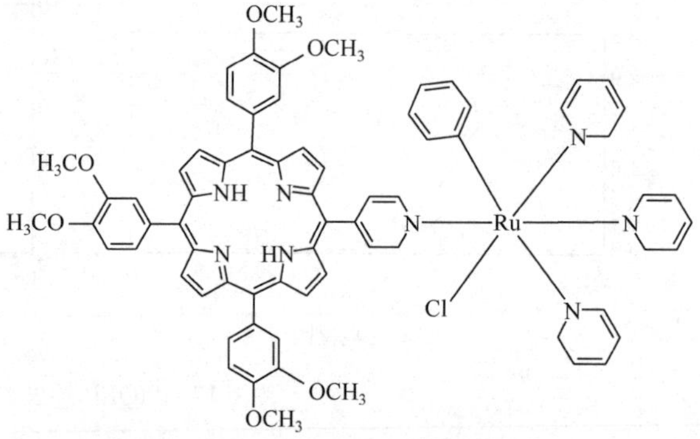　　(b) $[H_2(MPy\text{-}3,4\text{-}DMPP)Ru(bpy)_2Cl](PF_6)$

图 6.18　H_2MPy-3,4-DMPP 和$[H_2(MPy\text{-}3,4\text{-}DMPP)Ru(bpy)_2Cl](PF_6)$的结构式

1. 紫外–可见吸收光谱和光致发光

图 6.19 是$[H_2(MPy\text{-}3,4\text{-}DMPP)Ru(bpy)_2Cl]^+$随时间变化的紫外–可见吸收光谱。乙腈溶液中，在波长为 420nm 处有一个最大的吸收峰，在波长为 423nm、464nm 和 721nm 处，$H_2MPy\text{-}3,4\text{-}DMPP$ 呈现出复杂的吸收峰。当加入 $Ru(bpy)_2Cl$ 后，卟啉的 S 带特征峰发生了轻微的红移[73]，表明卟啉和联吡啶钌的载色团间发生了化学反应[74]，见图 6.19。波长 464nm 处的肩峰强度降低，发生了转移反应。紫外–可见光和光致发光的光谱学研究表明，该化合物发生了金属到配位键的电荷转移，低的能量吸收峰对应卟啉的 Q 带特征峰[73]。同样的性质也可在乙腈和一氯甲烷的溶液中得到，表明溶剂效应不影响峰强度降低。在测定紫外–可见吸收光谱之前，将溶液制备好并储存在黑暗的温室条件下，出现同样的结果。光信号强度降低的原因不是太明确，可能是在延迟照射时出现分解现象，失去了$[Ru(bpy)_2Cl]^+$中的一部分元素，或者该氯化物的组成结构失去了一个溶剂分子之后发生转移过渡反应。总之，所有光谱学、电化学及 ECL 数据的测试都要进行 15min 之内的溶液制备，随着时间变化，分子的紫外–可见吸收光谱没有发生变化。

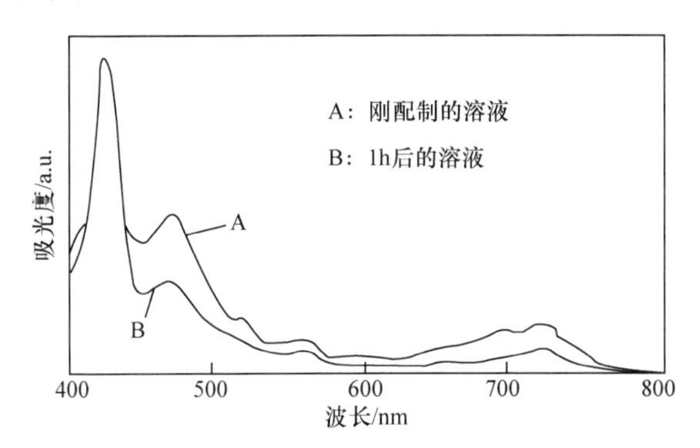

图 6.19　$[H_2(MPy\text{-}3,4\text{-}DMPP)Ru(bpy)_2Cl]^+$随时间变化的紫外–可见吸收光谱

$[H_2(MPy\text{-}3,4\text{-}DMPP)Ru(bpy)_2Cl]^+$在乙腈溶剂中于 652nm 和 655nm 处激发，无特征性的吸收峰。图 6.20 为$[H_2(MPy\text{-}3,4\text{-}DMPP)Ru(bpy)_2Cl]^+$的光致发光光谱和 ECL 光谱。

有文献报道，钌卟啉在 0.01mmol/L 乙腈溶液中，使用三丙胺作共反应剂且浓度为 0.1nmol/L 时，发生电荷转移的肩峰为 464nm[75,76]。通过分析吸收峰数据，此峰仅仅是溶液制备后 30min 内的光谱。

2. 电化学性质

$H_2MPy\text{-}3,4\text{-}DMPP$ 和$[H_2(MPy\text{-}3,4\text{-}DMP)PRu(bpy)_2Cl](PF_6)$的电化学、光谱学和电化学发光数据如表 6.2 所示，由表可知，可逆的钌二价到三价的氧化态电位

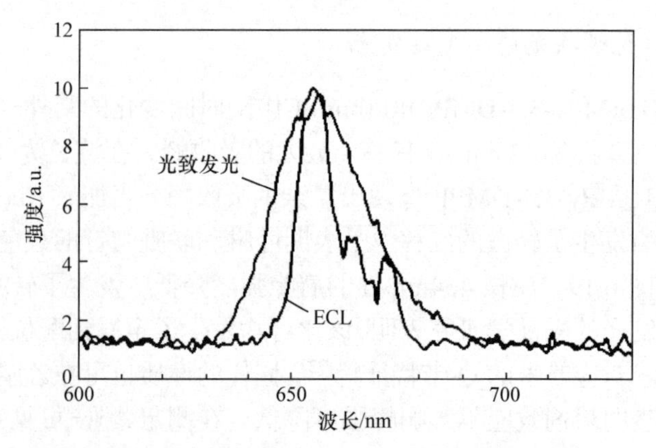

图 6.20 $[H_2(MPy\text{-}3,4\text{-}DMPP)Ru(bpy)_2Cl]^+$的光致发光光谱和 ECL 光谱

是+0.62V，卟啉氧化物准可逆电位是+0.85V 和+1.01V，之后两个氧化峰也可以在电位为+0.71V 和+1.03V 处观察到。卟啉的第一个氧化电位可以认为是卟啉和联吡啶钌中一部分元素间存在化学反应而产生的。

表 6.2 电化学、光谱学的电化学发光数据

物质	E_a/V	λ_{abs}/nm	λ_{em}/nm	Φ_{em}	λ_{ecl}/nm	Φ_{ecl}
$H_2MPy\text{-}3,4\text{-}DMPP$	+0.71	420	652	0.69		0.099
	+1.03	—	—	—	—	—
$[H_2(MPy\text{-}3,4\text{-}DMP)PRu(bpy)_2Cl](PF_6)$	+0.62	423	655	0.04	656	0.14
	+0.85	464	—	—	—	—
	+1.01	721	—	—	—	—

注：E_a 为氧化电位；λ_{abs} 为最大吸收峰波长；λ_{em} 为最大荧光发射峰波长；Φ_{em} 为光致发光效率；λ_{ecl} 为最大 ECL 发射峰波长；Φ_{ecl} 为 ECL 发光效率。

3. 电化学发光反应及性质

用铂电极作为工作电极，电解液为四正丁基六氟磷酸铵，三丙胺作为共反应剂[61,77]，向正电位进行扫描，$H_2MPy\text{-}3,4\text{-}DMPP$ 和$[H_2(MPy\text{-}3,4\text{-}DMPP)Ru(bpy)_2Cl]^+$有电化学发光信号产生。由图 6.21 可知，在乙腈溶液中，ECL 强度随着共反应剂三丙胺浓度的增大而增大。在图 6.22 中，共反应剂的浓度为 20mmol/L，ECL 强度和复杂化合物的峰对应，又与三丙胺的氧化态和表 6.2 中钌卟啉、卟啉的性质对应，在三丙胺反应之前多电子转移反应已经发生，多电子的激发途径和发射有关。在 0～0.75V 循环扫描时，没有电化学发光产生，表明钌原子的氧化物不能产生 ECL。

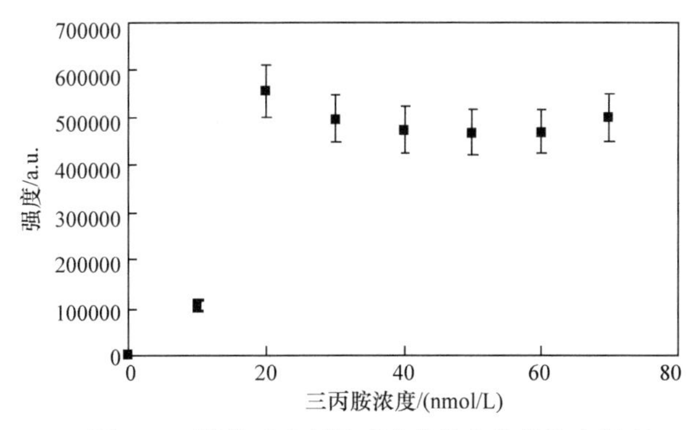

图 6.21　随共反应剂浓度变化的电化学发光强度

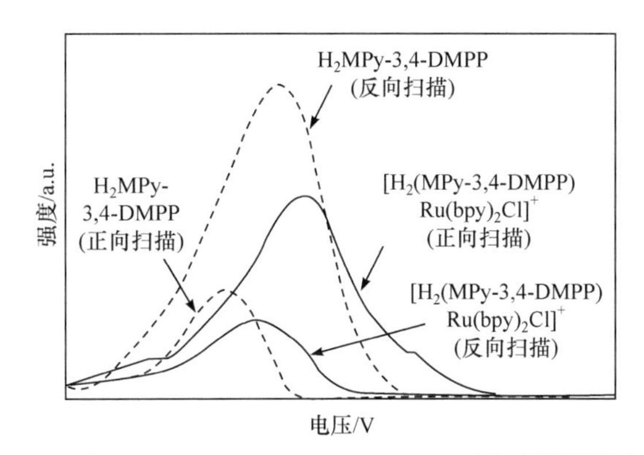

图 6.22　H_2MPy-3,4-DMPP 和[H_2(MPy-3,4-DMPP)Ru(bpy)$_2$Cl]$^+$在乙腈溶液中的电化学发光强度

通过上述实验数据分析,可以得到卟啉-钌原子的吡啶化合物及其对应的内消旋卟啉在共反应剂存在且没有水溶液时，产生电化学发光现象。虽然电化学发光效率没有光致发光效率高，但是两种发光的激发态是一致的。

6.4.5　钌掺杂的卟啉类化合物的电化学发光

2009 年，Bolin 等[78]报道了 5,10,15,20-四苯基-21H,23H 含有羰基的钌卟啉[Ru(TPP)(CO)]和 2,3,7,8,12,13,17,18-八乙基-21H,23H 含有羰基的钌卟啉[Ru(OEP)(CO)]在乙腈溶液中的电化学发光。室温下这两种钌卟啉在乙腈溶液中的可见光谱区域最大吸收和在流动液中的发射在 650nm。通过循环伏安法扫描，该化合物呈现两个可逆的氧化还原峰。当三丙胺作为氧化还原的共反应剂时，产生电化学发光现象[79]。Ru(TPP)(CO)的电化学发光效率是 0.65，Ru(OEP)(CO)的电化学发光效率是 0.58[12]。通过透射滤光片定性研究，该化合物在电化学发光和光致发光的区域一致，即可推测在电化学发光和光致发光中出现相同的激发态。Ru(TPP)(CO)和 Ru(OEP)(CO)的结构式如图 6.23 所示。

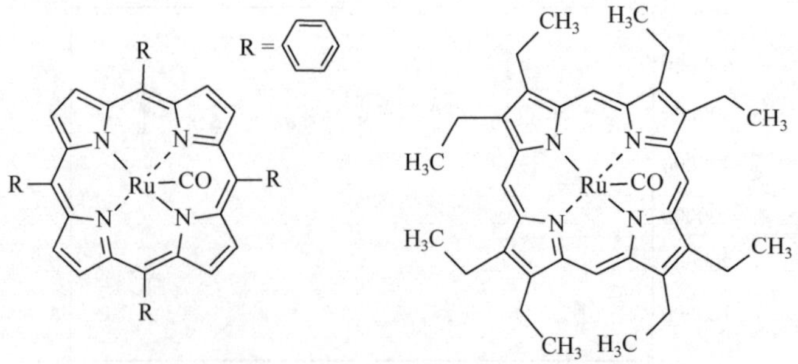

图 6.23 Ru(TPP)(CO)和 Ru(OEP)(CO)的结构式

1. 光谱性质

Ru(TPP)(CO)和 Ru(OEP)(CO)体现了重金属掺杂的卟啉在 CH_3CN 中测得的特征吸收峰，相对于之前报道的在 CH_2Cl_2 中测得的特征吸收峰[80-84]更典型。Ru(TPP)(CO)和 Ru(OEP)(CO)的 S 带特征峰分别在 390nm 和 410nm 出现，Q 带特征峰分别在 515nm 和 565nm 出现。这两个化合物在室温下激发产生光致发光现象，在 650nm 产生最大吸收峰，最大吸收峰和激发波长无关。Ru(TPP)(CO)和 Ru(OEP)(CO)在 392nm 和 410nm 波长处各自被激发产生吸收峰。

二者的发射峰集中在 650nm(30nm 全峰宽度是高度的一半)处，是典型的三重激发态[69,70,85]，该化合物的光致发光效率为 0.042。

Ru(TPP)(CO)和 Ru(OEP)(CO)的电化学、光谱学的电化学发光数据如表 6.3 所示。Ru(TPP)(CO)的电化学可逆氧化峰电位分别在+0.75V 和+0.11V，Ag/AgCl 在 CH_3CN 溶液中作为参比电极。当阳极和阴极峰电流的比值为 1 时，该电极的可逆性被确定，与之前的报道呈现相同的峰值变化趋势[82]。当 Ag/AgCl 作为参比电极时，氧化峰在+0.50V 和+0.90V 对应的峰电流比值为 1(图 6.24)。Ru(TPP)(CO)和 Ru(OEP)(CO)(py)(py = 吡啶)化合物的第一个氧化步骤已经被证实，是卟啉环上失去一个电子导致的[69,70,82-86]。

表 6.3 Ru(TPP)(CO)和 Ru(OEP)(CO)的电化学、光谱学的电化学发光数据

物质	E_a/V	λ_{abs}/nm	λ_{em}/nm	$\Phi_{em}/\times10^{-4}$	Φ_{ecl}
Ru(TPP)(CO)	+0.75	410	503,550,582(sh)	1.5	0.65
	+0.11	531,565(sh)	649	—	—
	—	—	651,712(sh)	4.0	
Ru(OEP)(CO)	+0.50	392	555,602,655,762	—	0.58
	+0.90	516	656	—	—
	—	548	654	—	—

注：sh 表示肩峰；溶剂均为 CH_3CN，参比电极为 Ag/AgCl，缓冲液为 0.1mol/L Bu_4NPF_6。

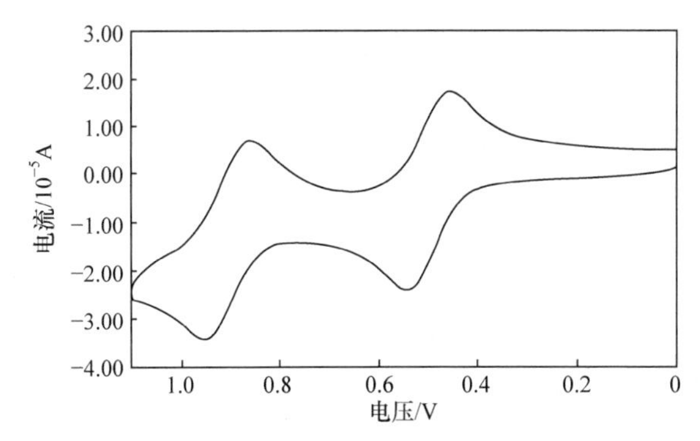

图 6.24 0.1mmol/L Ru(OEP)(CO)在 CH_3CN 溶液中的循环伏安图

2. 电化学发光的性质

选用铂电极，Ru(TPP)(CO)或 Ru(OEP)(CO)作为发光体，四丁基六氟磷酸胺(Bu_4NPF_6)为电解液，TPrA 为“氧化-还原”的共反应剂时，从正极电位向负极扫描，有电化学发光信号生成。在图 6.25 中可以看到，电化学发光强度在氧化还原电对下达到峰值，表明在卟啉和 TPrA 反应之前，三线态的电子转移已经生成，化合物的激发态和发射有关。在 0～100mV 循环扫描时，Ru(TPP)(CO)的电位比第一个氧化还原电对的电位低。Ru(OEP)(CO)在 0～+0.6V 扫描，发现没有电化学发光产生，表明单独卟啉的氧化态不能产生电化学发光。化合物$[H_2(MPy\text{-}3,4\text{-}DMPP)Ru(bpy)_2Cl]^+$显示出同样的结果[72]。

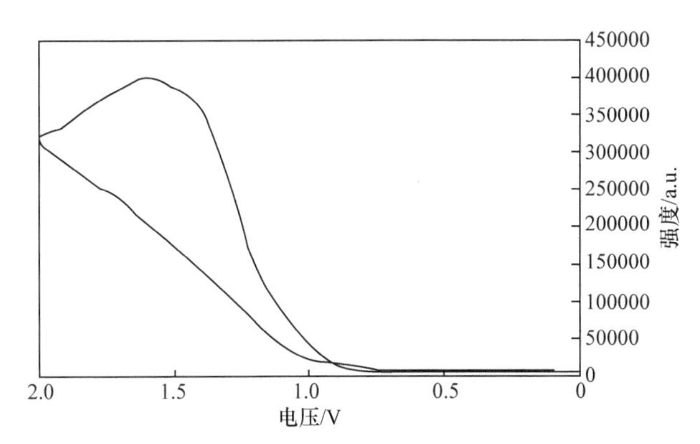

图 6.25 10μmol/L Ru(TPP)(CO)和 0.05mol/L TPrA 在 CH_3CN 溶液中的电化学发光-电位图 (0.05mol/L Bu_4NPF_6 作为电解液)

实验中不能直接采集到 ECL 光谱，大概是由于其电化学发光强度很低。因此，使用吸收滤光器来获取这两个化合物在乙腈溶液中电化学发光的发射波长。Ru(TPP)(CO)和 Ru(OEP)(CO)呈现红光发射，表明电化学发光和光致发光生成相同的激发态。假设在两个实验中生成相同的激发态，根据光致发光的发射波长，该能量大约在 650nm 生成，Soret 带发射近似电位为 1.89eV。电位低于 2.32eV 的情况下共反应剂(三丙胺)有充足的能量产生激发态[87]，表明在钌掺杂的卟啉中直接形成其最低能量的激发态是有利的。

Ru(TPP)CO)和 Ru(OEP)(CO)的电化学发光效率分别为 0.65 和 0.58(测定 20 次后，标准偏差为 ± 30%)，发光效率都较低(表 6.3)。图 6.25 反映了该化合物的电化学性质，两个化合物氧化还原电对的氧化肯定发生在电化学发光之前，进一步反映第二个氧化态保持稳定的时间不长[82]，并且诠释了获得更精确效率的难度较大。

该研究说明钌掺杂的卟啉在无水溶液且使用共反应剂时有电化学发光产生，尽管在同样条件下电化学发光效率比没有掺杂钌的卟啉低，但电化学发光形成的激发态和光致发光形成的激发态近乎一致。

6.4.6　四(4-羧基苯基)卟啉的电化学发光研究

卢小泉实验室近年来对卟啉进行了大量研究，水溶性卟啉在生命科学、分析化学、材料化学及电化学等领域得到了广泛应用。卟啉的合成和研究一般是在有机介质中进行的，可人工合成的水溶性卟啉主要分为三类：阴离子型的羧基卟啉和磺酸基卟啉，带正电的氨基卟啉和 *N*-甲基吡啶基卟啉，同时拥有阴阳离子的卟啉。羧基卟啉在分子识别、分析化学和探索光合作用机理等方面有着重要应用，这已引起学者的关注[88-90]。羧基的亲水性对设计合成水溶性的卟啉类前驱体药物，或与一些具备协同药理作用的小分子连接十分重要[2,91]。由于羧基卟啉含有活性基团羧基，可以和氨基、羟基等不同基团发生反应，研究羧基卟啉的光电化学性质可以扩大其应用范围[69,72,87,92]，四(4-羧基苯基)卟啉(TCPP)的分子结构见图 6.26。

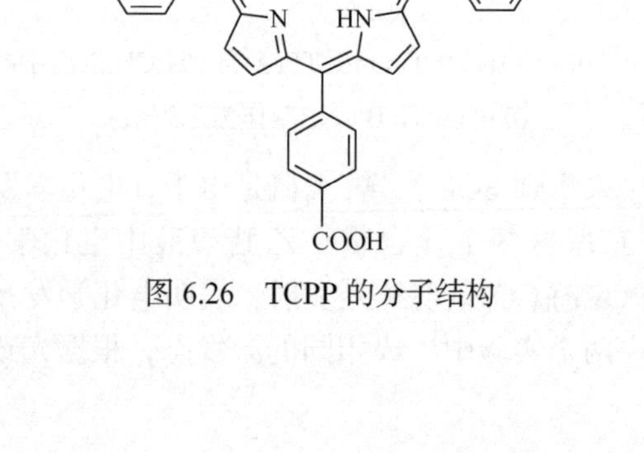

COOH
NH　N
HOOC　COOH
N　HN
COOH

图 6.26　TCPP 的分子结构

1. 四(4-羧基苯基)卟啉的性质

四(4-羧基苯基)卟啉(TCPP)是一种完全对称卟啉。研究发现，TCPP 能够产生较强的阴极电化学发光信号，并且其发光强度与 TCPP 浓度呈现良好的线性关系，可用于 TCPP 含量的检测。传统检测卟啉类化合物的方法主要有高效液相色谱法(high performance liquid chromatography，HPLC)[93]、液相色谱-质谱联用(LC-MS)[94-96]、分光光度法[89,90]、荧光法[97]、毛细管电泳-荧光联用(EC-FL)[98]和电化学方法[99]等。由于这些方法具有设备复杂、试剂昂贵、操作费时、不连续、对放射性标记的底物有要求等缺点，发展一种灵敏、经济、快速、简单的方法来检测卟啉是很有必要的。将 ECL 用于卟啉的含量测定正好可以克服以上缺点。

2. 最优条件下 TCPP/$K_2S_2O_8$ 体系电化学发光行为稳定性的测定

2015 年，卢小泉课题组在最优实验条件下，即 pH 为 7.4、共反应剂 $K_2S_2O_8$ 的浓度为 1.0×10^{-2}mol/L、TCPP 浓度为 4.0×10^{-5}mol/L，对体系进行了连续的循环伏安扫描，图 6.27 是连续扫描 30 圈的电化学发光图[100]。图中 30 圈 ECL 强度的相对标准偏差是 1.5%，说明该体系具有较好的稳定性，电化学发光信号不会随着扫描的不断进行呈现不稳定的状态。

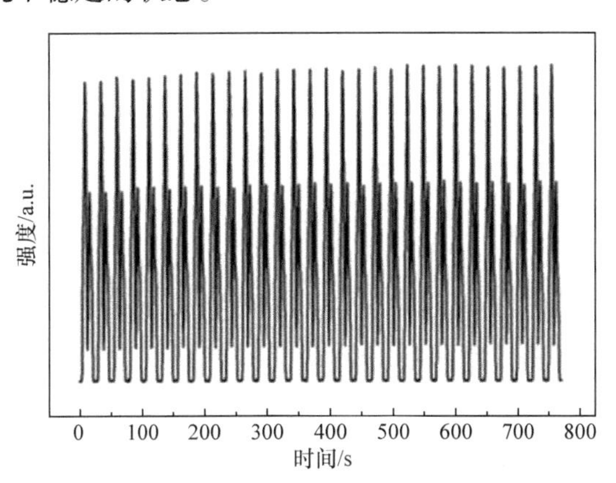

图 6.27　在最优实验条件下连续扫描 30 圈的电化学发光图

3. 发光效率的测定

评价一个新的 ECL 体系，测定其发光效率是十分重要的。以 $[Ru(bpy)_3]^{2+}$/$S_2O_8^{2-}$ 体系为标准 ($\Phi_{ecl}=1$)，测得本实验体系的发光效率 $\Phi_{ecl}=0.22$。

4. 发光机理的探讨

经过实验观察及总结，可以发现该体系的 ECL 出现了两个峰，一个在−0.8V(峰 1)，另一个在−1.1V(峰 2)。在−0.8V 时，$S_2O_8^{2-}$ 还没有从电极上得到电子被还原成

$SO_4^{\cdot-}$，体系却产生了 ECL，说明 $TCPP^-$和$S_2O_8^{2-}$发生了反应，因此，峰 1 出现的机理如下[2,12,24,25]：

$$TCPP + e^- \longrightarrow TCPP^- \tag{6.39}$$

$$S_2O_8^{2-} + TCPP^- \longrightarrow TCPP + SO_4^{\cdot-} + SO_4^{2-} \tag{6.40}$$

$$TCPP^- + SO_4^{\cdot-} \longrightarrow SO_4^{2-} + TCPP^* \tag{6.41}$$

$$TCPP^* \longrightarrow TCPP + h\nu \tag{6.42}$$

随着扫描的进行，$S_2O_8^{2-}$开始被电极上的电子直接还原成$SO_4^{\cdot-}$，$SO_4^{\cdot-}$的增多产生更强的峰 2，机理如下[1,26,101]：

$$TCPP + e^- \longrightarrow TCPP^- \tag{6.43}$$

$$S_2O_8^{2-} + e^- \longrightarrow SO_4^{\cdot-} + SO_4^{2-} \tag{6.44}$$

$$TCPP^- + SO_4^{\cdot-} \longrightarrow SO_4^{2-} + TCPP^* \tag{6.45}$$

$$TCPP^* \longrightarrow TCPP + h\nu \tag{6.46}$$

产生峰 1 和峰 2 的原因在于$SO_4^{\cdot-}$的来源不同，如图 6.28 和图 6.29 所示，由于$S_2O_8^{2-}$直接从电极上得到电子，式(6.44)的反应速率高于式(6.40)的反应速率，使得峰 2 的强度是峰 1 的 2 倍。

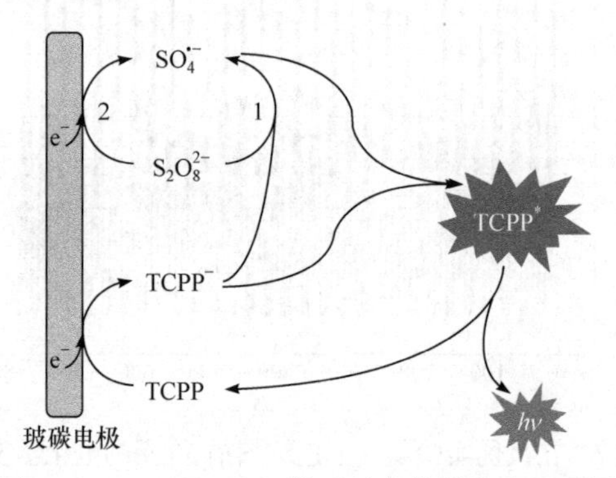

图 6.28　TCPP/$K_2S_2O_8$体系的电化学发光机理图

为了进一步从理论上证实以上过程是可能发生的，通过密度泛函理论(DFT)得到了能级趋势，TCPP/$K_2S_2O_8$的 ECL 过程见图 6.29(a)。在化学反应中，HOMO 和 LUMO 是参与反应的主要轨道。HOMO 的能级越高，越容易失去电子；LUMO 的能级越低，越容易得到电子[12]。通过计算，TCPP 的 LUMO 能级为−2.74eV，HOMO 能级为−5.38eV。$K_2S_2O_8$在作为共反应剂时能够发生两步电子的还原反应，第一步和第二步的电位分别为−5.09eV(0.35V vs SCE)和−7.89eV(3.15V vs SCE)[12,102-104]，

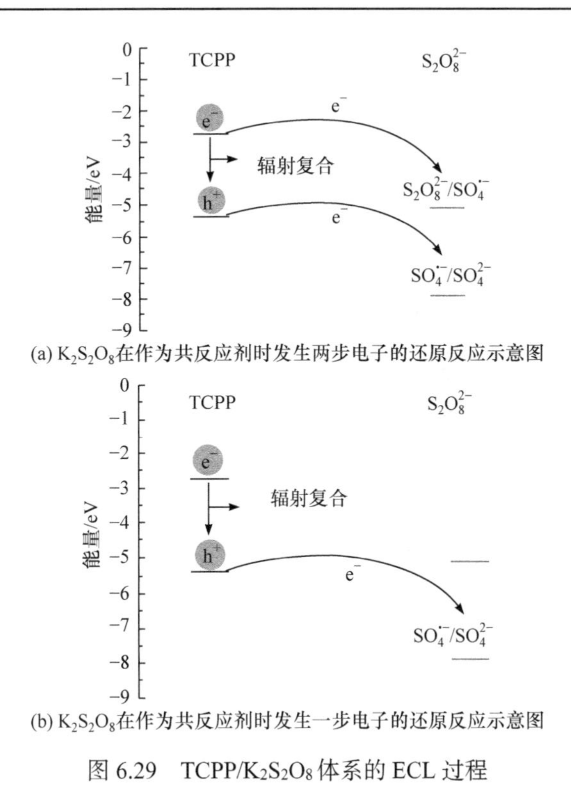

(a) $K_2S_2O_8$在作为共反应剂时发生两步电子的还原反应示意图

(b) $K_2S_2O_8$在作为共反应剂时发生一步电子的还原反应示意图

图 6.29　TCPP/$K_2S_2O_8$ 体系的 ECL 过程

见图 6.29(b)，$S_2O_8^{2-}$ 可以从 TCPP 的 LUMO 轨道得到电子形成 $SO_4^{\cdot-}$，也可以从电极上得到电子。随后，由于反应 $SO_4^{\cdot-}+e^- \longrightarrow SO_4^{2-}$ 的发生，TCPP 的 HOMO 轨道会形成一个空穴。TCPP 的 LUMO 轨道上的电子向 HUMO 轨道跃迁，从而产生发光现象。

6.4.7　四(4-羧基苯基)卟啉纳米球-氧化石墨烯复合材料的电化学发光研究

Li 等[105]利用四(4-羧基苯基)卟啉制备了一种新型的四(4-羧基苯基)卟啉纳米球-氧化石墨烯(TCPP NS-GO)复合材料，并且通过 O_2 和 $K_2S_2O_8$ 之间的协同效应，大大提高了 TCPP NS-GO/$K_2S_2O_8$ 体系的阴极电化学发光强度。研究发现，TCPP NS-GO/$K_2S_2O_8$ 体系的电化学发光强度分别为 TCPP NS/$K_2S_2O_8$ 体系和 TCPP NS-GO 材料在磷酸缓冲溶液(PBS)中电化学发光强度的 10 倍和 12 倍。在实验过程中，TCPP NS-GO 复合材料能够生成羟基自由基($OH^{\cdot}$)，$OH^{\cdot}$ 可以显著促进过硫酸根离子($S_2O_8^{2-}$)被还原成硫酸根阴离子自由基($SO_4^{\cdot-}$)，也可以抑制电极表面附近 $SO_4^{\cdot-}$ 与 H_2O 反应来减少 $SO_4^{\cdot-}$ 的消耗量。TCPP NS-GO 复合材料不仅有很强的阴极电化学发光信号，而且为 ECL 传感提供了潜在的配位点(—OH，—COOH)。

对该传感器的发光条件进行了优化，进一步用 TCPP NS-GO/$K_2S_2O_8$ 体系在人体血清样品中检测 Fe^{3+}。TCPP NS-GO/$K_2S_2O_8$ 的电化学发光体系检测 Fe^{3+}示意图见图 6.30。

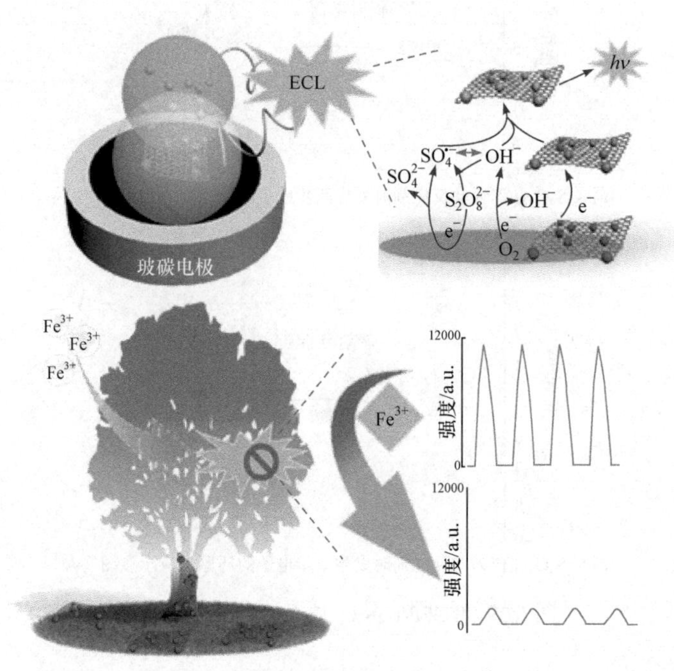

图 6.30　TCPP NS-GO/$K_2S_2O_8$ 的电化学发光体系检测 Fe^{3+}示意图

6.4.8　基于四苯基卟啉构建仿生界面电子诱导电化学发光体系及其研究

Pu 等通过结合自由基捕获实验和理论计算，研究了 ECL 的发射机理，以及外围取代基和中心金属对各种卟啉 ECL 行为的影响[106]。Li 等[105]、Zhang 等[107]、Pu 等[108]和 Vecchione 等[109]研究了在两种不混溶的溶液中界面电子诱导 H_2TPP 的 ECL，有关卟啉水溶液 ECL 的报道很少。由于分子间 π-π 堆积，卟啉聚集体(J 型或 H 型)促进了分子堆积过程，容易发生聚集引起的光猝灭，因此极大地影响卟啉的实际光学性能，在水相中的 ECL 应用非常局限。

由于 ECL 与生物发光(bioluminescence，BL)具有相似的发光过程，可以借助于 ECL 技术实现对 BL 的仿生模拟。如图 6.31 所示，利用两种互不相溶溶剂之间形成的界面来模拟生物膜[110,111]，工作电极与溶解于有机相中的疏水性四苯基卟啉(H_2TPP)分别作为萤火虫发光细胞内的萤光素酶与萤光素。整个体系形成完整电流回路，确保了强且稳定的 ECL 信号辐射。也可以通过改变有机薄层的厚度来控制界面上不同的电荷转移方式，进而有规律地调控仿生界面电子诱导电化学发光

(IEIECL)行为。总的来说，传统 ECL 体系中遇到的瓶颈问题可以利用该体系很好地解决，这为 ECL 体系的革新与发展提供了很好的思路与基础。

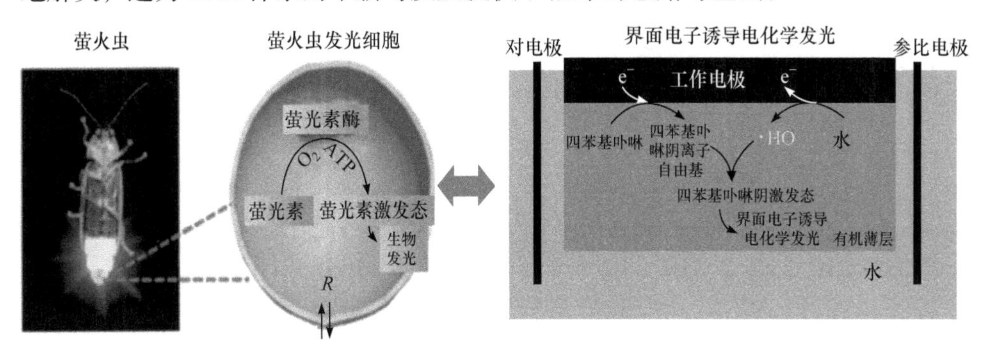

图 6.31　BL 与 IEIECL 的发光机理图[108]

6.4.9　氧参与卟啉电化学发光及外围取代基/中心金属对其调控的研究

2019 年，卢小泉课题组首次系统地探究了不同卟啉的氧参与 ECL 现象(图 6.32)。氧气的参与能够以一种全新的途径改善卟啉 ECL 强度与稳定性，这种发光机理不同于传统自由基离子之间碰撞的湮灭机理[106]。氧气的中间体，羟基自由基($OH^{\bullet}$)与超氧自由基阴离子($O_2^{\bullet-}$)对于非金属卟啉的阳极 ECL 与金属卟啉的阴极 ECL 是不可或缺的，这可以通过自由基捕获方法去进一步验证。当卟啉的中心被金属离子占据后，卟啉的发光机理与发光位置会发生明显改变，其本质在于卟啉环中心是否有质子存在。此外，具有不同极性的取代基可以有规律地调控卟啉的电化学发光行为，这可以从不同卟啉的空间分子结构与电子密度分布两方面去考虑。通过测量不同卟啉的 ECL 光谱来进一步说明提出机理的合理性。该研究提出，卟吩环上的质子、分子的空间结构及电子密度分布都会对卟啉中氧参与的 ECL 行为产

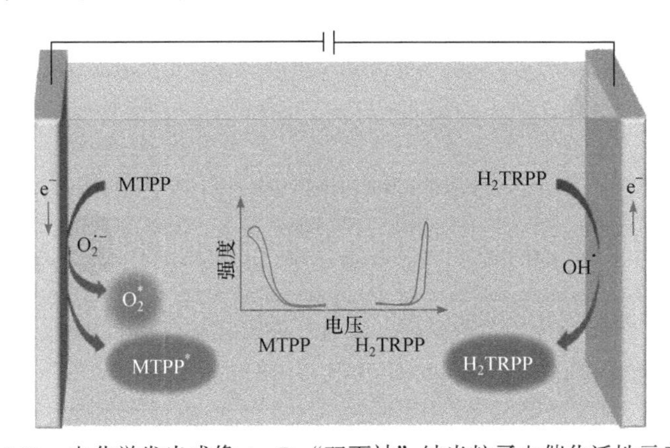

图 6.32　电化学发光成像 Au-Pt“双面神”纳米粒子电催化活性示意图

生有规律的影响。

卟啉类化合物自身的结构、对称性及中心金属都会对其光电特性及催化性能产生明显的影响，因此，研究卟啉的发光性能对于生物体中某些目标物的检测具有重要的意义。

参 考 文 献

[1] RICHTER M M. Electrochemiluminescence (ECL)[J]. Chemical Reviews, 2004, 104(6): 3003-3036.

[2] MIAO W J. Electrogeneratedchemiluminescence and its biorelated applications[J]. Chemical Reviews, 2008, 108(7): 2506-2553.

[3] SHAN Y, XU J J, CHEN H Y. Electrochemiluminescence quenching by CdTe quantum dots through energy scavenging for ultrasensitive detection of antigen[J]. Chemical Communications, 2010, 46: 5079-5081.

[4] MARICLE D L, MAURER A. Pre-annihilation electrochemiluminescence of rubrene[J]. Journal of the American Chemical Society, 1967, 89(1): 188-189.

[5] BEZMAN R, FAULKNER L R. Mechanisms of chemiluminescent electron-transfer reactions. Ⅴ. Absolute measurements of rubrene luminescence in benzonitrile and *N*, *N*-dimethylformamide[J]. Journal of the American Chemical Society, 1972, 94(18): 6324-6330.

[6] LAKOWICZ J R. Principles of fluorescence spectroscopy[J]. Die Naturwissenschaften, 1991, 78(10): 456.

[7] TOKEL-TAKVORYAN N E, BARD A J. Electrogenerated chemiluminescence. ⅩⅥ. ECL of palladium and platinum $\alpha, \beta, \gamma, \delta$-tetraphenylporphyrin complexes[J]. Chemical Physics Letters, 1974, 25(2): 235-238.

[8] PENG H P, JIAN M L, DENG H H, et al.Valence states effect on electrogenerated chemiluminescence of gold nanocluster[J]. ACS Applied Materials & Interfaces, 2017, 9: 14929-14934.

[9] WU F F, ZHOU Y, ZHANG H, et al. A novel electrochemiluminescence peptide-based biosensor with hetero-nanostructures as coreaction accelerator for the ultra-sensitive determination of tryptase[J]. Analytical Chemistry, 2018, 90(3): 2263-2270.

[10] XING H H, ZHAI Q F, ZHANG X W, et al. Boron nitride quantum dots as efficient coreactant for enhanced electrochemiluminescence of ruthenium(Ⅱ) tris(2,2′-bipyridyl)[J]. Analytical Chemistry, 2018, 90(3): 2141-2147.

[11] MCCORD P, BARD A J. Electrogenerated chemiluminescence. Part 54. Electrogenerated chemiluminescence of ruthenium(Ⅱ) 4,4′-diphenyl-2,2′-bipyridine and ruthenium(Ⅱ) 4,7-diphenyl-1,10-phenanthroline systems in aqueous and acetonitrile solutions[J]. Journal of Electroanalytical Chemistry & Interfacial Electrochemistry, 1972, 318(1-2): 91-99.

[12] WHITE H S, BARD A J. Electrogenerated chemiluminescence and chemiluminescence of the $Ru(2,2,1\text{-}bpy)_3^{2+}$-$S_2O_8^{2-}$ system in acetonitrile-water solutions[J]. Annual Review of Analytical Chemistry, 1982, 2(3): 359.

[13] BOLLETTA F, ROSSI A, BALZANI V. Chemiluminescence on oxidation of tris(2,2′-bipyridine)chromium(Ⅱ): Chemical generation of a metal centered excited state[J]. Inorganica Chimica Acta, 1981, 53(18): L23-L24.

[14] SUN S G, LI F S, LIU F Y, et al. Synthesis and ECL performance of highly efficient bimetallic ruthenium tris-bipyridyl complexes[J]. Dalton Transactions, 2012, 41: 12434-12438.

[15] GAILLARD F, SUNG Y E, BARD A J. Hot electron generation in aqueous solution at oxide-covered tantalum electrodes[J]. The Journal of Physical Chemistry B, 1999, 103(4): 667-674.

[16] FABRIZIO E F, PRIETO I, BARD A J. Hydrocarbon cation radical formation by reduction of peroxydisulfate[J].

Journal of the American Chemical Society, 2000, 122(20): 4996-4997.

[17] KULMALA S, ALAKLEME T, LATVA M, et al. Hot electron-induced electrogenerated chemiluminescence of rare earth(Ⅲ) chelates at oxide-covered aluminum electrodes[J]. Journal of Fluorescence, 1998, (1):59-65.

[18] RUBINSTEIN I, BARD A J. Electrogeneratedchemiluminesce aqueous systems based on Ru(2,2′-bipyridine)$_3^{2+}$ and oxalate or organic acids[J]. Journal of the American Chemical Society, 1981, 103(3): 512-516.

[19] NOFFSINGER J B, DANIELSON N D. Generation of chemiluminescence upon reaction of aliphatic amines with tris(2,2′-bipyridine)ruthenium(Ⅲ)[J]. Analytlcal Chemistry, 1987, 59(6): 865-868.

[20] EGE D, BECKER W G, BARD A J. Electrogenerated chemiluminescent determination of tris(2,2′-bipyridine) ruthenium ion (Ru(bpy)$_3^{2+}$) at low levels[J]. Analytlcal Chemistry, 1984, 56(13): 2413-2417.

[21] CHANG M M, SAJI T, BARD A J. Electrogenerated chemiluminescence electrochemical oxidation of oxalate ion in presence of luminescersl in acetonitrile solitions[J]. Journal of the American Chemical Society, 1977, 8(45): 5399-5403.

[22] BARD A J, LELAND J J K. Electrogenerated chemiluminescence: An oxidative-reduction type ECL reaction sequence using tripropyl amine[J]. Journal of the Electrochemical Society, 1990, 137(10): 3127.

[23] LEE S K, RICHTER M M, STREKOWSKI L, et al. Near-IR electrogenerated chemiluminescence, electrochemistry, and spectroscopic properties of a heptamethine cyanine dye in MeCN[J]. Analytical Chemistry, 1997, 69(20): 4126-4133.

[24] RICHARDS T C, BARD A J. Electrogenerated chemiluminescence emission from sodium 9,10-diphenylanthracene-2-sulfonate, thianthrenecarboxylic acids, and chlorpromazine in aqueous media[J]. Analytical Chemistry, 1995, 67(18): 3140-3147.

[25] RICHTER M M, BARD A J, KIM W, et al. Electrogenerated chemiluminescence enhanced ECL in bimetallic assemblies with ligands that bridge isolated chromophores[J]. Analytical Chemistry, 1998, 70(2): 310-318.

[26] YANG S, LIANG J, LUO S, et al. Supersensitive detection of chlorinated phenols by multiple amplification electrochemiluminescence sensing based on carbon quantum dots/graphene[J]. Analytical Chemistry, 2013, 85(16): 7720-7725.

[27] HU L, XU G. Applications and trends in electrochemiluminescence[J]. Chemical Society Reviews, 2010, 39(8): 3275-3304.

[28] ZHANG Y, LIU W, GE S, et al. Multiplexed sandwich immunoassays using flow-injection electrochemiluminescence with designed substrate spatial-resolved technique for detection of tumor markers[J]. Biosensors and Bioelectronics, 2013, 41(1): 684-690.

[29] WILSON R, BARKER M H, SCHIFFRIN D J, et al. Electrochemiluminescence flow injection immunoassay for atrazine[J]. Biosensors and Bioelectronics, 1997, 12(4): 277-286.

[30] SUN S G, LI F S, LIU F Y, et al. Electrochemiluminescence detection of glucose-oxidase as a model for flow-injection immunoassays[J]. Biosensors and Bioelectronics, 1996, 11(8): 805-810.

[31] HAAPAKKA K E. Application of electrogenerated chemiluminescence of luminol to determination of traces of cobalt(Ⅱ) in aqueous alkaline solution[J]. Analytica Chimica Acta, 1982, 139(1): 229-236.

[32] CHENG Y, YUAN R, CHAI Y, et al. Highly sensitive luminol electrochemiluminescence immunosensor based on ZnO nanoparticles and glucose oxidase decorated graphene for cancer biomarker detection[J]. Analytica Chimica Acta, 2012, 745: 137-142.

[33] 慕苗, 张琰图, 齐广才, 等. 纳米金催化 Luminol-H_2O_2 化学发光体系对异烟肼的测定[J]. 分析测试学报, 2010,

29(2): 157-160.

[34] QIU B, MIAO M, SHE L, et al. An ultrasensitive biosensor for glucose based on solid-state electrochemiluminescence on GOx/CdS/GCE electrode[J]. Analytical Methods, 2013, 5(8): 1941.

[35] KANKARE J, FRÉDÉRIC K, KULMALA S, et al. Cathodically induced time-resolved lanthanide(Ⅲ) electroluminescence at stationary aluminium disc electrodes[J]. Analytica Chimica Acta, 1992, 256(1): 17-28.

[36] KULMALA S, KULMALA A, ALA-KLEME T, et al. Primary cathodic steps of electrogenerated chemiluminescence of lanthanide(Ⅲ) chelates at oxide-covered aluminum electrodes in aqueous solution[J]. Analytica Chimica Acta, 1998, 367(1-3): 17-31.

[37] SUNG Y E, GAILLARD F, BARD A J. Demonstration of electrochemical generation of solution-phase hot electrons at oxide-covered tantalum electrodes by direct electrogenerated chemiluminescence[J]. The Journal of Physical Chemistry B, 1998, 102(49): 9797-9805.

[38] SAKURA S. Electrochemiluminescence of hydrogen peroxide-luminol at a carbon electrode[J]. Analytica Chimica Acta, 1992, 262(1): 49-57.

[39] HAAPAKKA K E, KANKARE J J. Apparatus for mechanistic and analytical studies of the electrogeneratedchemiluminescencs of luminol[J]. Analytica Chimica Acta, 1982, 138(24): 253-262.

[40] HAAPAKKA K E, KANKARE J J. The mechanism of the electrogenerated chemiluminescence of luminol in aqueous alkaline sqlution[J]. Analytica Chimica Acta, 1982, 138(12): 263-275.

[41] KULMALA S, ALA-KLEME T, KUBNALA A, et al. Cathodic electrogenerated chemiluminescence of luminol at disposable oxide-covered aluminum electrodes[J]. Analytical chemistry, 1998, 70(6): 1112-1118.

[42] YU H X, CUI H. Comparative studies on the electrochemiluminescence of the luminol system at a copper electrode and a gold electrode under different transient-state electrochemical techniques[J]. Journal of Electroanalytical Chemistry, 2005, 580(1): 1-8.

[43] WRÓBLEWSKA A, RESHETNYAK O V, KOVALCHUK E P, et al. Origin and features of the electrochemiluminescence of luminol-experimental and theoreticalinvestigations[J]. Journal of Electroanalytical Chemistry, 2005, 580(1): 41-49.

[44] ZHANG G F, CHEN H Y. Studies of polyluminol modified electrode and its application in electrochemiluminescence analysis with flow system[J]. Analytica Chimica Acta, 2000, 419(1): 25-31.

[45] BLACKBURN G F, SHAH H P, KENTEN J H, et al. Electrochemiluminescence detection for development of immunoassays and DNA probe assays for clinical diagnostics[J]. Clinical Chemistry, 1991, 37(9): 1534-1539.

[46] MARTIN A F, NIEMAN T A. Glucose quantitation using an immobilized glucose dehydrogenase enzyme reactor and a tris(2,2′-bipyridyl) ruthenium(Ⅱ) chemiluminescent sensor[J]. Analytica Chimica Acta, 1993, 281(3): 475-481.

[47] TAMAMUSHI B, AKIYAMA H. Notes on the chemiluminescence of dimethyldiacridylium-nitrate[J]. Transactions of the Faraday Society, 1939, 35(1): 491-494.

[48] LEGG K D, HERCULES D M. Electrochemically generated chemiluminescence of lucigenin[J]. Journal of the American Chemical Society, 1969, 91(8): 1902-1907.

[49] HAAPAKKA K E, KANKARE J J. Electrogenerated chemiluminescence of lucigenin in aqueous alkaline solutions at a platinum electrode[J]. Analytica Chimica Acta, 1981, 130(2): 415-418.

[50] 张棘, 严凤霞. 光泽精-H_2O_2-KCl 中性非缓冲体系电生化学发光行为及机理研究[J]. 光谱学与光谱分析, 1995, 15(1): 109-113.

[51] LI F, CUI H, LIN X Q. Determination of adrenaline by using inhibited $Ru(bpy)_3^{2+}$ electrochemiluminescence[J].

Analytica Chimica Acta, 2002, 471(2): 187-194.

[52] CHI Y W, DUAN J P, ZHAO Z F, et al. A study on the electrochemical and electrochemiluminescent behavior of homogentisic acid at carbon electrodes[J]. Electroanalysis, 2003, 15(3): 208-218.

[53] WANG C Y, HUANG H J. Flow injection analysis of glucose based on its inhibition of electrochemiluminescence in a $Ru(bpy)_3^{2+}$-tripropylamine system[J]. Analytica Chimica Acta, 2003, 498(1-2): 61-68.

[54] LIU Y M, CAO J T, ZHENG Y L, et al. Sensitive determination of norepinephrine, synephrine, and isoproterenol by capillary electrophoresis with indirect electrochemiluminescence detection[J]. Journal of Separation Science, 2008, 31(13): 2463.

[55] CAO W D, LIU J F, YANG X R, et al. New technique for capillary electrophoresis directly coupled with end-column electrochemiluminescence detection[J]. Electrophoresis, 2002, 23: 3683-3691.

[56] QIU H B, YAN J L, SUN X H, et al. Microchip capillary electrophoresis with an integrated indium tin oxide electrode-based electrochemiluminescence detector[J]. Analytical Chemistry, 2003, 75(20): 5435-5440.

[57] TOKEL N, KESZTHELYI C, BARD A. Electrogenerated chemiluminescence. Ⅹ. $\alpha, \beta, \gamma, \delta$-Tetraphenylporphin chemiluminescence[J]. Journal of the American Chemical Society, 1972, 94: 4871-4877.

[58] CHEN F C, HO J H, HO T I, et al. Electrogenerated chemiluminescence of sterically hindered porphyrins in aqueous media[J]. Journal of Electroanalytical Chemistry, 2001, 499(1): 17-23.

[59] FLEISCHER E B, PALMER J M, SRIVASTAVA T S, et al. Thermodyamic and kinetic properties of an iron-porphyrin system[J]. Journal of the American Chemical Society, 2017, 93(13): 3162-3167.

[60] HEAL H G, MAY J. A spectrophotometric study of the stability of lead(Ⅳ) in hydrochloric acid solutions[J]. Journal of the American Chemical Society, 1958, 80(10): 2374-2377.

[61] ITOH J I, YOTSUYANAGI T, AOMURA K. Spectrophotometric determination of copper with $\alpha, \beta, \gamma, \delta$-tetraphenylporphine trisulfonate[J]. Analytica Chimica Acta, 1975, 74(1): 53-60.

[62] CHU G, REN B, AKINS D L. Micro-Raman spectroscopy of *meso*-tetrakis(*p*-sulfonatophenyl)porphine at electrode surfaces[J]. The Journal of Physical Chemistry B, 1998, 102(44): 8751-8756.

[63] LEE W A, GRATZEL M, KALYANASUNDRAM K. Anomalous ortho effects in sterically hindered porphyrins: Tetrakis(2,6-dimethylphenyl)porphyrin and its sulfonato derivative[J]. Chemical Physics Letters, 1984, 107(3): 308-313.

[64] WAYNER D D M, GRILLER D. Oxidation and reduction potentials of transient free radicals[J]. Journal of the American Chemical Society, 1985, 107(25): 7764-7765.

[65] SUTTER T, RAHIMI R, HAMBRIGHT P, et al. Steric and inductive effects on the basicity of porphyrins and on the site of protonation of porphyrin dianions: Radiolytic reduction of porphyrins and metalloporphyrins to chlorins or phlorins[J]. Journal of the Chemical Society, Faraday Transactions, 1993, 89(3): 495-502.

[66] KALYANASUNDARAM K, NEUMANN-SPALLART M J. Photophysical and redox properties of water-soluble porphyrins in aqueous media[J]. The Journal of Physical Chemistry, 1982, 86(26): 5163-5169.

[67] AKINS D L, ZHU H R, GUO C. Aggregation of tetraaryl-substituted porphyrins in homogeneous solution[J]. The Journal of Physical Chemistry, 1996, 100(13): 5420-5425.

[68] LONG T R, RICHTER M M. Electrogenerated chemiluminescence of the platinum(Ⅱ) octaethylporphyrin/tri-*n*-propylamine system[J]. Inorganica Chimica Acta, 2005, 358(6): 2141-2145.

[69] KWONG R C, SIBLEY S, DUBOVOY T, et al. Efficient, saturated red organic light emitting devices based on phosphorescent platinum(Ⅱ) porphyrins[J]. Chemistry of Materials, 1999, 11(12): 3709-3713.

[70] MILLS A, LEPRE A. Controlling the response characteristics of luminescent porphyrin plastic film sensors for oxygen[J]. Analytical Chemistry, 1997, 69(22): 4653-4659.

[71] PONTERINI G, SERPONE N, BERGKAMP M A, et al. Comparison of radiationless decay processes in osmium and platinum porphyrins[J]. Chemischer Informationsdienst, 1983, 14(43): 158.

[72] VINYARD D J, SWAVEY S, RICHTER M M. Photoluminescence and electrogenerated chemiluminescence of a bis(bipyridyl)ruthenium(Ⅱ)-porphyrin complex[J]. Inorganica Chimica Acta, 2007, 360(5): 1529-1534.

[73] MAREK D, NARRA M, SWAVEY S, et al. Synthesis, characterization and electrode adsorption studies of porphyrins coordinated to ruthenium(Ⅱ) polypyridyl complexes[J]. Inorganica Chimica Acta, 2006, 359(3): 789-799.

[74] LIU X, LIU J, JIN K, et al. Synthesis, characterization and some properties of amide-linked porphyrin-ruthenium(Ⅱ) tris(bipyridine) complexes[J]. Tetrahedron, 2005, 61(23): 5655-5662.

[75] HOUTEN J V, WATTS R J. Temperature dependence of the photophysical and photochemical properties of the tris(2,2′-bipyridyl)ruthenium(Ⅱ) ion in aqueous solution[J]. Journal of the American Chemical Society, 1976, 98(16): 4853-4858.

[76] CASPAR J V, MEYER T J. Photochemistry of $Ru(bpy)_3^{2+}$. Solvent effects[J]. Journal of the American Chemical Society, 1983, 105(17): 5583-5590.

[77] MIAO W, JAIPILCHOI A, BARD A J. Electrogenerated Chemiluminescence: The tris(2,2′-bipyridine) ruthenium(Ⅱ), ($Ru(bpy)_3^{2+}$)/tri-*n*-propylamine (TPrA) system revisited—A new route involving $TPrA^{\bullet+}$ cation radicals[J]. Journal of the American Chemical Society, 2002, 124(48): 14478-14485.

[78] BOLIN A, RICHTER M M. Coreactant electrogenerated chemiluminescence of ruthenium porphyrins[J]. Inorganica Chimica Acta, 2009, 362(6): 1974-1976.

[79] RILLEMA D P, NAGLE J K, BARRINGER L F, et al. Redox properties of metalloporphyrin excited states, lifetimes, and related properties of a series of para-substituted tetraphenylporphine carbonyl complexes of ruthenium(Ⅱ)[J]. Journal of the American Chemical Society, 1981, 103(1): 56-62.

[80] BONNET J J, et al. Spectroscopic and structural characterization of ruthenium(Ⅱ) carbonyl-porphine complexes[J]. Journal of the American Chemical Society, 1973, 95(7): 2141-2149.

[81] CHOW B C, COHEN I A, et al. Derivatives of tetraphenylporphineruthenium (Ⅱ)[J]. Bioinorganic Chemistry, 1971, 1(1): 57-63.

[82] RILLEMA D P, NAGLE J K, BARRINGER L F, et al. Redox properties of metalloporphyrin excited states, lifetimes, and related properties of a series of para-substituted tetraphenylporphine carbonyl complexes of ruthenium(Ⅱ)[J]. Journal of the American Chemical Society, 1981, 103(1): 56-62.

[83] HOPF F R, O'BRIEN T P, SCHEIDT W R, et al. Structure and reactivity of ruthenium(Ⅱ) porphyrin complexes. Photochemical ligand ejection and formation of ruthenium porphyrin dimers[J]. Journal of the American Chemical Society, 1975, 97(2): 277-281.

[84] ANTIPAS A, BUCHLER J W, GOUTERMAN M, et al. Porphyrins. 36. Synthesis and optical and electronic properties of some ruthenium and osmium octaethylporphyrins[J]. Journal of the American Chemical Society, 1978, 100(10): 3015-3024.

[85] PONTERINI G, SERPONE N, BERGKAMP M A, et al. Comparison of radiationless decay processes in osmium and platinum porphyrins[J]. Chemischer Informationsdienst, 1983, 105(14): 4639-4645.

[86] BROWN G M, HOPF F R, MEYER T J, et al. Effect of extraplanar ligands on the redox properties and the site of oxidation in iron, ruthenium, and osmium porphyrin complexes[J]. Journal of the American Chemical Society, 1975,

97(19): 5385-5390.

[87] LAI R Y, BARD A J. Electrogenerated chemiluminescence. 70. The application of ECL to determine electrode potentials of tri-*n*-propylamine, its radical cation, and intermediate free radical in MeCN/benzene solutions[J]. Journal of Physical Chemistry A, 2003, 107(18): 3335-3340.

[88] LIU J, GU P, ZHOU F, et al. Preparation of TCPP: Block copolymer composites and study of their memory behavior by tuning the loading ratio of TCPP in the polymer matrix[J]. Journal of Materials Chemistry C, 2013, 1(25): 3947.

[89] KUFNER G, SCHLEGEL H, REINHARD J. A spectrophotometric micromethod for determining erythrocyte protoporphyrin-Ⅸ in whole blood or erythrocytes[J]. Clinical Chemistry and Laboratory Medicine, 2005, 43(2): 9.

[90] VERNON L P. Spectrophotometric determination of chlorophylls and pheophytins in plant extracts[J]. Analytical Chemistry, 1960, 32(9): 1144-1150.

[91] HU Z, PAN Y, WANG J, et al. *Meso*-tetra (carboxyphenyl) porphyrin (TCPP) nanoparticles were internalized by SW480 cells by a clathrin-mediated endocytosis pathway to induce high photocytotoxicity[J]. Biomedicine and Pharmacotherapy, 2009, 63(2): 155-164.

[92] WANG D, RONG K, CHOI D, et al. Ternary self-assembly of ordered metal oxide-graphene nanocomposites for electrochemical energy storage[J]. ACS Nano, 2010, 4(3): 1587-1595.

[93] MACOURS P, COTTON F. Improvement in HPLC separation of porphyrin isomers and application to biochemical diagnosis of porphyrias[J]. Clinical Chemistry & Laboratory Medicine, 2006, 333(12): 203-1440.

[94] BOŽEK P, HUTTA M, HRIVNÁKOVÁ B. Rapid analysis of porphyrins at low ng/L and μg/L levels in human urine by a gradient liquid chromatography method using octadecylsilica monolithic columns[J]. Journal of Chromatography A, 2005, 1084(1-2): 24-32.

[95] AUSIÓ X, GRIMALT J O, OZALLA D, et al. On-line LC-MS analysis of urinary porphyrins[J]. Analytical Chemistry, 2000, 72(20): 4874-4877.

[96] BU W, MYERS N, MCCARTY J D, et al. Simultaneous determination of six urinary porphyrins using liquid chromatography-tandem mass spectrometry[J]. Journal of Chromatography B, 2003, 783(2): 411-423.

[97] HUIE C W, WILLIAMS W R. Laser fluorometric detection of porphyrin methyl esters for high-performance thin-layer chromatography[J]. Analytical Chemistry, 1989, 61(20): 2288-2292.

[98] WU N, LI B, SWEEDLER J V. Recent developments in porphyrin separations using capillary electrophoresis with native fluorescence detection[J]. Journal of Liquid Chromatography, 1994, 17(9): 1917-1927.

[99] LU X, ZHAO D, SONG Z, et al. A valuable visual colorimetric and electrochemical biosensor for porphyrin[J]. Biosensors and Bioelectronics, 2011, 27(1): 172-177.

[100] LUO D, HUANG B, WANG L, et al. Cathodic electrochemiluminescence of *meso*-tetra (4-carboxyphenyl) porphyrin/potassium peroxydisulfate system in aqueous media[J]. Electrochim Acta, 2015, 151: 42-49.

[101] AMELIA M, LINCHENEAU C, SILVI S, et al. Electrochemical properties of CdSe and CdTe quantum dots[J]. Chemical Reviews, 2012, 41: 5728-5743.

[102] DELEEUW D M, SIMENON M, BROWN A R, et al. Stability of n-type doped conducting polymers and consequences for polymeric microelectronic devices[J]. Synthetic Metals, 1997, 87(1): 53-59.

[103] HARAM S K, QUINN B M, BARD A J. Electrochemistry of CdS nanoparticles: A correlation between optical and electrochemical band gaps[J]. Journal of the American Chemical Society, 2001, 123(36): 8860-8861.

[104] COLLADET K, FOURIER S, CLEIJ T J, et al. Low band gap donor-acceptor conjugated polymers toward organic solar cells applications[J]. Macromolecules, 2007, 40(1): 65-72.

[105] LI L, NING X, QIAN Y, et al. Porphyrin nanosphere-graphene oxide composite for ehanced electrochemiluminescence and sensitive detection of Fe^{3+} in human serum[J]. Sensors and Actuators B: Chemical, 2018, 257: 331-339.

[106] PU G, YANG Z, WU Y, et al. Investigation into the oxygen-involved electrochemiluminescence of porphyrins and its regulation by peripheral substituents/central metals[J]. Analytical Chemistry, 2019, 91: 2319-2328.

[107] ZHANG J, DEVARAMANI S, SHAN D, et al. Electrochemiluminescence behavior of *meso*-tetra (4-sulfonatophenyl) porphyrin in aqueous medium: Its application for highly selective sensing of nanomolar Cu^{2+}[J].Analytical Bioanalysis Chemistry, 2016, 408: 7155-7163.

[108] PU G, ZHANG D, MAO X, et al. Biomimetic interfacial electron-induced electrochemiluminesence[J]. Analytical Chemistry, 2018, 90: 5272-5279.

[109] VECCHIONE R, IACCARINO G, BIANCHINI P, et al. Ultrastable liquid-liquid interface as viable route for controlled deposition of biodegradable polymer nanocapsules[J]. Small, 2016, 12: 3005-3013.

[110] GU J, ZHAO W, CHEN Y, et al. Study of ion transfer coupling with electron transfer by hydrophilic droplet electrodes[J]. Analytical Chemistry, 2015, 87(23): 11819-11825.

[111] LIU C, PELJO P, HUANG X, et al. Single organic droplet collision voltammogram via electron transfer coupled ion transfer[J]. Analytical Chemistry, 2017, 89(17): 9284-9291.

第 7 章 卟啉的光电生物传感和分子识别

7.1 卟啉的光电生物传感

卟啉广泛存在于自然界中，在生命过程中具有重要作用[1-4]。卟啉类化合物由于具有优越的物理性质及化学性质、独特的结构及光学特性，被广泛研究应用。其大环结构是富电子的，因此在光电、生物传感等方面也应用广泛。

光电化学分析方法与传统的光学方法相比，运用电化学的检测手段，具有设备简单价廉、易微型化等优点。光电化学分析方法的诸多优点，吸引了科研工作者的广泛关注，目前已在太阳能电池、生命分析、环境安全等诸多领域有了广泛研究和应用[5-8]。

传感器是用于获取信息的一种手段，在现代生产生活中发挥着重要的作用。天然产生的一些有毒有害、可燃、易挥发性气体对于维持地球的生态平衡具有重要作用，然而随着工业生产的发展，如今这些有害气体在自然环境中的平衡被破坏，暴露在空气中会对人体不利。它们在大气中的成分复杂，含量极微，通常的检测手段由于操作复杂、设备昂贵、检测周期长且无法实现在线测量，受到了很大的限制。近年来发展起来的以卟啉为响应材料的化学传感器克服了上述缺点，可实现对低浓度有毒有害气体快速、连续的在线和原位测试。研究发现，卟啉及其衍生物对很多气体的响应都具有较高的灵敏度，例如，通过配位、氢键等可与胺、醇、芳香族类物质发生特定的作用，因此被广泛地应用[7-9]。

1. 电化学传感器

电化学传感器使用电化学的方法来实现对物质的检测。已发表的文章中有通过循环伏安电流变化来实现对血红素的检测，将四苯基卟啉通过 π-π 非共价作用组装到单壁碳纳米管(single-walled carbon nanotube，SWNT)上形成复合材料(TPP/SWNT)，最终其线性范围为 2～20μmol/L，检出限低至 1μmol/L[10]。

1) 卟啉-碳纳米管

已有研究报道了将铁卟啉(5, 10, 15, 20-四苯基-21H, 23H-卟啉三氯化铁)与单壁碳纳米管(SWNT)结合，用循环伏安法和方波伏安法研究了苏丹 I 在 DMF 溶液中的电化学行为。苏丹 I 在−0.08V 处具有敏感的催化还原峰，检出限是 1×

10^{-8}mol/L[11]。在 1-丁基-3-甲基咪唑六氟磷酸盐([BMIM]PF_6)离子液体中制备具有血红素的单壁碳纳米管(SWNT)功能复合材料，由于单壁碳纳米管、离子液体和卟啉之间的协同作用，复合材料修饰的玻碳电极对中性介质中的三氯乙酸(trichloroacetic acid，TCA)具有优异的电催化活性；进一步构建了稳定的 TCA 安培生物传感器，其检出限为 3.8×10^{-7}mol/L。该传感器具有良好的分析性能，响应迅速，同时具有良好的重现性和较高的准确度，可成功用于检测污水中残留的三氯乙酸[12]。

2) 卟啉-石墨烯

Wu 等将栅栏铁卟啉(FeTMAPP)以 π-π 相互作用与还原氧化石墨烯(reduced graphene oxide，rGO)组装，由于引入了带正电的 FeTMAPP，功能化的 rGO 在水溶液中显示出良好的分散性。在低电位下实现了高度灵敏的亚氯酸盐安培生物传感，检出限为 2.4×10^{-8}mol/L[13]。此外，通过 π-π 相互作用将卟啉结合在 rGO 表面上，该生物传感器已成功地应用于人体血浆中葡萄糖的检测[14]。

3) 卟啉-碳纳米纤维

Xu 等通过非共价相互作用设计了一种碳纳米纤维(carbon nanofiber，CNF)与水溶性铁(Ⅲ)四(*N*-甲基吡啶-4-基)卟啉[iron(Ⅲ)tetra(*N*-methylpyridin-4-yl)porphyrin，FeTMPyP]的生物功能杂化纳米复合材料，在水中具有良好的分散性，并且结合了 CNF 良好的电导率以及 CNF 和 FeTMPyP 优异的催化活性，可减少溶解氧。以安培法构建了一种在超低电位下检测氧气的平台，范围为 6.5nmol/L～6.4μmol/L；该纳米复合材料修饰电极还用于组装醇氧化酶，以构建用于乙醇的安培生物传感器。该生物传感器显示出对乙醇快速且高度敏感的响应，线性范围为 2～112μmol/L[15]。

4) 卟啉-碳纳米角

碳纳米角也可作为有效的卟啉载体。将单壁碳纳米角(single wall carbon nanometer angle，SWNH)、TiO_2 及卟啉通过羧酸根基团齿状结合，形成 SWNH-TiO_2-卟啉的夹心纳米复合物，作为氯霉素(chloramphenicol，CAP)的高度灵敏安培生物传感桥梁，实现了卟啉 $Fe^{Ⅲ}$/$Fe^{Ⅱ}$ 氧化还原对的直接电化学。由于 SWNH、TiO_2 和卟啉之间的协同作用，SWNH-TiO_2-卟啉修饰的电极对 CAP 的还原显示出优异的电催化活性，且已被广泛地用于制备高效太阳能电池材料[16]。

2. 光化学传感器

光化学传感器在光照的情况下，卟啉及其衍生物被激发而发生电子的转移，从而对相应的物质进行检测。

Guo 等[17]介绍了一种通过 π-π 相互作用合成血红素-石墨烯杂化纳米片

(heme-graphene hybrid nanosheets，H-GNs)的简单湿化学方法，这种新材料同时具有血红素和石墨烯的优点。①H-GNs 具有固有的过氧化物酶活性，可催化过氧化物酶底物的反应；②它们的分散遵循舒尔策-哈代(Schulze-Hardy)规则；③由于单链 DNA(ssDNA)和双链 DNA(dsDNA)对 H-GNs 的亲和力不同，H-GNs 具有区分 ssDNA 和 dsDNA 的能力。基于这些独特特性，开发了用于疾病相关 DNA 中单核苷酸多态性(single nucleotide polymorphism，SNP)的无标记比色检测。Zhang 等[18]合成了两种含苯甲酸或 4-乙基苯甲酸的新型卟啉，研究了其光学和光电性质。对其进行紫外-可见吸收光谱分析，表明共轭增加会影响其光学性能，使其具有更强的捕光能力。卟啉芳香族环在紫外-可见吸收光谱上表现出较强的红移，并减少了电化学 HOMO-LUMO 间隙。因此，在卟啉 2-位引入苯甲酸和 4-乙基苯甲酸可以提高光收集效率。

卟啉衍生物通过共价键连接到 Au@SiO_2 核/壳纳米颗粒上，并显示出红色荧光性质。在不存在特定金属离子的情况下，卟啉官能化的 Au@SiO_2 纳米颗粒发出强烈的荧光并呈红色。将 Hg^{2+}添加到该材料中，颜色则从红色变为绿色，并且荧光较弱。该传感器具有出色的选择性和灵敏度，并且检出限低于美国环境保护署(United States Environmental Protection Agency，USEPA)的规定值[17]。

3. 光电化学生物传感器

光电化学生物传感器是一种生物检测分析手段，它通过光照激发电子，进而出现电流，再将电流作为检测信号[19,20]，已经被广泛地用于蛋白质和生物小分子的测定。一些半导体纳米材料(如 TiO_2、SnO_2、CdS 和 CdSe)已被用于光电化学检测[19-25]。将卟啉组装到半导体纳米粒子上，可利用卟啉的敏化作用增强半导体纳米粒子的光电化学响应和灵敏度。例如，使用卟啉官能化的 TiO_2 纳米颗粒构建一种新型的光电化学生物传感平台，在施加相对较低的电位下用于检测生物分子。其通过将 TiO_2 与水溶性[*meso*-四(4-磺基苯基)卟啉]-氯化铁(FeTPPS)的磺酸基齿状结合，制备功能性 TiO_2 纳米颗粒。功能性纳米颗粒在水中和氧化铟锡(indium tin oxide，ITO)表面显示出良好的分散性。所得 FeTPPS-TiO_2 修饰的 ITO 电极在 380nm 的光激发下，在+0.2V 处表现出良好的光电流响应，通过注入空穴的 FeTPPS 进一步敏化生物分子的氧化过程。据此，以谷胱甘肽为模型，开发了一种低电位下灵敏的光电化学生物传感方法。在最佳条件下，所提出的光电化学方法可以在 0.05～2.40mmol/L 检测谷胱甘肽，检出限为 0.03mmol/L。该光电化学生物传感器对抗癌药物具有优异的特异性，可成功用于谷胱甘肽注射液中还原型谷胱甘肽的检测，具有广阔的应用前景(图 7.1)[26]。屠闻文等[27]总结了卟啉仿生酶合成、有序纳米组装和卟啉纳米复合物的生物传感器构建。Hu 等[28]构建了卟啉/金纳米/石墨烯纳米复合材料的氢醌光电传感器，这种光电传感器在光照射条件下对氢醌显示出良好的光电响应(图 7.2)。鞠熀先课题组利用四羧基卟啉敏化的 ZnO 制备了 ZnO@TCPP 复合材料，发现此复合材料增强了 ZnO 的光电转化效率[29]。利用该传感器，检测生物样品中半胱氨酸的效率较高(图 7.3)。

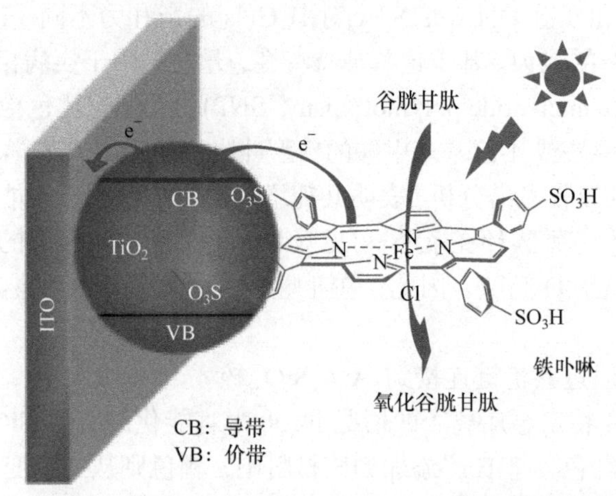

图 7.1 光照下 FeTPPS-TiO_2 修饰 ITO 上的谷胱甘肽氧化过程示意图[26]

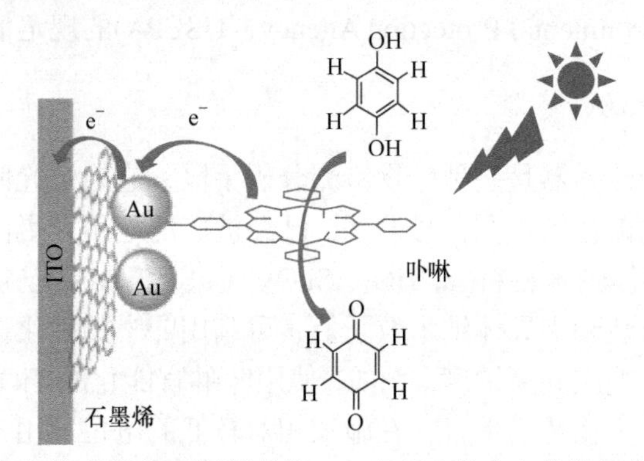

图 7.2 氢醌在卟啉/金纳米/石墨烯修饰 ITO 电极上的光电化学氧化过程示意图[28]

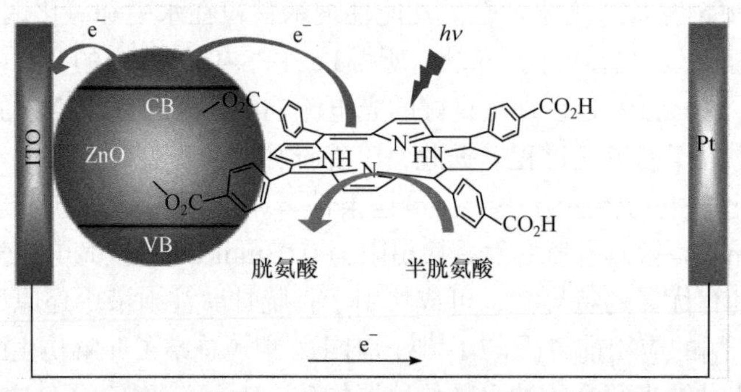

图 7.3 在 TCPP-ZnO 修饰 ITO 电极上半胱氨酸氧化的光致电化学过程[29]

4. 基于卟啉纳米材料复合物的电化学生物传感器

多壁碳纳米管(multi-wall carbon nanotube，MWNT)和衍生铁卟啉(FeTMAPyP)分子，可以通过 MWNT 侧壁和卟啉分子间的 π-π 非共价作用连接形成 MWNT-FeTMAPyP 纳米复合物，并可以与带负电荷的金胶(GNP)静电自组装。该复合物在溶解氧还原的催化过程中具有协同作用，MWNT 加快了电极表面的电子传递，促进了 FeTMAPyP 电催化溶解氧还原的过程。GNP 单层膜提高了衍生铁卟啉电子转移的可逆性，使得传感器在中性介质中对溶解氧还原表现出很好的电催化活性，可以用于生物样品的检测和生物体系的分析，检测溶解氧的线性范围为 0.52～180μmol/L，检出限为 0.38μmol/L[30]。衍生铁卟啉组装到羟基功能化的单壁碳纳米管(SWCNT-OH)并修饰到石墨电极上后，可以对 H_2O_2 和 NO_2 进行高灵敏的测定，检测的灵敏度分别为 2.95mA/(mol · L)和 3.54mA/(mol · L)[31]。四苯基卟啉通过 π-π 非共价作用组装到单壁碳纳米管上形成 TPP/SWNT，血红素和 TPP/SWNT 作用使 TPP/SWNT 循环伏安峰电流改变，可以对血红素进行检测，线性范围为 2～20μmol/L，检出限低至 1μmol/L[32]。

5. 卟啉纳米复合材料的光化学生物传感器

Frasco 等[33]报道了一种杂化结构用于金属的直接检测，该结构基于四吡啶基取代的卟啉(一种阳离子选择性载体)，使用功能化的 CdSe 量子点。结果表明，卟啉离子载体通过路易斯碱性吡啶基与 CdSe 量子点的 Cd 配位，卟啉-量子点连接允许卟啉和 CdSe 量子结构之间直接作用，不但使得未金属化的卟啉配位到量子点上产生了牢固的封端，而且仍保持了 CdSe 的量子产率。在与锌离子配位后，该卟啉封端与量子点表面的活化相互作用，强烈提高了 CdSe 的荧光效率，检出限低至 0.5μmol/L，为开发高灵敏度和选择性纳米光电传感系统提供了依据。

6. 卟啉纳米复合材料的光电化学生物传感器

目前，光电化学生物传感器在许多领域，如生命分析检测、生物分子识别等方面展现了其独特的应用优越性，已成为生命分析化学领域的一个研究热点。根据待测物类型的不同，光电化学生物传感器的应用主要有以下几个方面[34,35]。

1) 离子检测

利用电流型光电化学生物传感器可以测定离子浓度。Stoll 等[36]使用二噻吩将 CdSe-ZnS 纳米粒子固定在金电极上，利用 CdSe-ZnS 纳米粒子与还原态的细胞色素 c 对超氧阴离子自由基进行光电化学测定。超氧阴离子自由基能够在合适的正电位下将细胞色素 c 还原，还原态的细胞色素 c 能够被 CdSe-ZnS 量子点的光生空穴氧化，从而形成一个反应链。因此，超氧阴离子自由基的存在能够增大阳极光电流，且光电流的增加与超氧阴离子自由基的浓度在 0.25～1.30μmol/L 呈线性关系。Men 等[37]开发了一种集成的电子舌装置，包括多个光寻址电位传感器(multiple light addressable potential sensors，MLAPs)和两组电化学电极。MLAPs 基于硫属化物薄膜，可同时检测 Fe(Ⅲ)和 Cr(Ⅵ)，两组电化学电极使用溶出伏安法(stripping voltammetry，SV)(包括阳极溶出伏安法和阴极溶出伏安法)来检测其他重金属。该方法便于检测废水或海水中的重金属，并提高了对多种重金属的检测速度和测量精度。

2) 小分子检测

一些具有氧化还原活性的小分子可以直接与光电转化物质发生电子传递而引起光电流变化，根据光电流的变化可测定其浓度。

3) DNA 的检测

由于核苷能抑制卟啉衍生物修饰电极的光电流产生，因此人们利用卟啉衍生物修饰电极对核苷进行测定。Liu 等[38]使用高亲和力 DNA 嵌入剂 $Ru(bpy)_2dppz$(bpy = 2, 2′-联吡啶，dppz = dipyrido[3, 2-a: 2′, 3′-c]酚嗪)作为信号指示剂，通过光电化学法实现溶液中双链 DNA(dsDNA)的选择性检测，向溶液中加入双链 DNA 后，光电流显著下降。$Ru(bpy)_2dppz$ 插入 DNA 中，指示剂向电极的质量扩散降低，草酸根离子与 DNA 上的负电荷之间产生静电排斥，构成了实时 DNA 检测的基础，dsDNA 的检出限达到 1.8×10^{-10}mol/L。Lu 等[39]设计了一种用于发夹 DNA 杂交的光电化学策略，TiO_2 用作锚定和信号转导，单链 DNA 的鸟嘌呤碱基可将电子传递到 TiO_2 的光生空穴上，使光电流增大。Lu 等[40]还提出了一种光电化学方法，以 Au 纳米粒子修饰的 DNA 为探针，在 TiO_2 基底上进行 DNA 杂交检测，该方法不仅将 TiO_2 基底用作 DNA 锚定，而且还用作信号转导子。TiO_2 电极的光电流降低证实了探针与目标 DNA 寡核苷酸之间的杂交。与非标记探针相比，Au 纳米颗粒增强了杂交后的光电流移动。随着目标 DNA 浓度的增加，光电流降低，这表明该方法可用于定量测量，并可区分互补物与错配 DNA。此外，获得了杂交结合常数并讨论了光电流产生的机理。Liang 等[41]开发了光电化学传感器，用于快速检测由葡萄糖氧化酶原位产生的 Fe^{2+}和 H_2O_2 诱导的 DNA 氧化损伤。该传感器通过逐层自组装在氧化锡纳米粒子电极上制备的多层膜，由光电化学指示剂、DNA 和葡萄糖氧化酶的独立层组成。该酶在葡萄糖存在下催化生成 H_2O_2，葡萄糖与 Fe^{2+}反应并通过 Fenton 反应生成羟基自由基，自由基攻击传感器膜中的 DNA，模仿体内的金属毒性途径，通过检测指示剂的光电流变化来检测 DNA 损伤。在 Fe^{2+}/葡萄糖中孵育后，传感器显示出显著的光电流变化，并呈时间依赖性，检出限小于 50μmol/L。Tokudome 等[42]通过探针 DNA 分子与目标 DNA 分子杂交，得到罗丹明分子与 TiO_2 的复合材料，所得复合材料的光电流信号会明显变化，从而达到检测目标 DNA 的目的，检出限为 100pmol/L。

4) 细胞检测

细胞与有机体结构和生命活动有着密切的联系，细胞生物学的研究受到越来越多的重视。很多生物学手段，如免疫试剂盒、酶试剂盒、流式细胞术及蛋白质融合技术等，已广泛用于研究细胞的活性、大小及数目，蛋白在亚细胞单位中的定位信息，以及细胞在外界环境改变时产生的复杂变化等细胞的物理及化学参数。但是，由于这些生物学技术需要配备的仪器昂贵、操作复杂，存在着很多应用局限性。

越来越多的化学分析手段逐渐被开发并应用于细胞检测领域。细胞电化学分析法具有简单、快速、灵敏等优点，已逐步发展成为细胞分析的重要手段。细胞许多生理活动都涉及氧化还原过程，因此可以认为细胞的基本活动是以电化学反应为基础的，这是利用细胞电化学分析方法研究细胞的前提。以活细胞为敏感元件的电化学传感器，将其生物、化学信息按一定规律转换成电信号，从而进行实时、微量的生物检测，这已经成为电化学传感器研究的一大热点。

随着电极修饰技术、细胞固定技术、检测方法、酶联免疫及 PCR 扩增技术的发展，细胞电化学传感器的准确度、灵敏度及寿命得到了进一步的提高，更好地实现了细胞生物生理行为的监测、研究及功能化信息的测定。除了细胞诸多生理活动涉及电荷粒子或电活性粒子的传递与转移外，张春阳等[43]发现哺乳动物细胞具有光电行为，其在可见光(200～800nm)照射下能产生光电流。因此，光电化学分析方法也可以用于细胞检测。利用光电化学生物传感器进行细胞检测的研究并不多，且主要集中在利用哺乳动物细胞本身的光电行为。Ci 等[44]除了发现哺乳动物细胞具有光电行为外，还发现细胞光电流大小与细胞种类、活性等相关，且在此基础上提出了细胞光电流产生的光激励酶促反应加速模型；发现阿霉素、氯霉素、秋水仙素、NO 等能够影响细胞活性，影响细胞内电子传递的物质与细胞作用，能够降低细胞活性或阻断细胞内电子传递，从而降低细胞光电流。基于这一原理，实现了利用检测光电流大小来实时监测细胞凋亡情况[45,46]。因此，开发基于纳米材料的光电化学生物传感器来检测细胞，不仅能进一步扩展光电化学生物传感器的应用范围，还能提供一种新的细胞检测方法。人们利用本体 TiO_2 的光生空穴与某些有机物发生反应后会引起光电流变化这一特点，实现了对许多有机分子(如胺类、对苯二酚、芳香醇、酸、呋喃类等多种物质)的测定。有些小分子虽不能与光电转化物质直接发生作用而影响光电流，却能和那些与光电转化物质直接作用的物质相互作用来影响光电流，从而达到间接检测的目的。例如，人们利用 TiO_2 纳米晶的强氧化性空穴(h^+)能氧化水分子产生羟基自由基来降解有机物的特点，实现对化学需氧量的定量测定。陈洪渊课题组利用卟啉功能化 TiO_2 纳米材料的光电性质，实现了在低电位下测定谷胱甘肽，检出限为 0.03mmol/L[47]。Willner 课题组利用 CdS 纳米粒子的光生空穴与乙酰胆碱酯酶(acetylcholinesterase)底物之间的反应，发展了一个基于半导体纳米晶体的光电化学生物传感器，成功地实现了对乙酰胆碱酯酶抑制剂的检测[48]。Curri 等[49]发现光激发的 CdS 可以与甲酸脱氢酶发生电荷传递作用，使得酶被激活，在没有 NAD^+/NADH 存在的情况下，甲酸脱氢酶能够催化二氧化碳。根据这一原理，Vastarella 等[50]利用由 CdS 纳米簇与甲醛脱氧酶结合的金电极实现了对甲酸的检测，其检出限达到 1.371μmol/L，且具有较好的稳定性。

5) 蛋白质检测

Yildiz 等[51]利用 CdS 量子点标记酪氨酸酶的催化底物酪氨酸，通过测定标记后的底物在电极表面光电流的大小实现了对酪氨酸酶活性的检测。陈洪渊课题组将制备的电化学传感器用于 SMMC-7721 人肝癌细胞的捕获和检测，该方法的检出限接近电化学检测[52]。已有工作多集中于构建性能优良的光电传感器，用于生物小分子和细胞检测，例如使用基于 GR-CdS 纳米复合材料的光电化学生物传感器实现了 HeLa 细胞检测。

7.2　卟啉及其衍生物的分子识别

卟啉及其衍生物种类繁多，自身结构特殊，不仅具有丰富的电化学和光化学性质，还具有十分有趣的分子识别现象。

7.2.1　天然卟啉类生物分子

本小节中，主要列举以下四种天然卟啉类生物分子：铁卟啉(血红素)、铜卟啉(血蓝素)、钴卟啉(维生素 B_{12})和镁卟啉(叶绿素)[53-55]，它们广泛存在于生物体内与催化、氧的输运和能量转移等相关的重要细胞器中。

1. 血红素

血红素由原卟啉环和中心铁原子组成(图 7.4)，又称铁-原卟啉Ⅸ。血红素中间的铁为+2 价或+3 价，使血红素分子既可以呈现氧化态，又可以呈现还原态，这种性质使它具有电化学活性[56]。血红素作为蛋白质的组成部分，催化能力会因蛋白质不同而发生很大变化[57,58]。因此，血红素类蛋白质和酶的生物电化学性质在直接电化学反应方面有特殊的应用，兼作电子载体和氧化还原反应的催化中心[59,60]。

为了更清晰地了解铁卟啉，列举几种卟啉类生物分子，如辣根过氧化物酶、血红蛋白、肌红蛋白和细胞色素，并具体介绍它们在电化学中的应用[61-64]。

辣根过氧化物酶(horseradish peroxidase，HRP)是一种糖蛋白，因在辣根中含量较高而得名。它以铁卟啉为辅基，在过氧化氢存在时能催化苯酚、苯胺及其取代物聚合[63]。由于其具有易于提取和纯化的优点，得到了广泛的研究[64]。人们长期以它为主要对象来研究过氧化物酶的结构、动力学和热力学性质，用以认识和理解过氧化物酶在生命体内的电子转移机制和生理作用[65,66]。

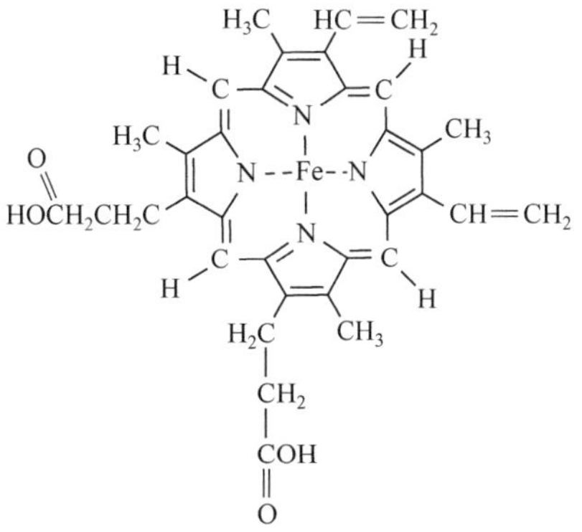

图 7.4 血红素的结构

Ji 等[67]系统地研究和比较了 TiO_2/UV 光化学处理、辣根过氧化物酶处理及同时进行光化学-酶处理时 2, 4-二氯苯酚(2, 4-dichlorophenol，2, 4-DCP)的降解。当在同步过程中使用游离 HRP 时，由于在 TiO_2 存在下紫外线照射导致 HRP 严重失活，因此观察到负协同作用。将 HRP 通过同轴静电纺丝原位封装在 TiO_2 掺杂中空纳米纤维的纳米腔室内，开发混合催化剂体系，这样的包封有效地避免了紫外线引起的酶失活。与单独以游离形式使用 HRP 或 TiO_2/UV 相比，二者同时使用使得 2, 4-DCP 的降解效率得到了显著提高。此外，2, 4-DCP 的浓度越高，增强效果越明显，使用集成的 TiO_2-HRP 混合催化剂系统降解 10mmol/L 2, 4-DCP，仅需 3h 即可达到 90%的去除率。杂化催化剂体系还显示出较好的回收能力和热稳定性。Zhang 等[68]利用固定 HRP 的氧化石墨烯(graphene oxide，GO)清除酚类物质，将氧化石墨烯加入含 HRP 的磷酸钾缓冲溶液中，冰浴 30min 后离心得到目标产物。该产物与溶液中的 HRP 相比，对几种酚类物质有更高的清除效率，特别是对 2, 4-二甲氧基苯酚和 2-氯苯酚，后者是工业废水的主要成分，因此该方法具有一定的实际应用价值。

Ali 等[69]介绍了用于检测过氧化氢的纳米通道平台，过氧化氢不仅是细胞系统中的有毒废物，还是氧化还原信号通路中的关键角色。所用传感器基于在离子追踪聚合物膜中制造的单个圆锥形纳米通道，使用碳二亚胺偶联化学方法，用辣根过氧化物酶(HRP)修饰通道的内壁。通过测量系统的 pH 依赖性电流-电压(*I-V*)曲线，可以判断 HRP 是否成功固定在通道表面。该 HRP 纳米通道系统以 2, 2′-联氮基双(3-乙基苯并噻唑啉-6-磺酸盐)为底物检测 H_2O_2 的摩尔浓度。固定的 HRP 能够在单个纳米通道中诱导氧化还原反应，证明了设计的生物传感器的功能是可逆的，可以多次使用以检测各种浓度的 H_2O_2。

还有研究设计了多种信号放大策略，用于 Hg^{2+}的超灵敏竞争免疫测定。使用与大量 CdSe 量子点共轭的石墨烯增强基础信号，并用金纳米颗粒(AuNPs)标记的辣根过氧化物酶(HRP)消耗原位生成的共反应剂 H_2O_2，从而实现该策略。将包被抗原固定在聚二烯丙基二甲基氯化铵-石墨烯-CdSe 复合材料(polydiallyldimethylammonium chloride-graphene-CdSe，PDDA-GN-CdSe)上，构建免疫传感器，获得了强烈的电化学发光(ECL)信号。当免疫传感器浸入抗体-AuNPs-HRP 复合物中时，ECL 信号大大降低。这归因于电极表面的结合酶，在酶的存在下，邻苯二胺消耗了自生的共反应剂 H_2O_2，有效降低了量子点的 ECL 强度。溶液中的 Hg^{2+}和相应的抗原竞争有限抗体，因此，ECL 强度与 Hg^{2+}(Ⅱ)浓度(0.2～1000ng/mL)的对数线性相关，检出限为 0.06ng/mL。免疫测定显示出良好的稳定性、准确性及可接受的重现性，为检测环境样品中的痕量汞和其他小分子化合物提供了一种有前景的方法。PDDA-GN-CdSe 免疫传感机理如图 7.5 所示[70]。

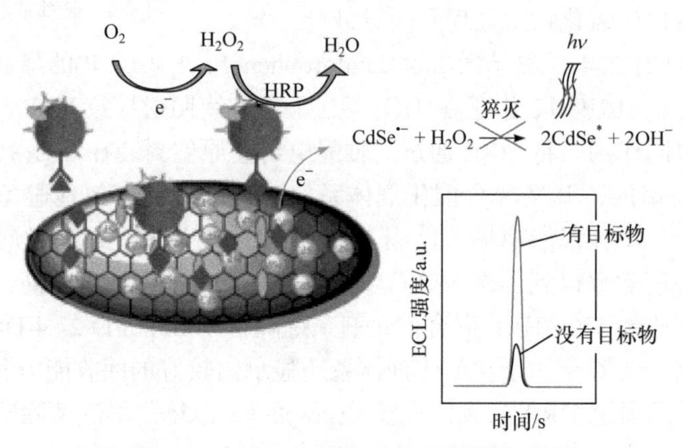

图 7.5　PDDA-GN-CdSe 免疫传感机理[70]

Chen 等[71]提出了一种基于金纳米棒(AuNRs)蚀刻的新型多色比色测定法，以肉眼检测 H_2S。该研究将 3, 3′, 5, 5′-四甲基联苯胺(TMB)通过辣根过氧化物酶(HRP)的催化氧化生成 TMB^{2+}，TMB^{2+}可以快速蚀刻 AuNRs 并伴有明显的颜色变化，无需任何精密仪器，就可以用肉眼轻松区分鲜艳的色彩。H_2S 的存在会导致 HRP 失活，影响产生的 TMB^{2+}量，从而影响系统的颜色变化。基于这种机制，开发了一种简单而灵敏的多色比色测定法用于 H_2S 检测，线性范围为 0.05～50μmol/L。该方法被证明可以监测微量透析液对大鼠脑内细胞外 H_2S 的影响，如图 7.6 所示。

Fan 等[72]将 HRP 包裹的 SiO_2 纳米粒子与目标 DNA 相连，在 DNA 微阵列上催化双氧水将 HQ 氧化成 BQ，从而产生放大的电信号来检测 DNA，原理如图 7.7 所示。在 DNA 微阵列上用扫描电化学显微镜通过 DNA 互补与否检测目标 DNA，运用扫描电化学显微镜可以在很宽的浓度范围内(10^{-12}～10^{-7}mol/L)检测目标 DNA。

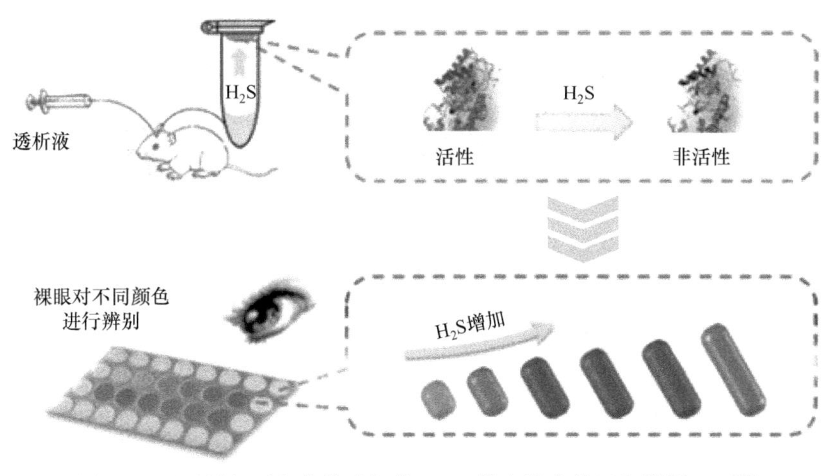

图 7.6　通过辣根过氧化物酶氧化 TMB 使金纳米棒显色检测 H_2S[71]

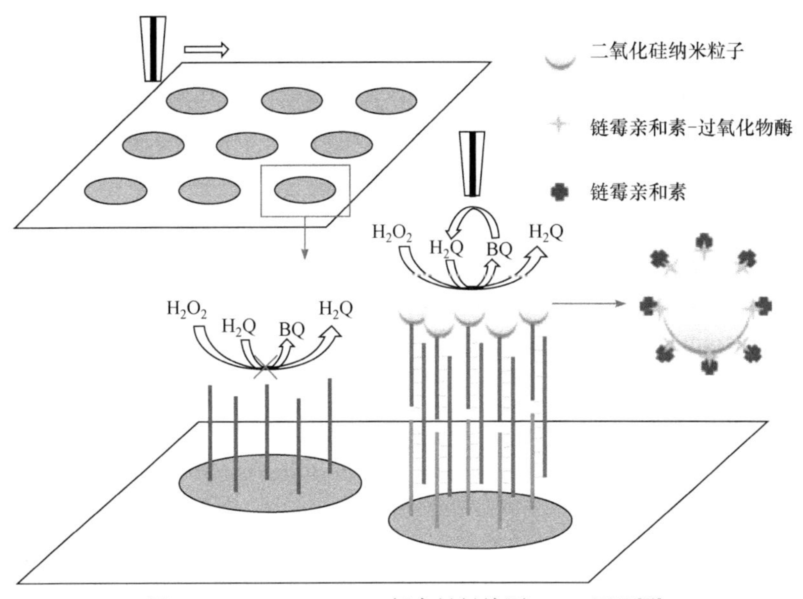

图 7.7　SiO_2-HRP-DNA 复合材料检测 DNA 原理[72]

血红蛋白由四个亚基构成，分别为两个 α 亚基和两个 β 亚基。在与人体环境相似的电解质溶液中，血红蛋白的四个亚基可以自动组装成 $\alpha_2\beta_2$ 的形态[73]。功能化的血红蛋白在催化等方面的应用受到了研究者的重视[74-76]。

Park 等[77]报道了一种糖化血红蛋白构成的新型传感器。在金电极自组装单层(self-assembled monolayer，SAM)噻吩-3-硼酸(thiophene-3-boronic acid，T3BA)上，通过选择性化学反应把血红蛋白结合上去，运用电化学阻抗的方法检测 $K_3Fe(CN)_6$ 和 $K_4Fe(CN)_6$ 的氧化还原过程，首次形成了硼酸与血红蛋白的自组装单

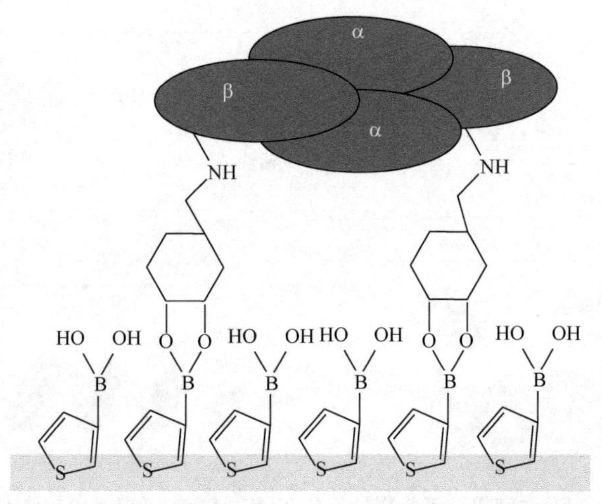

图 7.8　糖化血红蛋白和 T3BA 自我负载在金电极上[77]

分子层(图 7.8)。

还有研究将具有可调尺寸、形态和功能的纳米物体组装为集成的纳米结构，对于开发吸附、传感和药物/基因传递中的新型纳米系统至关重要。Zhang 等[78]从三嵌段共聚物、碳源和金属硝酸盐水合物的混合物中蒸发掉溶剂，将均匀且高度分散的铜氧化物(Cu_xO_y)纳米粒子组装到介孔中，完成了有序介孔碳的制备。在疏水性和金属亲和性相互作用与尺寸排阻的协同作用下，介孔复合材料对血红蛋白表现出优异的吸附选择性和高吸附能力。这有助于血红蛋白的多模吸附，符合朗缪尔(Langmuir)吸附模型，对血红蛋白的吸附量为 1666.7mg/g。介孔复合材料用于从人全血中分离高纯度的血红蛋白，证明了嵌入铜氧化物纳米粒子的介孔复合材料在从生物样品基质中选择性分离/去除特定种类蛋白质的潜力。

血红蛋白作为阴极催化剂，在燃料电池中也有应用价值。Maruyama 等[79]将血红蛋白的焦化聚合物作为无贵金属燃料电池阴极催化剂的前体。采用局部热解的方法制得焦化血红蛋白，然后将焦化的血红蛋白在含 10% CO_2 的流动氩气中进行热处理。该催化剂部分保留血红蛋白中血红素的 $Fe\text{-}N_4$ 结构，与周围无序结构的催化剂相比，显示出更好的耐久性。Maruyama 等[80]也使用血红蛋白作为碳材料的来源，制备性能更优异的无贵金属燃料电池阴极催化剂。将乙酸镁混合血红蛋白作为起始物料混合物，生成的氧化镁作为模板，同时结合碳化血红蛋白，提高碳化血红蛋白阴极氧还原的活性。碳化血红蛋白的氧化还原活性依赖于其孔隙结构，使用旋转圆盘电极进行检测。结果表明，氧化镁模板能有效地提高血红蛋白的孔隙大小，使其活性增强。

肌红蛋白(myoglobin，Mb)也是含血红素铁卟啉的蛋白质，在生物体内起储氧和促进氧在细胞中扩散的作用，并有调节血液、骨骼肌中一氧化氮和重金属离子浓度的功能[81]。有研究表明，利用表面活性剂、溶胶凝胶膜、离子聚合物、纳米材料等，通过包埋、交联、组装等形式将肌红蛋白固定在电极表面，可以实现与电极的直接电子传递[82-85]。

运用电化学原理和方法，Wang 等[86]提出了一种基于鲁米诺-肌红蛋白系统的灵敏化学发光方法，测定乳制品中的三聚氰胺。发现三聚氰胺和肌红蛋白的混合溶液可以反应形成络合物，大大抑制鲁米诺与肌红蛋白反应产生的化学发光强度，化学发光强度的下降与三聚氰胺的浓度成正比，检出限为 3pg/mL。Xu 等[87]应用简单的循环伏安法将模型蛋白即肌红蛋白(Mb)组装并定向到生物相容的 Brij 56 膜中。紫外-可见吸收光谱和圆二色谱表明，Brij 56 基质中的 Mb 保留了其二级结构；傅里叶变换红外光谱证实了 Mb 和 Brij 56 之间形成氢键，这些氢键充当电子隧道，将电子从 Mb 的活性位转移到下面的玻碳电极。在研究的电位范围内，在−310mV(相对于标准甘汞电极)上存在几个准可逆和定义明确的氧化还原峰，实现了 Mb 的有效直接电子转移。这些峰是由 Brij 56 基质中取向良好的 Mb 血红素 Fe(Ⅱ)/Fe(Ⅲ)氧化还原偶联引起的。在不存在电子转移介体的情况下，观察到固定化的 Mb 对亚硝酸盐的优异电催化响应。这些结果表明，仿生 Brij 56 可以用作固定蛋白和构建生物传感器。

细胞色素是一类以铁卟啉为基本单元的传递蛋白，广泛存在于动物、植物、酵母、好氧菌、厌氧光合菌等生物体的氧化还原反应中[88]。细胞色素可按其吸收光的波长分为 3 类，已鉴定出至少 30 种不同的细胞色素[89-92]。细胞色素 c(cytochrome c)是一类多样化的含血红素的电子转移蛋白，在呼吸作用和光合作用等生命过程中起着关键作用，结构如图 7.9 所示。细胞色素 c 包含一个血红素基团(原铁卟啉)，它通过半胱氨酸残基形成的两个(在某些情况下为一个)硫醚键共价结合到蛋白质骨架上。在Ⅰ类细胞色素 c 中，组氨酸(histidine，His)和蛋氨酸(methionine，Met)形成了笼状血红素铁的第五和第六轴向配体。血红素基团受约束的结构环境迫使铁离子在氧化态(Fe^{3+})和还原态(Fe^{2+})均采取低自旋电子构型[90]。细胞色素 c 在生物体内可以发生可逆的氧化还原反应，但不能在金属电极上直接进行可逆的电化学反应。Paulo 等[91]和 Feng 等[92]发现在 4, 4′-联吡啶存在下，细胞色素 c 能在金电极表面进行准可逆的氧化还原反应，而 4, 4′-联吡啶在研究的电位范围内无任何氧化还原反应。细胞色素的这种电化学反应被称为直接电化学反应，4, 4′-联吡啶被称为促进剂。在此之后，人们对寻找促进剂投入了大量的研究工作，为了更加深入地了解细胞色素 c 的电化学反应[93]。

在过去的研究中，已经发现细胞色素 c 的释放在程序性细胞死亡中起着至关重要的作用。还有研究表明，这种蛋白在心肌梗死(myocardial infarction，MI)后释放到循环血液中。细胞色素 c 氧化酶对细胞色素 c 具有特异性。Ashe 等[94]已将牛细胞色素 c 氧化酶成功地固定在十二烷基二甲基溴化铵囊泡体系的金电极上，

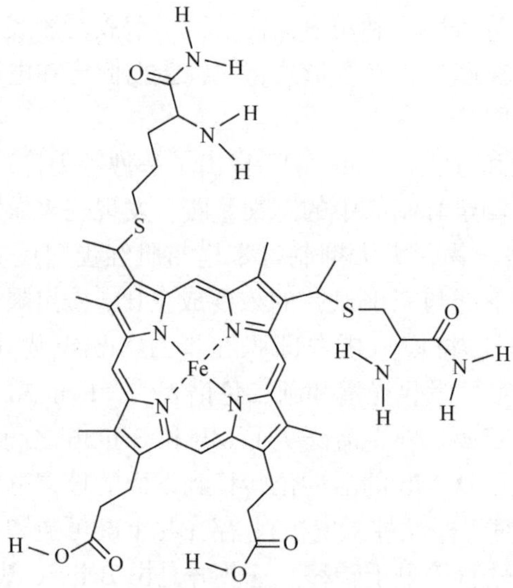

图 7.9　细胞色素 c 结构

并研究了其与细胞色素 c 的相互作用。对生物传感器的方波伏安分析显示，两对氧化还原对的中点电位分别为+182mV 和+414mV，对缓冲液和人血清中细胞色素 c 的存在表现出阴极敏感性。细胞色素 c 氧化酶生物传感器对氧化细胞色素 c 的响应，遵循双曲线电化学米氏动力学(Michaelis-Menten kinetics)，人血清中生物传感器的检出限为 0.2μmol/L。这些结果表明，细胞色素 c 氧化酶生物传感器可用于确定细胞色素 c 浓度的变化，因此有潜力用作 MI 的诊断工具，还可能用于程序性细胞死亡的研究。

此外，Lei 等[95]研究了掺入蒙脱石修饰膜中的小金属蛋白细胞色素 c 的直接电化学行为，用电化学和分光光度法研究了细胞色素 c 与黏土胶体颗粒的相互作用，在黏土改性膜中掺入的细胞色素 c 表现出扩散控制的电极过程，并仍保持其生物活性。Gunawan 等[96]将细胞色素 c 通过半胱氨酸官能团与马来酰亚胺官能化金表面选择性固定，控制取向固定的细胞色素 c，开发了扫描电化学显微镜方法，以定量研究固定化细胞和细胞色素过氧化物酶的活性。结果表明，与传统不加区别的赖氨酸-羧基键相比，半胱氨酸-马来酰亚胺键可以获得表面连接细胞色素 c 的最佳酶促活性和对接能力。这项研究揭示了由于连接策略不同，细胞色素 c 取向对细胞色素过氧化物酶的对接能力有强烈影响。

2. 血蓝素

血蓝素(也称血蓝蛋白)由原卟啉环和中心铜原子组成，部分结构如图 7.10 所示，它主要是节肢动物和软体动物血淋巴内的一种载氧蛋白。血蓝蛋白中存在亚铜离子(Ⅰ)，可以与一个氧分子结合。当蛋白与氧气结合时，蛋白水溶液呈蓝色；与氧分子脱离后，蛋白水溶液呈无色。

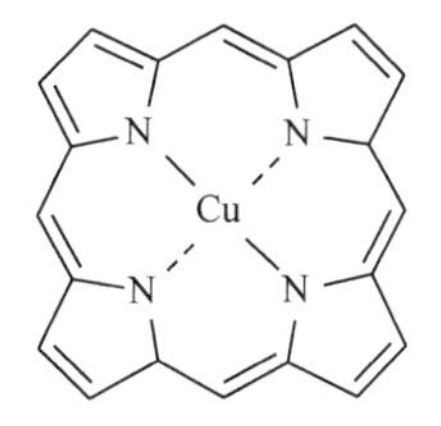

图 7.10　血蓝蛋白部分结构

刘静依[97]研究了重金属离子与钥孔戚血蓝蛋白相互作用，有利于探索重金属对软体动物的毒害作用机理。主要采用了紫外-可见吸收光谱法、荧光光谱法及循环伏安法分别研究重金属离子 Hg^{2+}(Ⅱ)、Cd^{2+}(Ⅱ)、Cu^{2+}(Ⅱ)、和 Pb^{2+}(Ⅱ)与钥孔戚血蓝蛋白的相互作用。

3. 维生素 B_{12}

维生素 B_{12} 是含钴卟啉的 B 族维生素之一，结构如图 7.11 所示。郑东红等[98]和王燕等[99]报道了维生素 B_{12} 在电化学和电催化合成方面的应用。

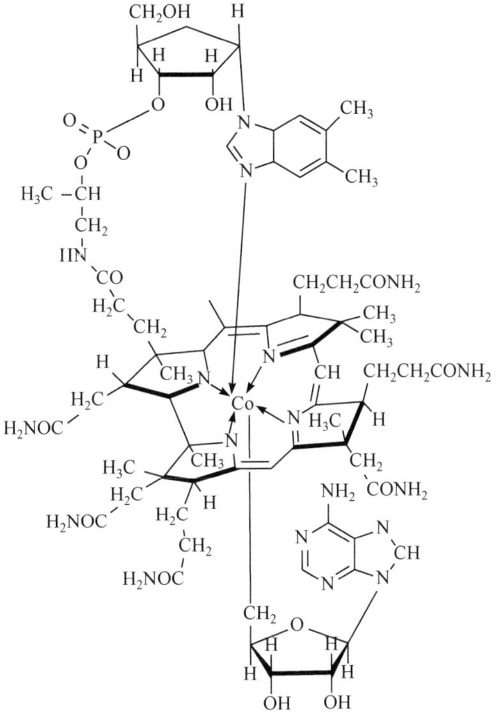

图 7.11　维生素 B_{12} 结构

Burris 等[100]使用柠檬酸钛(Ⅲ)作为整体还原剂，研究了维生素 B_{12} 催化四氯乙烯(perchloroethylene，PCE)和三氯乙烯(trichloroethylene，TCE)的还原。在维生素 B_{12} 催化下，溶液和表面介导的反应速率相当，表明维生素 B_{12} 参与表面介导的反应不会降低催化活性。重复使用表面结合的维生素 B_{12} 不会导致 PCE 还原活性下降。相对于对照组，PCE 减少的碳质量回收率为 81%～84%，TCE 减少的碳质量回收率为 89%，表明表面结合的催化剂(如维生素 B_{12})可用于水相氯化乙烯的工程降解。

与生化研究相同，维生素 B_{12} 衍生物的化学和物理化学研究受到了研究者相当多的关注。Lexa 等[101]详细地介绍了维生素 B_{12} 的电化学性质。钴原子可以三种主要形式的氧化态存在：Co(Ⅲ)、Co(Ⅱ)、Co(Ⅰ)，它们表现出完全不同的化学性质。Co(Ⅲ)以亲电子形式出现，Co(Ⅱ)以自由基形式出现，Co(Ⅰ)以亲核形式出现。三种氧化态之间的氧化还原转化在维生素 B_{12} 的化学性质中至关重要。Hogenkamp 等[102]对一系列钴胺素和钴胺的极谱特征进行了调查。循环伏安法(CV)已用于描述维生素 B_{12}、维生素 B_{12a}、维生素 B_{12r}、维生素 B_{12s}、甲基和(三氟甲基)钴胺素、甲基和 Co(Ⅱ)联胺的电化学行为及几种模型配合物[103-106]。电位计用于确定维生素 B_{12r}-B_{12a} 标准电位，控制电位电解和库仑法用于制备和表征氰基和水族钴胺素的还原态。

郑东红等[107]、段广彬等[108]和连惠婷等[109]报道了维生素 B_{12} 修饰电极的电催化功能。向伟等[110]制备了多壁碳纳米管修饰玻碳电极(multi-walled carbon nanotube modified glassy carbon electrode，MWNT/GCE)，研究了该电极对维生素 B_{12} 的电催化作用并确定维生素 B_{12} 的分析条件。结果表明，在以 0.1mol/L KCl 为支持电解质、pH = 7.0 的磷酸缓冲溶液中，维生素 B_{12} 在 MWNT/GCE 出现 2 组氧化还原峰，电位分别为−0.10V 和−0.85V。以该电极对维生素 B_{12} 样品进行测定，在−0.85V 附近的还原峰电流一次导数值与浓度在 1×10^{-8}～4×10^{-7}mol/L 具有良好的线性关系，检出限为 1.5×10^{-9}mol/L。

随着维生素 B_{12} 生物化学、医学及结构化学研究工作的不断深入，新结果的不断涌现，其电化学研究的领域不断扩大。除上述方面外，还有一些重要的工作正等待着电化学家们深入开展，其中最重要的是辅酶的生物合成过程。综上所述，维生素 B_{12} 的电化学研究对认识其生物功能具有极为重要的意义，利用维生素 B_{12} 的性质进行应用研究，如分析、催化与合成，是十分重要的。

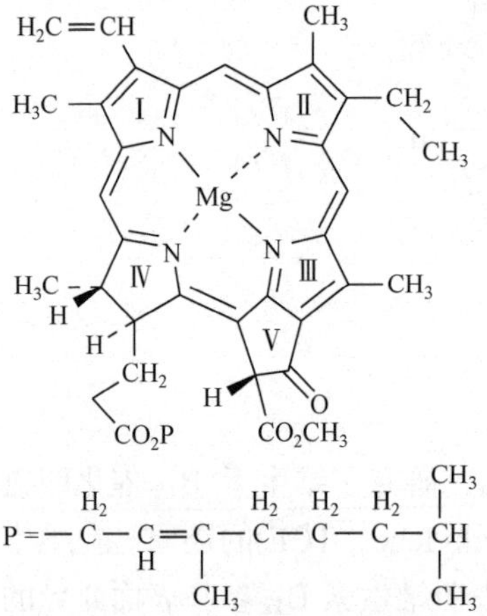

图 7.12　叶绿素 a 的分子结构

4. 叶绿素

叶绿素(chlorophyll)是绿色植物中广泛存在的最主要的色素，在光合作用中发挥着重要的生理功能。目前人们发现的叶绿素已有许多种，包括叶绿素 a、b、c、d 和细菌叶绿素(bacteriochlorophyll)a、b、c 等。图 7.12 是叶绿素 a 的分子结构。

在电化学方面，1977 年，Saji 等[111]在高纯度 DMF 溶液中研究了叶绿素 a 的电化学行为电位。循环伏安和库仑实验表明，在没有质子供体和氧气的大体积电解条件下，自由基阴离子是相当稳定的。乔庆东、高小霞等对叶绿素及其衍生物的电化学行为做了大量的研究，采用单扫伏安法研究叶绿素 a、叶绿素 b，并对其在水溶液(含 0.3%丙酮)中的电还原机理进行分析。1995 年，乔庆东等还研究了去镁叶绿素、铜叶绿素和锰叶绿素的伏安行为[111-114]。

叶绿素难溶于水，稳定性差，对酸、碱、光和热敏感，易被氧化裂解而褪色，应用范围有一定的局限性，促使人们不断研究叶绿素的衍生物，用其他金属离子取代叶绿素卟啉环结构的中心原子镁，合成叶绿素衍生物的钠盐或钾盐等，增加水溶性和稳定性。叶绿体中每个光合单位都存在锰离子，锰在绿色植物的光合反应中有特殊活性，并有释放氧的功能。Boucher[115]和 Loach 等[116]研究了锰叶绿素衍生物的氧化还原性质。李赛君等[117]研究了锰叶绿素的光谱特性。

近年来，稀土元素在农业上已得到了广泛的应用，特别是稀土微肥的应用，产生了可观的经济效益和社会效益,但是有关稀土元素的植物生理学研究还较少。稀土元素可以使植物叶片中的叶绿素含量增加，从而增加植物的光合潜能，轻稀土的作用尤为明显。目前，一种较直接的观点是认为稀土元素可以和叶绿素形成配合物，从而增加植物体内叶绿素的含量。

研究证明，Nd^{3+}可进入纤细裸藻细胞内部，叶绿体是 Nd^{3+}在细胞内的主要驻留室之一，活的纤细裸藻细胞叶绿素与 Nd^{3+}溶液作用后，叶绿素吸收光谱红光区吸收峰均发生红移，证明 Nd^{3+}取代了叶绿素分子卟啉环中的 Mg^{2+}。这是间接推测的结果，未能反映稀土元素在叶绿素卟啉环中详细的配位信息。20 世纪 70 年代发展起来的扩展 X 射线吸收精细结构(EXAFS),用于探测各个元素的化学环境，特别是用于生物体系中探测过渡元素，能够直接地、选择性地探测金属配合物中配位中心的本质。PS Ⅱ膜颗粒锰复合物和 Rubisco-La^{3+}复合物的 EXAFS 研究已有报道，用 EXAFS 也可以方便地研究稀土元素与叶绿素的作用关系，这方面研究在国内外鲜见报道。洪法水等[118]和刘晓晴[119]利用电感耦合等离子质谱法(ICP-MS)、EXAFS 等方法对镧元素与菠菜体内叶绿素的作用关系进行了深入的研究,为进一步阐明稀土元素与光合作用、叶绿素的作用机理，以及稀土元素在植物体内的存在形式提供了十分重要的理论依据。

叶绿素光电极和光电池的研究已有很大进展，光能转化效率不断提高。杨善元[120]对叶绿素聚集体的延迟发光、能态性质，叶绿素寡聚体的光化学性质及水悬浮液在光下的 pH 变化做了研究。通过研究发现，叶绿素 a 聚集体具有延迟发光的特性，叶绿素 b 聚集体的性质在许多方面与其单体的性质有明显的差别。在光能吸收与传递的过程中，叶绿素 b 聚集体与叶绿素 a 聚集体的性质不同，能吸收光能并把光能稳定地贮藏起来，起着能库的作用。周瑞龄等[121]、韩允雨等[122]在对叶绿素的光电效应研究时发现，叶绿素水的聚集体可以沉积到电极上成为叶绿素电极，且其光电效应受溶剂和光敏试剂的影响[123]。

7.2.2 卟啉及其衍生物对生物分子的识别

卟啉及其衍生物含有金属离子及氨基或羟基，可与氨基酸等生命物质结合，组成主客体分子进行有效的分子识别。

1. 卟啉对 DNA 的识别

研究 DNA 和有机化合物相互作用的特征，对进一步洞悉分子识别的机制相当重要[124-128]。光学研究表明，(5, 10, 15, 20-*N*-甲基吡啶酮-4-烃基)-21H, 23H-卟啉(TMPyp)(图 7.13)与自身互补双链 DNA 的 $d(GCTTAAGC)_2$ 这一 TTAA 区域结合，结合常数为 2.5×10^6L/mol，化学计量数之比为 1∶1[129]。Soret 带红移(422～440nm)且同时产生高的减色效应(约 50%)，表明 TMPyP 的 π 体系与 $d(GCTTAAGC)_2$ 相互作用。分子间核欧沃豪斯效应(nuclear Overhauser effect，NOE)连接性观察进一步证实 TMPyP 与 $d(GCTTAAGC)_2$ 富含 AT 区域大沟处的分子结合模型，这种分子识别机制与药物设计高度相关。

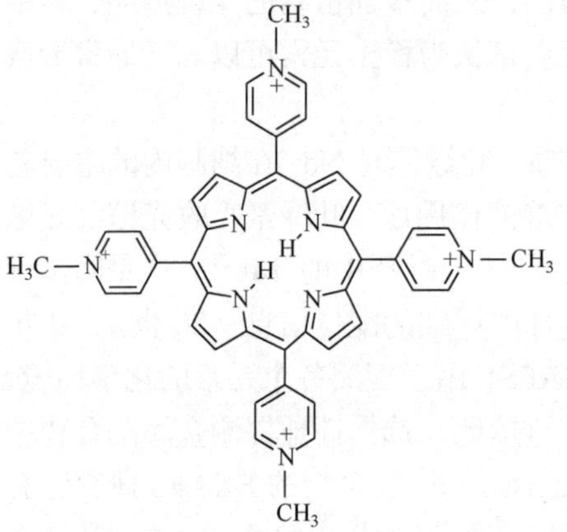

图 7.13　TMPyp 的分子结构[130]

Hosseini 等[131]发现一种带有 4 个阴离子的镍(Ⅱ)-四(4-磺基苯基)卟啉(nickel(Ⅱ)-tetrakis(4-sulfophenyl)porphyrin，NiTPPS)(图 7.14)能识别检测 *Z*-DNA。用聚(dG-dC)₂将右手螺旋的 *B*-DNA 转换成可调节骨架的左手螺旋 *Z*-DNA，将精胺作为诱导剂诱导 *Z*-DNA 构象的形成。圆二色谱(circular dichroism spectrum，CD-spectrum)检测发现，当右旋 *B*-结构存在时，在约 400nm 处观察不到诱导圆二向色性(induced cyclic dichroism，ICD)的信号；而左旋 *Z*-结构存在时，出现了一个强的负激发偶联的 CD 信号，且 *Z*-DNA 存在时 ICD 的强度随着 NiTPPS 的浓度增加而增强。共振光散射(resonance light scattering，RLS)研究表明，*B*-到 *Z*-的转换使鸟嘌呤的 *N*-7 位暴露，提供了 *Z*-DNA 和 NiTPPS 的中心 Ni(Ⅱ)之间的轴向配位作用，并且增加了结合的稳定性。约 300nm 处的 CD 特征也不影响验证 *Z* 型构象存在。此方法十分成功地实现了对 *Z*-DNA 的识别检测。

随着基因组计划的发展，灵敏而准确的 DNA 浓度测定对基因定位、分子克隆、自动操作 DNA 序列和电泳分析法的生物应用是非常重要的。由于卟啉具有抗病毒(包括 HIV-1)和抗癌活性，以及对 DNA 分子的识别功能，它与生物大分子作用可用作研究复杂生理过程的良好模型，人们研究它的兴趣日渐浓厚。

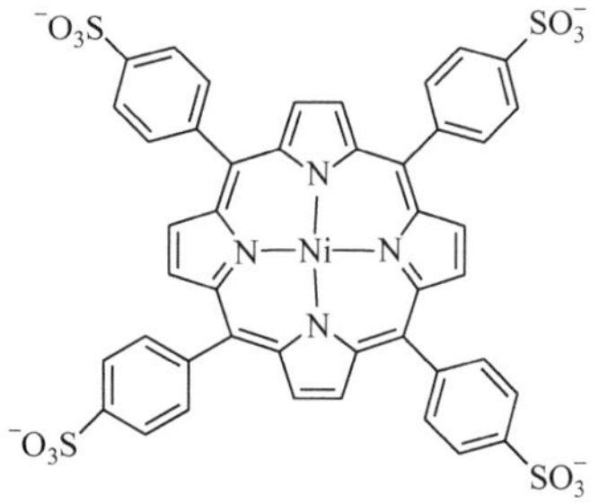

图 7.14　NiTPPS 的分子结构

2. 卟啉对氨基酸的识别

氨基酸是组成蛋白质的基本单位，氨基酸及其衍生物的分子识别是蛋白质合成的关键步骤。有研究通过计算水溶性锌卟啉(ZnTPP)与一系列氨基酸及多肽结合的平衡常数，得出结论：水溶液中的手性识别主要是通过弱的相互作用(配位效应、库仑效应和空间立体效应)来实现的[132]。热力学函数的研究表明，水环境中二者作用的焓变为 1.6kJ/mol，这说明在水中锌卟啉对氨基酸的识别是焓驱动的经典相互作用，而非熵驱动效应。Youngblood 等[133]通过紫外-可见吸收光谱滴定法，进一步对手性锌卟啉配合物(*D* 型和 *L* 型)分子识别行为进行了研究。实验表明，分子识别过程中，缔合常数均为 *D* 型略大于 *L* 型。采用模拟退火的方法理论计算发现，在主体与客体之间存在着 π-π^*堆积弱相互作用，此种分子复合物可以提高主体分子的识别效率。图 7.15 为手性锌卟啉的两个手性对映体结构式。

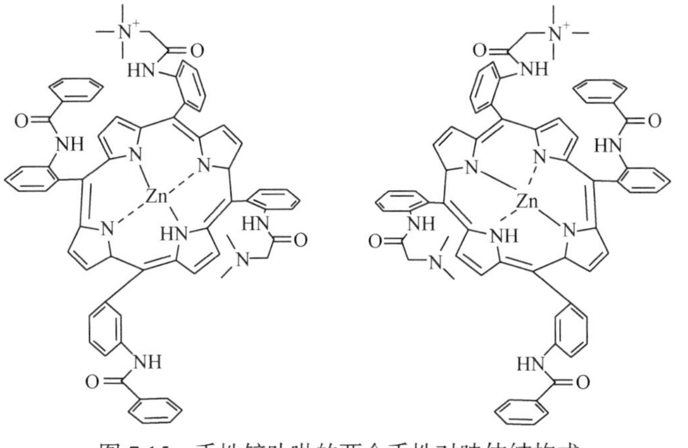

图 7.15　手性锌卟啉的两个手性对映体结构式

Pettersson 等[134]利用四苯基卟啉 *meso*-位的可调性，设计并合成了一种新型不对称卟啉——手性氨基酸尾式卟啉(图 7.16)，通过紫外-可见吸收光谱滴定法和圆二色谱法，研究了该手性卟啉对 *L*-丙氨酸甲酯和 *D*-丙氨酸甲酯的不同识别能力。

实验数据表明，随着氨基酸浓度增加，在 S 带特征峰 425nm 处紫外-可见吸光度逐渐降低，而在 465nm 处出现的一个新峰吸光度逐渐增强，并于 440nm 处出现两峰交叉点，表明主客体之间按 1∶1 的比例进行配位。通过计算卟啉与 *D* 型和 *L* 型丙氨酸甲酯的配位平衡常数(分别是 $K_D = 9526$ 和 $K_L = 3834$)可见，*D* 型丙氨酸甲酯的配位常数比它的光学异构体大，表明 *D* 型异构体分子能较好地与主体卟啉结合，*L* 型异构体由于主客体之间的空间排斥而不能很好地结合。因此，该手性卟啉对 *D* 型丙氨酸甲酯的识别能力较强。

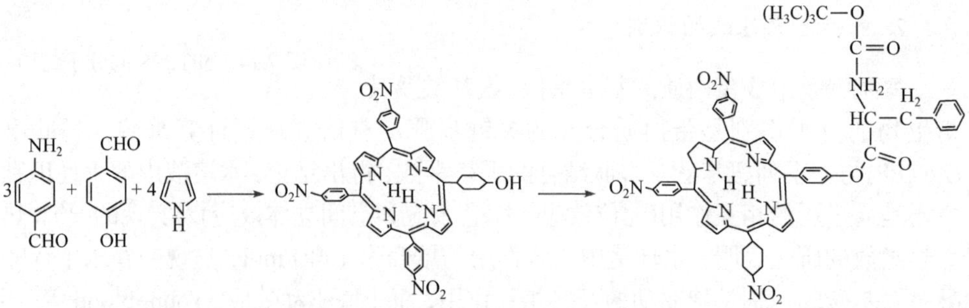

图 7.16　手性氨基酸尾式卟啉的合成路线

3. 卟啉对醌类的识别

醌类衍生物在绿色植物光合作用的电子转移过程中扮演重要角色，现已制备出许多共价键连接的卟啉-醌类多元化合物体系。设计和合成这些多元化合物是为了获得较稳定的电荷分离态和高量子效率，例如，从最初简单的合成二元化合物卟啉-醌，到合成胡萝卜素-卟啉-醌三元化合物(图 7.17)、类胡萝卜素-卟啉-萘醌-苯醌四元化合物(图 7.18)和胡萝卜素-卟啉锌-萘醌-苯醌类化合物(图 7.19)[136,137]，电荷分离态的寿命从最初的几百皮秒逐渐延长至 55μs，量子效率提高到了 83%，使利用这些稳定电荷分离态的氧化还原电位探索和控制其他物理和化学过程成为可能。

卟啉对醌分子具有特殊的结合效果，理论上用 DFT 前沿轨道计算预测复合体卟啉-醌类化合物(图 7.20)的共价连接作用[141]。利用 B3LYP/3-21G 和 PBEPBE/6-31G 基态优化结构的前沿 HOMO 和 LUMO，探测电子转移位点，并把计算预测结果与实验测得的电子转移位点进行比较，研究显示实验结果与计算预测相符。实验结果反映了醌、氢醌超分子的这种优化结构是由醌-氢醌整体以 0.31nm 平面间距相互叠加而成的。研究表明，DFT 前沿轨道计算预测可为卟啉对醌类物质的分子识别机理研究奠定基础。

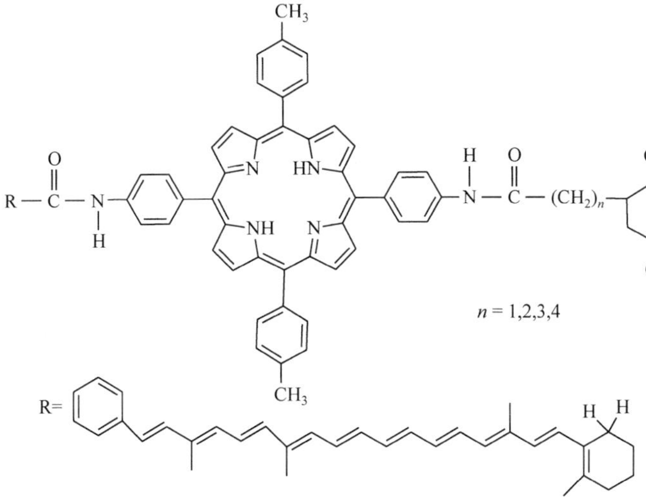

图 7.17 胡萝卜素-卟啉-醌三元化合物

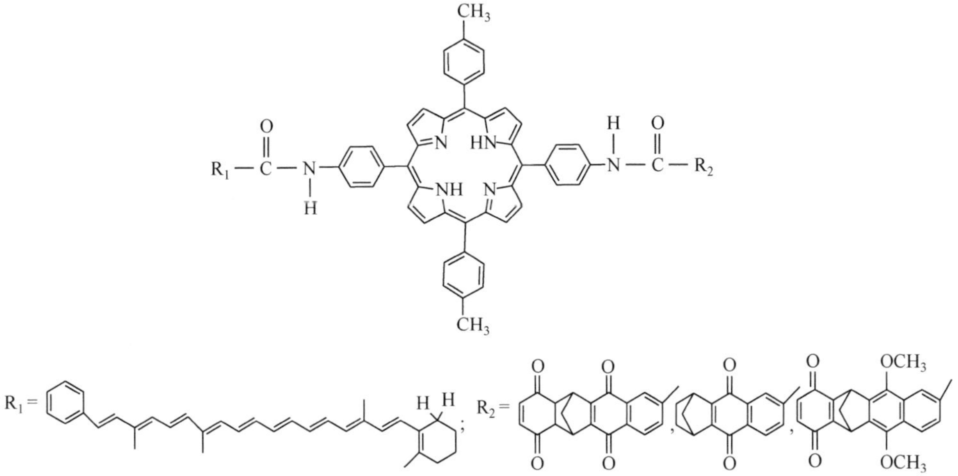

图 7.18 类胡萝卜素-卟啉-萘醌-苯醌四元化合物

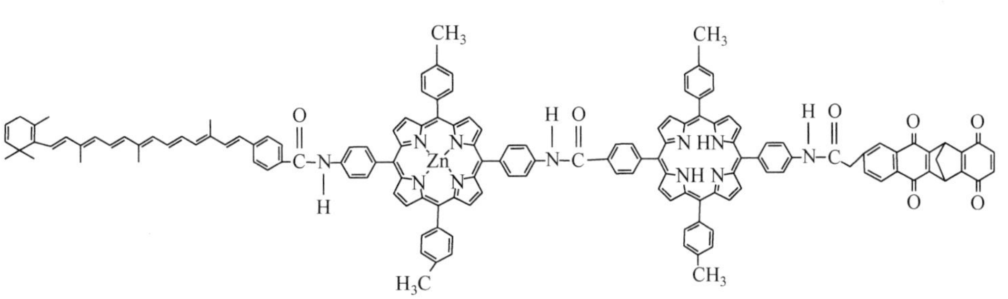

图 7.19 胡萝卜素-卟啉锌-萘醌-苯醌类化合物

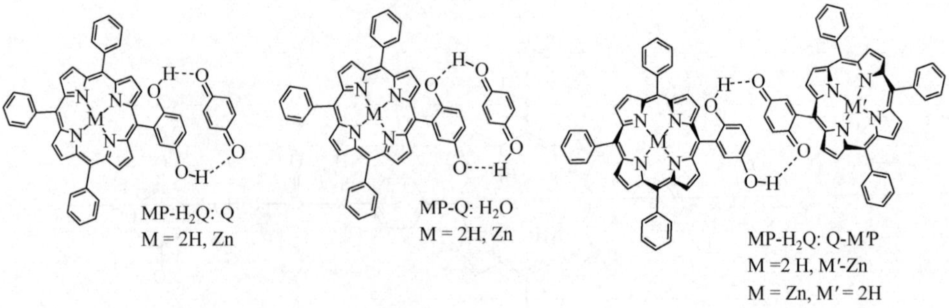

MP-H_2Q: Q
M = 2H, Zn

MP-Q: H_2O
M = 2H, Zn

MP-H_2Q: Q-M′P
M =2 H, M′-Zn
M = Zn, M′ = 2H

(a) 卟啉对醌　　(b) 氢醌　　(c) 醌-氢醌

图 7.20　自组装超分子复合体卟啉-醌类化合物

以上报道阐明了卟啉-醌类化合物能有效地通过光诱导卟啉接受电子。研究卟啉对醌的识别功能，一方面有助于更深入地理解自然界中生物光合作用及呼吸链中的电子转移，另一方面也为关注和从事卟啉光电器件研究的科研工作者改进并创新卟啉生物传感器提供参考。

4. 卟啉对胺类的识别

锌卟啉复合物对胺类分子具有很好的亲和力[143,144]。Tian 等利用手性 Zn(Ⅱ)卟啉复合物(图 7.21)对胺类分子进行识别，研究了具有旋光性的栅栏型 Zn(Ⅱ)卟啉复合物与手性胺的反应平衡[145,146]。在二氯甲烷中，通过分光光度滴定，观察到胺与 *α*, *β*, *α*, *β*-同分异构体配合形成 *L*-(1-萘基)乙胺的手性识别，识别结合常数为 2.4。

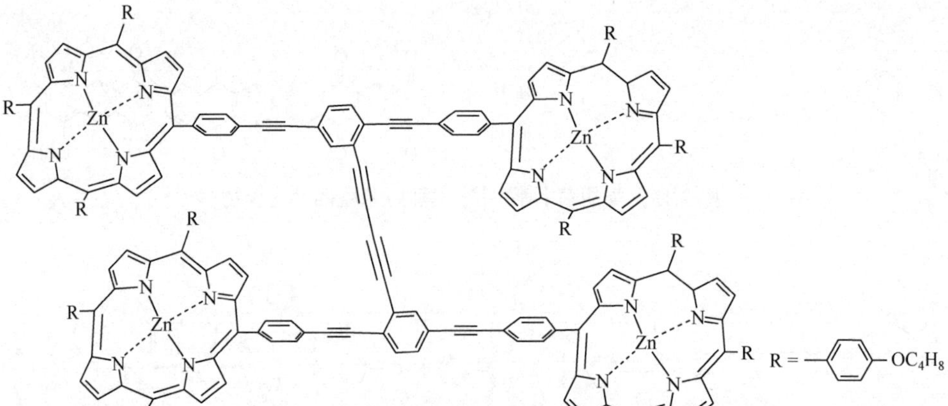

R = —C₆H₄—OC_4H_8

图 7.21　手性 Zn(Ⅱ)卟啉复合物

Zhang 等[147]新设计和合成了一种卟啉分子式四聚体(图 7.22)，用此卟啉四聚体构造了一种同位变构效应客体配合系统。卟啉四聚体具有二炔基旋转轴，在客体配合中起信息传递作用。在氯仿中，卟啉四聚体可配合二齿螯合物胺，如 1, 3-二(4-派啶基)丙烷，以变构效应方式生成希尔(Hill)系数为 1.9 的卟啉四聚体与二胺(物质的量之比为 1∶2)复合物，从而实现对二胺的识别。

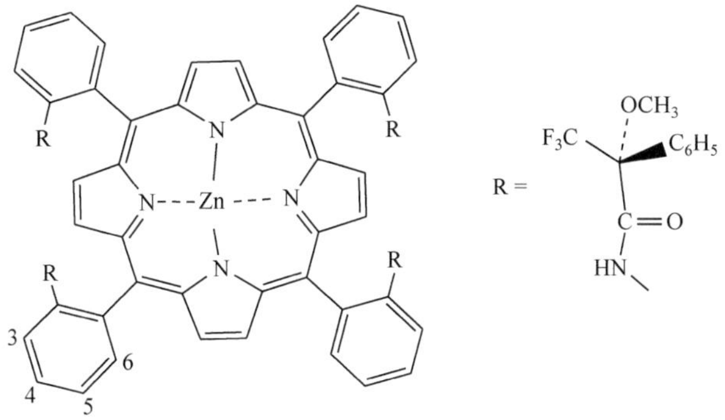

图 7.22　卟啉分子式四聚体的分子结构

Zhou 等[148]利用石英晶体微天平传感器，用 BET(Brunauer-Emmett-Teller)等温线建模并与实验数据对比，研究了固态丁氧苯锌卟啉和庚氧苯锌卟啉，以及两种卟啉不同膜厚度对胺类(如丁胺和三乙胺)、碳氢化合物(如苯、甲苯和环戊烷)等挥发性有机化合物(volatile organic compound，VOC)的检测。BET 模型里的半饱和浓度参数(c_1)表示卟啉传感膜与被测气体分子间的亲和力，即 c_1 越小，分子间亲和力越强，实验结果进一步说明，被测气体分子是通过与金属卟啉的中心金属核发生配位作用而结合的。用化学当量因子 n(每个结合位点吸附分子数)表示被测气体分子与卟啉传感膜的结合形态：当 $n<1$ 时，被吸附分子与传感膜表面平行排列，如苯；当 $n>1$ 时，被吸附分子与传感膜表面垂直排列，如胺类、有机酸和甲苯。这样的排列方式使得这些化合物分子可以同时结合到相同的金属卟啉分子上。通过控制卟啉的两种膜厚(30nm 和 60nm)对传感器的响应，研究了传感器的灵敏度。实验结果表明，卟啉传感膜膜厚增加 1 倍，灵敏度也增加 1 倍，其中对丁胺和乙酸的灵敏度最高，表明两种卟啉不同长度功能化碳链上含氧位点氢键的重要性。基于 BET 等温线的数学模型得到的结果与实验数据相符，此传感器成功实现了对胺类等 VOC 的识别检测。

5. 卟啉对其他分子的识别

除了前述生物分子之外，卟啉对其他分子的识别研究也取得了很大的进展。Zhao 等[149]通过脒基-羧酸盐键合成卟啉供体-受体复合物，脒基卟啉通过脒基-羧酸盐键与羧酸作用，实现对羧酸分子的识别。此系统提供了一种质子配对电子传递(proton pairing electron transfer，PPET)机理，其活性部位是二氢叶酸还原酶。Wang 等[150]将卟啉制成光纤探针，可以检测不同环境不同 pH 的液体或气体中的锌离子浓度。另有研究发明了一种铜卟啉有机溶液制成的预防哮喘的一氧化氮传感器[151]，检测 NO 的浓度范围为 2×10^{-11}～1.6×10^{-9}mol/L。该传感器具有灵敏度高、专一性强和可重复使用等优点。

Obata 等[152]对糖基化金属卟啉识别左旋咪唑的荧光传感器进行了研究。由于中心原子抑制电子转移，固定化的糖基化金属卟啉表现出很微弱的荧光。在有干扰物存在的条件下，糖基化金属卟啉对左旋咪唑表现出很好的选择性和稳定性[153]。

有研究通过构造分子电子转移系统使锌卟啉受体对双吡啶氯化物进行分子识别[154]。Wang 等[155]设计合成了以卟啉为分子“探针”的咪唑啉型支化锌卟啉(图 7.23)，核磁共振氢谱、紫外-可见吸收光谱及荧光发射光谱的研究结果表明，卟啉通过卟啉环中心的锌及两个咪唑环上的活性氢与卤素离子形成 1∶1 的三点键合超分子配合物，能选择性识别氟离子和氯离子。

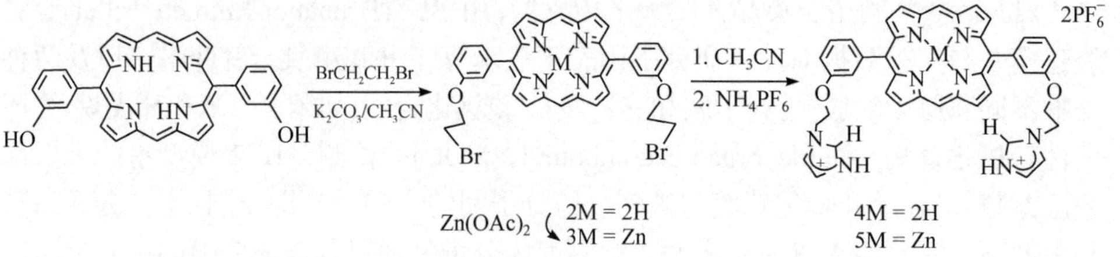

图 7.23　咪唑啉型支化锌卟啉的合成路线

参 考 文 献

[1] 刘育，尤长城，张衡益. 超分子化学: 合成受体的分子识别与组装[M]. 天津: 南开大学出版社, 2001.

[2] BLOCK R J, BRAND E. Chemical and immunological investigations on the proteins of the nervous system[J]. Psychiatric Quarterly, 1933, 7(4): 613-639.

[3] 王晓燕. 系列卟啉化合物的合成与表征[D]. 兰州: 西北师范大学, 2010.

[4] ZHANG A, LI C, YANG F, et al. An electron acceptor with porphyrin and perylene bisimides for efficient non-fullerene solar cells[J]. Angewandte Chemie, 2017, 129(10): 2694-2698.

[5] GE Y, SUN Y, WANG W, et al. Field test study of a novel defrosting control method for air-source heat pumps by applying tube encircled photoelectric sensors[J]. International Journal of Refrigeration, 2016, 66: 133-144.

[6] 王光丽，徐静娟，陈洪渊. 光电化学传感器的研究进展[J]. 中国科学, 2009, (11): 60-71.

[7] 张雨. 基于纳米复合材料光电化学传感器的构建与应用[D]. 上海: 上海师范大学, 2018.

[8] ZHAO Q, GU Z, ZHUANG Q. Electrochemical study of tetra-phenyl-porphyrin on the SWNTs film modified glassy carbon electrode[J]. Electrochemistry Communications, 2004, 6(1): 83-86.

[9] WU Y. Electrocatalysis and sensitive determination of Sudan Ⅰ at the single-walled carbon nanotubes and iron(Ⅲ)-porphyrin modified glassy carbon electrodes[J]. Food Chemistry, 2010, 121(2): 580-584.

[10] TU W, LEI J, JU H. Functionalization of carbon nanotubes with water-insoluble porphyrin in ionic liquid: Direct electrochemistry and highly sensitive amperometric biosensing for trichloroacetic acid[J]. Chemistry: A European Journal, 2009, 15(3): 779-784.

[11] TU W, LEI J, ZHANG S, et al. Characterization, direct electrochemistry, and amperometric biosensing of graphene by noncovalent functionalization with picket-fence porphyrin[J]. Chemistry: A European Journal, 2010, 16(35): 10771-10777.

[12] ZHANG S, TANG S, LEI J, et al. Functionalization of graphene nanoribbons with porphyrin for electrocatalysis and amperometric biosensing[J]. Journal of Electroanalytical Chemistry, 2011, 656(1-2): 285-288.

[13] WU L, LEI J, ZHANG X. Biofunctional nanocomposite of carbon nanofiber with water-soluble porphyrin for highly sensitive ethanol biosensing[J]. Biosensors and Bioelectronics, 2008, 24(4): 644-649.

[14] TU W, LEI J, DING L, et al. Sandwich nanohybrid of single-walled carbon nanohorns-TiO_2-porphyrin for electrocatalysis and amperometric biosensing towards chloramphenicol[J]. Chemical Communications, 2009, (28): 4227-4229.

[15] GUO Y, DENG L, LI J, et al. Hemin-graphene hybrid nanosheets with intrinsic peroxidase-like activity for label-free colorimetric detection of single-nucleotide polymorphism[J]. ACS Nano, 2011, 5(2): 1282-1290.

[16] XU Y, ZHAO L, BAI H, et al. Chemically converted Graphene induced molecular flattening of 5,10,15,20-tetrakis(1-methyl-4-pyridinio)porphyrin and its application for optical detection of cadmium(Ⅱ) ions[J]. Journal of the American Chemical Society, 2009, 131(37): 13490-13497.

[17] GUO Y, DENG L, LI J, et al. Hemin-graphene hybrid nanosheets with intrinsic peroxidase-like activity for label-free colorimetric detection of single-nucleotide polymorphism[J]. ACS Nano, 2011, 5(2): 1282-1290.

[18] ZHANG N, CHEN J, CHENG K, et al. Synthesis and photoelectric property of *N*-confused porphyrins bearing an ethynyl benzoic and benzoic acid moiety[J]. Research on Chemical Intermediates, 2017, 43(5): 2921-2929.

[19] CHO Y, LEE S S, JUNG J H. Recyclable fluorimetric and colorimetric mercury-specific sensor using porphyrin-functionalized Au@SiO_2 core/shell nanoparticles[J]. Analyst, 2010, 135(7): 1551-1555.

[20] WANG G, YU P, XU J, et al. A label-free photoelectrochemical immunosensor based on water-soluble CdS quantum dots[J]. The Journal of Physical Chemistry C, 2009, 113(25): 11142-11148.

[21] AN Y, TANG L, JIANG X, et al. A photoelectrochemical immunosensor based on Au-doped TiO_2 nanotube arrays for the detection of α-synuclein[J]. Chemistry: A European Journal, 2010, 16: 14439-14446.

[22] YILDIZ H, FREEMAN R, GILL R, et al. Electrochemical, photoelectrochemical, and piezoelectric analysis of tyrosinase activity by functionalized nanoparticles[J]. Analytical Chemistry, 2008, 80(8): 2811-2816.

[23] KANG Q, YANG L, CHEN Y, et al. Photoelectrochemical detection of pentachlorophenol with a multiple hybrid $CdSe_xTe_{1-x}/TiO_2$ nanotube structure-based label-free immunosensor[J]. Analytical Chemistry, 2010, 82(23): 9749-9754.

[24] GOLUB E, PELOSSOF G, FREEMAN R, et al. Electrochemical, photoelectrochemical, and surface plasmon resonance detection of cocaine using supramolecular aptamer complexes and metallic or semiconductor nanoparticles[J]. Analytical Chemistry, 2009, 81(22): 9291-9298.

[25] CHEN D, ZHANG H, LI X, et al. Biofunctional titania nanotubes for visible-light-activated photoelectrochemical biosensing[J]. Analytical Chemistry, 2010, 82(6): 2253-2261.

[26] TU W, DONG Y, LEI J, et al. Low-potential photoelectrochemical biosensing using porphyrin-functionalized TiO_2 nanoparticles[J]. Analytical Chemistry, 2010, 82: 8711-8716.

[27] 屠闻文, 雷建平, 鞠熀先. 卟啉纳米组装与生物传感[J]. 化学进展, 2011, 23(10): 2113-2118.

[28] HU Y, XUE Z, HE H, et al. Photoelectrochemical sensing for hydroquinone based on porphyrin-functionalized Au nanoparticles on graphene[J]. Biosensors and Bioelectronics, 2013, 47: 45-49.

[29] TU W, LEI J, WANG P, et al. Photoelectrochemistry of free-base-porphyrin-functionalized zinc oxide nanoparticles and their applications in biosensing[J]. Chemistry, 2011, 17(34): 9440-9447.

[30] LIU Y, YAN Y, LEI J, et al. Functional multiwalled carbon nanotube nanocomposite with iron picket-fence porphyrin and its electrocatalytic behavior[J]. Electrochemistry Communications, 2007, 9(10): 2564-2570.

[31] TU W, LEI J, JU H. Noncovalent nanoassembly of porphyrin on single-walled carbon nanotubes for electrocatalytic reduction of nitric oxide and oxygen[J]. Electrochemistry Communications, 2008, 10(5): 766-769.

[32] BASSIOUK M, BASIUK V, BASIUK E, et al. Noncovalent functionalization of single-walled carbon nanotubes with porphyrins[J]. Applied Surface Science, 2013, 275: 168-177.

[33] FRASCO M, VAMVAKAKI V, CHANIOTAKIS N. Porphyrin decorated CdSe quantum dots for direct fluorescent sensing of metal ions[J]. Journal of Nanoparticle Research, 2010, 12(4): 1449-1458.

[34] LEI J, JU H, IKEDA O. Supramolecular assembly of porphyrin bound DNA and its catalytic behavior for nitric oxide reduction[J]. Electrochimica Acta, 2004, 49(15): 2453-2460.

[35] LEI J, JU H, IKEDA O. Catalytic oxidation of nitric oxide and nitrite mediated by water-soluble high-valent iron porphyrins at an ITO electrode[J]. Journal of Electroanalytical Chemistry, 2004, 567(2): 331-338.

[36] STOLL C, KUDERA S, PARAK W, et al. Quantum dots on gold: Electrodes for photoswitchable cytochrome c electrochemistry[J]. Small, 2006, 2(6): 741-743.

[37] MEN H, ZOU S, LI Y, et al. A novel electronic tongue combined MLAPS with stripping voltammetry forenvironment detection[J]. Sensors and Actuators B: Chemical, 2005, 110(2): 350-357.

[38] LIU S, LI C, CHENG J, et al. Selective photoelectrochemical detection of DNA with high-affinity metallointercalator and tin oxide nanoparticle electrode[J]. Analytical Chemistry, 2006, 78(13): 4722-4726.

[39] LU W, WANG G, JIN Y, et al. Label-free photoelectrochemical strategy for hairpin DNA hybridization detection on titanium dioxide electrode[J]. Applied Physics Letters, 2006, 89(26): 263902.

[40] LU W, JIN Y, WANG G, et al. Enhanced photoelectrochemical method for linear DNA hybridization detection using Au-nanopaticle labeled DNA as probe onto titanium dioxide electrode[J]. Biosensors and Bioelectronics, 2008, 23(10): 1534-1539.

[41] LIANG M, JIA S, ZHU S, et al. Photoelectrochemical sensor for the rapid detection of *in situ* DNA damage induced byenzyme-catalyzed fenton reaction[J]. Environmental Science & Technology, 2008, 42(2): 635-639.

[42] TOKUDOME H, YAMADA Y, SONEZAKI S, et al. Photoelectrochemical deoxyribonucleic acid sensing on a nanostructured TiO_2 electrode[J]. Applied Physics Letters, 2005, 87(21): 213901.

[43] 张春阳, 冯军, 慈云祥. 哺乳动物细胞的光电行为及其在生化分析中应用[J]. 分析科学学报, 1998, 14(4): 265-268.

[44] CI Y, ZHANG C, FENG J. Photoelectrochemical behavior of mammalian cells and its bioanalytical applications[J]. Bioelectro Chemistry and Bioenergetics, 1998, 45(2): 247-251.

[45] 张春阳, 慈云祥. 哺乳动物细胞光电行为的机理研究[J]. 高等学校化学学报, 2000, 21(3): 354-357.

[46] ZHANG C, WEI T, MA H, et al. A photoelectric method for analyzing NO-induced apoptosis in cultured neuronal cells[J]. Electroanalysis, 2000, 12(17): 1414-1418.

[47] WANG G, XU J, CHEN H. Dopamine sensitized nanoporous TiO_2 film on electrodes: Photoelectrochemical sensing of NADH under visible irradiation[J]. Biosensors and Bioelectronics, 2009, 24(8): 2494-2498.

[48] PARDO-YISSAR V, KATZ E, WASSERMAN J, et al. Acetylcholine esterase-labeled CdS nanoparticles on

electrodes: Photo-electro-chemical sensing of the enzyme inhibitors[J]. Journal of American Chemical Society, 2003, 125(3): 622-623.

[49] CURRI M, AGOSTIANOB A, LEO G, et al. Development of a novel enzyme/semiconductor nanoparticles system for biosensor application[J]. Materials Science & Engineering C—Materials for Biological Applications, 2002, 22(2): 449-452.

[50] VASTARELLA W, NICASTRI R. Enzyme/semiconductor nanoclusters combined systems for novel amperometric biosensors[J]. Talanta, 2005, 66(3): 627-633.

[51] YILDIZ H, FREEMAN R, GILL R, et al. Electrochemical, photoelectrochemical, and piezoelectric analysis of tyrosinase activity by functionalized nanoparticles[J]. Analytical Chemistry, 2008, 80(8): 2811-2816.

[52] WANG G, YU P, XU J, et al. A label-free photoelectrochemical immunosensor based on water-soluble CdS quantum Dots[J]. Journal of Physical Chemistry C, 2009, 113(25): 11142-11148.

[53] PETER D W B, CHRISTOPHER A R. Fullerene-porphyrin constructs[J]. Accounts of Chemical Research, 2005, 38(4): 235-242.

[54] ARATANI N, KIM D, OSUKA A. Discrete cyclic porphyrin arrays as artificial light-harvesting antenna[J]. Accounts of Chemical Research, 2009, 42(12): 1922-1934.

[55] SCOTT A I. Biosynthesis of vitamin B_{12}. In search of the porphyrin-corrin connection[J]. Accounts of Chemical Research, 1978, 11(1): 29-36.

[56] SONO M, ROACH M P, COULTER E D, et al. Heme-containing oxygenases[J]. Chemical Reviews, 1996, 96(7): 2841-2888.

[57] KRISHNAMURTHY P, ROSS D D, NAKANISHI T, et al. The stem cell marker Bcrp/ABCG2 enhances hypoxic cell survival through interactions with heme[J]. Journal of Biological Chemistry, 2004, 279(23): 24218-24225.

[58] WANG N, ZHAO X, LU Y. Role of heme types in heme-copper oxidases: Effects of replacing a heme *b* with a heme *o* mimic in an engineered heme-copper center in myoglobin[J]. Journal of American Chemical Society, 2005, 127(47): 16541-16547.

[59] CAVALLARO G, DECARIA L, ROSATO A. Genome-based analysis of heme biosynthesis and uptake in prokaryotic dystems[J]. Journal of Proteome Research, 2008, 7(11): 4946-4954.

[60] VEITCH N C. Horseradish peroxidase: A modern view of a classic enzyme[J]. Phytochemistry, 2004, 65(3): 249-259.

[61] FRANK E L, MOULTON L, LITTLE R R, et al. Effects of hemoglobin C and S traits on seven glycohemoglobin methods[J]. Clinical Chemistry, 2000, 46(6): 864-867.

[62] ADAMS J C. Technical considerations on the use of horseradish peroxidase as a neuronal marker[J]. Neuroscience, 1977, 2(1): 141-145.

[63] BERGLUND G I, CARLSSON G H, SMITH A T, et al. The catalytic pathway of horseradish peroxidase at high resolution[J]. Nature, 2002, 417(6887): 463-468.

[64] ALLEN B L, KOTCHEY G P, CHEN Y, et al. Mechanistic investigations of horseradish peroxidase-catalyzed degradation of single-walled carbon nanotubes[J]. Journal of the American Chemical Society, 2009, 131(47): 17194-17205.

[65] GALLATI H, PRACHT I. Horseradish peroxidase: Kinetic studies and optimization of peroxidase activity determination using the substrates H_2O_2 and 3,3′,5,5′-tetramethylbenzidine[J]. Journal of Clinical Chemistry & Clinical Biochemistry. Zeitschrift für Klinische Chemie und KlinischeBiochemie, 1985, 23(8): 453-460.

[66] KAFI A K M, WU G, CHEN A. A novel hydrogen peroxide biosensor based on the immobilization of horseradish

peroxidase onto Au-modified titanium dioxide nanotube arrays[J]. Biosensors and Bioelectronics, 2008, 24(4): 566-571.

[67] JI X, SU Z, XU M, et al. TiO_2-Horseradish peroxidase hybrid catalyst based on hollow nanofibers for simultaneous photochemical-enzymatic degradation of 2,4-dichlorophenol[J]. ACS Sustainable Chemistry & Engineering, 2016, 4(7): 3634-3640.

[68] ZHANG F, ZHENG B, ZHANG J, et al. Horseradish peroxidase immobilized on graphene oxide: Physical properties and applications in phenolic compound removal[J]. Journal of Physical Chemistry C, 2010, 114(18): 8469-8473.

[69] ALI M, TAHIR M N, SIWY Z, et al. Hydrogen peroxide sensing with horseradish peroxidase-modified polymer single conical nanochannels[J]. Analytical Chemistry, 2011, 83(5): 1673-1680.

[70] CAI F, ZHU Q, ZHAO K, et al. Multiple signal amplified electrochemi luminescent immunoassay for Hg^{2+} using graphene-coupled quantum dots and gold nanoparticles-labeled horseradish peroxidase[J]. Environmental Science & Technology, 2015, 49(8): 5013-5020.

[71] CHEN Z, CHEN C, HUANG H, et al. Target-induced horseradish peroxidase deactivation for multicolor colorimetric assay of hydrogen sulfide in rat brain microdialysis[J]. Analytical Chemistry, 2018, 90(10): 6222-6228.

[72] FAN H, WANG X, JIAO F, et al. Scanning electrochemical microscopy of DNA hybridization on DNA microarrays enhanced by HRP-modified SiO_2 nanoparticles[J]. Analytical Chemistry, 2013, 85(13): 6511-6517.

[73] 顾凯, 朱俊杰, 陈洪渊. 血红蛋白在*L*-半胱氨酸微银修饰电极上的电化学行为[J]. 分析化学, 1999, (10): 61-63.

[74] CLARKE G M, HIGGINS T N. Laboratory investigation of hemoglobinopathies and thalassemias: Review and update[J]. Clinical Chemistry, 2000, 46(8): 1284-1290.

[75] 李玉平, 曹宏斌, 张懿. 血红蛋白在碳纳米管修饰碳糊电极上的直接电化学行为[J]. 物理化学学报, 2005, 2(21): 187-181.

[76] 王全林, 刘志洪, 蔡汝秀, 等. 血红蛋白作为催化剂高灵敏测定过氧化氢[J]. 分析化学, 2002, 30(8): 928-931.

[77] PARK J Y, CHANG B Y, NAM H, et al. Selective electrochemical sensing of glycated hemoglobin (HbA_{1c}) on thiophene-3-boronic acid self-assembled monolayer covered gold electrodes[J]. Analytical Chemistry, 2008, 80(21): 8035-8044.

[78] ZHANG Y, XING L G, CHEN X W, et al. Nano copper oxide-incorporated mesoporous carbon composite as multimode adsorbent for selective isolation of hemoglobin[J]. ACS Applied Material & Interfaces, 2015, 7(9): 5116-5123.

[79] MARUYAMA J, ABE I. Formation of platinum-free fuel cell cathode catalyst with highly developed nanospace by carbonizing catalase[J]. Chemical Material, 2005, 17(18): 4660-4667.

[80] MARUYAMA J, HASEGAWA T, AMANO T, et al. Pore development in carbonized hemoglobin by concurrently generated MgO template for activity enhancement as fuel cell cathode catalyst[J]. ACS Applied Materials & Interfaces, 2011, 3(12): 4837-4843.

[81] 马静, 郑学仿, 唐乾, 等. 光谱法研究 Cu^{2+}与肌红蛋白的相互作用[J]. 高等学校化学学报, 2008, 29(2): 258-263.

[82] 贺建同. 肌红蛋白、心肌肌钙蛋白和肌酸激酶同工酶检测对新生儿窒息心肌损害的诊断价值[J]. 标记免疫分析与临床, 2005, 12(1): 15-16.

[83] MIN B, CORDRAY J C, AHN D U. Effect of NaCl, myoglobin, Fe(Ⅱ), and Fe(Ⅲ) on lipid oxidation of raw and cooked chicken breast and beef loin[J]. Journal of Agricultural and Food Chemistry, 2010, 58(1): 600-605.

[84] TATIYABORWORNTHAM N, FAUSTMAN C, YIN S, et al. Redox instability and hemin loss of mutant sperm whale myoglobins induced by 4-hydroxynonenal *in vitro*[J]. Journal of Agricultural and Food Chemistry, 2012,

60(34): 8473-8483.

[85] BARON C P, ANDERSEN H J. Myoglobin-induced lipid oxidation. A review[J]. Journal of Agricultural and Food Chemistry, 2002, 50(14): 3887-3897.

[86] WANG Z, CHEN D, GAO X, et al. Subpicogram determination of melamine in milk products using a luminol-myoglobin chemiluminescence system[J]. Journal of Agricultural and Food Chemistry, 2009, 57(9): 3464-3469.

[87] XU Q, SHEN Y, TANG J, et al. Electrochemical method assisted immobilization and orientation of myoglobin into biomimetic Brij 56 film and its direct electrochemistry study[J]. ACS Applied Materials & Interfaces, 2015, 7(21): 11286-11293.

[88] 夏伟. 细胞色素 P450 的研究进展[J]. 国外医学: 卫生学分册, 2000, (1): 41-45.

[89] SEETHARAMAN R, WHITE S P, RIVERA M. Electrochemical measurement of second-order electron transfer rate constants for the reaction between cytochrome b5 and cytochrome c[J]. Biochemistry, 1996, 35(38): 12455-12463.

[90] ZOPPELLARO G, HARBITZ E, KAUR R, et al. Modulation of the ligand-field anisotropy in a series of ferric low-spin cytochrome c mutants derived from pseudomonas aeruginosa cytochrome c-551 and nitrosomonas europaea cytochrome c-552: Anuclear magnetic resonance and electron paramagnetic resonance study[J]. Journal of American Chemical Society, 2008, 130(46): 15348-15360.

[91] PAULO T, SOUSA T P, ABREU D S, et al. Electrochemistry, surface plasmon resonance, and quartz crystal microbalance: An associative study on cytochrome c adsorption on pyridine tail-group monolayers on gold[J]. The Journal of Physical Chemistry B, 2013, 117(29): 8673-8680.

[92] FENG Z Q, IMABAYASHI S, KAKIUCHI T, et al. Electroreflectance spectroscopic study of the electron transfer rate of cytochrome c electrostatically immobilized on the ω-carboxyl alkanethiol monolayer modified gold electrode[J]. Journal of Electroanalytical Chemistry, 1995, 394(1): 149-154.

[93] SCHREURS J, VEUGELERS P, WONDERS A, et al. Electrochemical behaviour of horse-heart cytochrome c[J]. Recueil des Travaux Chimiques des Pays-Bas, 1984, 103(9): 263-269.

[94] ASHE D, ALLEYNE T, IWUOHA E. Serum cytochrome c detection using a cytochrome c oxidase biosensor[J]. Biotechnology and Applied Biochemistry, 2010, 46(4): 185-189.

[95] LEI C, LISDAT F, WOLLENBERGER U, et al. Cytochrome c/clay-modified electrode[J]. Electroanalysis, 1999, 11(4): 274-276.

[96] GUNAWAN C A, NAM E V, MARQUIS C P, et al. Scanning electrochemical microscopy of cytochrome c peroxidase through the orientation-controlled immobilisation of cytochrome c[J]. ChemElectroChem, 2016, 3(7): 1150-1156.

[97] 刘静依. 重金属离子与钥孔戚血蓝蛋白相互作用的光谱性质研究[D]. 赣州: 赣南师范学院, 2013.

[98] 郑东红, 张存中. 维生素 B_{12} 修饰电极及其催化氧还原性质的研究[J]. 物理化学学报, 1997, 13(9): 797-801.

[99] 王燕, 毕春燕. 维生素 B_6 在维生素 B_{12} 修饰电极上的电化学行为及其分析应用[J]. 化学分析计量, 2012, 21(5): 43-45.

[100] BURRIS D R, DELCOMYN C A, SMITH M H, et al. Reductive dechlorination of tetrachloroethylene and trichloroethylene catalyzed by vitamin B_{12} in homogeneous and heterogeneous systems[J]. Environmental Science & Technology, 1996, 30(10): 3047-3052.

[101] LEXA D, SAVEANT J M. The electrochemistry of vitamin B_{12}[J]. Accounts of Chemical Research, 1983, 16(7): 235-243.

[102] HOGENKAMP H P C, HOLMES S. Polarography of cobalamins and cobinamides[J]. Biochemistry, 1970, 9(9):

1886-1892.

[103] SWETIK P G, BROWN D G. A cyclic voltammetric study of vitamin B_{12} derivatives[J]. Journal of Electroanalytical Chemistry, 1974, 51(2): 433-439.

[104] BIRKE R L, BRYDON G A, BOYLE M F. On the disproportionation of vitamin B_{12r} and the voltammetry of vitamin B_{12} compounds[J]. Journal of Electroanalytical Chemistry, 1974, 52(2): 237-249.

[105] SCHRAUZER G N, DEUTSCH E, WINDGASSEN R J. The nucleophilicity of vitamin B_{12}[J]. Journal of American Chemical Society, 1968, 90(9): 2441-2442.

[106] HILL H A O, PRATT J M, WILLIAMS R J P. The chemistry of vitamin B_{12}[J]. Chemistry in Britain, 1969, 5(4): 156-161.

[107] 郑东红, 张存中. 维生素 B_{12} 修饰电极及其催化氧还原性质的研究[J]. 物理化学学报, 1997, 13(9): 797-801.

[108] 段广彬, 房雅婷, 董凯, 等. 热处理碳纳米管耦合维生素 B_{12} 作为氧还原反应电催化剂的性能分析[J]. 分析化学, 2019, 47(5): 86-91.

[109] 连惠婷, 孙向英, 徐金瑞. NO_2^- 在维生素 B_{12} 修饰电极上催化氧化[J]. 华侨大学学报：自然科学版，2001, 22(4): 366-370.

[110] 向伟, 李将渊, 马曾燕. 维生素碳纳米管修饰玻碳电极上的电化学行为及其分析测定[J]. 应用化学，2007, 24(8): 921-924.

[111] SAJI T, BARD A J. Electrogenerated chemiluminescence. 29. The electrochemistry and chemiluminescence of chlorophyll a in *N,N*-dimethylformamide solutions[J]. Chemischer Informationsdienst, 1977, 8(24): 2235-2240.

[112] 乔庆东, 高小霞. 叶绿素的电化学行为研究：Ⅱ. 去镁素和铜-叶绿素的伏安行为研究[J]. 北京大学学报：自然科学版, 1995, 31(2): 205-211.

[113] 乔庆东, 徐海燕, 高小霞. 叶绿素的电化学行为研究：Ⅰ. 叶绿素 a，b 的单扫伏安法测定及其在水溶液(含0.3%丙酮)中的电还原机理[J]. 北京大学学报：自然科学版, 1994, 30(6): 685-693.

[114] 乔庆东, 高小霞. 叶绿素的电化学行为研究：Ⅲ. 锌-去镁叶绿素的伏安行为[J]. 北京大学学报：自然科学版, 1995, 31(2): 212-217.

[115] BOUCHER L J. Manganese porphyrin complexes[J]. Coordination Chemistry Reviews, 1972, 7(3): 289-329.

[116] LOACH P A, CALVIN M. Oxidation states of manganese methyl phæophorbide a in aqueous solution[J]. Nature, 1964, 202: 343-345.

[117] 李赛君, 井上秀成. 叶绿素 a 锰(Ⅲ)和叶绿素 a 锰(Ⅱ)的合成和光谱[J]. 光谱学与光谱分析, 1997, 17(4): 55-59.

[118] 洪法水, 魏正贵, 赵贵文. 镧元素与菠菜体内叶绿素的作用关系[J]. 中国科学：生命科学，2001, 31(5): 392-400.

[119] 刘晓晴. 稀土元素的独特理化性质与光合作用光化学反应的关系[D]. 苏州：苏州大学, 2009.

[120] 杨善元. 叶绿素寡聚体的光化学性质及其水悬浮液在光下的 pH 变化[J]. 植物生理学报, 1986, (3): 33-38.

[121] 周瑞龄, 韩允雨. 叶绿素 a 二水多聚体电极的光电效应[J]. 山东师范大学学报：自然科学版，1990, 5(1): 32-36, 31.

[122] 韩允雨, 雷钊华. 不同溶剂和β-胡萝卜素对叶绿素电极光电效应的影响[J]. 山东师范大学学报：自然科学版, 1987, (4): 38-46.

[123] 张怀斌. 叶绿素的光学性质及其应用[D]. 济南：山东师范大学, 2008.

[124] MAROIS J S, CANTIN K, DESMARAIS A. Rotaxane-porphyrin conjugate as a novel supramolecular host for fullerenes[J]. Organic Letters, 2008, 10(1): 33-36.

[125] SHAO X, JIANG X, ZHU S. Strapped porphyrin rosettes based on the melamine-cyanuric acid motif. Self-assembly and supramolecular recognition[J]. Tetrahedron, 2004, 60: 9155-9162.

[126] TANIHARA J, OGAWA K, KOBUKE Y. Two-photon absorption properties of conjugated supramolecular porphyrins with electron donor and acceptor[J]. Journal of Photochemistry and Photobiology A: Chemistry, 2006, 178: 140-149.

[127] LIU H, WU J, XU Y. Complexation of hydrogen bonding-driven preorganized di- and hexacationicbisporphyrin receptors for $C_{60}C(CO_2^-)_2$ in aqueous and DMSO media[J]. Tetrahedron Letters, 2007, 48: 7327-7331.

[128] LI X, TANASOVA M, VASILEIOU C. Fluorinated porphyrin tweezer: A powerful reporter of absolute configuration for erythro and threo diols, amino alcohols, and diamines[J]. Journal of the American Chemical Society, 2008, 130: 1885-1893.

[129] HARVEY P D, STERN C, GROS C P. Comments on the through-space singlet energy transfers and energy migration (exciton) in the light harvesting systems[J]. Journal of Inorganic Biochemistry, 2008, 102: 395-405.

[130] SLAGT V F, LEEUWEN P W N M, REEK J N H. Supramolecular bidentate phosphorus ligands based on bis-zinc(Ⅱ) and bis-tin(Ⅳ) porphyrin building blocks[J]. Dalton Transactions, 2007, (22): 2302-2310.

[131] HOSSEINI A, TAYLOR S, ACCORSI G. Calix [4] arene-linked bisporphyrin hosts for fullerenes: Binding strength, solvation effects, and porphyrin-fullerene charge transfer bands[J]. Journal of the American Chemical Society, 2006, 128: 15903-15913.

[132] FRANCIS D S, SURESH G, MELVIN E Z. Supramolecular complex composed of a covalently linked zinc porphyrin dimer and fulleropyrrolidine bearing two axially coordinating pyridine entities[J]. Chemical Communications, 2004, 123: 2276-2277.

[133] YOUNGBLOOD W J, GRYKO D T, LAMMI R K. Glaser-mediated synthesis and photophysical characterization of diphenylbutadiyne-linked porphyrin dyads[J]. Journal of Organic Chemistry, 2002, 67: 2111-2117.

[134] PETTERSSON K, KILSA K, MARTENSSON J. Intersystem crossing versus electron transfer in porphyrin-based donor-bridge-acceptor systems: Influence of a paramagnetic species[J]. Journal of the American Chemical Society, 2004, 126(21): 6710-6719.

[135] 张琨, 王志强, 王芳芳. 金属卟啉分子组装体系中的三线态能量传递[J]. 光学学报, 2008, 28(2): 321-325.

[136] KUNDRAT O, KAS M, TKADLECOVA M. Thiacalixarene-porphyrin conjugates with high selectivity towards fullerene C_{70}[J]. Tetrahedron Letterst, 2007, 48: 6620-6623.

[137] KAS M, LANG K, STIBOR I. Novel fullerene receptors based on calixarene-porphyrin conjugates[J]. Tetrahedron Letters, 2007, 48: 477-481.

[138] GADDE S, ISLAM D M S, WIJESINGHE C A. Light-induced electron transfer of a supramolecular bis (zinc porphyrin)-fullerene triad constructed via a diacetylamidopyridine/uracil hydrogen-bonding motif[J]. Journal of Physical Chemistry C, 2007, 111(34): 12500-12503.

[139] SUN D, THAM F S, REED C A. Supramolecular fullerene-porphyrin chemistry. Fullerene complexation by metalated "jaws porphyrin" hosts[J]. Journal of the American Chemical Society, 2002, 124: 6604-6612.

[140] ZHANG K, ZHANG H, TIAN Y, et al. High sensitivity and accuracy dissolvedoxygen (DO) detection by using PtOEP/poly (MMA-co-TFEMA) sensing film[J]. Spectrochimica Acta Part A: Molecular and Biomolecular Spectroscopy, 2017, 170: 242-246.

[141] CHU C, LO Y. Highly sensitive and linear calibration optical fiber oxygensensor based on Pt(Ⅱ) complex embedded in sol-gel matrix[J]. Sensors and Actuators B: Chemical, 2011, 155: 53-57.

[142] JIANG J, GAO L, BAI C, et al. Development of fiber optic fluorescence oxygen sensor in both *in vitro* and *in vivo* systems[J]. Respiratory Physiology & Neurobiology, 2008, 161: 160-166.

[143] GANESH A B, RADHAKRISHNAN T K. Fiber-optic sensors for the estimation of oxygen gradients within

biofilms on metals[J]. Optics and Lasers in Engineering, 2008, 46: 321-327.

[144] PULIDO C, ESTEBAN Ó. Tapered polymer optical fiber oxygen sensor based on fluorescence-quenching of an embedded fluorophore[J]. Sensors and Actuators B: Chemical, 2013, 184: 64-69.

[145] TIAN Y, SHUMWAY B R, YOUNG BULL A C. Dually fluorescent sensing of pH and dissolved oxygen using a membrane made from polymerizable sensing monomers[J]. Sensors and Actuators B: Chemical, 2010, 147: 714-722.

[146] LU H, JIN Y, TIAN Y, et al. New ratiometric optical oxygen and pH dual sensors with three emission colors for measuring photosynthetic activity in cyanobacteria[J]. Journal of Materials Chemistry, 2011, 21: 19293-19301.

[147] ZHANG L, SU F, TIAN Y, et al. A dual sensor for real-time monitoring of glucose and oxygen[J]. Biomaterials, 2013, 34: 9779-9788.

[148] ZHOU X, SU F, TIAN Y, et al. Platinum (Ⅱ) porphyrin-containing thermo responsive poly (*N*-isopropylacrylamide) copolymer as fluorescence dual oxygen and temperature sensor[J]. Sensors and Actuators B: Chemical, 2011, 159: 135-141.

[149] ZHAO Q, ZHOU X, WEI H, et al. Fluorescent/phosphorescent dual-emissive conjugated polymer dots for hypoxia bioimaging[J]. Chemical Science, 2015, 6: 1825-1831.

[150] WANG R, PENG H, CHEN Y, et al. A hydrogen-bonded-supramolecular-polymer-based nanoprobe for ratio metric oxygen sensing in living cells[J]. Advanced Functional Materials, 2016, 26(30): 5419-5425.

[151] MANI T, NIEDZWIEDZKI D M, VINOGRADOV S A. Generation of phosphorescenttriplet states via photoinduced electron transfer: Energy and electron transfer dynamicsin Pt porphyrin rhodamine B dyads[J]. Journal of Physical Chemistry A, 2012, 116: 3598-3610.

[152] OBATA M, TANAKA Y, ARAKIS N, et al. Synthesis of poly (isobutyl-co-2,2,2-trifluoroethyl methacrylate) with 5,10,15,20-tetraphenylporphinato platinum(Ⅱ) moiety as an oxygen-sensing dye for pressure-sensitive paint[J]. Journal of Polymer Science. Part A: Polymer Chemistry, 2005, 43: 2997-3006.

[153] TIAN Y Q, SHUMWAY B R, MELDRUM D R. A new cross linkable oxygen sensor covalently bonded into poly (2-hydroxyethyl methacrylate)-co-polyacrylamide thin film for dissolved oxygen sensing[J]. Chemistry of Materials, 2010, 22: 2069-2078.

[154] HERST P M, TAN A S, BERRIDGE M V, et al. Cell surface oxygen consumption by mitochondrial gene knockout cells[J]. Biochimicaet Biophysica Acta, 2004, 1656: 79-87.

[155] WANG X, XIE Z, CHEN X, et al. Reversible optical sensor strip for oxygen[J]. Angewandte Chemie International Edition, 2008, 47: 7450-7453.

第8章　卟啉材料药物传递与诊疗

8.1　卟啉与核苷酸的研究对抗癌药物的影响

癌症是一种治愈难度很大的疾病，开发新型有效的抗癌药物成为当今世界非常重要和迫切的研究课题。现有抗癌药物虽然有一定疗效，但大多数具有严重毒副作用且靶向性差。因此，主要的研究内容之一是寻找低毒、高效、靶向性好的抗癌药物。卟啉及其衍生物是一类大分子杂环平面化合物，能与 DNA 产生各种形式相互作用，具有多种生物效应，并且对癌细胞有一定亲和作用[1]。研究卟啉及其衍生物可以促进抗癌药物的研究，并且在靶向药物治疗方面具有重要的研究意义。

8.1.1　卟啉材料抗癌药物

卟啉材料是生物医学界的重点研究对象，在无机材料模拟生物膜离子通道的研究中扮演了重要的角色，可以加速离子在液/液界面上的转移，更重要的是，越来越多的卟啉类化合物在作为抗癌药物方面具有广泛的应用。卟啉物质的发现及在肿瘤荧光诊断和光敏杀伤的深入研究，为光动力学疗法(photodynamic therapy，PDT)的发展和应用奠定了基础[2]。光动力学疗法具有安全性较高、毒副作用小和成本低等优点，已成为一种继手术、放疗、化疗之外的第四种有效的癌症治疗方法[3]。卟啉类抗癌药物的主要作用机理是作为一种光敏剂，在一定波长光的激发下能够发生光动力反应，从而产生高活性的单线态氧($^1O_2$)，最终达到破坏靶细胞化学物质的结果，对癌细胞起到较高的杀伤作用[4]。合成在红光区或近红光区有强吸收、单线态氧产率高及癌细胞靶向性强的光敏剂，已成为该领域研究的热点[5-8]。本小节主要介绍这一领域的研究成果[9]。

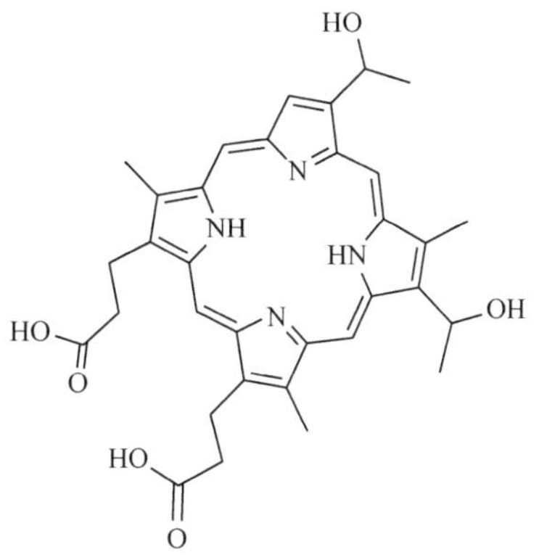

1. 血卟啉衍生物

血卟啉类物质由天然色素血红素制备而成，是卟啉的一种，其结构式如图 8.1 所示。在

图 8.1　血卟啉的结构式

PDT 中，作为一种有效的光敏剂，血卟啉衍生物(hematoporphyrin derivative，HpD)已被广泛应用于各种恶性肿瘤的诊治中。

血卟啉衍生物是第一个被批准上市的光敏剂[10,11]。石焕文等[11]利用声动力学疗法对肿瘤细胞 S180 和 AH130 进行抗肿瘤试验，通过这种疗法证实超声能激活血卟啉，还可对肿瘤细胞有较强的杀伤作用，效果明显高于单纯的超声作用，而单用血卟啉无明显抗肿瘤效应。我国血卟啉衍生物研究发展得相当迅速，解放军总医院的邱海霞等[12]首先对血卟啉单甲醚进行了临床前研究，结果表明该衍生物具有良好的临床应用前景。

2. 苯并卟啉衍生物

苯并卟啉的结构式如图 8.2 所示。苯并卟啉衍生物是一类具有明确化学结构的光敏剂，将其制成脂质体后，在动物体内存留时间约 3h，毒性较低，对动物肿瘤及人体皮肤癌的光动力治疗均有较好的疗效，其作为光疗药物的主要缺点是不溶于水。

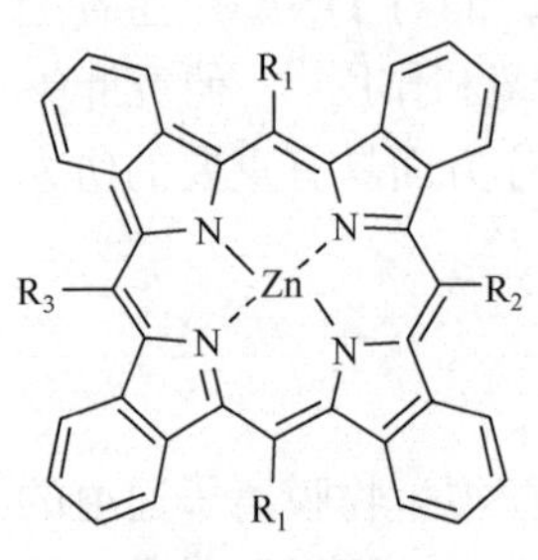

$R_1 = R_2 = R_3 = CH_3(CH_2)_n\text{-O-Ph}^-$

图 8.2　苯并卟啉的结构式

四芳基卟啉是第一个被顺利制备并且纯化作为光敏剂研究的卟啉衍生物，如四苯基卟啉(tetraphenylporphyrin，TPP)，作为光敏剂，其最大吸收波长为 630nm，能够有效地产生单线态氧，但水溶性小。因此，人们又研制了它的四硫酸盐(TPPS4)。TPPS4 的水溶性很好，而且保留了 TPP 的优点，在体内或者体外都有很高的活性，一直被认为是很有前景的光敏剂，但由于在鼠体内测试中具有神经毒性而结束了它的临床试验[13]。

3. 酞菁及其衍生物

最早发现酞菁是在 1907 年[14]，两位英国化学家试图用邻苯二甲酰胺与乙酸脱水反应来合成邻氰基苯甲酰胺，结果意外地得到一种深蓝色的化合物。1934 年，Linstead 等[15]深入研究了该化合物，并称之为“酞菁”，1935 年应用 X 射线衍射方法确定了其分子结构与晶型，其结构式如图 8.3 所示。

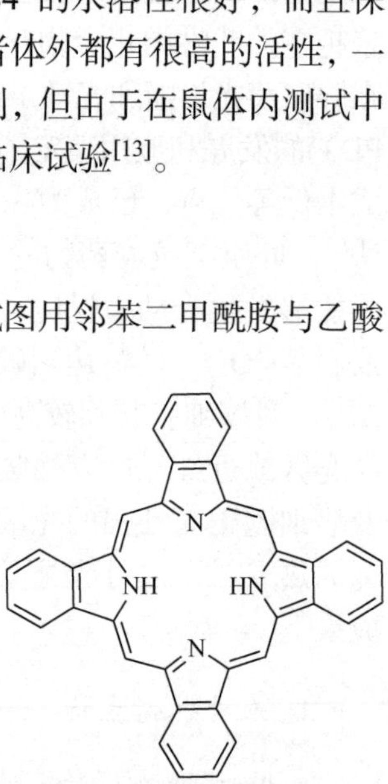

图 8.3　酞菁的结构式

酞菁类化合物由四个异吲哚环组成封闭的十六元环，碳和氮在环上交替地排列，形成一个有十八个 π 电子的环状轮烯发色体系，分子结构与卟啉非常相似。酞菁类化合物分子的十八轮烯共轭结构特征使其在近红光区，尤其是在波长 670～780nm 处有非常强的吸收，具有较宽的光谱响应范围，从而决定了其具有优越的光电性能。锌酞菁、铝酞菁和硅酞菁都是单线态氧的高效产生者，这对其作为 PDT 光敏剂是非常有用的，在各种实体瘤导致的表皮或皮下损伤治疗研究中，已进入不同的临床试验阶段[16-18]。

酞菁类化合物中心核修饰与卟啉类化合物在构效关系上具有共同之处：吸收性和治疗效力都与亲水基团数目有直接的关系。在铝酞菁系列中，有两个磺酸基团的化合物比有三个或四个磺酸基团的化合物显示出更强的吸收性和光毒性；通过对患有 EMT-6 肿瘤 BALB/c 鼠的实验证实，两个磺酸基团的铝酞菁光毒性是四个磺酸基团铝酞菁的 10 倍。

4. 二氢卟吩与菌绿素及其衍生物

由于卟啉与酞菁环具有相对的氧化稳定性，大量的衍生物被制备、研究和测试。卟啉环的最大吸收波长太小，不能穿透深层组织，对体内肿瘤的治疗还有很大的局限性。若将其还原为二氢卟吩，或进而还原为菌绿素，可将吸收波长增大到 650～670nm(二氢卟吩)或 730～800nm(菌绿素)，并且仍保持高效产生单线态氧。

第一个被作为光敏剂评估的此类化合物是天然产物二氢卟吩，其最大吸收波长为 654nm，它的烷基酯或其他衍生物已被证实具有更好的生物利用率和疗效[19,20]。二氢卟吩的另一类似物维替泊芬(verteporfin)具有时间较短(3～5d)的皮肤光过敏且能很快地从组织中消除；它用于年龄相关性黄斑变性的治疗已取得了成功，对于基部细胞瘤的治疗正处在临床试验阶段。Silva 等[21]合成的糖基二氢卟吩衍生物具有较高的活性、选择性和生物利用度，有较高的研究价值。

5. 卟啉中心核修饰衍生物

卟啉周边取代基的改变对于吸收波长的影响较小，而卟啉环中心核的修饰可显著改变其吸收波长[22]。卟啉 21-位 NH 被硫原子或硒原子取代的衍生物已得到广泛的研究，将卟啉 21-位 NH 被硫原子取代的化合物及卟啉 21-位 NH 被硒原子取代的化合物与二氢卟吩 e6(一种天然光敏剂)，在小鼠体内进行了效力测试比较，它们表现出良好的疗效且卟啉 21-位 NH 被硒原子取代的化合物没有皮肤光过敏性[23]。进一步研究表明，S 或 Se 在 21-位，23-位双修饰的卟啉能够吸收更长波长的光(一般在 695～700nm)[24]，其最大吸收波长可以达到 730nm。

在卟啉系列中，TPPS4 类似物的构效关系已有大量的文献报道，当卟啉环的 5-位，10-位是磺芳基而 15-位，20-位上是其他取代基时，化合物表现出最好的肿瘤吸收性和组织消除性。有研究表明，21-位，23-位中心核修饰卟啉的 5-位，10-位-二磺芳基化合物比其三或四磺芳基化合物具有更好的疗效和较低皮肤光敏性[23-25]。

卟啉类羧酸类似物的构效关系与其磺酸类似物相似[26]。在鼠的 R3230AC 乳腺癌细胞中，具有两个羧酸基团的化合物比具有一个、三个或四个羧酸基团的化合物有着更大的细胞摄入量和更好的疗效。

有研究表明，中心核修饰卟啉上取代基的空间立体效应与电子效应对其生物活性都有很强的影响，在其间位的取代基空间位阻越小，取代后成为不对称性化合物的活性越好[27,28]。

6. 扩展型卟啉

由于环的扩展，扩展型卟啉能够络合更大直径的金属离子，显示出一些不寻常的生物活性[29]。共聚焦激光显微法和细胞荧光测定法的研究表明，合成的五卟啉能够穿透细胞膜富集在细胞质中，在没有光照的情况下，即使浓度达到 3μg/mL，也没有明显的细胞毒性效应。但当白炽光(8mW/cm^2)照射时，在细胞浓度达到 1.5μg/mL 时就显示了很强的、剂量依赖性的光毒效应[30]。荧光激活细胞分选(fluorescence-activated cell sorting，FACS)和激活半胱天冬酶 3/7 测定说明这个化合物是通过脱噬作用造成细胞死亡的[31]。

以前的研究多在卟啉大环间位上(5-位，10-位，15-位，20-位)，后来在其 β 位的研究也取得了突出成果[32-34]。适宜的药物载体如脂质体[35,36]、纳米微粒载药体系[37,38]、聚合物胶束载药体系[39,40]等的运用，不仅可以防止光敏剂在血液中自聚，还可满足光敏剂的非肠道用药方式，促进光敏剂在目标组织的富集，从而达到提高光疗活性的目的。光敏剂亲水性增加会减弱其穿透细胞膜的能力和选择性，因此理想的光敏剂是两性的，且亲水性和选择性应达到一个较好的平衡[41]。

核苷卟啉衍生物、短肽链修饰的卟啉衍生物、糖基卟啉衍生物、硼烷卟啉衍生物等作为光敏抗癌药物，已得到大量的研究[42,43]。Gradl 等[44]研究的卟啉化合物具有良好的钾通道表面识别功能。由于硼烷卟啉中硼中子的存在，主要在癌细胞上富集，从而大大减少了毒副作用[45]。

8.1.2 卟啉材料与抗癌药物的共价连接

卟啉材料对于增殖异常的肿瘤细胞具有一定的亲和力，是一类具有特殊生物功能的化合物。研究者曾将卟啉与杯芳烃连接，进行仿 P-450 酶研究，取得了一些成果[46,47]。甲氨蝶呤是一种通过抗叶酸素抑制细胞分裂的抗肿瘤药[48]，由于其不易被肿瘤细胞吸收而易产生耐药性，将其与扩展卟啉连接有望解决此问题。

1. 卡铂

卡铂[*cis*-diammine(1,1-cyclobutanedicar-boxylato)platinum(Ⅱ)]为铂类第二代抗癌药，与顺铂具有类似的抗肿瘤作用，用于治疗子宫癌、卵巢癌、小细胞或非小细胞肺癌、头颈癌等多种癌症。卡铂的作用机制与顺铂相同，均为抑制脱氧核糖核酸(DNA)的合成。与四苯基卟啉连接后不但使其富集于肿瘤细胞，而且使光敏剂的吸收波长增加，提高了穿透力，治疗效果明显增加[49]。

2. 替加氟

替加氟作为抗癌药物已广泛应用于临床，将它连接到卟啉上，采用噻唑蓝比色法研究了这些替加氟卟啉衍生物对肝癌细胞的体外抑瘤作用，其抑瘤活性得到明显提高($P < 0.01$)，细胞生长抑制率提高了一个数量级。说明卟啉结构的引入，极大地提高了抗癌药物的抑瘤活性[50,51]。

3. 氟尿嘧啶

贾志云等[52]将卟啉与氟尿嘧啶共价连接之后，进行了一系列抗肿瘤实验。结果表明，无论是作用于动物还是人类的癌细胞，卟啉-氟尿嘧啶复合物具有明显杀伤癌细胞的作用，几乎没有副作用。

卢小泉教授研究团队在此方面也做了大量的研究[53-55]。近几年研究了比较新颖的 TPP-DB12C4 和 TPP-DB15C5 液/液界面的电化学性能，应用扫描电化学显微镜研究离子在卟啉-冠醚、1,2-二氯乙烷溶剂/水界面的转移反应，实验使用本实验室第一次合成的卟啉-冠醚作为配体，研究了合成卟啉-冠醚与锂离子和钠离子的界面转移反应。结果表明，卟啉与冠醚共轭形成卟啉大环平面，有利于与碱金属离子配位反应，扩散系数和 K_f 均大于前人研究结果。这些研究有助于更好地理解界面离子转移机制，在生命过程中研究离子跨膜传输机制，对揭示生命奥秘有重要的意义。

8.1.3　核苷酸的结构及特性

核苷酸是脱氧核糖核酸(deoxyribonucleic acid，DNA)及核糖核酸(ribonucleic acid，RNA)的基本组成单位，是生物体内核酸合成的前体。端粒是由独特的 DNA 序列及相关蛋白质组成的线性真核染色体末端结构，它参与稳定染色体末端及精确复制等过程，在保护染色体的完整性和维持细胞的复制能力方面起着重要的作用。端粒酶是由 RNA 和蛋白质亚基组成的一种能够延长端粒的特殊反转录酶[56]。端粒长度和端粒酶活性的变化与细胞衰老和癌变密切相关，端粒结合蛋白可能通过调节端粒酶的活性来调节端粒长度，进而控制细胞的衰老、永生化和癌变。研制端粒酶的专一性抑制剂在肿瘤治疗方面有着广阔的前景，因此本小节重点介绍端粒 DNA。

端粒 DNA 一般由富含 G 的简单重复序列组成，人类的序列是 $d(TTAGGGG)_n$。端粒 3′末端的这类重复序列形成一段单链突出，这被认为是端粒的普遍特征。端粒的这种独特序列可能与其功能密切相关，因此近年来对端粒 DNA 空间结构的研究受到较多重视。

对含有端粒重复序列的单链寡核苷酸的体外研究表明，它可形成四联体螺旋结构。该结构由鸟嘌呤之间的氢键维系，因此称为 G 四联体(G-quadruplex)。G 四联体是一种特殊的核酸二级结构，广泛存在于人类基因组 DNA 及 RNA 中，主要分布在一些与基因功能密切相关的区域。有研究发现，G 四联体结构在维护基因稳定、保持端粒长度、调控基因转录与翻译表达、基因重组等生命过程中都具有很重要的作用[57]。

1953 年以来，右手双螺旋 DNA 结构已经被研究者所熟知，1958 年开始了对 G 四联体结构的研究[58]。Watson 在 1910 年第一次报道了鸟苷酸在高浓度时形成凝胶的事实，这表明富集 G 的 DNA 序列可能形成高度有序的结构[59]。G 四联体结构是堆叠的核酸结构，能形成特定重复富集 G 的 DNA 或 RNA 序列。Huppert 及其同事首次观察到鸟苷酸可以组装成高度有序的结构，在实验中利用 X 射线衍射证明了鸟苷酸可以组装成四联体的结构[60]。在这些四联体中，四个鸟嘌呤分子相互连接形成一个四方形，是平面排列的四联体，每个鸟嘌呤与两个相邻鸟嘌呤之间通过氢键结合。堆叠的 G 形成 G 四联体结构，相间的序列被压缩为单链的环。由于富含串联重复的鸟嘌呤碱基，所以该结构被称为“G 四联体”。

在生物重要的 DNA 序列中发现了 G 四联体的存在，这些区域包括一些重要的原癌基因引发区域、免疫球蛋白切换区域和端粒[61]。端粒是富含鸟嘌呤的单链 DNA。端粒 3′富集的鸟嘌呤序列平衡于单链和双链之间，在端粒的 G 四联体结构抑制端粒酶的活性。端粒酶作为 DNA 聚合酶，在末端增加端粒的端粒重复序列。在人类癌细胞中，这种酶活性为 85%～90%，因此抑制端粒酶活性对于抗癌药物的发展是一种很有前景的方法。卟啉及其衍生物与鸟嘌呤富集端粒序列的相互作用和人类端粒酶的抑制已有一些研究[62-66]。Kato 等[67]利用抗生素 pyridostatin 发现癌细胞中的四链 DNA 结构，pyridostatin 只能与 G 四联体结合。在研究中，为了防止 G 四联体解体为正常的 DNA 结构，研究人员将其与 pyridostatin 结合，pyridostatin 可将四链螺旋困于其生成的地方。这种方法让研究人员可以了解到四链螺旋结构在细胞增殖的各阶段所生成的数量。这些研究结果将提供实质性的证据，证明哺乳动物细胞的基因组和细胞环境中的稳定配体对于 G 四联体结构的形成具有干预作用[67]。

卟啉及其衍生物是一类大分子杂环平面化合物，能与 DNA 通过各种形式反应(如插入、堆积等)稳定 DNA 结构，这种稳定结构阻碍端粒酶识别端粒 DNA 引物，从而抑制端粒酶的表达。通过目标 DNA 对卟啉抑制剂的筛选，促进了抗癌药物的研究，在未来靶向药物治疗方面有重要意义。

卟啉调节许多能量过程，如细胞新陈代谢、氧化作用(人体)甚至是光合作用。卟啉所具有的多齿配位作用及大环结构特征，使之具有许多独特的理化性质和功能，不仅在化学与材料科学方面有广阔的发展前景，而且在自然界生命现象中发挥非常重要的作用，使卟啉类药物尤其是作为抗癌药物在众多研究领域异军突起[68,69]。因此，这类分子及其衍生物引起了化学家、物理学家和生物学家的强烈关注，应用在催化、光电过程及化学等不同领域。很长一段时间来，卟啉应用于肿瘤的光谱治疗中，是因为与正常组织相比，它可以富集在肿瘤组织。研究人员推测，卟啉的芳环平面结构，使这类化合物堆积到 G 四联体上和 DNA 结构结合[70]。很多研究也证明了卟啉与 DNA 的主要键合形式有嵌插模式、外部堆积或外部结合。

关于卟啉类化合物与 DNA 的键合，通过光谱技术研究人类端粒 G 四联体在 Na^+和K^+存在形式下，与 Cu(Ⅱ)酞菁(Cut)和两个四吡啶氮杂卟啉$[Cu(2,3\text{-}TMTPPA)]_4^{4+}$(Cu2,3)、$[Cu(3,4\text{-}TMTPPA)]_4^{4+}$(Cu3,4)[71,72]的相互作用。图 8.4 为该反应的圆二色谱，其中 K-0 指物质都溶于 150mmol/L KCl 和 0.1mmol/L EDTA 的 pH = 7 磷酸盐缓冲溶液中，Na-0 指物质都溶于 150mmol/L NaCl 和 0.1mmol/L EDTA 的 pH = 7 磷酸盐缓冲液中。

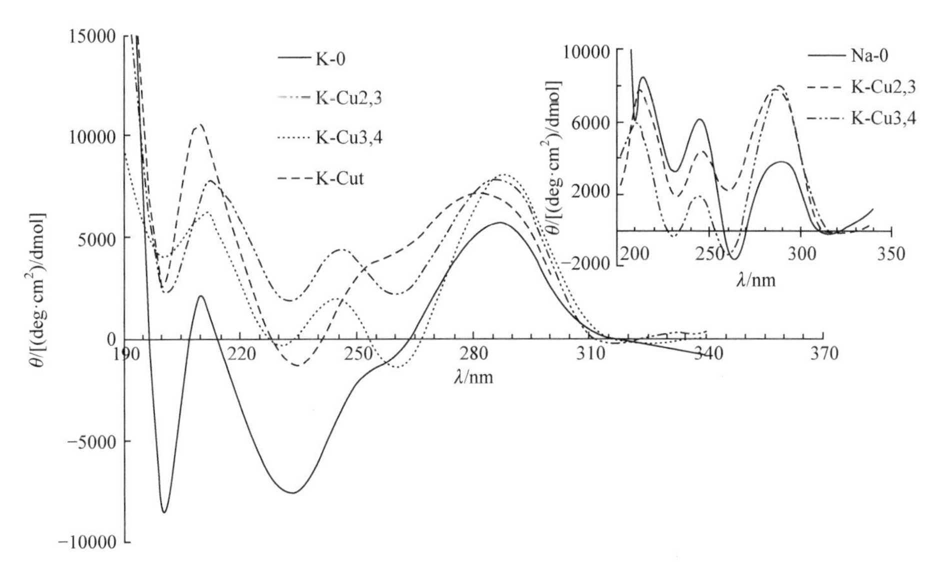

图 8.4　G 四联体与 Cu(Ⅱ)酞菁和($[Cu(2,3\text{-}TMTPPA)]_4^{4+}$、$[Cu(3,4\text{-}TMTPPA)]_4^{4+}$)相互作用的圆二色谱[72]

圆二色谱表明，键合四吡啶氮杂卟啉后，在 Na^+存在下两种四联体形式都转化为 G 四联体的形式，而酞菁没有改变。阳离子的四吡啶氮杂卟啉与 G 四联体的相互作用明显强于阴离子酞菁，并推测它们是通过末端堆积的方式与 G 四联体键合。

发生上述的现象是因为酞菁是带负电的，两个四氮杂卟啉是带正电的。G 四联体带负电，因此与阳离子配体结合更加紧密[73]。这就是为什么阴离子酞菁的键合效果会比阳离子四氮杂卟啉弱。此外，K-Cu2, 3 和 K-Cu3, 4 的 CD 峰类型说明，四氮杂卟啉外围取代基的位置是影响四氮杂卟啉与四联体相互反应的一个重要因素。

Sciscione 等[74]研究了卟啉类和锌(Ⅱ)卟啉类物质与 G 四联体之间的相互反应。这种反应具有强烈的键合与选择性，提高了卟啉类物质在没有 K^+存在下诱导 DNA 形成特殊 G 四联体构象的反应效率。从 CD 光谱信号(图 8.5)中发现，在 3,4-TMPyPz 或 3,4-Zn(Ⅱ)TMPyPz 存在下，295nm 出现一个正峰(说明是反平行的构象)。卟啉类物质可以与 DNA 稳定键合，能够识别并形成特定 G 四联体构象，目前在四联体相关的化学键合探索研究中有广泛的前景。3,4-TMPyPz 和 3,4-Zn(Ⅱ)TMPyPz 的结构见图 8.6。

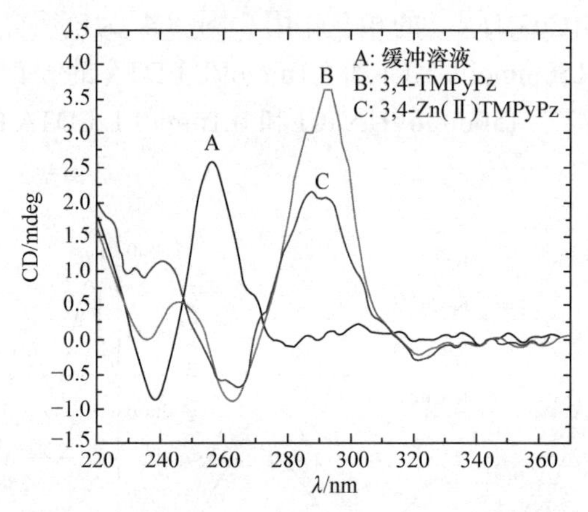

图 8.5　10mmol/L DNA 在缓冲溶液、3,4-TMPyPz、3,4-Zn(Ⅱ)TMPyPz 中的 CD 光谱图

从以上研究发现，阳离子卟啉类化合物对核苷酸的稳定作用强于阴离子酞菁，金属卟啉类化合物的稳定作用强于卟啉类化合物。同时，卟啉取代基的位置对于稳定作用也有非常重要的作用。

接下来分别阐述非金属卟啉和金属卟啉与 G 四联体的稳定性。

8.1.4　卟啉材料与 G 四联体的稳定性

1. 非金属卟啉与 G 四联体

根据 CD 光谱和核磁共振光谱研究，Han 等[75]发现，阳离子卟啉 TMPyP4 和 TMPyP2 具有相似的结构(图 8.7)，但抑制端粒酶能力有潜在的不同。研究发现，TMPyP4 能够稳定四联体 DNA 从而抑制端粒酶的活性，但 TMPyP2 不能抑制端

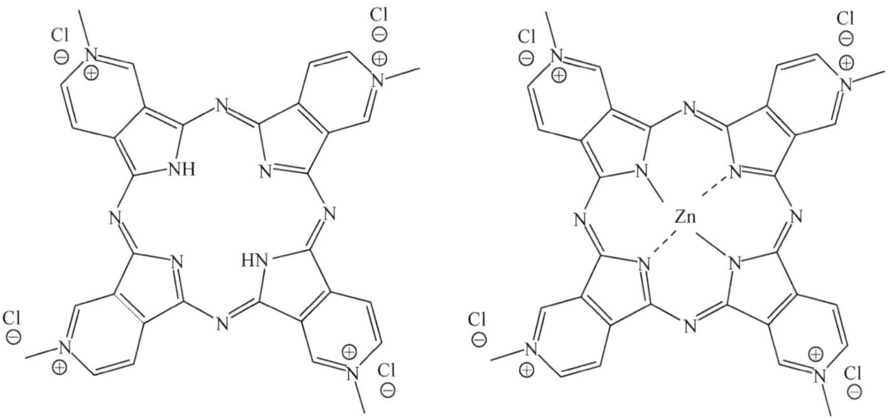

Cl ⊖ N ⊕ Cl ⊖ ⊕ N N NH N N N HN N Cl ⊖ N ⊕ ⊕ N Cl ⊖

Cl ⊖ N ⊕ Cl ⊖ ⊕ N N N N N Zn N N N N Cl ⊖ N ⊕ ⊕ N Cl ⊖

(a) 3,4-TMPyPz (b) 3,4-Zn(Ⅱ)TMPyPz

图 8.6 3,4-TMPyPz 和 3,4-Zn(Ⅱ)TMPyPz 的结构

粒酶活性。光致断裂分析表明，两种卟啉与 G 四联体的结合位点不同，TMPyP4 通过 G 四联体 GT 的叠加，结合分子内的四联体 DNA；TMPyP2 键合相同的 G 四联体，主要通过外部键合 TTA 环。根据理论猜测，TMPyP2 有大空间位阻，使整个化合物形成平面，很难嵌入螺旋结构，同时需要很高的能量。如图 8.8 所示，四个 GGGTTA 端粒重复序列编号为Ⅰ、Ⅱ、Ⅲ、Ⅳ，在四个端粒重复序列的鸟嘌呤编号为 1～12。三个可能反向平行的二级结构是分子四联体、分子内发夹和简单的茎环，其中分子内发夹是可折叠的异构酶发夹。

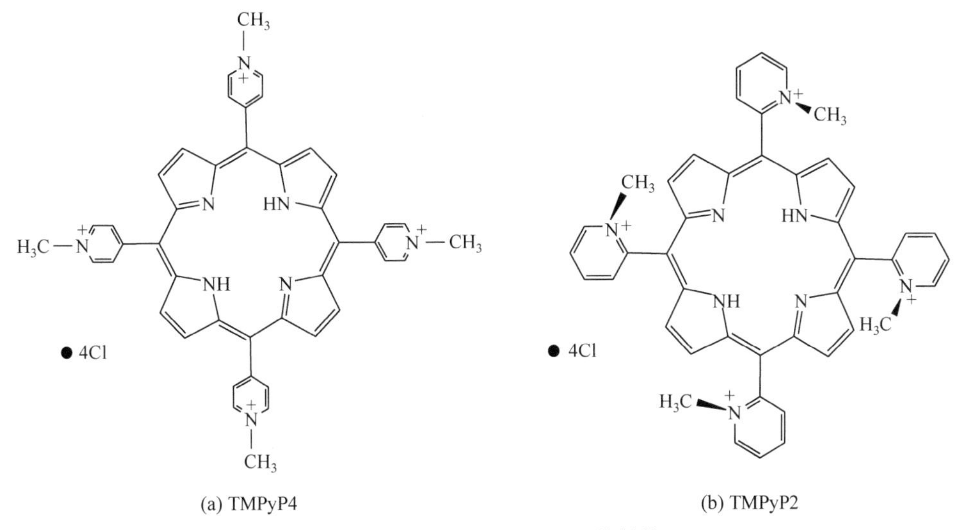

(a) TMPyP4 (b) TMPyP2

图 8.7 TMPyP4 和 TMPyP2 的结构

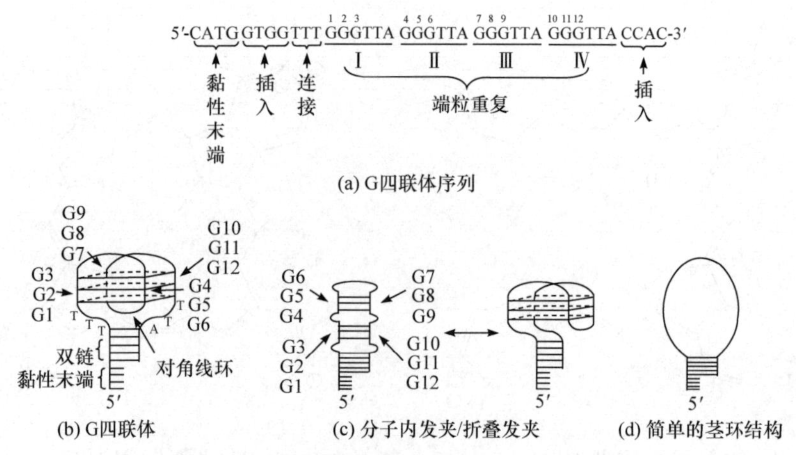

图 8.8　G 四联体序列和三种可能的反平行结构

Shi 等[76]对卟啉堆积到 G 四联体上的能力做了详细的研究，如表 8.1 所示，研究证实了不同的卟啉与 G 四联体的亲和力、特异性和端粒酶抑制程度不同。他们使用非细胞端粒酶和DNA合成物筛选了150多种卟啉类似物，其中一些与DNA有很高的相互作用能力。基于结构-活性表明：卟啉类似物是一种扩展平面的发色团，能堆积和插入到 G 四联体的核心四分体上；带正电荷取代基的卟啉环是必要的，正电荷取代基的数量影响与核苷酸相互反应的活性，$4^{+}>3^{+}>2^{+}$；引入氢键和侧链的长度影响活性；引入一些不对称的基团可以增强平面的相互反应或增加 G 四联体自身的折叠种类。

表 8.1　卟啉堆积到 G 四联体上的能力[76]

物质	*meso*-Ar	抑制程度/%
TMPyP4	N⊕	66
TMPyP3	N⊕	54
TMPyP2	⊕N	0
QP3	N⊕	14
QP4	N⊕	0

续表

物质	*meso*-Ar	抑制程度/%
触须卟啉	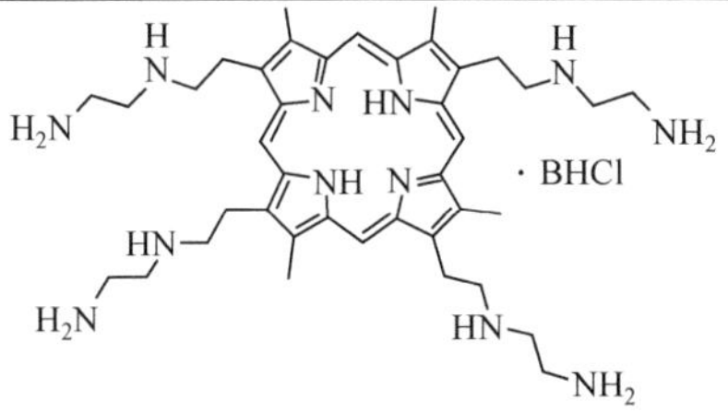 (结构式：H₂N、NH₂、HN、·BHCl)	0

注：卟啉浓度为 25μmol/L。

此外，研究者对 ZnTMPyP4 促进 G 四联体形成的特殊性质进行了详细的表征[77,78]。采用CD、紫外-可见吸收光谱和等温滴定量热法(isothermal titration calorimetry，ITC)测定了其结合亲和力、化学计量学和结合热力学数据，确定了 ZnTMPyP4 稳定人类和酵母端粒 DNA 的能力和稳定的选择性。

2. 金属卟啉与 G 四联体

Boschi 等[79]详细研究了 TMPyP4 不同金属中心的 G 四联体亲和力、特殊性和端粒酶抑制。

表 8.2 表明，金属离子的配位化学与端粒酶抑制程度之间存在明显的关系。其中，一些卟啉提供了一个无阻碍的表面用于堆叠配合物，是更好的抑制剂，如平面正方形 Cu(Ⅱ)配合物(75%)和锥体 Zn(Ⅱ)配合物(88%)。相比之下，八面体配合物金属离子携带两个强结合的轴向配体，会阻碍堆叠相互作用，通常活性较低，如 Mn(Ⅲ)(37%)和 Mg(Ⅱ)(42%)。

表 8.2　TMPyP4 金属配合物抑制端粒酶活性[78]

金属离子	几何结构	抑制程度/%
Zn(Ⅱ)	py	88
Co(Ⅱ)	—	83
Fe(Ⅲ)	oh	63
Ni(Ⅱ)	sqpl ↔ oh	42
Mn(Ⅲ)	oh	37
Cu(Ⅱ)	sqpl	75
Mg(Ⅱ)	oh	42
Pt(Ⅱ)	sqpl	69
Pd(Ⅱ)	sqpl	41

注：sqpl 表示平面正方形；oh 表示八面体；py 表示锥体；卟啉浓度为 25μmol/L。

许多卟啉具有促进 G 四联体结构形成的能力，但没有被详细地研究。Bhattacharjee 等[77]使用 CD 和紫外–可见吸收光谱研究了 TMPyP4 及其锌(Ⅱ)、铜(Ⅱ)和铂(Ⅱ)配合物诱导 G 四联体在 K^+缓冲液中与寡核苷酸 $d(TAGGG)_2$ 的折叠能力，证明 TMPyP4、ZnTMPyP4 和 CuTMPyP4 有能力稳定 G 四联体 DNA，只有 ZnTMPyP4 能诱发 G 四联体结构 $d(TAGGG)_2$ 的形成。他们在研究中首次表明 ZnTMPyP4 大大促进 $d(TAGGG)_2$ 折叠成平行 G 四联体结构，在其他条件不支持的情况下(K^+浓度低时)可能促进 G 四联体的展开和折叠。结果显示与高浓度钾离子存在下的结果一样，G 四联体结构有相同的稳定性和 CD 信号。只有 ZnTMPyP4 能够诱导 $d(TAGGG)_2$ 的折叠，同时证明 TMPyP4、CuTMPyP4 或 PtTMPyP4 没有这样的性能[79]。G 四联体与金属–卟啉衍生物的配位作用已被广泛研究，用于分子识别。生物的血红素(Fe^{3+})与来自人类端粒的简单重复序列 d(TTAGGG)的 G 四联体存在复杂的反应，已被核磁共振氢谱表征。血红素(Fe^{3+})夹在 DNA 的 3′-末端 G 四联体中间，以夹层形式存在。因此，在复合物中血红素(Fe^{3+})被 G 四联体的八个羰基氧原子包围。

阳离子卟啉具有许多特有属性及特殊的选择性与亲和力，成为发展端粒酶抑制剂治疗癌症患者的候选对象。

RNA 虽然组成单位、功能等各方面与 DNA 有所不同，但是也可以在体外折叠形成 G 四联体这样非常稳定的结构。Biffi 等[80]使用 G 四联体结构特定性抗体，证明了 RNA 的 G 四联体结构在人体细胞的细胞质内可视化，还证明在体外小分子能键合到 G 四联体上，应用于细胞时能诱导内源性 RNA 的 G 四联体形成。因此，在人类细胞中大环化合物的卟啉可以作为 RNA 稳定剂。

在体外对于卟啉与 RNA 的稳定性已有大量的研究，Faudale 等[81]已证明了在胰腺癌细胞中可有效抑制 KRAS 基因的表达。KRAS 基因包含两个鸟嘌呤的重复序列，可以折叠成几个 G 四联体。这些折叠结构对阳离子卟啉三介孔(*N*-甲基-4-吡啶基)、介孔(*N*-十四烷基-4-吡啶基)卟啉(TMPyP4-C14)具有很高的亲和力，可以有效地穿透细胞膜。光激活后，TMPyP4-C14 在胰腺癌细胞中下调 KRAS 基因表达和诱导细胞生长停滞。

8.1.5　卟啉与双链 DNA

有研究发现，与卟啉稳定 G 四联体相似，卟啉也可以插入或键合在外部双链 DNA 上。Bork 等[82]设计了一种含钯(Ⅱ)的卟啉，使其仅通过插入双链 DNA 与之结合，同时增强对单线态氧形成的敏感性。通过含阳离子卟啉 Pd(T4)和 Pd(*t*D4)的钯(Ⅱ)的氧诱导猝灭，结合 DNA 序列进行对比，研究配体的 X 射线晶体学，加合物的吸光度、圆二色性和发射光谱，溶液中单线态氧发射。这项研究强调了 Pd(*t*D4)的夹层形式比 Pd(T4)产生更高的敏化发射，从图 8.9 中也可以看到，Pd(*t*D4)

产生了很强的信号。卟啉与 TT 或者 CG 结合都会有相似的敏化发射峰。

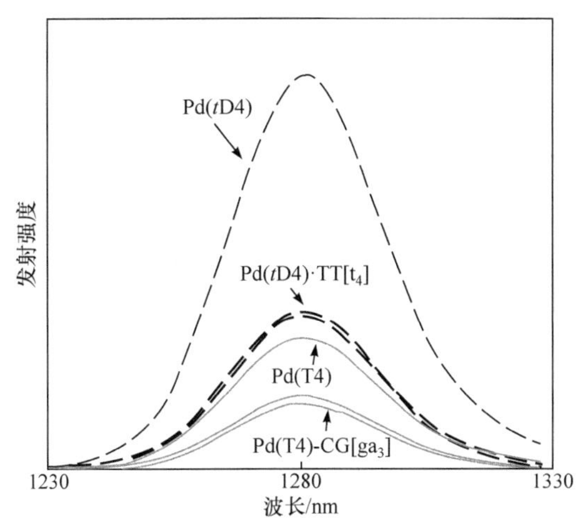

图 8.9　被 Pd(T4)和 Pd(tD4)敏化的单线态氧发射光谱[82]

TT[t4]和 CG[ga3]表示形成发夹结构的 DNA 序列，其中小写字母表示环形成的碱基

近年来，已经有越来越多的研究人员研究 G 四联体形成、分子识别及应用。由于 G 四联体在体内发挥潜在的作用，设计稳定端粒末端 G 四联体的特定分子，在化学治疗、癌症治疗方面拥有不可估量的发展前途。一些包括卟啉在内拥有大环平面结构化合物的衍生物，它们键合四联体从而干扰相应生物功能的能力已被大量研究。卟啉衍生物已经在癌症治疗方面引起了研究者特别浓厚的兴趣，其积累在肿瘤组织的程度要比在正常组织上更大。研究者更感兴趣的是卟啉类似物，具有芳香环的平面排布结构的化合物可以键合到 G 四联体上。卟啉衍生物的研究对治疗癌症和其他疾病的生物学研究有很好的帮助。卟啉不仅用于此，也用于开发太阳能、光合作用、人工化学、分子电子学和光学等许多领域。总之，研究结果(CD、核磁共振等)显示了卟啉衍生物与 DNA 相互作用的稳定性，以及一些卟啉与 DNA 的协同作用。

8.2　卟啉材料生物成像与治疗

卟啉是生命过程中非常重要的一类分子，参与光合作用、血液循环、消化代谢等重大的生命环节及细胞寿命，起到了多种作用，其结构多样、功能复杂、具有很多活性位点，与蛋白质、DNA 等生命物质有紧密的相互作用，因此在生物医学领域具有很大的应用前景。其应用范围包括活体传感器、人工酶、活性物质探针、生物标记与成像、疾病诊断和治疗等，本节主要介绍卟啉材料在生物成像与治疗方面的应用[86]。

卟啉材料在生物成像与医学治疗领域具有巨大的潜力(图 8.10)，这是因为其具有高生物相容性，本身是出色的荧光分子。卟啉的金属配合物都是热力学和动力学稳定的，并且结构多样性赋予它们良好的修饰位点来适应复杂多变的环境，也使其可以作为多种功能集成的平台[87]。

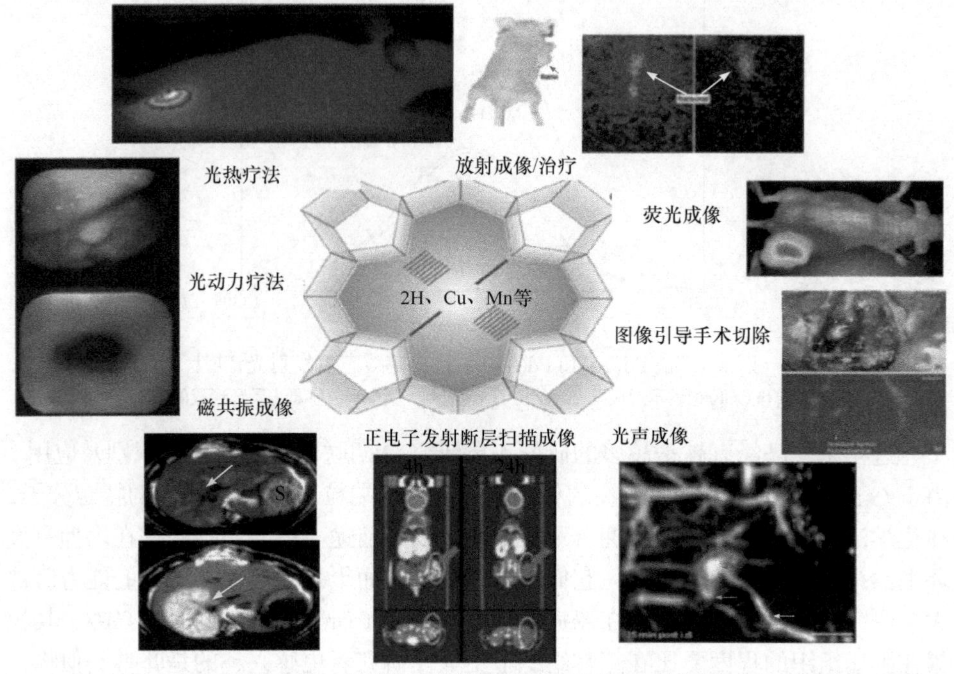

图 8.10 卟啉材料生物成像与医学应用示例[88]

8.2.1 成像模式简介

1. 荧光成像

活体生物荧光成像技术(*in vivo* bioluminescence imaging)是近年来发展起来的一项分子、基因表达分析检测系统。它由敏感的电荷耦合器件(charge coupled device，CCD)及其分析软件和荧光分子(包括染料、荧光物质、发光材料)组成，利用灵敏的检测方法，研究人员能够直接监控活体生物体内肿瘤的生长及转移、感染性疾病发展过程、特定基因的表达等生物学过程。因其操作极其简单，所得结果直观、灵敏度高等，在刚刚发展起来的几年时间内，已广泛应用于生命科学、医学研究及药物开发等方面。

卟啉作为一种良好的光敏材料和生物分子，是优秀的荧光成像试剂，其用于荧光成像由来已久。2006 年，Corr 等[89]制备了荧光卟啉磁球。通常情况下，磁球是一种荧光猝灭材料，这种荧光磁球由多面体八氨基丙基半硅氧烷与卟啉衍生物制备而成，纳米粒子通过各向异性粒子间相互作用聚集成较大磁性团簇，不仅保护了荧光发射，也增加了低场弛豫率。巨噬细胞和骨细胞对纳米复合材料的摄取，证明了磁球的生物相容性良好，并具有作为磁共振造影剂的潜力。这些磁悬液是潜在的细胞器特异性诊断标记物，可通过磁共振成像或荧光共聚焦成像进行检测，用作药物输送系统。这些系统可能在诊断和治疗与过度吞噬反应相关的退行性和慢性疾病(如自身免疫性疾病和骨质疏松症)方面，具有重要应用。

2. *磁共振成像*

磁共振成像(magnetic resonance imaging，MRI)是一种较新的医学成像技术，国际上 1982 年才正式用于临床。它采用静磁场和射频磁场使人体组织成像。在成像过程中，既不用电子离辐射，也不用造影剂，就可获得高对比度的清晰图像。它能够从人体分子内部反映人体器官失常和早期病变。磁共振成像装置除了具备 X 射线 CT 的解剖类型特点，即获得无重叠的质子密度体层图像之外，还可借助磁共振原理精确地测出原子核弛豫时间 T_1 和 T_2，能将人体组织中有关化学结构的信息反映出来。通过计算机重建的这些信息图像是成分图像(化学结构像)，能将同样密度的不同组织和同一组织的不同化学结构通过影像表征。这就便于区分脑中的灰质与白质，对组织坏死、恶性疾病和退化性疾病的早期诊断效果有极大的优势，其软组织的对比度也更为精确。

常见的医用磁共振成像为氢磁共振成像，感应含有氢原子的物质如水分子，作为成像目标，其弛豫时间受到磁场强度和周围磁性物质的双重作用。当没有磁性物质作为造影剂时，测试时间较长(45min～1.5h)，不利于实时检测体内信息，对患者也不友好。因此，提高磁场强度和增强造影剂效果是缩短测试时间的最佳途径。医用磁共振成像磁场强度为 3～6T，提升空间有限，且对仪器的要求很高，因此磁性造影剂的重要性日益凸显[90]。常见的 T_1 造影剂多为超顺磁性材料，如 Mn^{2+}、Gd^{3+}、Co^{2+}、Fe^{3+}等，因离子内含有同旋的单电子而具有磁场，影响周围环境；T_2 造影剂以 Fe_3O_4 材料为主。制备高弛豫率、低毒性的造影剂是目前医学成像的主要要求[91]。

Hitomi 等[92]合成了高分子量的亲水性锰卟啉复合物(图 8.11)，这种材料具有高纵向弛豫率和低毒性，且具有类似于超氧化物酶的活性，是一种较好的磁共振成像造影剂，其 T_1 值比 Mn-TPPS 高 7.5 倍。此外，该研究为磁共振成像应用提供了一种非重金属 Gd 造影剂。

Huang 等[93]为了提高磁共振成像的效率，设计了同时具备 T_1 和 T_2 加权磁共振成像引导的光热治疗(photothermal therapy，PTT)材料，具有靶向输送药物进入肿瘤的能力。该材料在有效个性化癌症治疗和其他生物医学应用方面，起着至关重要的作用(图 8.12)。光热试剂锰卟啉和化疗药物多柔比星(doxorubicin，Dox)被

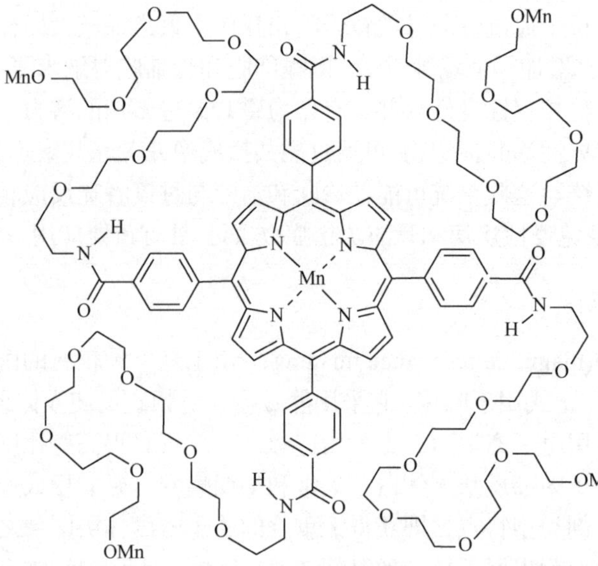

图 8.11　锰卟啉复合物

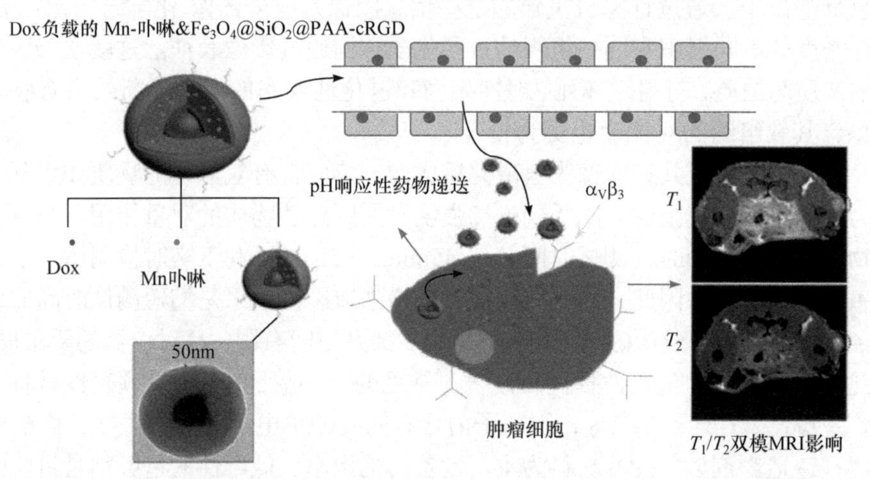

图 8.12　负载药物与锰卟啉的纳米铁球活体 T_1、T_2 双模磁共振成像示意图[93]

负载于核壳结构 Fe_3O_4@SiO_2@PAA-cRGD(PAA 为聚丙烯酸，cRGD 为多肽)纳米粒子中，这个纳米复合体系可以有效地应用于 T_1 和 T_2 加权 MRI 和 pH 响应性药物释放。荧光成像表明，纳米复合物通过受体介导的过程，特异性地聚集在肺癌细胞中，并且对正常细胞无毒。pH 为 7.4 时，横向与纵向的弛豫参数之比 R_2/R_1 为 20.6，pH 为 5 时，R_2/R_1 下降至 7.7，说明该纳米材料在肿瘤酸性环境下可作为理想的 T_1/T_2 双模对比剂。对于体内 MRI，T_1 和 T_2 分别在肿瘤注射纳米复合材料后显著增加 55%和 37%。Mbakidi 等[94]为了增强磁性纳米粒子的亲水性和生物相容性，制备了一类右旋糖酐超顺磁性纳米颗粒，其在水溶液中共价接枝亲水卟啉后，增加了成像诊断和靶向光动力学疗法的潜在应用。Shao 等[95]研究了氨基修饰的卟啉衍生物对 MRI 的影响，胺之间水氢键的作用可以提高脂质体内的水含量，从而增加锰卟啉与水的接触，提高脂质双分子层中磁共振成像对比度，通过分子动力学模拟和实验分别验证了 MRI 增强的机理。

锰卟啉作为一种高效的无钆 MRI 造影剂，具有重要的实用价值，但其结构与代谢动力学之间关系的研究较为少见。Cheng 等[96]在水溶性磺酸基锰卟啉的基础上合成了两种变种分子，并与前驱体和造影剂(Gd-DTPA)进行了比较。二聚体 MnP2(图 8.13)在 1T 磁场中 R_1 为每分子 20.9m/[(mol/L) · s]或每分子 41.8m/[(mol/L) · s]，并且在 3T 磁场中仍然保持高弛豫率，超高的 MRI 成像能力允许进一步降低成像所需剂量。R_1 较小的 MnTCP 可以快速通过肾清除，从而减少在体内的循环，其药代动力学与小分子药物类似，安全性得到提高。这些结果表明，锰卟啉的大小、几何形状和极性可以被系统地优化，以优化弛豫率和药代动力学性质，包括组织特异性、扩散速率、代谢途径和清除率。因此，通过建立不同策略或组合，锰卟啉可以定制不同的临床应用，如组织(或疾病)靶向成像、核磁共振血管造影和动态对比增强磁共振成像。

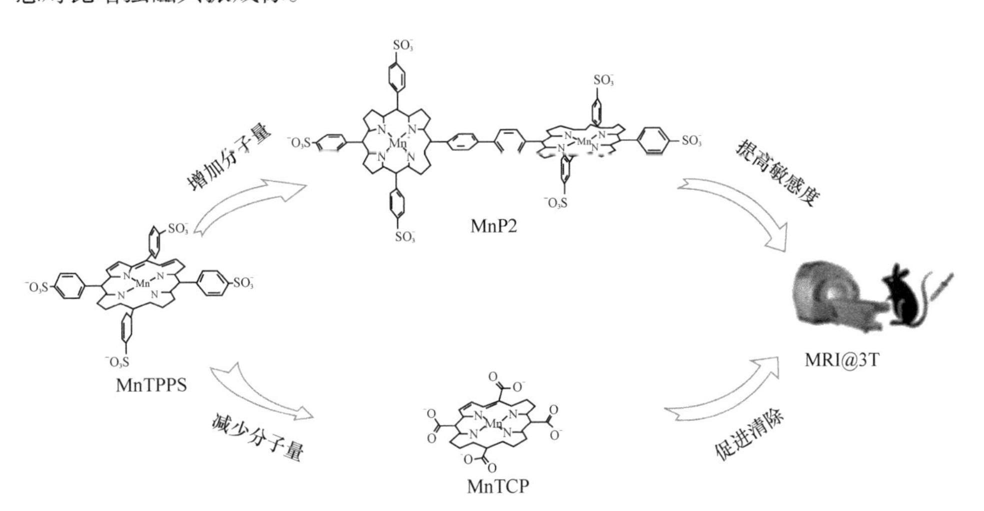

图 8.13　锰卟啉分子量对成像的影响[96]

3. 放射性核素成像

卟啉材料在体内，包括肌肉、血液和组织器官中，对可见光和近红外光的穿透深度限制了其与光动力学疗法(PDT)结合的荧光成像。因此，放射性标记卟啉提供了一种非侵入性的深部肿瘤检测方法，并作为直接评估 PDT 治疗进展的手段。使用 ^{3}H 和 ^{14}C 放射性标记的早期工作已经被用来观察血卟啉在肿瘤中的特异性摄取[97,98]。利用放射性同位素 ^{99}Tc，标记血卟啉及其衍生物的羧基位置，其在生理盐水和血清中具有足够的稳定性，注射入活体后的血液样品显示，大于 80% 的放射性标记卟啉衍生物在 24h 仍保持完整。在荷瘤大鼠体内通过体内单光子发射计算机断层成像技术，成功定位了乳腺癌肿瘤的位置[99,100]。用 ^{55}Co 和 ^{64}Cu 标记血卟啉中心的材料，不仅在小鼠模型中成功标记缺乏明显外形的肿瘤，而且在人体肿瘤模型中实现肿瘤可视化检测，并为成像引导治疗提供指导。

无创动态正电子发射断层显像(positron emission tomography，PET)作为一种对比度成像，在目标内部富集是成像的关键因素。细胞膜的纳米工程技术具有较好的生物相容性和逃避网状内皮系统免疫的能力，对肿瘤靶向治疗具有巨大的应用潜力。然而，将细胞膜与药物和成像剂整合为一个多功能的纳米颗粒，仍然是具有挑战性的。Bo 等[101]使用新型的 PET 元素 ^{89}Zr 作为成像试剂，开发针对肿瘤靶向的标记药物。用 Tween-80 重组癌细胞膜生成多室膜衍生脂质体，并负载四(4-羧基苯基)卟啉(TCPP)偶联 ^{89}Zr，用于 PET 进行体内无创定量追踪。放射性标记的复合物在体内表现出优异的放射化学稳定性，可以通过高通透性和滞留(enhanced permeability and retention，EPR)效应靶向肿瘤并长期保留，实现有效的 PDT。复合物通过网状内皮系统逐渐清除，最后随着胆汁排泄。毒性评价证实，最高污染水平下小鼠未产生急性或慢性毒性。此外，^{89}Zr 标记的复合物可以对淋巴结进行快速和高度敏感的定位，即使对于深部前哨淋巴结也是如此。开发的细胞膜重组途径可扩展到其他类型细胞，通过灵活有效地整合多种多功能药物，为肿瘤靶向治疗提供了一个多功能的平台。

成像分子在体内的代谢动力学是评价材料毒性的关键因素，能在合理的时间范围内从肾脏代谢的纳米材料是较为理想的。然而，将肾脏清除特性整合到单个超小型纳米结构中仍然是一个巨大的挑战。Cheng 等[102]第一次将四(4-羧基苯基)卟啉(TCPP)作为模型，使用 PET 成像来研究不同分子量聚乙二醇(PEG)修饰的卟啉纳米颗粒(TCPP-PEG)的肾清除率和肿瘤摄取行为。由于渗透性和保留作用增强，分子量较大的 TCPP-PEG 纳米颗粒显示出较高的肿瘤摄取量，而分子量较小的颗粒倾向于更好地用于肾脏清除。基于动态 PET 和荧光双模式成像，TCPP-PEG 纳米颗粒是肾清除率和肿瘤摄取最优的样品。体外和体内光动力学疗法证实了该材料具有卓越的治疗效果。这项研究提出了一种简化的方法来制造和选择具有肾清除行为的基于 TCPP-PEG 生物相容性的多功能 TCPP 治疗药物，突出显示了 TCPP-PEG 纳米颗粒作为成像指导癌症治疗探针的临床应用潜力。

4. 其他成像模式

近年来，随着成像仪器与成像造影剂的研究，多种新成像模式出现并成为研究的热点。这些成像模式多具备非侵入性、低危害性、高灵敏性、高分辨率等特点，是现有成像模式很好的补充和竞争者[103]。

光声成像(photoacoustic imaging，PAI)是近年来发展起来的一种非入侵式和非电离式新型生物医学成像方法。当脉冲激光照射到生物组织中时，组织的光吸收域将产生超声信号，这种由光激发产生的超声信号称为光声信号。光声成像结合了纯光学组织成像的高选择性和纯超声组织成像的深穿透性优点，可得到高分辨率和高对比度的组织图像，从原理上避开了光散射的影响，突破了高分辨率光学成像深度“软极限”(约 1mm)，可实现 50mm 的深层活体组织成像。

Jiang 等[103]结合卟啉与磷脂的性质，将超分子自组装形成的纳米囊泡用于超声波/光声成像，这种造影剂是基于卟啉微泡包封全氟碳气体形成的。卟啉脂质体的结构由高度填充的卟啉双层组成，分子间相互作用导致其产生强烈的自猝灭，增强非辐射热并放大 PAI 信号。在与低频转换超声耦合后，卟啉微泡会爆发成更小的纳米颗粒，可以用于肿瘤双模式成像的超声对照剂。另外，卟啉脂质体表现出可调节的近红外吸收、独特的金属离子螯合性质和优异的生物降解性。卟啉微泡保留了与造影剂相似的光学特性，由于其尺寸减小，可以进一步递送到实体瘤中。吸收峰红移到 824nm，增强了卟啉微泡的吸收强度，说明单层壳中卟啉形成了 J-聚集体。J-聚集是染料聚集体在吸收带中发生红移和吸收系数高于染料单体的现象。活体实验表明，J-聚集体转化成卟啉纳米颗粒后成功递送和保留在肿瘤中，并用于肿瘤的超声/荧光/光声三模态成像，这也说明卟啉脂质体在治疗学中具有巨大的潜力[104]。

表面增强拉曼散射(surface enhanced Raman scattering，SERS)是一种快速、高精度、面扫描激光拉曼技术，将共聚焦显微镜技术与激光拉曼光谱技术完美结合，具备高速、成像分辨率极高的特点。其成像极快，一般在几分钟之内即可获取样品高分辨率的拉曼图像，尤其在生物样品的成像检测方面，具有独特的优势。人们对无标记拉曼光谱在临床上的应用越来越感兴趣，因为其具有高特异性和高敏感性原位描绘肿瘤的特点[104]。Tam 等[105]利用具有猝灭荧光的卟啉脂质缀合物，作为拉曼染料和稳定的生物相容金纳米粒子表面包覆剂，通过简单的合成、光谱分析和共聚焦显微镜研究，证明了这种卟啉脂质稳定的金纳米粒子是一种新型的能够进行细胞成像的 SERS 探针(图 8.14)。这是首次使用卟啉作为 SERS 的拉曼报告分子。

还有一种成像策略是引入靶向癌细胞生物标志物的 SERS 纳米探针。分子显像剂可以在体内进一步提高诊断的敏感性和特异性。SERS 纳米探针独特的光谱指纹允许 SERS 信号从生物样品的背景噪声中轻松分辨目标信号，用于体内多个 SERS 造影剂的多路复用成像。Wang 等[106]使用 SERS 造影剂对小鼠白细胞(white blood cell，WBC)中的癌细胞进行检测，其敏感性为 104∶1，也就是说一万个白细胞中有一个癌细胞即可检出。这项研究促进了癌症患者体外循环肿瘤细胞的诊断。Kircher 等[107]研究显示，SERS 造影剂在脑癌动物模型中可从健康组织里描绘

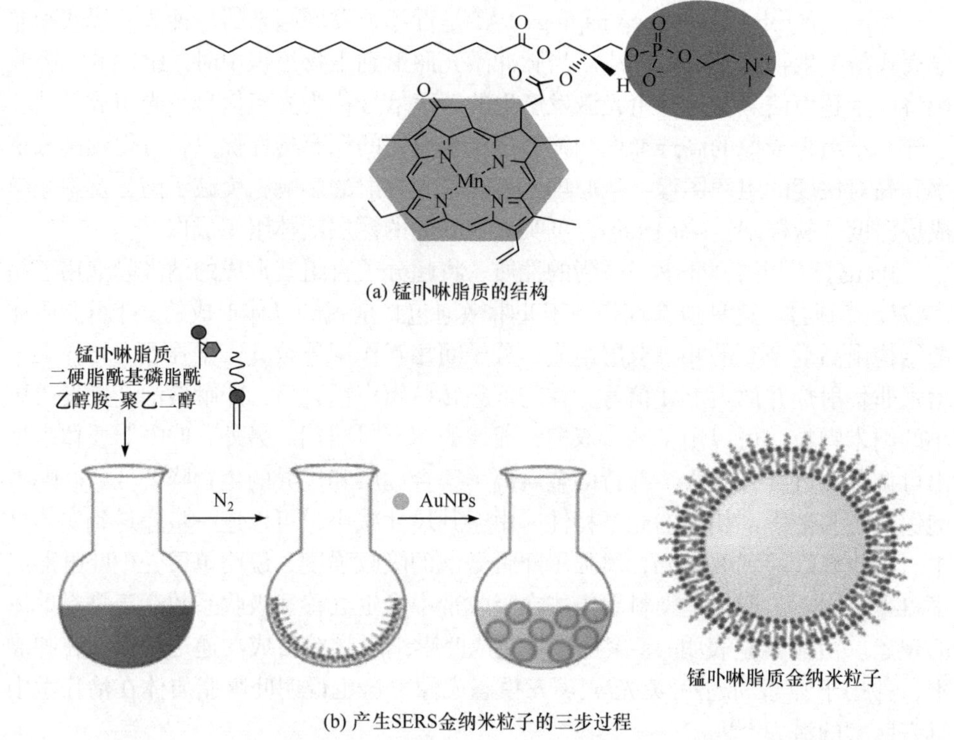

图 8.14　表面增强的卟啉脂质稳定金纳米粒子用于拉曼散射成像[105]

肿瘤边缘。这表明 SERS 造影剂有助于手术切除，并有助于减少肿瘤细胞残留导致的癌症复发。随着信号强度、生物相容性和新仪器的发展，使用 SERS 造影剂的光学成像具有临床应用前途和体内分子成像的实用性。

5. 多模态协同成像

单一模态成像本身具有独特的优势，但也具有内在的限制和不足，在现有技术的条件下很难有大幅度的突破。例如，生物体组织对可见光的吸收使其光学成像的穿透深度不足，但其具有快速成像与高灵敏度、高分辨率等优势；磁共振成像穿透深度大，成像清晰，对组织间区别明显，但存在分辨率低、检测时间长、体内环境影响大等劣势。如果将光学成像与磁共振成像结合，对比两者的信息，就可以同时具备两种成像模式的优势，得到更多、更准确的患处情况，为治疗提供更有参考性的标准。因此，基于多模态成像的造影剂材料已经成为研究的热点[108]。

多模态超声成像具有许多潜在应用，包括评价微气泡片段的生物全身分布、组织学验证和确认微气泡与靶细胞结合[109]。放射性物质标记的微气泡已经被开发用于核成像以评估生物分布[110,111]，利用光学特性产生的微泡已被用于验证生物靶结合的荧光成像[112,113]。多模态微泡的制备通常是将成像剂(如纳米颗粒、放射性示踪剂或小分子)封装、吸附或结合在微泡壳上，其负载量取决于壳的性质，如厚度和电荷。脂质微泡具有较好的超声对比度，因为其弹性较高，较薄的壳层(聚合物微泡厚 50～500nm，脂质微泡厚 3nm)承载能力小。此外，多组分、多功能微泡的复杂度增加，其潜在的毒性必须通过跟踪多个组分来研究[114]。

Huynh 等[115]为了克服这些限制，最大程度地利用多峰成像特性的卟啉微泡与光波、声波强烈相互作用的特点，制备了一种多功能卟啉脂质微泡，其中卟啉含量达到 50%，是之前报道的 3 倍，这些有序聚集的卟啉分子产生了荧光。卟啉、焦磷酰胆碱的螯合性质，使其具有扩展至其他成像方式的能力，如核成像(通过插入 ^{64}Cu)和 MRI(通过插入 Mn)。因此，这种具有超声、光声和荧光特性的卟啉脂质微泡是第一种本质上用于超声和光学成像的三模态造影剂(图 8.15)。

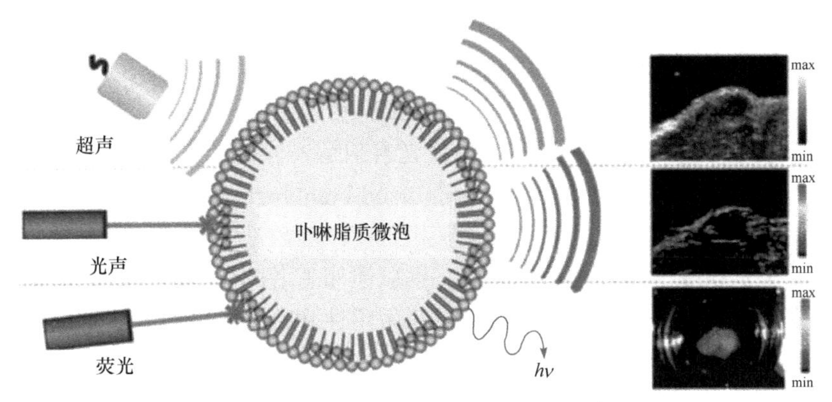

图 8.15　卟啉三模态成像造影剂与成像示意图[115]

8.2.2　卟啉材料的生物成像

卟啉材料可以参与多种成像模式，包括荧光成像、磁共振成像、超声成像(ultrasonic imaging，USI)[116]、计算机断层成像(computed tomography，CT)、正电子发射断层显像(positron emission tomography，PET)等[117]。这些成像模式具有不同的特点，针对不同的目标疾病，已发展出较为成熟的应用案例。标记成像的意义主要在于追踪和监控目标分子在体内的分布和代谢过程，凸显病变区域，定位组织边界，辅助疾病诊断及引导手术进行等，也可以在长期监控中提供病理与毒理信息，进一步指导治疗模式的调整和适应用药剂量[117]，这也为新一代个性化、智能化的治疗理念提供了必要的技术支撑。

1. 成像引导手术

手术切除在恶性胶质瘤的治疗中起着至关重要的作用。恶性胶质瘤患者康复的关键因素与肿瘤切除的完整性有关[118,119]。术中无瘤边缘的评估取决于肿瘤的外观和触诊。恶性胶质瘤具有高度侵袭性，肿瘤与正常组织的区别并不明显，肿瘤与正常组织之间的视觉对比差，限制了手术切除肿瘤的有效性[120]。残留肿瘤病灶局部复发，增加了肿瘤转移的发生率，因此，开发肿瘤切除手术中肿瘤边缘完全切除的新方法对于提高胶质瘤患者的生存率至关重要[121]。

高级别胶质瘤(high-grade glioma，HGG)是成人中最常见的原发性恶性脑肿瘤。作为多模式治疗的第一步，最大程度地安全切除恶性胶质瘤是手术的一个公认目标。切除总数对于延长总生存期(overall survival，OS)和无进展生存期(progression free survival，PFS)有重要作用，但鉴别 HCG 边界特别困难。鉴于此，已经提出将成像辅助剂如 5-氨基乙酰丙酸(5-ALA)或荧光素钠(fluorescein sodium，FS)作为优化试剂，来更好地限定 HGG 的手术切除范围。5-氨基乙酰丙酸(5-ALA)作为前体参与血红素合成途径。原卟啉Ⅸ(PpⅨ)是血红素代谢的中间体化合物，其在适当的光波长激发时产生荧光。恶性胶质瘤细胞在外源给予 5-ALA 后，具有选择性合成或积累 5-ALA 衍生卟啉的能力。荧光素钠是一种荧光物质，对肿瘤细胞不具有特异性，实际上是标记损害血脑屏障(blood-brain barrier，BBB)区域。多中心Ⅱ期临床试验证实了其有效性，但缺乏随机Ⅲ期试验数据[122]。Liu 等[123]研究表明，更广泛的手术切除与提高低级别和高级别胶质瘤患者的预期寿命有关。神经外科指导技术在弥漫性浸润性胶质瘤边缘缺乏敏感性和特异性，在许多情况下通常不能实现完全切除，术中荧光成像提供了增大切除范围的潜力。

2. 成像标记

卟啉材料可以与多种纳米材料进行标记，并通过成像的方式监控目标在体内的分布与代谢动力学，这对药物分子的病理和毒理分析具有关键意义，其可视化也对医学发展起到重大的推动作用。

高度可靠的活性氧(reactive oxygen species，ROS)检测、成像和监测，对于理解和研究 ROS 的生物学作用和发病机制至关重要。Kumar 等[124]利用肌红蛋白和聚多巴胺设计合成了具有表面增强拉曼散射的纳米探针，具有强大的可调 SERS 信号，可以灵敏地定量检测活性氧和成像。活性肌红蛋白使卫星 Au 纳米颗粒(s-AuNP)以可控方式修饰在等离子激元核心(c-AuNP)周围，聚多巴胺纳米层可以诱导强烈的 SERS 信号，并调控纳米颗粒的距离。在等离子激元核心中，肌红蛋白的六配位 Fe(Ⅲ)—OH_2 与 ROS(H_2O_2、·OH 和 O_2^-)反应，形成 Fe(Ⅳ)═O。铁卟啉中 Fe(Ⅳ)═O 的特征拉曼峰用于 ROS 分析和定量。这种化学性质使得这些探针高度可控，特异和灵敏地检测溶液中的 ROS 并将细胞中的 ROS 成像。这项工作表明，这些探针可以检测和成像活性氧，以区分癌细胞和非癌细胞，第一次验证了在饥饿条件下基于 SERS 的活细胞中自噬过程监测。

多柔比星(Dox)是一种常见的广谱抗癌药物，美国食品药品监督管理局批准以脂质体形式用于治疗卵巢癌。Carter 等[125]开发了一种含有少量卟啉磷脂的脂质体，这种材料可以使其负载的 Dox 具有较长的体内循环时间，并可以通过近红外线照射按需释放药物[126,127]。在进一步研究中，他们提出一种双模式-双通道轻型内窥镜，允许定量反射和荧光成像来监测目标区域的局部 Dox 浓度。内窥镜由两个灵活的成像纤维组成：一个用于将诊断和治疗光线传输到目标，另一个用于检测荧光和反射光。因此，内窥镜用于成像，通过光递送以触发药物释放，并用于监测药物释放期间的药物浓度动力学。这项研究表明，使用内窥镜体内成像技术可以非侵入性定量映射 Dox 的分布。

8.2.3　卟啉分子的改造

卟啉是一种具有大环共轭结构的有机化合物，在水相体系中具有难以溶解、容易聚集和非特异性吸附的特点，其聚集导致的荧光猝灭减弱了光学成像能力，也使得其在活体内的传输更加困难。因此，需要对其进行针对性的改造，以满足生物医学应用的需求，主要在水溶性、分散性、稳定性、生物相容性和多功能性等方面进行拓展。

Liu 等[128]以聚乙二醇包覆卟啉分子用于细胞成像，并研究了聚乙二醇-卟啉复合物在细胞内的负载、代谢和光动力行为。研究显示，具有 16-三甘醇链的卟啉复合物具有更高效的细胞吸收率，其较好的水溶性和分散性提高了细胞内荧光成像的对比度，单线态氧的产率提高了近一倍。高分子支链一方面减少了二维卟啉分子的聚集，另一方面降低了与周围水分子接触导致的激发态猝灭。

Lovell 等[129]以四羧基苯基卟啉与端基带有氨基的聚乙二醇为前驱体，合成了卟啉-聚乙二醇水凝胶，通过控制卟啉与聚乙二醇的比例、反应时间、引发剂浓度及聚乙二醇分子量等相关条件，可以控制水凝胶中卟啉的密度与生物动力学行为。将其注射入小鼠脑部以研究成像引导手术的应用，并预测了其在脑胶质瘤的成像手术引导中的作用(图 8.16)。卟啉-聚乙二醇水凝胶具有近红外成像特性，使得低背景、无创荧光监测及使用低成本荧光相机原型实时图像引导手术切除成为现实。这种水凝胶的制备为具有强光学特性的新型聚合物设计创造了机会。

Mauriello-Jimenez 等[130]通过铜离子催化的叠氮-炔点击反应，合成了具有 8 个三乙氧基甲硅烷基的锌卟啉衍生物。卟啉以共价的方式包埋在亚乙烯基桥接的介孔二氧化硅纳米颗粒中，有效地降低了卟啉的聚集性，提高了卟啉双光子荧光成像和光动力治疗能力。纳米级二氧化硅颗粒具有非常大的比表面积，使药物装

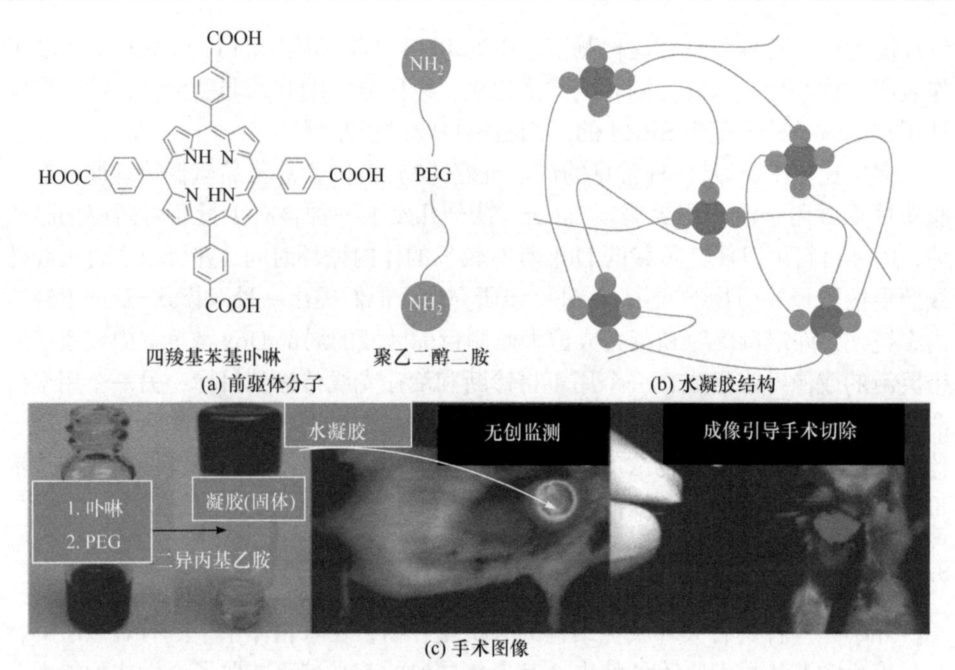

图 8.16　卟啉-聚乙二醇水凝胶在小鼠脑中的成像引导手术图像[129]

载和释放成为可能，因此这种材料具有双光子成像与化学治疗的诊疗一体化能力。体外实验表明，其在乳腺癌细胞中具有良好的成像与治疗效果，具有分子诊断的应用潜力。Suzuki 等[131]通过在卟啉的 β-位上修饰三联苯基取代基来合成 β-烷基卟啉衍生物(图 8.17)。区别于卟啉中心离子修饰，铼(Ⅰ)羰基离子不是被封装在核心中，而是被封装在外部三联吡啶配体中。因此，这种卟啉-三联吡啶杂化卟啉具有多个活性中心位点，可应用于单光子发射计算机断层成像(SPECT)等微创成像。

Sheng 等[132]开发了一种具有普适性的改良方案，使用两种疏水性卟啉异构体作为起始材料，合成了具有良好生物相容性和水分散性的生物应用卟啉纳米球。首先通过界面驱动微乳液法制备卟啉纳米球核心，然后逐层包覆聚电解质来合成卟啉纳米球。经过此方法改进，大大降低了表面活性剂的毒性，使其生物相容性大大提高。由此合成的纳米球表现出良好的生物相容性、优异的水分散性和低毒性。体外活体癌细胞成像实验表明，这种方法具有明显的灵活性，因为表面活性剂和聚电解质可以根据疏水性材料的特性任意选择，将拓展疏水性卟啉在医学和生物学领域的应用。

卟啉与核酸形成的 G 四联体是一种潜在的特异性光学识别材料。通过实验证明[133-136]，引入庞大的侧链取代基可以增强卟啉的 G 四联体识别特异性，但增强

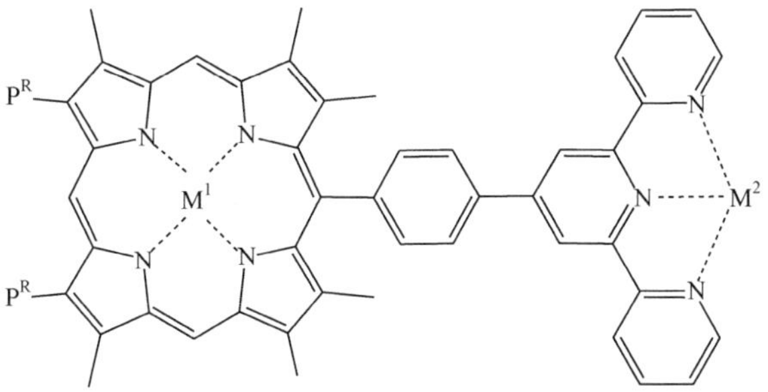

9: R = Me, $M^1 = H_2$, M^2 无

10: R = Me, M^1 = Zn, $M^2 = ZnCl_2$

11: R = H, M^1 = Zn, $M^2 = ZnCl_2$

12: R = Et, $M^1 = H_2$, M^2 无

13: R = Me, $M^1 = H_2$, M^2 = ReBr(CO_3)

14: R = Me, M^1 = Zn, M^2 = ReBr(CO_3)

($P^R = CH_2CH_2CO_2R$)

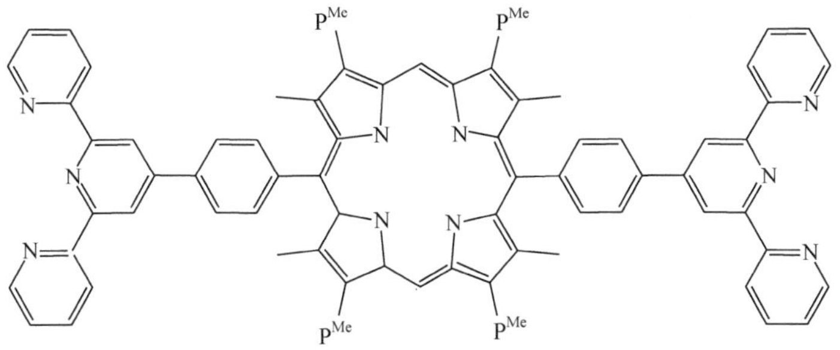

图 8.17 铼卟啉分子结构[131]

的质子化倾向限制了其在一些情况下的应用(如酸性条件)。因此，研究者进一步证明了卟啉衍生物的质子化趋势可以通过增加分子不对称性来有效克服，将阿魏酸(ferulic acid，FA)引入不对称水溶性阳离子卟啉，其在 pH 为 2.0～8.0 保持未质子化的单体形式。因此，非对称卟啉比对称卟啉具有更好的 G 四联体识别特异性，可以在酸性条件下用作比色和荧光识别 G 四联体的特异性光学探针。这也证明了在酸性肿瘤微环境下，探测 G 四联体和双链体之间的结构竞争及用于癌细胞靶向生物成像的可行性。体外生物实验表明，以 G 四联体作为光学探针时，非对称卟啉在酸性条件下性能良好，而对称卟啉只适用于中性条件。这一发现不仅为 G 四联体探针研究提供了有用的信息，也为卟啉 G 四联体生物成像应用的发展提供了有益的探索[137]。

Li 等[138]设计开发了一种纳米光敏复合材料 LDH-ZnPcS8，用于 pH 响应光动力治疗。采用共沉淀法制备 LDH-ZnPcS8，其中层状双氢氧化物(layered double hydroxide，LDH)作为 pH 敏感单元，含有八磺酸锌的锌酞菁(ZnPcS8)作为新型光敏剂。ZnPcS8 在二维 LDH 表面高度猝灭，水溶液中两者之间的光诱导能量转移使体系的荧光和单线态氧的产生同时猝灭。当体系进入酸性环境中，LDH 和 ZnPcS8 之间的强静电相互作用消失，导致聚集体结构崩溃。随后聚集体结构从 LDH-ZnPcS8 中释放，使荧光恢复并进一步发生光动力治疗。此体系既有 pH 响应又有时间依赖性，因此可以最大程度地保证安全性和治疗效果。LDH-ZnPcS8

在 HepG2 细胞中具有良好的细胞摄取和酸激活特征，生物实验表明其 PDT 可以有效杀死癌细胞。这种可激活的 PDT 系统具有较小的皮肤光毒性，可以作为一种光谱治疗模板。

常见多孔有机聚合物(porous organic polymer，POP)受颗粒尺寸大和分散性不足等劣势限制，在生物医学领域的应用较为少见。其具有较好的生物相容性、非常大的比表面积、可根据应用设计合成和多功能集成平台等特点，在生物医学方面也具有独特意义，因此，如何扬长避短地普及应用是一个重要的研究内容。Zheng 等[139]在一种含氨基的 MOF UiO-66(UiO-AM)外表面与光敏卟啉-POP(H_2P-POP)外延生长，合成了一种名为UNM的纳米金属有机骨架MOF@POP复合材料(图 8.18)。通过调节选定的 UiO-AM 外表面的胺位点，同时优化 H_2P 和苯二甲醛的进料比例，可以简单地控制这种核壳纳米粒子的尺寸分布和形态。POP 化学改性后，UNM 纳米粒子的高结晶度、孔隙完整性和尺寸分布与 UiO-AM 本身一样保持良好，确保了后续药物的负载能力。形成的 UNM 尺寸小于 200nm，可以被癌细胞吞噬。这种光激活的 UNM 显示出高效的单线态氧产生能力及光诱导癌细胞凋亡的 PDT，这可以进一步应用于肿瘤 PDT 方案。这种模板衍生的多孔有机材料可能为

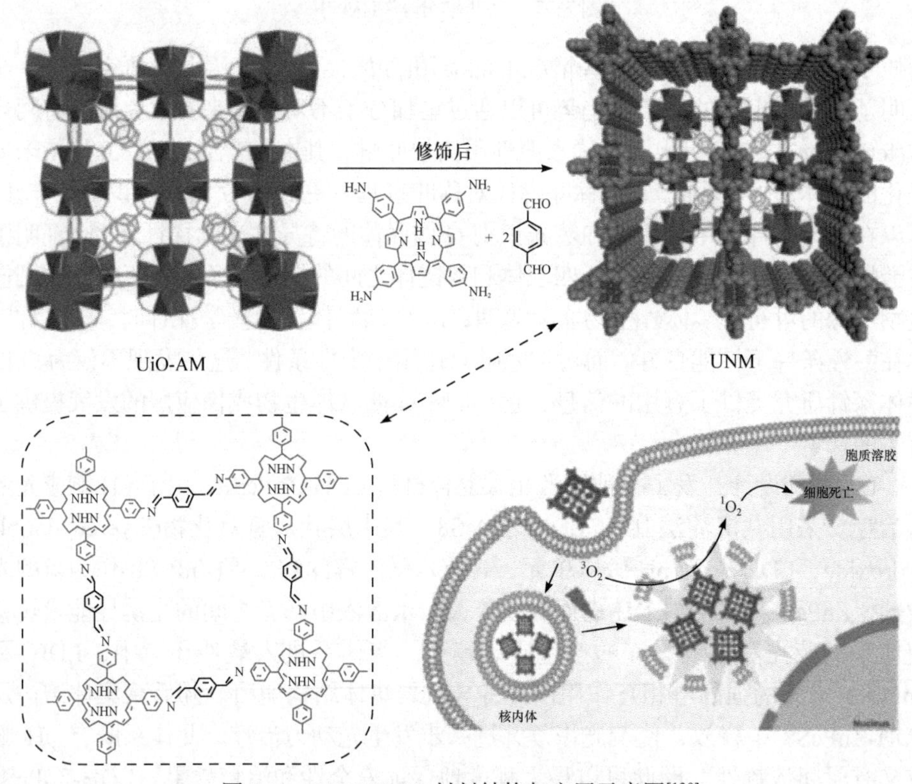

图 8.18　MOF@POP 材料结构与应用示意图[139]

制备纳米级有机聚合物并扩大其在生物医学领域的应用开辟新的途径。

Lu 等[140]报道了 Hf-卟啉纳米级金属有机骨架(nanoscale metal-organic framework，NMOF)可以作为一种高效的纳米光敏剂颗粒，用于抗头颈部肿瘤的 PDT(图 8.19)。这是首例使用卟啉基 NMOF 递送 PDT 剂的实验。用 Hf^{4+}和 5,15-二(对苯并妥)卟啉(H_2DBP)分别作为金属节点和配体，构建了 UiO 型 NMOF。DBP-UiO 为二维片层结构，直径为 100nm，厚度为 10nm。它负载非常高的卟啉含量，达到 77%。由于 MOF 的规整结构，DBP 配体的分散效果突出，极大地降低了其聚集导致的猝灭，因此可以有效地产生单线态氧，MOF 结构使其可以快速通过孔道扩散。DBP-UiO 在体外/体内均显示出高效的 PDT 功效，在接受单 DBP-UiO 剂量(3.5mgDBP/kg，局部给药)和在 100mW/cm^2 的 30min 单光(630LED 光源)照射下，肿瘤治愈率达 50%。

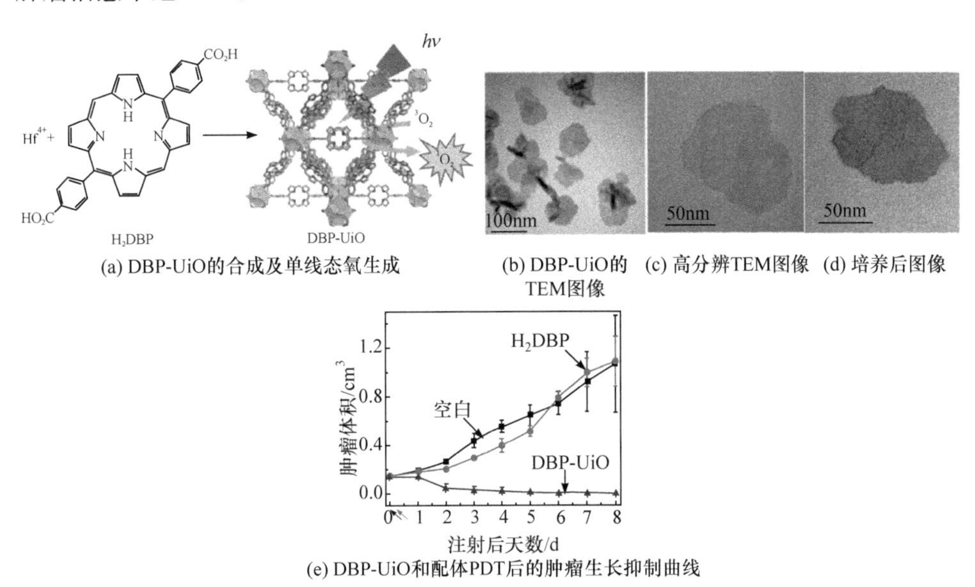

(a) DBP-UiO的合成及单线态氧生成　(b) DBP-UiO的TEM图像　(c) 高分辨TEM图像　(d) 培养后图像

(e) DBP-UiO和配体PDT后的肿瘤生长抑制曲线

图 8.19　Hf-NMOF 的形态结构及 PDT 后的肿瘤生长抑制曲线[140]

8.2.4　卟啉材料在某些疾病治疗中的应用

卟啉材料的复合药物具有其独特的优势：①卟啉具有良好的生物相容性，卟啉复合药物可以提高有毒成分的可耐受剂量，降低毒副作用；②卟啉分子具有一定的疏水性和亲水性，可以在血液与淋巴循环系统中存在，并具有较长的循环时间，与小分子药物结合后，可以适当地提高其在体内的代谢半衰期，进一步提高药物效率；③虽然卟啉药物是非特异性的药物，但表现出高的内在肿瘤特异性，无论是否存在中央核心的协调金属，它们都对肿瘤组织有强烈的亲和力，这种亲和力与其亲脂性和水溶性的相互作用强烈相关。

卟啉材料对肿瘤组织的亲和力源于其亲脂性和水溶性的相互作用。进入血液时，它们与循环蛋白(包括低密度脂蛋白和糖蛋白)结合在一起。经历快速生长的癌细胞需要这些蛋白质来提供营养，细胞摄取率大幅上调。由于肿瘤血管的通透性增加和淋巴组织发育不良，蛋白质结合的卟啉也可能渗入间质并被高通透性和滞留(EPR)效应保留，低间质 pH 和大量胶原蛋白的间质空间有利于卟啉积聚到肿瘤组织中。Waghorn 等[141]通过实验确定，卟啉还可以结合人血清白蛋白和转铁蛋白，转铁蛋白受体活性在癌组织中以与低密度脂蛋白类似的方式升高。这种肿瘤选择性使卟啉作为光动力学疗法(PDT)(图 8.20)、化学疗法、硼中子俘获疗法和磁共振成像的药剂而广泛发展[142]。

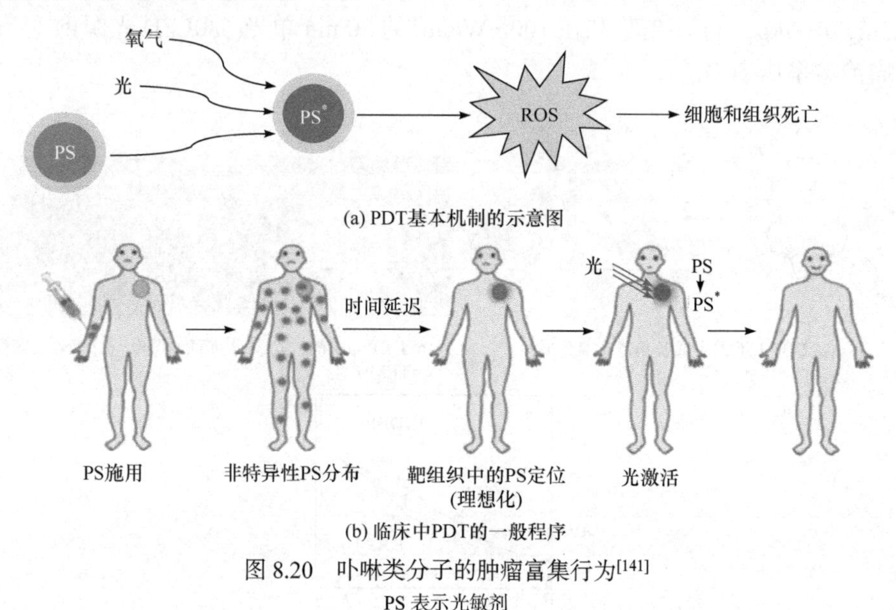

(a) PDT基本机制的示意图

(b) 临床中PDT的一般程序

图 8.20　卟啉类分子的肿瘤富集行为[141]

PS 表示光敏剂

Zhang 等[143]合成了基于卟啉的复合材料，验证了卟啉类分子的肿瘤富集行为。将三种分子分别与五种人类癌细胞系(宫颈：HeLa，肺：A549，鼻咽：HK-1，鼻咽：HONE-1，神经母细胞瘤 SK-N-SH)和三种正常细胞系(肝：QSG-7701，肺：MRC-5，前列腺：WRMY-1)孵育，并通过激光共聚焦显微镜监测三种卟啉复合材料配合物 Yb-N、Lig-N 和 Yb-Rh 的分布与代谢过程。三种配合物在相同剂量浓度(1mmol/L)和温育时间(3h)下，在各种癌细胞中显示出不同的亚细胞定位分布。由经验可知，在一些异常细胞中，大量的阴离子脂质分布在外膜表面上。因此，在一个正常细胞系(人类前列腺 WPMY-1)中没有检测到发射，但是在癌细胞(宫颈癌 HeLa 细胞)中，通过线性或双光子激发仅可以在宫颈癌 HeLa 细胞的磷脂阴离子细胞膜周围发现 Yb-N 的红色发射。尽管 Yb-N 对小生物分子没有显示特异性的响应性发射变化，但 Yb-N 能够根据电荷和空间位阻识别癌细胞中的磷脂阴离子细胞膜。因此，具有阳离子侧基的复合 Yb-N 与阴离子膜的相互作用较强，并可进一步用作异常细胞的诊断工具。

8.3　卟啉材料在肿瘤治疗方面的应用

8.3.1　肿瘤治疗方法简介

1. 光动力学疗法

光动力学疗法涉及给药和照光两个步骤，通过病变局部的选择性光敏化作用来破坏肿瘤和其他病理性靶组织，即给予吸收了光敏剂的病变部位适当波长的光照，通过光敏剂介导和氧分子参与的能量和电子转移，在病变组织内产生具有细胞毒性的活性氧(reactive oxygen species，ROS)，通过氧化损伤作用破坏靶部位细胞器的结构和功能，引起靶细胞的凋亡和坏死。PDT 的生物作用机制大体可分为细胞性损伤、血管性损伤、诱发和调节免疫反应等。光敏剂、光和氧分子是光动力学疗法的三大要素。

Popovich 等[144]通过溶胶-凝胶逐层包覆的技术制备了镥铝石榴石-卟啉复合材料 $Lu_3Al_5O_{12}$:Pr^{3+}(LuAG:Pr^{3+})@SiO_2-PpⅨ，作为 X 射线诱导光动力治疗(PDTX)的高度前瞻性药物。通过调控合成程序，使纳米复合材料具有三层均匀的壳层，以覆盖强烈的发光核心。室温辐射发射光谱、材料的光致发光光谱及稳态时间分辨光谱，证实了从核心 Pr^{3+}到 PpⅨ外层的非辐射能量转移。Pr^{3+}的能量传递不但使 PpⅨ产生红色发光，也使卟啉具有产生单线态氧的能力。用探针对 X 射线辐照材料进行光致发光光谱分析，可以观察到单态氧的形成。NaN_3 作为 $^1O_2$ 抑制剂的猝灭研究也证实了系统中存在 $^1O_2$，并排除了与羟基自由基的副反应。LuAG:Pr^{3+}@SiO_2-PpⅨ纳米复合材料的特征表明其具有 PDTX 应用的巨大潜力。使用 X 射线激发 PDT 效应是一种新的尝试，可以极大地增强 PDT 的穿透深度，对体内疾病的 PDT 具有极大的启发作用。

Zeng 等[145]使用了具有扩展 π 键的苯并卟啉作为 MOF 的配体，与锆金属合成了具有强烈近红外发光的 MOF 材料(TBP-MOF)，作为低氧肿瘤微环境下的高效光动力试剂。π-延伸的苯并卟啉基不仅使其吸收带和发光红移，也促进了单线态氧的生成并进一步促进 O_2 依赖性光动力治疗。实验还证明了 TBP-MOF 介导的 PDT 诱导适应性免疫应答，触发炎性细胞因子(IFN-γ、TNF-α)的分泌和吞噬肿瘤浸润 T 细胞。此外，PDT 诱导的宿主抗肿瘤免疫应答可通过 αPD-1 免疫检测点阻断疗法得到改善。因此，TBP-MOF 介导的 PDT 联合 αPD-1 免疫检测点阻断疗法不仅可以抑制原发肿瘤的生长，还可以抑制肿瘤的转移，具有作为 PDT 和癌症免疫疗法药物的巨大应用潜力。

在光动力治疗中，细胞中产生的活性氧(ROS)水平直接决定治疗效果。通过降低谷胱甘肽(glutathione，GSH)水平或增加光敏剂的量可以实现ROS浓度的提高。过量的光敏剂可能会导致副作用，因此，开发通过提高ROS浓度来降低GSH水平的光敏剂以增强光动力治疗效果是很重要的。有研究报道了二价铜离子作为光动力治疗活性中心的纳米金属有机骨架Al-Cu@TCPP MOF，这种MOF容易被乳腺癌细胞摄取，并且在光照射下产生高水平的ROS。同时，由于MOF的多孔结构和卟啉中心铜离子发生配位作用，MOF可以主动地吸附GSH，显著降低其细胞内浓度，增加ROS浓度并加速细胞凋亡，从而增强光动力治疗的作用。值得注意的是，由于GSH的直接吸附，在小鼠乳腺癌模型中，MOF显示出与市售抗肿瘤药物喜树碱相当的效果。与图8.21的原理类似，铁卟啉-磷酸三丁酯MOF也被用于缺氧环境的光动力-免疫联合疗法，对小鼠大肠癌的抑制率达到90%。这说明卟啉MOF可以作为一种有前景的新型光动力治疗候选药物和抗癌药物[146]。

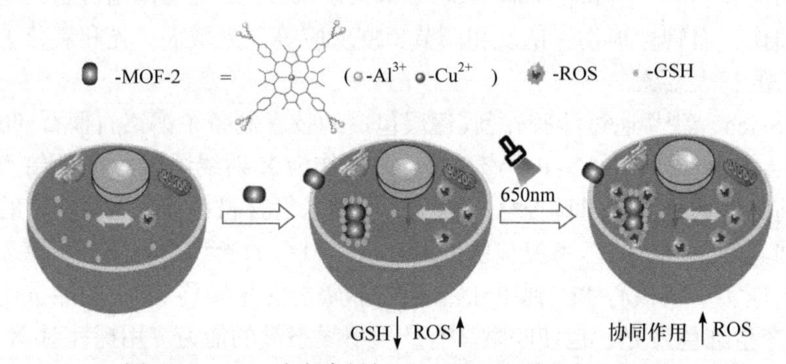

图8.21 GSH浓度降低与PDT增强协同肿瘤治疗[146]

另一种针对缺氧肿瘤细胞的光动力治疗策略是提高肿瘤细胞的氧浓度。Lan等[147]利用铁与苯并卟啉制备纳米金属有机骨架，用于低氧肿瘤环境PDT(图8.22)。铁离子可以与细胞中高水平的过氧化氢反应，经芬顿反应产生氧气，用于提高PDT

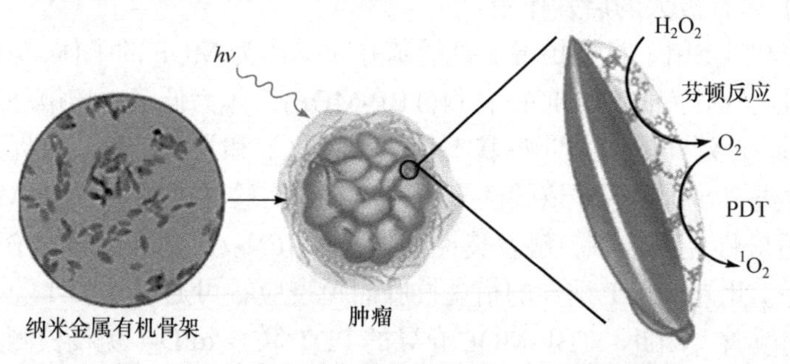

图8.22 纳米金属有机骨架用于PDT示意图[147]

效率。纳米 MOF 的多孔结构有助于活性氧(ROS)的扩散，提高 PDT 效果。铁卟啉 MOF 介导的 PDT 引起系统性抗肿瘤反应，同时可以通过 αPD-1 免疫检测点阻断疗法治疗原发肿瘤，并引起远处肿瘤的退行性改变。

2. 光热治疗

人体组织细胞在体温超过一定温度时会发生细胞损伤甚至凋亡，因此，利用温度差可以选择性杀灭癌细胞。光热治疗(PTT)是利用具有较高光热转换效率的材料，将其注射入人体内部，通过靶向性识别技术聚集在肿瘤组织附近，并在外部光源(一般是近红外光)的照射下将光能转化为热能来杀死癌细胞的一种治疗方法。

Higashino 等[148]使用芳基取代的扩展卟啉作为光热治疗剂。这种卟啉具有两个特征，其一是扩展的离域 π 键使其在近红外区域具有优异的吸收，其二是在对称性结构上引入多个氟原子。在近红外光照下，卟啉表现出强烈的光热和弱光动力学效应，这很可能是由于其低激发态接近单线态氧，转移效率降低。与吲哚菁绿(临床染料)的光动力效应相比，持续的光热效应可以更有效地消除癌细胞。此外，卟啉具有多个氟原子，同时具备了通过 ^{19}F 磁共振成像显示肿瘤的可能性。因此，这种卟啉有作为光热疗法和 ^{19}F MRI 造影剂的潜力。

在卟啉中心嵌入 Mn^{3+}既可以赋予其 MRI 能力，又提高了光稳定性和光热转换效率。锰卟啉与自由基卟啉一样具有光热效应，可与钆喷酸葡甲胺盐(Gd-DTPA)媲美。MacDonald 等[149]将锰卟啉大量堆积于脂质体内，得到具有 MRI 和光声双模成像引导作用的光热治疗试剂。与以前报道的游离基卟啉单体相比，卟啉囊泡的负载量得到了极大的提升，在保留了 Gd-DTPA 磁成像能力的同时，降低了重金属效应带来的副作用。高密度的卟啉提高了自由基卟啉单体具有的光热能力，证明了卟啉纳米颗粒作为一种多功能成像治疗模式的灵活与便捷。

由小分子自组装形成的光热纳米颗粒，具有灵活性、通用性及抗肿瘤诊断和治疗的适应性，这为设计超分子治疗剂提供了新的视角，可以朝着临床转化和纳米医学的方向发展[150]。

3. 化疗

寡核苷酸(oligonucleotide, ON)在生物检测、成像与治疗中是一种优秀的试剂，但具有难以定向传递及容易被核酸酶水解的缺点，因此需要结合适当的运输载体来提高其利用效率。将卟啉与 ON 结合制备复合物，并应用时间分辨共聚焦显微荧光测定法和荧光共聚焦显微镜成像来监测荧光标记寡核苷酸的细胞摄取，并研究其在细胞内的代谢动力学。

卟啉作为递送载体的优势如下。一方面，由于具有净正电荷的配合物对 ON 的递送更加有效，水溶性阳离子卟啉的非共价配合物可以帮助 ON 渗入细胞。另一方面，在细胞质中卟啉可以保护 ON 免于被活性核酸酶分解，在 ON 进入细胞核之前，复合物大部分解离，因此其治疗作用不受阻碍。

由于卟啉的内在荧光及其对微环境的敏感性，时间分辨荧光的多组分分析可证明卟啉-ON 复合物的稳定性、与靶序列的 ON 相互作用及卟啉递送后 ON 和卟啉在细胞中的分布信息。与常用于研究 ON 吸收的荧光共聚焦显微镜成像相比，时间分辨共聚焦显微荧光测定法的确提供了额外的信息。

荧光共聚焦显微成像和时间分辨共聚焦显微荧光测定法组合，是一种有效和有潜力的方法，用于可靠地监测活细胞内传递后荧光标记物质的穿透过程和运行轨迹。荧光显微镜成像可以及时确认荧光团在细胞环境中的成功穿透和随后的分布。荧光寿命分析可方便地检查标记分子的完整性及转运试剂复合物的稳定性，以及研究其与亚细胞结构的相互作用[151]。

其他较常见的卟啉-化疗药物的共价结合药物可以参见 8.1 节。

4. 其他治疗模式

中子治疗即硼中子俘获治疗(boron neutron capture therapy，BNCT)，通过在肿瘤细胞内的硼原子核反应来摧毁癌细胞。Volovetsky 等[152]合成了一种二氢卟酚 e_6-Co 双(二卡必醇)复合物，作为荧光成像引导的硼中子俘获治疗试剂。卟啉的荧光不仅可以定位材料的分布，也可以定量评估肿瘤内硼含量。

传统的光动力治疗受限于组织穿透深度低和潜在光毒性，可以通过开发基于动态治疗的新型治疗模式，如声动力疗法来解决。锰卟啉具有独特的光-声物理性质，可作为光声成像试剂。Huang 等[153]基于此设计制造了一种高性能多功能纳米颗粒声敏剂，用于高效体内磁共振成像引导癌症的声动力疗法。采用具有超分子性能的介孔有机硅基纳米体系来制造声敏剂，清晰的孔道有利于有机超声敏化剂(原卟啉 PpⅨ)大量负载，金属卟啉(MnPpⅨ)与顺磁性过渡金属锰离子进一步螯合。大比表面积的介孔结构也使得水分子对包封的顺磁性锰离子的氢弛豫能力大大提升，从而使复合声敏剂具有显著的高 MRI 性能，用于声动力治疗指导和监测。活体实验表明，具有可控生物降解行为和高生物相容性的多功能声敏剂在体外诱导癌细胞死亡和抑制体内肿瘤生长方面，显示出独特的高声动力治疗效率。

8.3.2　多方法联合治疗

目前，医学中采用的单种肿瘤治疗模式具有各自独特的治疗范围和针对目标，部分治疗模式存在抗药性、易扩散性等不安全因素。为了进一步增强治疗效果，降低药物用量，减少副作用，提升患者存活率，采用多种治疗模式联合治疗十分必要。

He 等[154]以纳米级配位聚合物(nano-scale coordination polymer，NCP)为基底，

制备携带高负载量的顺铂和含有光敏剂的核壳结构纳米颗粒 NCP@热解脂质，用于联合化疗和光动力学疗法。NCP@热解脂质以光照激活方式释放顺铂和热解脂质，协同诱导癌细胞凋亡和坏死。体内药代动力学和生物分布研究表明，与顺铂药物相比，在小鼠体内的血液循环时间延长，正常器官摄取量低，顺铂和热解脂质的肿瘤累积量高。与单药治疗相比，NCP@热解脂质在顺铂耐药的头颈部癌异种移植小鼠模型中，在低药物剂量下表现出优异的肿瘤退行潜能(83%的肿瘤体积减小)。NCP 核壳颗粒可用于整合多种治疗剂或模式，治疗许多难以治疗的癌症，包括耐药癌症等。由于 NCP 的合成是高度可扩展的，具有小批量到批次的变化，多功能 NCP 体现了纳米医学的重大突破，并提供了一种通用和有效的药物传递系统用于临床。

金纳米颗粒(AuNPs)具有强烈的表面等离子共振，在较宽的波长范围内具有强的光吸收性质和优异的光热转换性质，因此常用于生物拉曼成像与光热治疗。Zeng 等[155]为了进一步提高其抗肿瘤疗效，制备了一种由卟啉衍生物和金纳米颗粒组成的新型纳米平台体系，用于研究激光照射下的双模态光动力学和光热疗法。通过巯基和金之间的配体交换，将修饰的壳聚糖涂覆在 AuNPs 表面上，通过静电相互作用将壳聚糖包覆的金纳米颗粒(QCS-SH/AuNPs)与内消旋四(4-磺基苯基)卟啉(TPPS)进一步聚集，以获得卟啉修饰的 Au 杂化纳米颗粒(TPPS/QCS-SH/AuNPs)。与单独的金纳米颗粒或 TPPS 相比，该体系具有较低细胞毒性，具有较好的生物应用潜力，激光照射下可使环境温度保持在 56°C 左右，TPPS 可以产生大量单线态氧用于杀伤肿瘤。由于卟啉和金纳米颗粒的多样性，其复合材料可以作为一种双模态治疗的模板。

Chung 等[156]制备了树枝状分子卟啉(DP)包裹的金纳米壳(AuNS-DP)，用于肿瘤的光动力和光热协同治疗。结果显示，与单独的 PDT 或 PTT 相比，双模式治疗试剂 AuNS-DP 的杀伤效率显著提高。这是由于双光疗法的协同作用，可以以较低的剂量获得更高的抗癌效果，单一剂量的纳米颗粒则没有治疗效果。这种具有协同治疗能力的双光活性纳米粒子具有很大的潜力，以改善目前的癌症光疗效果。

化疗药物 Dox 和光敏剂 5,10,15,20-四(1-甲基吡啶-4-基)卟啉(TMPyP4)通过物理作用固定在金纳米棒上，形成 DNA 组装体，将药物有效地注射入靶细胞并在光照下释放，产生光疗和化疗联合治疗癌症的协同作用。在这项研究中，开发了一个智能的金纳米棒癌症治疗多功能纳米系统。功能性 DNA 结合的金纳米棒表面可以提供 Dox 和 TMPyP4 有效的结合位点，从而实现光调控药物释放。这种检测治疗一体化的综合治疗策略有协同作用，能够克服癌细胞的多药耐药性。DNA 自组装在金纳米棒表面，以提供负载 Dox 的结合位点。Dox 是一种广泛使用的抗癌药物，可以优先结合双链 GC、CG 序列和 TMPyP4[5,10,15,20-四(1-甲基吡啶-4-

基)卟啉]。在光照下，药物被释放和激活，从而提供具有增强协同效应的光控多功能纳米系统，用于癌症治疗。良好的生物相容性、稳定性和简单的结构，赋予了该 DNA 药物递送组件在许多与癌症相关的生物医学应用方面的潜力[157]。

8.3.3　卟啉材料的诊疗一体化

Liang 等[158]报道了用于磁共振成像引导的 PDT 癌症治疗关联性卟啉二聚体纳米颗粒(TPD NPs)的制备方法(图 8.23)。其中，内部无金属卟啉用作 PDT 的光敏剂，外部 Mn 卟啉用作 MRI 造影剂。卟啉与 TPD NPs 共价连接避免其在体循环过程中过早释放。此外，TPD NPs(尺寸约 60nm)可被动累积在肿瘤中并被肿瘤细胞强烈吸收。通过改变无金属卟啉与 Mn 卟啉的物质的量之比，可以方便地调节 TPD NPs 的 PDT 和 MRI 能力。最佳物质的量之比为 0.401 时，无金属卟啉的总载药量为 49.8%，Mn 卟啉的载药量为 18.5%。在 TPD NPs 存在的情况下，激光在 7d 内完全消融肿瘤，肿瘤生长抑制率为 100%。TPD NPs 的弛豫时间约为 Mn 卟啉的 5.1 倍。静脉注射 TPD NPs 24h 后，MRI 显示整个肿瘤区域比周围健康组织更明亮，可以将激光引导至期望的肿瘤部位以进行光动力学消融。

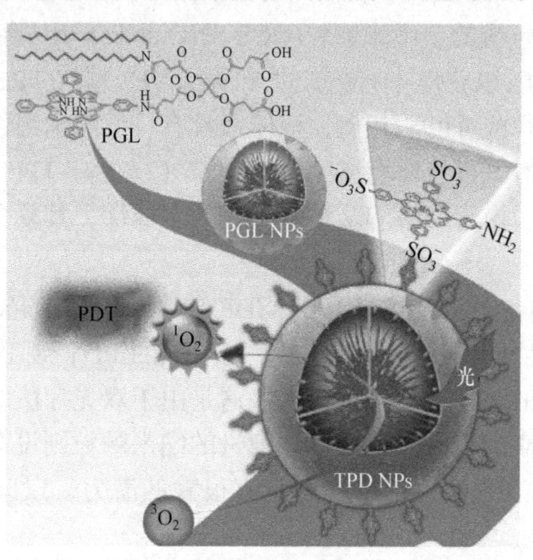

图 8.23　卟啉二聚体纳米颗粒用于 MRI 引导 PDT 的示意图[158]

PGL-卟啉接枝脂质

Hsu 等[159]将超声成像与光动力治疗结合为诊疗一体化体系，通过对比不同组织的吸收率可以重构出原位图像。囊泡具有较好的超声成像能力，但其缺乏对肿瘤细胞的靶向能力，因此其负载的药物无法精确定位肿瘤组织。结合卟啉后，这些复合物成为癌症诊疗一体化试剂的有力竞争者。通过调整不同前驱体的比例，可以得到具有较好超声成像与光动力治疗能力的纳米卟啉酶球。尽管囊泡的形成机制尚不清楚，但这种材料具有良好的生物相容性和可生物降解能力。卟啉嵌入囊泡后没有发生猝灭现象，高效的光动力性能可以在体外有效地杀死癌细胞。因此，这些纳米卟啉酶球可能成为药物输送和超声波成像的新型稳定平台，特别是在癌症诊断领域。

Wu 等[160]报道了一种用于 MRI 引导的新型 Gd/Pt 双功能化卟啉衍生物(Gd/Pt-P1)化疗-光动力癌症疗法。Gd/Pt-P1 由四(4-吡啶基)卟啉(P1)通过逐步配位顺铂和 Gd(Ⅲ)制备。Gd/Pt-P1 中的铂作为化学治疗剂，Gd(Ⅲ)-P1 复合物在 MRI 成像和光动力学治疗中起到双重作用。Gd/Pt-P1 在体内和体外具有良好的磁共振成像性能和协同化学光动力学抗肿瘤能力，表明其在 MRI 引导的癌症治疗中具有巨大的潜力，协同化学-光动力学抗肿瘤效应较高，使其肿瘤抑制率为 96.6%，具有优异的应用潜力。

Shen 等[161]采用胶束包裹预先组装的半导体量子点(QD)-锌卟啉复合物、强荧光染料罗丹明 6G(R6G)和近红外荧光团 NIR775，在表面结合叶酸，作为肿瘤靶向的磷脂纳米聚合物颗粒。这种纳米粒子的卟啉有效负荷高，对近红外光的吸收能力强，通过有效的双能量转移过程，有助于实现极高的单线态氧量子产率(0.91)。活体实验表明，磷脂纳米聚合物颗粒可以通过叶酸受体介导的主动递送积累在肿瘤中，允许在活体小鼠中对肿瘤进行无创荧光成像和有效 PDT。该研究首次证明混合 QD 纳米粒子能够在体内进行肿瘤成像和 PDT。

Yang 等[162]以复合 Au 纳米粒子的 Fe_3O_4 颗粒为模板，合成了磁性介孔二氧化硅纳米粒子(M-MSNs)，然后将光敏剂二氢卟酚和抗肿瘤药物多柔比星负载到 M-MSNs 上，将生物相容性良好的海藻酸盐/壳聚糖聚电解质多层膜包覆于 M-MSN 上，形成 pH 响应性药物递送系统并吸附 P 糖蛋白 shRNA，以改变细胞的多药耐药性。此纳米复合材料表现出 pH 响应性药物释放特征，激光照射后癌细胞中产生更多单线态氧。以小鼠作为动物模型，证实光动力学疗法和化学疗法组合可以在体内实现协同的抗肿瘤作用。使用双功能的 Fe_3O_4-Au 纳米粒子作为纳米复合材料中的核，能够实现双模态 MRI 和 CT 成像，表明这些纳米复合材料在静脉注射到荷瘤小鼠后可以在肿瘤部位大量富集，显示出了较好的肿瘤靶向性。

Zhu 等[163]使用低成本牛血清白蛋白(BSA)、磺酰胺(SA)和铁卟啉纳米金属有机骨架(NMOF)组成的新型纳米平台，实现磁共振成像引导的光动力/光热协同肿瘤疗法。由 BSA/SA 复合物修饰纳米颗粒，可以增强其对肿瘤的特异性识别，BSA/SA-NMOF 纳米平台可以在肿瘤部位积累更多，允许该系统在体内实现长循环并主动靶向癌细胞的碳酸酐酶(CA)Ⅸ。此外，磁性铁离子和卟啉充当新型 NMOF 的金属中心和有机配体，表现出 T_1-T_2 加权 MRI 效应，并可协同光动力/光热治疗肿瘤。体外活性氧(ROS)检测和光热温度变化结果表明，即使在低氧条件下，这些 BSA/SA-NMOF 纳米平台也可以在肿瘤细胞中表现出很好的 PDT 效果，并且具有显著的 PTT 效应，光热转换效率为 40.53%。此外，单波长诱导的

PDT 和 PTT 中 4T1 癌细胞的死亡率(95%)比 PDT 或 PTT 单一治疗的死亡率(接近 80%)更高，PDT 和 PTT 比单一 PDT 或 PTT 能更有效地抑制实体瘤生长[163]。Zhang 等[164]通过层层包覆法制备了 Fe_3O_4@C@PMOF 核壳纳米复合材料，用于双模式成像引导的光热和光动力双重疗法。Fe_3O_4@C 核被用作 T_2 加权磁共振成像和光热治疗剂。卟啉的光学性质在 PMOF 中保持良好，因此 PMOF 具有光动力治疗和荧光成像的性质。以荷瘤小鼠作为模型进行活体实验，发现 Fe_3O_4@C@PMOF 在肿瘤中有较高的富集能力和可控的光激发癌症治疗能力，且对正常组织的毒性很低，是一种有前景的双成像引导的多功能肿瘤诊断和治疗纳米药物。

卟啉脂质体是一种荧光完全猝灭的单层脂质囊泡，其光热性能与结构高度相关。脂质双分子层中卟啉分子的堆积密度大，使其光热转换效率很高。随着治疗时间的推移，卟啉脂质体的局部结构破坏，部分自由卟啉被释放，并恢复卟啉的荧光，使得荧光成像引导的光热肿瘤消融技术得以实现。这种转换是一个随时间变化的过程，无法使用现有的分析技术建立模型。Ningg 等[165]提出一种基于荧光共振能量转移(FRET)的自传感设计，能够通过掺杂近红外荧光团的 FRET 发出的荧光研究其结构状态变化，比如囊泡是否完整及破坏程度等。通过观察可以发现，卟啉脂质体具有较好的稳定性，在肿瘤中富集 24h 和 48h 后仍然保持大体结构完整。因此，卟啉脂质体可以作为一种潜在的荧光成像引导光热治疗试剂。

参 考 文 献

[1] LUO Y, MEI E W, ZHUO R X. Studies on water-soluble metalloporphyrins as tumor targeting magnetic resonance imaging contrast agents[J]. Chemical Research in Chinese Universities, 1995, 16(10): 1629-1632.

[2] 陈文晖, 浦宇. 光动力学疗法的起源和发展史[J]. 中国医学文摘: 皮肤科学, 2015, 32(2): 109-118.

[3] CLARA C, SUSANNA C, MARK O, et al. Synthesis and biological evaluation of new pentaphyrinmacrocycles for photodynamic therapy[J]. Journal of Mathematical Chemistry, 2006, 49(1): 196-204.

[4] DESROCHES M C, BAUTISTA S A, LAMOTTE C, et al. Pharmaco kinetics of a triglucoconjugated 5, 10, 15-(meta)-triydroxyphenyl-20-phenyl porphyrin photosensitizer for PDT. A single dose study in the rat[J]. Journal of Photochemistry and Photobiology B, 2006, 85(1): 56-64.

[5] AL-SOHAIMI B R, PIŞKIN M, GHANEM B S, et al. Efficient singlet oxygen generation by triptycene substituted A_3B type zinc(Ⅱ) phthalocyanine photosensitizers[J]. Tetrahedron Letters, 2016, 57(3): 300-304.

[6] 马明放. 基于大环分子和生物活性分子的超分子功能材料[D]. 济南: 山东大学, 2017.

[7] 高广阔, 张璐璐, 赵耀. 聚卟啉咪唑药物载体的制备及性能研究[J]. 黑龙江大学工程学报, 2016, 7(4): 41- 46.

[8] MATAI I, SACHDEV A, GOPINATH P. Multicomponent 5-fluorouracil loaded PAMAM stabilized-silver nanocomposites synergistically induce apoptosis in human cancer cells[J]. Biomaterials Science, 2015, 3(3): 457.

[9] 于克贵, 周成合, 李东红. 卟啉类抗癌药物研究新进展[J]. 化学研究与应用, 2007, 19(12): 1296-1303.

[10] DOLMANS D E, FUKUMURA D, JAIN R K. Photodynamic therapy for cancer[J]. Nature Reviews: Cancer, 2003, 3(5): 380-387.

[11] 石焕文, 尚志远. 超声声动力学激活血卟啉抗肿瘤效应研究的新进展[J]. 物理化学学报, 2001, 30(10):

602-605.

[12] 邱海霞, 顾瑛, 刘凡光. 血卟啉单甲醚光动力学疗法对体外培养的人角质形成细胞增生的影响[J]. 中国激光医学杂志, 2006, 15(2): 83-88.

[13] DETTY M R, GIBSON S L, WAGNER S J. Current clinical and preclinical photosensitizers for use in photodynamic therapy[J]. Journal of Medicinal Chemistry, 2004, 47(16): 3897-3915.

[14] BRAUN A, TCHERNIAC J. Über die produkte der einwirkung von acetanhydrid auf phthalamid[J]. Berichte Der Deutschen Chemischen Gesellschaft, 1907, 40(2): 2709-2714.

[15] LINSTEAD R P. Phthalocyanines. Part Ⅰ. A new type of synthetic colouring matters[J]. Journal of the Chemical Society, 1934: 1016-1017.

[16] 黄世杰. 原肌球蛋白受体激酶抑制剂 larotrectinib Ⅰ期临床试验治疗难治性实体瘤资料更新[J]. 国际药学研究杂志, 2017, 44(3): 256.

[17] 罗松, 王岩. 实体瘤骨转移靶向治疗进展[J]. 癌症进展, 2017, 15(3): 231-233.

[18] 张曼泽, 宋秀军, 李伟. 嵌合抗原受体修饰的 T 细胞在实体肿瘤治疗中的研究进展[J]. 免疫学杂志, 2017, (3): 251-257.

[19] JIA L, HONG W, WANG Y, et al. Carbendazim: Disposition, cellular permeability, metabolite identification, and pharmacokinetic comparison with its nanoparticle[J]. Journal of Pharmaceutical Sciences, 2003, 92(1): 161-172.

[20] WEBBER J, LEESON B, FROMM D, et al. Effects of photodynamic therapy using a fractionated dosing of mono-L-aspartyl chlorin e6 in a murine tumor[J]. Gastroenterology, 2005, 78(2): 135-40.

[21] SILVA A M G, TOME A C, NEVES M G P M S, et al. Porphyrins in 1,3-dipolar cycloadditions with sugar azomethine ylides. Synthesis of pyrrolidinoporphyrin glycoconjugates[J]. ChemInform, 2005, 36(31): 857-859.

[22] YOU Y, GIBSON S L, DETTY M R. Phototoxicity of a core modified porphyrin andinduction of apoptosis[J]. Journal of Photochemistry and Photobiology B, 2006, 85(3): 155-162.

[23] HILMEY D G, ABE M, NELEN M I, et al. Water-soluble, core-modified porphyrins as novel, longer-wavelength absorbing sensitizers for photodynamic therapy. Ⅱ. Effects of core heteroatomsand *meso*-substituents on biological activity[J]. Journal of Medicinal Chemistry, 2002, 45(2): 449-461.

[24] PUSHPAN S K, SRINIVASAN A, ANAND V R, et al. Inverted *meso*-aryl porphyrins with heteroatoms; characterization of thia, selena, and oxa *N*-confused porphyrins[J]. Journal of Organic Chemistry, 2001, 66(1): 153-161.

[25] STILTS C E, NELEN M I, HILMEY D G, et al. Water-soluble, core-modified porphyrins as novel, longer-wavelength absorbing sensitizers for photo dynamic therapy[J]. Journal of Medicinal Chemistry, 2000, 43(12): 2403-2410.

[26] BOITREL B, HIJAZI I, ROISNEL T, et al. Iron-strapped porphyrins with carboxylic acid groups hanging over the coordination site: Synthesis, X-ray characterization, and dioxygen binding[J]. Inorganic Chemistry, 2017, 56(13): 7373-7383.

[27] NGAOJAMPA C, NAMUANGRUK S, SURAKHOT Y, et al. Influence of phenyl-attached substituents on the vibrational and electronic spectra of *meso*-tetraphenylporphyrin: A DFT study[J]. Computational and Theoretical Chemistry, 2015, 1062(15): 1-10.

[28] FU H, CAO M, SHE Y, et al. Electronic effects of the substituent on the dioxygen-activating abilities of substituted iron tetraphenylporphyrins: A theoretical study[J]. Journal of Molecular Modeling, 2015, 21(4): 1-10.

[29] BRUTI E M, GIANNETTO M, MORI G, et al. Electropolymerization of tetrakis(*o*-aminophenyl) porphyrin and

relevant transition metal complexes from aqueous solution. The resulting modified electrodes as potentiometric sensors[J]. Electroanalysis, 2015, 11(8): 565-572.

[30] XU H J, SHEN Z, OKUJIMA T, et al. Synthesis and spectroscopic characterization of *meso*-tetraarylporphyrins with fused phenanthrene rings[J]. Tetrahedron Letters, 2006, 47(6): 931-934.

[31] COMUZZI C, COGOI S, OVERHAND M, et al. Synthesis and biological evaluation of new pen taphyrin macro cyclesfor photo dynamic therapy[J]. Journal of Medicinal Chemistry, 2006, 49(1): 196-204.

[32] GIUNTINI F, FAUSTINO M F, NEVES M G P M S, et al. Synthesis and reactivity of 2-(porphyrin-2-yl)-1,3-dicarbonyl compounds[J]. Tetrahedron, 2005, 61(4): 10454-10461.

[33] 黄齐茂, 胡磊, 谢小英. *β*-氢醌-四(对羟基苯基)卟啉的合成及其抗肿瘤活性[J]. 化学研究与应用, 2006, 28(10): 1157-1161.

[34] 于克贵, 周成合, 李东红. 一种新型卟啉的合成研究[C]. 昆明: 全国化学生物学学术会议, 2007.

[35] 马金石. 卟啉类第二代光敏剂的发展[J]. 感光科学与光化学, 2002, 20(2): 131-148.

[36] DAMOISEAU X, SCHUITMAKER H J, LAGERBERG J W, et al. Increase of the photosensitizing efficiency of the Bacteriochlorin *a* by liposome-incorporation[J]. Journal of Photochemistry and Photobiology B, 2001, 60(1): 50-60.

[37] KONAN Y N, BERTON M, GURNY R, et al. Enhanced photodynamic activity of *meso*-tetra (4-hydroxyphenyl) porphyrin by incorporation into sub-200nm nanoparticles[J]. European Journal of Pharmaceutical Sciences, 2003, 18(3-4): 241-249.

[38] KONAN-KOUAKOU Y N, BOCH R, GURNY R, et al. *In vitro* and *in vivo* activities of verteporfin-loaded nanoparticles[J]. Journal of Controlled Release, 2005, 103(1): 83-91.

[39] ZHANG J X, HANSEN C B, ALLEN T M. Lipid-derivatizedpoly(ethyleneglycol) micellar formulations of benzoporphyrin derivatives[J]. Journal of Controlled Release, 2003, 86(3): 323-338.

[40] ZHANG G D, HARADA A, NISHIYAMA N, et al. Polyion complex micelles entrapping cationic dendrimer porphyrin: Effective photosensitizer for photodynamic therapy of cancer[J]. Journal of Controlled Release, 2003, 93(2): 141-150.

[41] VESPER B J, LEE S, HAMMER N D, et al. Developing a structure function relationship for anionic porphyrazines exhibiting selectiveanti-tumor activity[J]. Journal of Photochemistry and Photobiology B, 2006, 82(3): 180-186.

[42] NYMAN E S, HYNNINEN P H. Research advances in the use of tetrapyrrolicphotosensitizers for photo dynamic therapy[J]. Photochemistry and Photobiology, 2004, 73(2): 1-28.

[43] KWITNIEWSKI M, KUNIKOWSKA D, DERA-TOMASZEWSKA B, et al. Influence of diamino acid derivatives of protoporphyrin Ⅸ on mouse immunological system: Preliminary results[J]. Journal of Photochemistry and Photobiology B, 2005, 81(3): 129-135.

[44] GRADL S N, FELIX J P, ISACOFF E Y, et al. Protein surface recognition by rationaldesign: Nanomolar ligands for potassium channels[J]. Journal of the American Chemical Society, 2003, 125(42): 12668-12669.

[45] GOTTUMUKKALA V, ONGAYI O, BAKER D G, et al. Synthesis cellular up take and animal toxicity of a tetra(carboranylphenyl)- tetrabenzoporphyrin[J]. Bioorganicand Medicinal Chemistry, 2006, 14(6): 1871-1879.

[46] 李东红, 陈淑华, 赵华明. 杯[6]芳烃−双金属卟啉仿 P450 酶模型的研究. Ⅳ. 对异丙苯氧化的催化行为[J]. 化学学报, 2002, 60(1): 139-142.

[47] LI D H, CHEN S H, ZHAO H M. Calix arene bismetalloporphyrins as enzyme models for P450. Ⅴ. Catalytic performance in epoxidation of styrene[J]. Chinese Journal of Chemistry, 2003, 21(6): 683-686.

[48] MAGDA D J, WANG Z, GERASIMCHUK N, et al. Synthesis of texaphyrin conjugates[J]. Pureand Applied

Chemistry, 2004, 76(2): 365-374.

[49] BRUNNER H, GRUBER N. Carboplatin-containing porphyrinplatinum complexes as cytotoxic and phototoxic antitumor agents[J]. Inorganica Chimica Acta, 2004, 357(15): 4423-4451.

[50] 李东红, 刁俊林. 卟啉修饰抗癌药物的抑瘤活性研究[C]. 昆明: 第五届全国化学生物学学术会议, 2007.

[51] CHEN P, ZHANG Y, POLIREDDY K, et al. The tumor-suppressing activity of the prenyl diphosphate synthase subunit 2 gene in lung cancer cells[J]. Anticancer Drugs, 2014, 25(7): 790-798.

[52] 贾志云, 邓候富. 血卟啉类化合物在肿瘤诊疗应用的研究进展[J]. 中国医药工业杂志, 2006, 37(6): 426- 430.

[53] JI L, DEVARAMANI S, MAO X, et al. Behaviors of the interfacial consecutive multistep electron transfer controlled by varied transition metal ions in porphyrin cores[J]. Journal of Physical Chemistry, 2017, 121(38): 9045-9051.

[54] XIA H, QIN D, ZHOU X, et al. Ion transport traversing bioinspired ion channels at bionic interface[J]. Journal of Physical Chemistry C, 2013, 117(45): 23522-23528.

[55] MA Q L, XIA H, ZHANG S T, et al. Investigation of proton-driven amine functionalized tube array as ion responsive biomimetic nanochannels[J]. RSC Advances, 2016, 6(15): 12249-12255.

[56] ZHANG C, LIU H H, ZHENG K W, et al. DNA G-quadruplex formation in response to remote downstream transcription activity: Long-range sensing and signal transducing in DNA double helix[J]. Numerical Heat Transfer Part A, 2013, 41(14): 7144-7152.

[57] WHEELHOUSE R T, SUN D, HAN H, et al. Cationic porphyrins as telomerase inhibitors: The interaction of tetra-(*N*-methyl-4-pyridyl) porphine with quadruplex DNA[J]. Journal of the American Chemical Society, 1998, 120(13): 3261-3262.

[58] WATSON J D, CRICK F H. Molecular structure of nucleic acids, a structure for deoxyribose nucleic acid[J]. Nature, 1974, 248(5451): 765.

[59] BOCHMAN M L, PAESCHKE K, ZAKIAN V A. Report of symposium on the definition and dlagnosis of moral imbecility[J]. Nature Reviews Genetics, 2012, 13(11): 770-80.

[60] HUPPERT J L. Structure, location and interactions of G-quadruplexes[J]. The FEBS Journal, 2010, 277(17): 3452-3458.

[61] GELLERT M, LIPSETT M N, DAVIES D R. Helix formation by guanylic acid[J]. Proceedings of the National Academy of Sciences of the United States of America, 1962, 48(12): 2013-2018.

[62] GRAY R D, CHAIRES J B. Linkage of cation binding and folding in human telomeric quadruplex DNA[J]. Biophysical Chemistry, 2011, 159(1): 205-209.

[63] NICOLUDIS J M, BARRETT S P, MERGNY J L, et al. Interaction of human telomeric DNA with *N*-methyl mesoporphyrin Ⅸ[J]. Nucleic Acids Research, 2012, 40(12): 5432.

[64] ISHIKAWA Y, YAMASHITA T, TOMISUGI Y, et al. Interaction of porphyrins bearing peripheral cationic heterocycles with G-quadruplex DNA[J]. Nucleic Acids Research Supplement, 2001, 1(1): 107.

[65] YAMASHITA T, UNO T, ISHIKAWA Y. Stabilization of guanine quadruplex DNA by the binding of porphyrins with cationic side arms[J]. Bioorganic & Medicinal Chemistry, 2005, 13(7): 2423-2430.

[66] MARTINO L, PAGANO B, FOTTICCHIA I, et al. Shedding light on the interaction between TMPyP4 and human telomeric quadruplexes[J]. Journal of Physical Chemistry B, 2009, 113(44): 14779-14786.

[67] KATO Y, OHYAMA T, HAJIME MITA A, et al. Dynamics and thermodynamics of dimerization of parallel G-quadruplexed DNA formed from d(TTAG*n*) (n = 3-5)[J]. Journal of the American Chemical Society, 2005,

127(28): 9980-9981.

[68] LANG K, MOSINGERJ, WANGNEROVA D M. Photo physical properties of porphyinoid sensitizersnon-covalently bound to host molecules; models for photo dynamic therapy[J]. Coordination Chemistry Reviews, 2004, 248(34): 321-350.

[69] HASRAT A, JOHAN E V L. Metal complexes as photo-and radio sensitizers[J].Chemical Reviews, 1999, 99(9): 2379-2450.

[70] ANANTHA N V, AZAM M, SHEARDY R D. Porphyrin binding to quadrupled T4G4[J]. Biochemistry, 1998, 37(9): 2709-2714.

[71] LAM E Y N, BERALDI D, TANNAHILL D, et al. G-Quadruplex structures are stable and detectable in human genomic DNA[J]. Nature Communications, 2013, 4(2): 1796.

[72] HASSANI L, HAKIMIAN F, SAFAEI E. Spectroscopic investigation on the interaction of copper porphyrazines and phthalocyanine with human telomeric G-quadruplex DNA[J]. Biophysical Chemistry, 2014, 187(188): 7-13.

[73] GONÇALVES D P N, RODRIGUEZ R, BALASUBRAMANIAN S, et al. Tetramethylpyridiniumporphyrazines—A new class of G-quadruplex inducing and stabilising ligands[J]. ChemInform, 2007, 38(10): 4685-4693.

[74] SCISCIONE F, MANOLI F, VIOLA E, et al. Photoactivity of new octacationic magnesium(Ⅱ) and zinc(Ⅱ) porphyrazines in a water solution and G-quadruplex binding ability of differently sized zinc(Ⅱ) porphyrazines[J]. Inorganic Chemistry, 2017, 56 (21): 12795-12808.

[75] HAN F X, WHEELHOUSE R T, HURLEY L H. Interactions of TMPyP4 and TMPyP2 with quadruplex DNA. Structural basis for the differential effects on telomerase inhibition[J]. Journal of the American Chemical Society, 1999, 121(15): 3561-3570.

[76] SHI D F, WHEELHOUSE R T, SUN D, et al. Quadruplex-interactive agents as telomerase inhibitors: Synthesis of porphyrins and structure-activity relationship for the inhibition of telomerase[J]. Journal of medicinal chemistry, 2001, 44(26): 4509-4513.

[77] BHATTACHARJEE A J, AHLUWALIA K, TAYLOR S, et al. Induction of G-quadruplex DNA structure by Zn(Ⅱ) 5,10,15,20-tetrakis(*N*-methyl-4-pyridyl) porphyrin[J]. Biochimie, 2011, 93(8): 1297-1309.

[78] SAITO K, TAI H, HEMMI H, et al. Interaction between the heme and a G-quartet in a heme-DNA complex[J]. Inorganic Chemistry, 2012, 51(15): 8168-8176.

[79] BOSCHI E, DAVIS S, TAYLOR S X, et al. Interaction of a cationic porphyrin and its metal derivatives with G-quadruplex DNA[J]. Journal of Physical Chemistry B, 2016, 120(50): 12807-12819.

[80] BIFFI G, DI A M, TANNAHILL D, et al. Visualization and selective chemical targeting of RNA G-quadruplex structures in the cytoplasm of human cells[J]. Nature Chemistry, 2014, 6(1): 75-80.

[81] FAUDALE M, COGOI S, XODO L E. Photoactivated cationic alkyl-substituted porphyrin binding to g4-RNA in the 5′-UTR of KRAS oncogene represses translation[J]. Chemical Communications, 2012, 48(6): 874-876.

[82] BORK M A, GIANOPOULOS C G, ZHANG H, et al. Accessibility and external versus intercalative binding to DNA as assessed by oxygen-induced quenching of the palladium(Ⅱ)-containing cationic porphyrins Pd(T4) and Pd(*t*D4)[J]. Biochemistry, 2014, 53(4): 714-724.

[83] 李懿春. 卟啉和金属卟啉化合物的合成与光电性质及分子识别研究[D]. 太原: 山西大学, 2016.

[84] TAKENAKA S, SATO S. Telomerase as Biomarker for Oral Cancer[M]. Berlin: Springer Netherlands, 2015.

[85] TAN P J, APPLETON D R, MUSTAFA M R, et al. Rapid identification of cyclic tetrapyrrolicphotosensitisers for photodynamic therapy using on-line hyphenated LC-PDA-MS coupled with photo-cytotoxicity assay[J].

Phytochemical Analysis, 2012, 23(1): 52-59.

[86] VICENTE M G H. Porphyrin-based sensitizers in the detection and treatment of cancer: Recent progress[J]. Current Medicinal Chemistry-Anti-Cancer Agents, 2001, 1(2): 175-194(20).

[87] CALVETE M J F, SIMOES A V C, HENRIQUES C A, et al. Tetrapyrrolicmacrocycles: Potentialities in medical imaging technologies[J]. Current Organic Synthesis, 2014, 11(1): 127-140(14).

[88] ZHANG Y, LOVELL J F. Porphyrins as theranostic agents from prehistoric to modern times[J]. Theranostics, 2012, 2(9): 905-915.

[89] CORR S A, O' BYRNE A, GUN'KO Y K, et al. Magnetic-fluorescent nanocomposites for biomedical multitasking[J]. Chemical Communications, 2006, (43): 4474-4476.

[90] VAN ZIJL P C, PLACE D A, COHEN J S, et al. Metalloporphyrin magnetic resonance contrast agents. Feasibility of tumor-specific magnetic resonance imaging[J]. Acta Radiologica. Supplementum, 1990, 374: 75-79.

[91] NI Y. Metalloporphyrins and functional analogues as MRI contrast agents[J].Current Medical Imaging Reviews, 2008, 4(2): 96-112.

[92] HITOMI Y, EKAWA T, KODERA M. Water proton relaxivity, superoxide dismutase-like activity, and cytotoxicity of a manganese(Ⅲ) porphyrin having four poly(ethylene glycol) tails[J]. Chemistry Letters, 2014, 43(5): 732-734.

[93] HUANG X, YUAN Y, RUAN W, et al. pH-Responsive theranosticnanocomposites as synergistically enhancing positive and negative magnetic resonance imaging contrast agents[J]. Journal of Nanobiotechnology, 2018, 16(1): 30.

[94] MBAKIDI J P, BRÉGIER F, OUK T S, et al. Magnetic dextran nanoparticles that bear hydrophilic porphyrin derivatives: Bimodal agents for potential application in photodynamic therapy[J]. ChemPlusChem, 2015, 80(9): 1416-1426.

[95] SHAO S, TRANGNHU D, RAZI A, et al. Design of hydrated porphyrin-phospholipid bilayers with enhanced magnetic resonance contrast[J]. Small, 2017, 13(1): 1602505.

[96] CHENG W, HAEDICKE I E, NOFIELE J, et al. Complementary strategies for developing Gd-free high-field T_1 MRI contrast agents based on Mn^{III} porphyrins[J]. Journal of Medicinal Chemistry, 2014, 57(2): 516-520.

[97] GOMER C J, DOUGHERTY T J. Determination of [^{3}H]- and [^{14}C]hematoporphyrin derivative distribution in malignant and normal tissue[J]. Cancer Research, 1979, 39(1): 146-151.

[98] LAWRENCE D S, GIBSON S L, NGUYEN M L, et al. Photosensitization and tissue distribution studies of the picket fence porphyrin, 3,1-tpro, a candidate for photodynamic therapy[J]. Photochemistry and Photobiology, 1995, 61(1): 90-98.

[99] HO Y K, PANDEY R K, MISSERT J R, et al. Carbon-14 labeling and biological activity of the tumor-localizing derivative of hematoporphyrin[J]. Photochemistry and Photobiology, 1988, 48(4): 445-449.

[100] BABBAR A K, SINGH A K, GOEL H C, et al. Evaluation of ^{99m}Tc-labeled photosan-3, a hematoporphyrin derivative, as a potential radiopharmaceutical for tumor scintigraphy[J]. Nuclear Medicine and Biology, 2000, 27(4): 419-426.

[101] BO Y, SHREYA G, DALONG N, et al. Reassembly of ^{89}Zr-labeled cancer cell membranes into multicompartment membrane-derived liposomes for PET-trackable tumor-targeted theranostics[J]. Advanced Materials, 2018, 30(13): 1704934.

[102] CHENG L, JIANG D, KAMKAEW A, et al. Renal-clearable PEGylated porphyrin nanoparticles for image-guided photodynamic cancer therapy[J]. Advanced Functional Materials, 2017, 27(24): 1702928.

[103] JIANG Y, PU K. Advanced photoacoustic imaging applications of near-infrared absorbing organic nanoparticles[J]. Small, 2017, 13(30): 1700710.

[104] ZAVALETA C L, KIRCHER M F, GAMBHIR S S. Raman's "effect" on molecular imaging[J]. Journal of Nuclear Medicine, 2011, 52(12): 1839-1844.

[105] TAM N C M, MCVEIGH P Z, MACDONALD T D, et al. Porphyrin-lipid stabilized gold nanoparticles for surface enhanced Raman scattering based imaging[J]. Bioconjugate Chemistry, 2012, 23(9): 1726-1730.

[106] WANG X, QIAN X, BEITLER J J, et al. Detection of circulating tumor cells in human peripheral blood using surface-enhanced Raman scattering nanoparticles[J]. Cancer Research, 2011, 71(5): 1526-1532.

[107] KIRCHER M F, DE LA ZERDA A, JOKERST J V, et al. A brain tumor molecular imaging strategy using a new triple-modality MRI-photoacoustic-Raman nanoparticle[J]. Nature Medicine, 2012, 18: 829-834.

[108] EGGENSPILLER A, MICHELIN C, DESBOIS N, et al. Design of porphyrin-dota-like scaffolds as all-in-one multimodal heterometallic complexes for medical imaging[J]. European Journal of Organic Chemistry, 2013, (29): 6629-6643.

[109] KIESSLING F, FOKONG S, BZYL J, et al. Recent advances in molecular, multimodal and theranostic ultrasound imaging[J]. Advanced Drug Delivery Reviews, 2014, 72: 15-27.

[110] TARTIS M S, KRUSE D E, ZHENG H, et al. Dynamic micro PET imaging of ultrasound contrast agents and lipid delivery[J]. Journal of Controlled Release, 2008, 131(3): 160-166.

[111] LAZAROVA N, CAUSEY P W, LEMON J A, et al. The synthesis, magnetic purification and evaluation of ^{99m}Tc-labeled microbubbles[J]. Nuclear Medicine and Biology, 2011, 38(8): 1111-1118.

[112] LINDNER J R, COGGINS M P, KAUL S, et al. Microbubble persistence in the microcirculation during ischemia/reperfusion and inflammation is caused by integrin- and complement-mediated adherence to activated leukocytes[J]. Circulation, 2000, 101(6): 668-675.

[113] LUM A F H, BORDEN M A, DAYTON P A, et al. Ultrasound radiation force enables targeted deposition of model drug carriers loaded on microbubbles[J]. Journal of Controlled Release, 2006, 111(1-2): 128-134.

[114] ELIZABETH H, GANG Z. Engineering multifunctional nanoparticles: All-in-one versus one-for-all[J]. Wiley Interdisciplinary Reviews: Nanomedicine and Nanobiotechnology, 2013, 5(3): 250-265.

[115] HUYNH E, ZHENG G. Aggregate enhanced trimodal porphyrin shell microbubbles for ultrasound, photoacoustic and fluorescence imaging[J]. Bioconjugate Chemistry, 2014, 25(4): 796-801.

[116] HEITMANN G, SCHUETT C, GROEBNER J, et al. Azoimidazole functionalized Ni-porphyrins for molecular spin switching and light responsive MRI contrast agents[J]. Dalton Transactions, 2016, 45(28): 11407-11412.

[117] YANG B, SHARMA M, TUNNELL J W. Attenuation-corrected fluorescence extraction for image-guided surgery in spatial frequency domain[J]. Journal of Biomedical Optics, 2013, 18(8): 080503.

[118] BUCCI M K, MAITY A, JANSS A J, et al. Near complete surgical resection predicts a favorable outcome in pediatric patients with nonbrainstem, malignant gliomas: Results from a single center in the magnetic resonance imaging era[J]. Cancer, 2004, 101(4): 817-824.

[119] STUPP R, HEGI M E, VAN DEN BENT M J, et al. Changing paradigms-an update on the multidisciplinary management of malignant glioma[J]. The Oncologist, 2006, 11(2): 165-180.

[120] PLEIJHUIS R, TIMMERMANS A, DE JONG J, et al. Tissue-simulating phantoms for assessing potential near-infrared fluorescence imaging applications in breast cancer surgery[J]. Journal of Visualized Experiments, 2014, (91): 51776.

[121] XINHUI S, KAI C, CHARLIE W, et al. Image-guided resection of malignant gliomas using fluorescent nanoparticles[J]. Wiley Interdisciplinary Reviews: Nanomedicine and Nanobiotechnology, 2013, 5(3): 219-232.

[122] MAUGERI R, VILLA A, PINO M, et al. With a little help from my friends: The role of intraoperative fluorescent dyes in the surgical management of high-grade gliomas[J]. Brain Sciences, 2018, 8(2): 31.

[123] LIU J T C, MEZA D, SANAI N. Trends in fluorescence image-guided surgery for gliomas[J]. Neurosurgery, 2014, 75(1): 61-71.

[124] KUMAR S, KUMAR A, KIM G H, et al. Myoglobin and polydopamine-engineered Raman nanoprobes for detecting, imaging, and monitoring reactive oxygen species in biological samples and living cells[J]. Small, 2017, 13(43): 1701584.

[125] CARTER K A, SHAO S, HOOPES M I, et al. Porphyrin-phospholipid liposomes permeabilized by near-infrared light[J]. Nature Communications, 2014, 5: 3546.

[126] LUO D, LI N, CARTER K A, et al. Rapid light-triggered drug release in liposomes containing small amounts of unsaturated and porphyrin-phospholipids[J]. Small, 2016, 12(22): 3039-3047.

[127] KRESS J, ROHRBACH D J, CARTER K A, et al. A dual-channel endoscope for quantitative imaging, monitoring, and triggering of doxorubicin release from liposomes in living mice[J]. Scientific Reports, 2017, 7(1): 15578.

[128] LIU J J, ZHANG L C, DU X J, et al. PEG encapsulation of porphyrins for cell imaging and photodynamic therapy[J]. Letters in Organic Chemistry, 2013, 10(5): 342-347.

[129] LOVELL J F, ROXIN A, NG K K, et al. Porphyrin-cross-linked hydrogel for fluorescence-guided monitoring and surgical resection[J]. Biomacromolecules, 2011, 12(9): 3115-3118.

[130] MAURIELLO-JIMENEZ C, CROISSANT J, MAYNADIER M, et al. Porphyrin-functionalized mesoporousorganosilica nanoparticles for two-photon imaging of cancer cells and drug delivery[J]. Journal of Materials Chemistry B, 2015, 3(18): 3681-3684.

[131] SUZUKI M, UEHARA T, ARANO Y, et al. Fabrications of potential imaging probes based on a β-alkyl substituted porphyrin with a terpyridine external coordination site[J]. Tetrahedron Letters, 2011, 52(52): 7164-7167.

[132] SHENG N, ZONG S, CAO W, et al. Water dispersible and biocompatible porphyrin-based nanospheres for biophotonics applications: A novel surfactant and polyelectrolyte-based fabrication strategy for modifying hydrophobic porphyrins[J]. ACS Applied Materials & Interfaces, 2015, 7(35): 19718-19725.

[133] HUO Y F, ZHU L N, LI X Y, et al. Water soluble cationic porphyrin showing pH-dependent optical responses to G-quadruplexes: Applications in pH-sensing and DNA logic gate[J]. Sensors and Actuators B: Chemical, 2016, 237: 179-189.

[134] ZHANG L N, ZHANG R, CUI Y X, et al. Highly specific G-quadruplex recognition covering physiological pH range by a new water-soluble cationic porphyrin with low self-aggregation tendency[J]. Dyes and Pigments, 2017, 145: 404-417.

[135] ZHU L N, WU B, KONG D M. Specific recognition and stabilization of monomeric and multimeric G-quadruplexes by cationic porphyrin TMPipEOPP under molecular crowding conditions[J]. Nucleic Acids Research, 2013, 41(7): 4324-4335.

[136] HUANG X X, ZHU L N, WU B, et al. Two cationic porphyrin isomers showing different multimeric G-quadruplex recognition specificity against monomeric G-quadruplexes[J]. Nucleic Acids Research, 2014, 42(13): 8719-8731.

[137] ZHANG R, CHENG M, ZHANG L M, et al. Asymmetric cationic porphyrin as a new G-quadruplex probe with wash-free cancer-targeted imaging ability under acidic microenvironments[J]. ACS Applied Materials & Interfaces,

2018, 10(16): 13350-13360.

[138] LI X, ZHENG B Y, KE M R, et al. A tumor-pH-responsive supramolecular photosensitizer for activatable photodynamic therapy with minimal *in vivo* skin phototoxicity[J]. Theranostics, 2017, 7(10): 2746-2756.

[139] ZHENG X, WANG L, PEI Q, et al. Metal-organic fframework@porous organic polymer nanocomposite for photodynamic therapy[J]. Chemistry of Materials, 2017, 29(5): 2374-2381.

[140] LU K, HE C, LIN W. Nanoscale metal-organic framework for highly effective photodynamic therapy of resistant head and neck cancer[J]. Journal of the American Chemical Society, 2014, 136(48): 16712-16715.

[141] WAGHORN P A. Radiolabelled porphyrins in nuclear medicine[J]. Journal of Labelled Compounds & Radiopharmaceuticals, 2014, 57(4), 304-309.

[142] LI X, LEE S, YOON J. Supramolecular photosensitizers rejuvenate photodynamic therapy[J]. Chemical Society Reviews, 2018, 47(4): 1174-1188.

[143] ZHANG T, CHAN C F, LAN R, et al. Porphyrin-based ytterbium complexes targeting anionic phospholipid membranes as selective biomarkers for cancer cell imaging[J]. Chemical Communications, 2013, 49(65): 7252-7254.

[144] POPOVICH K, TOMANOVÁ K, ČUBA V, et al. LuAG: Pr^{3+}-porphyrin based nanohybrid system for singlet oxygen production: Toward the next generation of PDTX drugs[J]. Journal of Photochemistry and Photobiology B: Biology, 2018, 179: 149-155.

[145] ZENG J Y, ZOU M Z, ZHANG M, et al. π-Extended benzoporphyrin-based metal-organic framework for inhibition of tumor metastasis[J]. ACS Nano, 2018, 12(5): 4630-4640.

[146] ZHANG W, LU J, GAO X, et al. Enhanced photodynamic therapy by reduced levels of intracellular glutathione obtained by employing a nano-MOF with Cu^{II} as the active center[J]. Angewandte Chemie International Edition, 2018, 130(18): 4985-4990.

[147] LAN G, NI K, XU Z, et al. Nanoscale metal-organic framework overcomes hypoxia for photodynamic therapy primed cancer immunotherapy[J]. Journal of the American Chemical Society, 2018, 140(17): 5670-5673.

[148] HIGASHINO T, NAKATSUJI H, FUKUDA R, et al. Hexaphyrin as a potential theranostic dye for photothermal therapy and ^{19}F magnetic resonance imaging[J]. ChemBioChem, 2017, 18(10): 951-959.

[149] MACDONALD T D, LIU T W, ZHENG G. An MRI-sensitive, no-photobleachableporphysome photothermal agent[J]. Angewandte Chemie International Edition, 2014, 53(27): 6956-6959.

[150] ZOU Q, ABBAS M, ZHAO L, et al. Biological photothermal nanodots based on self-sssembly of peptide-porphyrin conjugates for antitumor therapy[J]. Journal of the American Chemical Society, 2017, 139(5): 1921-1927.

[151] PRAUS P, KOCISOVA E, MOJZES P, et al. Time-resolved microspectrofluorometry and fluorescence imaging techniques: Study of porphyrin-mediated cellular uptake of oligonucleotides[J]. Annals of the New York Academy of Sciences, 2008, 1130(1): 117-121.

[152] VOLOVETSKY A B, SUKHOV V S, BALALAEVA I V, et al. Pharmacokinetics of chlorin e6-cobalt bis(dicarbollide) conjugate in Balb/c mice with engrafted carcinoma[J]. International Journal of Molecular Sciences, 2017, 18(12): 2556.

[153] HUANG P, QIAN X, CHEN Y, et al. Metalloporphyrin-encapsulated biodegradable nanosystems for highly efficient magnetic resonance imaging-guided sonodynamic cancer therapy[J]. Journal of the American Chemical Society, 2017, 139(3): 1275-1284.

[154] HE C, LIU D, LIN W. Self-assembled core-shell nanoparticles for combined chemotherapy and photodynamic

therapy of resistant head and neck cancers[J]. ACS Nano, 2015, 9(1): 991-1003.

[155] ZENG J, YANG W, SHI D, et al. Porphyrin derivative conjugated with gold nanoparticles for dual-modality photodynamic and photothermal therapies *in vitro*[J]. ACS Biomaterials Science & Engineering, 2018, 4(3): 963-972.

[156] CHUNG U S, KIM J H, KIM B, et al. Dendrimer porphyrin-coated gold nanoshells for the synergistic combination of photodynamic and photothermal therapy[J]. Chemical Communications, 2016, 52(6): 1258-1261.

[157] YI Y, WANG H, WANG X, et al. A smart, photocontrollable drug release nanosystem for multifunctional synergistic cancer therapy[J]. ACS Applied Materials & Interfaces, 2017, 9(7): 5847-5854.

[158] LIANG X, LI X, JING L, et al. Theranostic porphyrin dyad nanoparticles for magnetic resonance imaging guided photodynamic therapy[J]. Biomaterials, 2014, 35(24): 6379-6388.

[159] HSU C Y, NIEH M P, LAI P S. Facile self-assembly of porphyrin-embedded polymeric vesicles for theranostic applications[J]. Chemical Communications, 2012, 48(75): 9343-9345.

[160] WU B, LI X Q, HUANG T, et al. MRI-guided tumor chemo-photodynamic therapy with Gd/Pt bifunctionalized porphyrin[J]. Biomaterials Science, 2017, 5(9): 1746-1750.

[161] SHEN Y, SUN Y, YAN R, et al. Rational engineering of semiconductor QDs enabling remarkable $^1O_2$ production for tumor-targeted photodynamic therapy[J]. Biomaterials, 2017, 148: 31-40.

[162] YANG H, CHEN Y, CHEN Z, et al. Chemo-photodynamic combined gene therapy and dual-modal cancer imaging achieved by pH-responsive alginate/chitosan multilayer-modified magnetic mesoporous silica nanocomposites[J]. Biomaterials Science, 2017, 5(5): 1001-1013.

[163] ZHU W, LIU Y, YANG Z, et al. Albumin/sulfonamide stabilized iron porphyrin metal organic framework nanocomposites: Targeting tumor hypoxia by carbonic anhydrase Ⅸ inhibition and T_1-T_2 dual mode MRI guided photodynamic/photothermal therapy[J]. Journal of Materials Chemistry B, 2018, 6(2): 265-276.

[164] ZHANG H, LI Y H, CHEN Y, et al. Fluorescence and magnetic resonance dual-modality imaging-guided photothermal and photodynamic dual-therapy with magnetic porphyrin-metal organic framework nanocomposites[J]. Scientific Reports, 2017, 7(1): 44153.

[165] NINGG K K, TAKADA M, JIN C C S, et al. Self-sensing porphysomes for fluorescence-guided photothermal therapy[J]. Bioconjugate Chemistry, 2015, 26(2): 345-351.

第 9 章　卟啉的光敏化和光导材料

9.1　卟啉的光敏化材料

通过光解水这一技术，可以将太阳能转化为洁净氧能，化石能源枯竭带来的危机有望通过光解水技术缓解并解决。利用光催化技术来降解有毒有机污染物，如今已成为一种防治环境污染的廉价可行的方法。1972 年，Fujishima 等[1]发现单晶 TiO_2 可以通过光催化分解水，这一现象标志着半导体光催化时代的来临。有机化合物多氯联苯难降解，在紫外线照射下，TiO_2 具有光催化氧化的作用。1976 年，Carey 等[2]报道了 TiO_2 可以使多氯联苯脱氯，光催化技术成为了治理环境污染等问题的一条新途径。光催化材料制备时所需要的反应条件较为温和，操作简单，且需要的催化剂廉价易得。目前，能源短缺和环境污染问题仍然严峻，光降解有机污染物具有非常广阔的应用前景[3]。

9.1.1　光敏化材料的理论基础

光敏化材料主要分为三大类，即有机半导体材料、无机半导体材料、无机和有机复合型半导体材料。其中，有机半导体主要有卟啉、香豆素、赤藓红、酞菁等，无机半导体以 N 型半导体和 P 型半导体为主。常见的 N 型半导体有 Bi_2WO_6、ZnO、V_2O_5、WO_3、CdS、Fe_2O_3、CuO、MoS_2、Ta_2O_5、TiO_2、Ag_2S、Fe_3O_4、$BiVO_4$、C_3N_4[4-16]，常见的 P 型半导体主要有卟啉、Cu_2O、Ag_2O、$SrTiO_3$[17-20]等。早在 1991 年，Grätzel[21]就报道了染料敏化太阳能电池，在 2001 年再次被提出，现今已被广泛地研究[22]。在金属能带理论中，金属晶体的能带通常由充满电子的低能价带(valence band，VB)和没有电子的高能导带(conduction band，CB)组成，禁带为价带和导带之间的能级差，能级差的大小称为禁带宽度 E_g(band gap)。简而言之，光催化反应是某些半导体材料如 CdS、SnO_2 和 TiO_2 等在紫外光或可见光照射下进行一系列反应，最终将目标物催化分解的过程。图 9.1 展示了半导体光催化剂的光催化机理[23]，主要步骤如下。

(1) 向半导体表面照射光之后，如果半导体材料能够吸收比禁带宽度能量高的光能，则会发生电子跃迁现象。

(2) 产生的电子-空穴对将在材料内建电场或扩散力作用下分离，并迁移到材料表面。

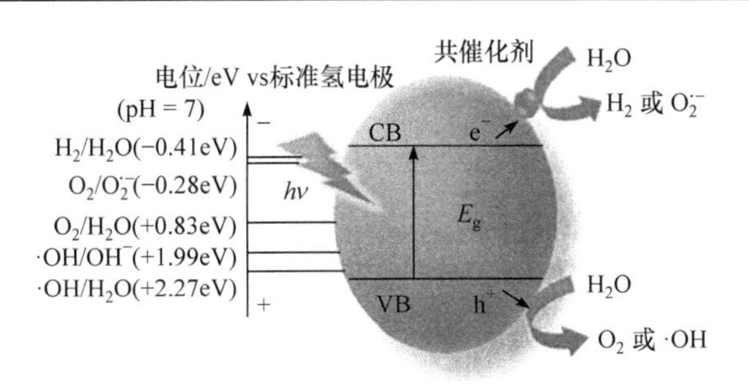

图 9.1　半导体光催化剂的光催化机理

(3) 当能带边缘(band edge)位置满足某些要求时，半导体材料表面上的光生电子和空穴将与水或半导体表面上的吸附物发生一系列的氧化还原反应，从而实现光催化分解水制 H_2/O_2。价带顶(valence band top，VBT)越正，光生空穴的氧化能力越强；导带底(conduction band bottom，CBB)越负，光生电子的还原能力越强。因此，用于光解水制氧的催化剂必须具有合适的导带和价带位置，并且半导体禁带宽度应至少大于 1.8eV[24]。

9.1.2　卟啉类的光敏剂

卟啉类化合物作为光敏剂的特有优势。①卟啉与半导体紧密集成，环上许多可修饰取代的位置可以有针对性地修饰，实验证明，卟啉可以促进可见光范围敏化半导体材料响应。②在可见光区域吸收强，因此，自然界选择卟啉作为利用太阳能进行光合作用的反应中心。③高稳定性，卟啉通常具有较高的熔点，大共轭 π 键所表现出的稳定性使其难以被氧化分解。

近年来，卟啉-TiO_2 光敏材料得到了广泛的研究与应用，但很多研究还是集中在光敏太阳能电池的研究与开发上，而在光催化降解水溶液中有机污染物这方面还没有完整系统的研究。因为很少有人合成出一系列比较系统的卟啉作为敏化剂，进行系统地研究。水污染是环境化学中的一个重要研究方向，卟啉-TiO_2 在催化降解有机污染物、减少水污染方面有着潜在的开发应用价值。卟啉结构对敏化催化效果到底有何影响，如何得到更高效的敏化效果和催化效率，光降解反应的细节等问题都需要系统研究[25]。

世界上许多国家地表水和地下水的水质已受到不同程度的污染，水污染控制已经成为环境保护领域的一个重要问题。多相光催化法在水污染治理中显示出良好的应用前景[26,27]，此技术大多使用半导体，尤其是以 TiO_2 为催化剂，并使用紫外光照射半导体材料以产生电子-空穴对，迁移聚集到 TiO_2 的表面，从而加速氧化还原反应发生并促使水中有机污染物逐步氧化降解为小分子，并最终矿化形成 CO_2、H_2O 及其他的离子[27,28]。卟啉类化合物种类很多，都由以共轭双键为基础结构的大环组成。在适当条件下，许多金属卟啉可以使分子氧光照活化，因此卟啉可以成为一类很好的光敏剂[29,30]。利用金属卟啉优良的光敏性，可以将金属卟啉桥联成高分子聚合物来催化降解各种废水。因其用量少、条件温和、稳定性较高、可以充分利用太阳能降低能耗，以及反应后可以自动沉降与水体发生分离而不产生二次污染等，高分子金属卟啉催化剂可望成为优良的光催化剂，应用于废水处理[31]。

相对其他染料而言，卟啉的摩尔吸光系数较大，化学稳定性好。光照下，卟啉及其复合物可以生成一系列具有高氧化性能的活性物，能将环境中的有害污染物降解成无毒无害的小分子化合物，或完全矿化生成 CO_2 和 H_2O[32]。卟啉敏化 TiO_2 在环境治理方面的应用已得到广泛的研究。在卟啉/TiO_2 光催化降解染料方面，一些课题组采用吸附法制备了锌卟啉修饰的 N-TiO_2，并研究了其结构和光催化特性。研究结果表明，由于羧基的存在，Zn-TCPP(四羧基苯基锌卟啉)和 TiO_2 之间产生配合作用而形成C—O—Ti键，使得Zn-TCPP更容易吸附在N-TiO_2的表面；亚甲基蓝可见光催化实验表明，由于吸附的染料分子和 N 掺杂的协同效应，Zn-TCPP 修饰 TiO_2 的光催化活性比 N-TiO_2 和 Zn-TCPP 修饰的纯 TiO_2 光催化活性更高[33]。还有一些课题组研究了四(4-羧基苯基)卟啉和四(4-硝基苯基)卟啉敏化的 TiO_2 光催化剂在可见光照射下降解酸性铬蓝 K 的性能，发现可见光下四(4-羧基苯基)卟啉/TiO_2 可以快速降解酸性铬蓝 K。在初始浓度为 10mg/L 时，光照酸性铬蓝 K 15min，降解率达到 94%。自然光照下，此降解过程还会进一步加快[34]。还有些课题组通过化学吸附，将卟啉和铁卟啉修饰到 TiO_2 纳米粒子表面，研究了在紫外和可见光照射下，光催化降解罗丹明 B。结果表明，与纯 TiO_2 相比，在紫外光照射下，卟啉/TiO_2 和铁卟啉/TiO_2 对罗丹明 B 的光催化降解有显著改善，但在可见光下，只有卟啉/TiO_2 表现出较好的光催化活性[35]。

除了卟啉和N型半导体构建的异质结体系以外，卟啉本身聚集形貌的改变也可影响其催化活性。早期，卢小泉课题组构筑了不同形貌(球状、片状、棒状)的卟啉类材料，通过动力学测试和光催化降解实验，证实棒状卟啉较片状和球状卟啉有更高的催化活性，这主要是因为一维结构有利于电子和空穴分离[36]。由于卟啉分子之间存在大 π 共轭结构及分子间相互作用，所以能够自组装形成超分子体系，这种超分子体系能够通过分子间作用实现光电子的传递和分离，有利于其光催化降解有毒有机污染物。

9.1.3 卟啉模型的研究与调控

半导体光生电子和空穴的复合，限制了光电化学太阳能转换效率，负载助催化剂可以有效地增加表面反应动力学，降低反应过电势，减少光生载流子的表面复合[37]。引入助催化剂会影响半导体对光的捕获，同时会在半导体与催化剂之间形成新的界面复合位点，进一步影响了电荷分离效率。即便是具有高催化活性的助催化剂，仍不可避免上述问题[38]。因此，助催化剂的负载虽然能够增强半导体光电极的光生电荷分离，但距离理想水平仍有一定的差距。卢小泉课题组以卟啉作为研究模型，构筑了一种新型的光阴极体系。不同于通过调控电子实现半导体光阴极光生电荷的分离，该工作是通过改变 NiO 中氧空位的浓度实现对卟啉光生空穴的调控，进而加速电子转移，实现了电荷的高效分离。这种通过调控空穴转移而实现电子的快速转移，进而增强电荷分离的方法，称为反置调控策略，这种策略实现了电荷的高效分离。

深入探究光电化学反应的电荷转移过程和反应动力学，对生命和材料领域的发展具有重要意义。复杂光合作用体系的电荷转移行为和材料结构转变的构效关系，已成为相关领域的科学瓶颈。近年来，卢小泉课题组利用扫描光电化学显微镜，对复杂的多元体系进行原位、在线追踪，实现了对仿生和材料领域的深度理解。在仿生领域，该课题组利用卟啉分子，从自然到科学的角度，实现了光合作用过程中光诱导电子转移的模拟研究，为复杂光合作用的研究提供了思路[39]。就材料的构效关系而言，卢小泉课题组以锌卟啉作为模型分子，证实轴向配位对卟啉分子的电荷转移具有阻碍作用[40]。同期，又证实卟啉分子的聚集行为对于其光电和催化性质具有大的影响(图 9.2)。通过光电流、阻抗和光催化实验，发现 J-聚集体较 H-聚集体展现出高的光电流、低的电荷转移阻值和高的有机污染物降解矿化能力，这主要是因为 J-聚集体结构具有较高的界面电荷转移和分离能力[41]。

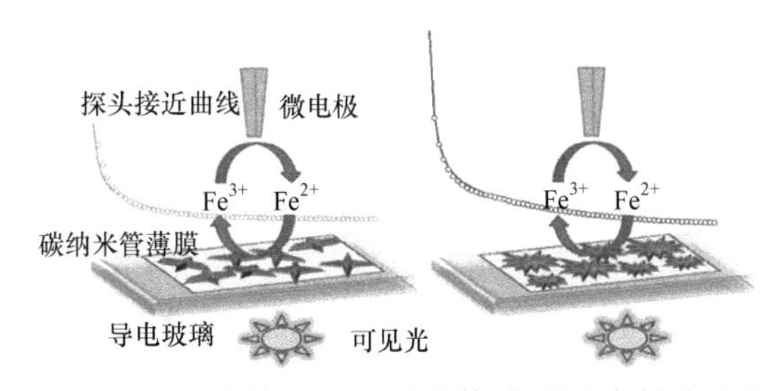

图 9.2　H-聚集体(左)和 J-聚集体(右)的电荷转移过程

9.1.4　卟啉界面的调控

环境污染和能源危机严重制约着社会的可持续发展，前文已经提到卟啉分子在环境领域的一些贡献,那么在能源领域是否也可以发挥其独特的性质？近年来，以半导体为光电极的光电化学水分解因具有绿色、高效、简洁等优点而备受科学家的关注[42,43]，但其电荷复合高和水氧化慢，严重制约了进一步发展。早期的研究发现，电催化剂的负载可以达到高的光能转换效率和可观的电流密度。然而，进一步分析证实，影响光电流的核心是表面复合，而不是表面催化[44]。也就是好的电催化剂不一定展现高的光电化学性能。卢小泉课题组使用 $BiVO_4$ 作为模型成功地构筑了一种新型电荷调控体系，可以实现载流子的高效分离。在该体系中，卟啉分子作为界面电荷转移的调控体，并不仅仅是传统的光敏剂(图 9.3)，如“排球二传手”，通过较高的空穴转移动力学有效抑制表面重组[45]。

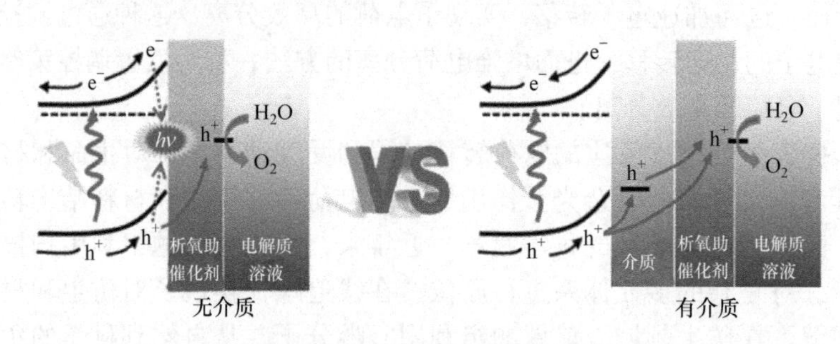

图 9.3　卟啉调控电荷转移过程

目前，卟啉敏化半导体材料的光催化降解已取得显著成就，大多研究集中在如何提高催化剂的稳定性和光催化效率等。卟啉类光催化剂还有待深入探索，如弛豫机制过程，激发态的电子结构、性质、形成及转移到半导体上的途径等基本原理。深入探究这些问题将为设计和制备性能更好的光催化剂材料提供丰富理论基础，将揭示更具体的光电化学效应及应用[46]。此外，将卟啉分子作为模型分子去探究电荷转移机理、构效关系和光电催化 CO_2 的还原，仍旧是目前研究热点。当然，卟啉分子的功能化也是目前考虑的重点，其除了真正意义上的光学性质以外，是否还有其他功能或角色，仍旧需要科学家的探索。随着表征手段的发展，单原子催化逐渐进入人们的视野，卟啉分子的特殊结构也为单原子催化领域的发展注入了一定的活力。

9.2　卟啉染料敏化太阳能电池

环保清洁的新能源包括电解水产生的氢能、太阳能光热及太阳能光伏发电，太阳能光伏发电是最值得期待的新能源。随着太阳能发电技术的不断革新，人类将进入一个崭新的以太阳能为主体的能源时代[47]。使用无机/有机半导体材料制备的染料敏化电池成为诸多科学家研究的重点。一般染料敏化的太阳能电池具有以下优势：原材料低廉、工艺技术简单、无毒、可循环及所需能源充足，现正在大面积推广中。

9.2.1 染料敏化太阳能电池的机理

染料敏化太阳能电池(dye-sensitized solar cell, DSSC)在结构上分为五个部分：透明导电基底、纳米半导体多孔薄膜、染料光敏化剂、对电极和电解质。纳米半导体多孔薄膜附着在透明导电基底，染料光敏化剂被吸附在纳米半导体多孔薄膜的表面，基本以单分子层的状态存在，这三部分组成电池的光阳极。对电极、电解质和光阳极形成“三明治”结构，电解质填充在中间，这样就组成染料敏化太阳能电池。通常，透明导电基底为 FTO 玻璃(掺杂氟的 SnO_2 导电玻璃)或者塑料柔性基底；纳米半导体多孔薄膜的材料为 TiO_2，也可以使用 ZnO、SnO_2 等其他半导体材料；染料光敏化剂一般为有机无机复合染料，如 N719 染料和 N3 染料等；电解质一般为 I^{3-}/I^- 的电解质；对电极一般为 Pt 电极。

染料敏化太阳能电池的结构与工作原理如图 9.4 所示，可以简单描述如下(以常规 TiO_2 光阳极为例)：①太阳光穿过 FTO 玻璃和 TiO_2 纳米粒子照射到染料分子上，染料分子的电子被激发到高能级，并且染料分子同时变成激发的染料分子；②由于染料分子的高能级与 TiO_2 的导带之间存在能级差，染料分子高能级的电子将被注入 TiO_2 的导带中，并且 FTO 电极通过 TiO_2 的导带；③累积在 FTO 上的电子通过外部电路传输到对电极，在 Pt 催化下，电子与电解质中的 I_3^- 结合，I_3^- 还原为 I^-；④I^- 扩散到激发态染料表面，向激发的染料分子提供电子以将其还原为接地的染料分子，I^- 被氧化为 I_3^-，I_3^- 再扩散到对电极表面等待下一次接受电子完成循环。

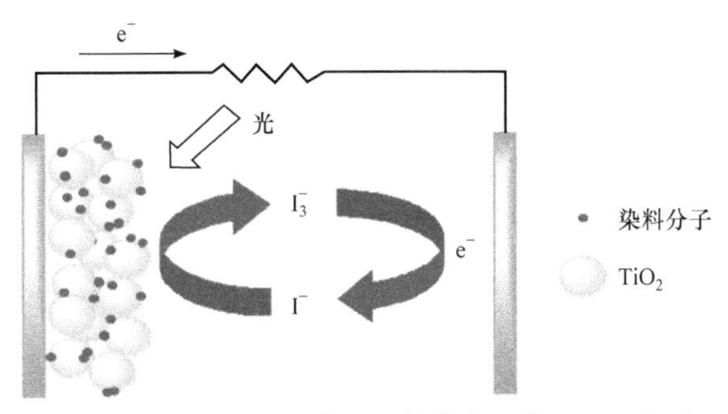

图 9.4　染料敏化太阳能电池结构与工作原理示意图

除了上述过程，电池中还有一些起到负面影响的过程，如 TiO_2 导带中传输的电子与激发态染料之间的复合。为了使染料敏化太阳能电池获得更高效率，就要尽最大可能减少复合过程。

9.2.2 基于卟啉的染料敏化太阳能电池

染料分子是染料敏化太阳能电池的光捕获天线，也是 DSSC 的重要组成部分，它的作用是吸收太阳光，将电子从基态激发到高能态，再转移到外电路。用于 DSSC 的理想敏化染料一般满足如下条件：①光谱响应范围宽，即可以在宽的光谱范围内吸收太阳能；②可以与纳米晶半导体表面牢固结合，并且可以以高量子效率被光激发的电子注入到纳米晶半导体导带中；③染料的激发态能级与半导体导带相匹配，因此染料的激发态电子转移到半导体上；④氧化还原电位足够高；⑤化学稳定性强。

DSSC 染料敏化剂主要包括钌类的金属多吡啶配合物系列、酞菁系列、卟啉系列、无机量子点系列和纯有机染料系列等。其中，多吡啶钌染料以 N3($\eta = 10\%$)、N719($\eta = 11.18\%$)和“黑染料”($\eta = 11.1\%$)为代表，一直保持着 DSSC 能量转化效率 $\eta \geqslant 10\%$的纪录，并保持良好的长期稳定性。金属多吡啶钌配合物虽然性能优异，但价格相对较高，与染料敏化太阳能电池低成本、节约资源的原则相违背。卟啉类染料不仅可以节约贵金属、成本低，且具有良好的光、热及化学稳定性。近年来，利用卟啉及其配合物独特电子结构和光电性能来设计和合成光电功能材料和器件已成为研究热点。卟啉是一个 18 电子体系的共轭大环有机化合物，可以与铁、锌及其他多种金属离子配位，形成含 4 个 N 的平面正方形结构的金属卟啉配合物。影响 DSSC 的重要因素有染料取代基位置、键合 TiO_2 状态及数量。

1. 卟啉单分子染料

无论是单分子还是聚合的卟啉，其在各种染料太阳能电池中的应用，特别是在使用卟啉作为光敏剂的敏化纳米晶太阳能电池中，具有优异的性能。迄今为止，由于间位-四(对羧基苯基)卟啉(TCPP)及其金属配合物(M-TCPP)(ZnP-1，见图 9.5)分子激发态寿命较长(>1ns)，被研究得最多，最高占据轨道的能级和最低未占据轨道的能级是合适的，并且是相对理想的 DSSC 染料化合物，唯一的缺点是能量转化效率在 5%左右。

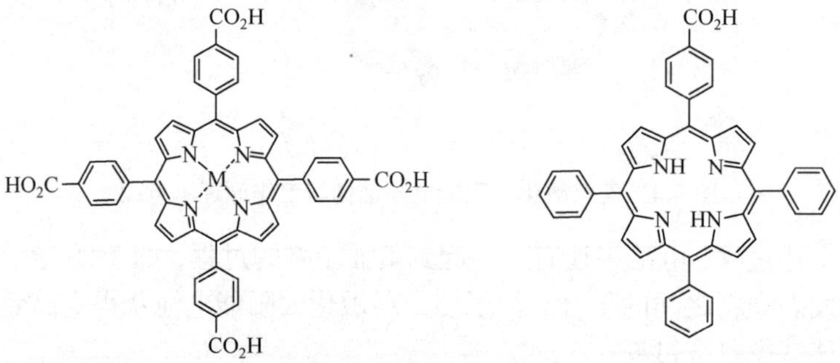

图 9.5　ZnP-1 卟啉染料结构

2005 年，Wang 等[48]通过在卟啉母体上引入氰基丙烯酸，设计合成了 ZnP-3 卟啉

[图 9.6(a)]，单色光电转化效率(monochromatic incident photon-to-electron conversion efficiency，IPCE)达到 80%，光电转化效率达到 5.6%。2007 年，Campbell 等[49]在 ZnP-3 染料的基础上，用多烯丙二酸代替氰基丙烯酸，合成了 6 种结构相似、光电性能优异的卟啉敏化剂，η 大于 5%。其中 ZnP-4 卟啉[图 9.6(b)]在大气质量(air mass，AM)为 1.5 模拟太阳光下，短路电流、开路电压和填充因子分别为 $14.0mA/cm^2 \pm 10.2mA/cm^2$、$680mV \pm 30mV$ 和 0.74，最终 η 达 7.1%，这是基于卟啉的染料敏化太阳能电池具有的最高光电转化效率。

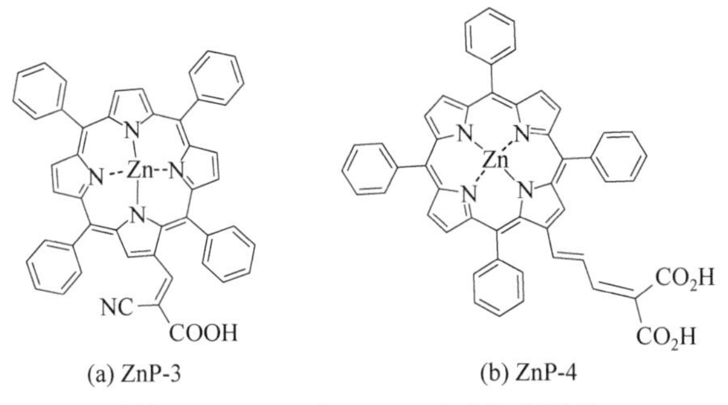

(a) ZnP-3　　(b) ZnP-4

图 9.6　ZnP-3 和 ZnP-4 卟啉染料结构

2. 卟啉多聚体染料

单个卟啉分子通过化学键形成卟啉多聚体，克服了卟啉分子的聚集问题，可以有效地使吸收光谱红移，充分利用地球表面上的大部分太阳光(450～700nm)，还可以增加电荷分离态中正负电荷的距离，延长激发态寿命。受一些生物体的启发，如紫细菌等的光合作用，人们研究了卟啉多聚体的合成及其在光电转化方面的应用。

Holtend 等[50]和 Rucareanus 等[51]相继合成了共价键连接的树枝状多聚卟啉光吸收天线(图 9.7)。这种共价键逐个搭建起来的大分子结构，在 300～700nm 具有

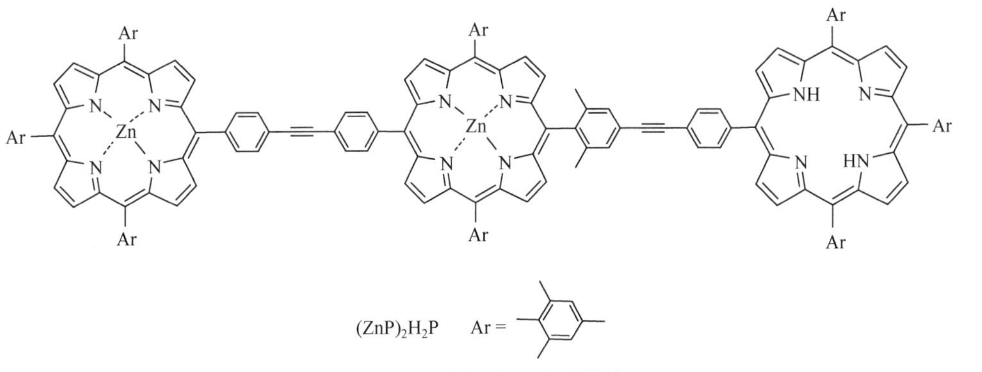

$(ZnP)_2H_2P$　Ar =

图 9.7　树枝状多聚卟啉结构

良好的吸收。由于正负电荷之间距离长，激发态寿命非常长，这对于光吸收天线是理想的。然而，多聚物中卟啉单体相互垂直，电子传输并不顺畅。目前，由于其具有比较复杂、产率低、稳定性较差等缺点，还需要做大量研究以在太阳能电池中应用。

3. 卟啉与其他染料协同敏化

卟啉及其同系物是自然界广泛存在的有色杂环化合物，可以与铁、镁及其他金属离子相结合，形成一个包含 4 个 N 原子的卟啉配合物的平面正方形结构，卟啉周围环修饰不同的取代基团可以调节其电子性质。目前，最好的光电池候选材料仍是卟啉或其金属配合物单体，ZnP-1 染料敏化纳米 TiO_2 光电池的 η 为 7.1%。为了进一步提高卟啉单体作为染料的 DSSC 性能，主要有两种策略。一是设计吸收光谱红移的卟啉分子，充分利用 500～700nm 的光能；二是设法破坏分子的平面性，使分子扭曲并防止分子聚集。另外，通过设计分子结构、在卟啉母体中引入官能团及计算机模拟等方法，建立理想敏化剂分子模型，寻找光谱响应范围更广、耐光照、化学及热稳定性高的卟啉衍生物染料敏化剂，或采用复合敏化剂(卟啉与其他多种染料协同敏化)以获得良好敏化效果[52]。

9.3　卟啉对生物分子的光敏氧化

9.3.1　卟啉类化合物对生物分子的光敏氧化

光动力学疗法治疗癌症的基础是生物分子的光敏氧化反应。随着激光技术的发展及一系列新的光敏剂出现，生物分子的光敏氧化反应成为生物医学研究的热点[53]，第 8 章已进行专门的介绍。

1. 光敏氧化反应与光敏剂

光敏氧化反应是指光敏物质吸取特定波长的光并在有氧(或无氧)条件下进行一系列处理后，另一种物质(底物，通常不吸收光)被氧化变质的现象，光敏物质(常为染料)本身在反应前后通常不发生变化。生物分子的光敏氧化过程称为光动力作用。光动力作用需要三个条件，即光、氧与光敏剂。光主要是可见光，光敏剂能吸收可见光并能发射荧光，相当于光催化剂，参与反应过程而本身并不被破坏。

在生物医学上，卟啉相关的光敏剂材料被用作治疗癌症的药物，已在第 8 章进行了详细介绍，在此不再赘述。

2. 生物大分子的光敏氧化与切割

蛋白质是一类重要的生物分子，由结构蛋白质和功能蛋白质组成。结构蛋白质是构成生物体的基石，功能蛋白质是包括酶在内的行使一定功能的蛋白质，它们既受光敏剂的氧化作用损伤，又与光敏剂有一定的相互作用。蛋白质氧化断裂的原因是通过局部产生活性氧进攻并切断肽键。一般认为，这一类活性物质主要包括由 Fenton 反应或其他过程产生的 O_2^-、·OH 和 $^1O_2$ 等活性氧。二硫苏糖醇-Fe 切割酵母谷氨酰胺合成酶(glutamine synthetase，GS)不仅产生了 GS 的降解片段，而且肽链交联产生了大分子物质，在体系中加入过氧化氢酶或超氧化物歧化酶都能保护 GS 免受降解，这与活性氧中间体存在的假设是一致的。

氧化断裂反应中，·OH 等活性氧的局部反应性为蛋白质的选择性切割提供了前提。为了达到专一性断裂，要先设法将切割试剂送到特定的位置上。目前，达到专一性断裂的途径有两条。①通过能与蛋白质特异结合的小分子物质。Schepartz 等[54]利用三氟甲哌丙嗪与钙调蛋白的结合专一性，将 EDTA-Fe(Ⅱ)连接到三氟甲哌丙嗪上，在 H_2O_2 和抗坏血酸的作用下，实现了对钙调蛋白位点的选择性切割。②通过氨基酸残基侧链的特定基团与蛋白相连。目前最常用的是 *L*-Cys 上的硫原子。Rana 等[22]合成了一种 *L*-Cys 的亲核试剂对 1-(溴乙酰胺苯基)-EDTA(BABE)，通过烷基化反应，它能与牛血清白蛋白(bovine serum albumin，BSA)上仅有的 *L*-Cys-34 自由巯基共价结合，BABE 与 Fe^{2+}配位形成配合物，经 H_2O_2 和维生素 C 处理产生三个肽段。多肽和蛋白质选择性化学切割日益受到关注，最终目的是设计出具有各种切割肽键性能的人工金属配合物肽酶，这些金属配合物不但可以按照要求选择性地切割蛋白质，而且具有酶切割的催化性质。设计新的选择性切割多肽和蛋白质体系，深入研究肽键断裂的机理，化学切割的方法在蛋白质合成、熔融蛋白质折叠态的构象分析、新蛋白质的氨基酸顺序测定及活性多肽的制备等方面的应用，将是今后主要的研究方向。

在蛋白质的光敏氧化方面，Gantchev 等[55]研究了四磺酸基金属酞菁光敏氧化过氧化氢酶的反应。通过 D_2O 处理，显示反应过程中存在着自由基和单线态氧；发现了过氧化氢酶与光敏剂在基态和激发态的直接作用。通过电子自旋共振光谱、HPLC 和聚丙烯酰胺凝胶电泳分析，发现光敏剂对蛋白质的初始损伤包括半胱氨酸残基氧化和其他氨基酸氧化；Fe(Ⅱ)能保护过氧化氢酶基团的活性，这说明最初的过氧化氢酶损伤是发生在酶亚单位之间的交联，形成聚集体损伤。构象改变是由于巯基氧化或活性因子缔合，成为酶二聚体，从而 H_2O_2 分解活性丧失。过氧化氢酶包括各种易氧化的氨基酸残基，这可能是光敏剂损坏的目标。在过氧化氢酶失活时，超氧化物歧化酶的活性不受影响，过氧化氢酶原则上消除细胞中 H_2O_2 的毒性，在超氧阴离子形成时，过氧化氢酶首先失活；在超氧化物歧化酶存在时，光敏剂导致 H_2O_2 严重累积，这时保护细胞的清除机制路径丧失。酶的失活将引起代谢障碍的进一步放大，使细胞丧失自我调节能力而凋亡。

限制性内切酶可以通过识别特定的核苷酸序列来切割 DNA 分子。化学合成定位切割系统是这种功能的模拟，包括识别系统和断裂系统。寡聚核苷酸-EDTA-Fe(Ⅱ)系统如图 9.8 所示。识别系统主要包括天然或合成的寡聚核苷酸、蛋白质和抗生素。断裂系统主要由金属离子和螯合剂组成，如 EDTA-Fe(Ⅱ)、双(1,10-菲咯啉)-Cu(I)、硫醇-Cu(Ⅱ)等，它们在氧分子、还原剂等存在下，反应产生 $^1O_2$、· OH 或 H_2O_2 等，从而导致 DNA 氧化断裂。合成与靶 DNA 断裂位点互补的寡聚核苷酸，或寻找能与断裂位点特异结合的蛋白质或抗生素等生物大分子作为 DNA 识别结合系统，连接到适当的断裂系统，即可在预先设计的任何位点断裂 DNA[56]。

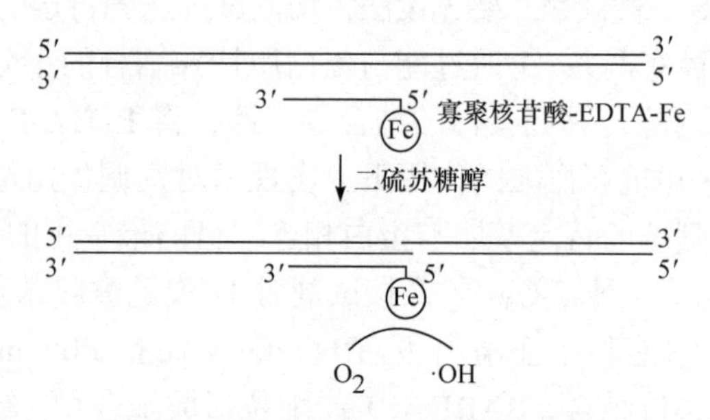

图 9.8　寡聚核苷酸-EDTA-Fe(Ⅱ)系统

DNA 识别系统是指能识别且与核苷酸序列结合的生物大分子，主要包括以下三类。①蛋白质和多肽。自然界存在许多可以与 DNA 结合的蛋白质和多肽，例如，λ-阻遏物(λ-represser)能够识别和结合特殊的 DNA 序列，进一步改变基因表达。Iverson 等[57]报道了单克隆抗体与 Co(Ⅲ)、Zn(Ⅱ)等结合能断裂与其特异结合的多肽。②寡聚脱氧核苷酸。寡聚脱氧核苷酸既能与互补的单链 DNA 杂交，又能与互补的双链形成三螺旋结构。1985 年，Dreyer 等[58]合成了一段 19 个脱氧核苷酸的寡聚体，连接 EDTA-Fe(Ⅱ)作用质粒 pBR322 DNA 的 *Eco*R I/*Rsa* 片段，在互补结合区产生断裂反应，断裂区域包括 7 个或 8 个核苷酸。③抗生素。许多抗肿瘤抗生素能与 DNA 特异结合，博来霉素是一种有效的抗肿瘤药物，它对 5′-GC-3′和 5′-GT-3′含量高的部位有特殊的亲合力，与 Fe(Ⅱ)联合作用，可在该位点断裂 DNA。较高浓度的博来霉素对 RNA 也具有断裂作用，位点在 5′-GU-3′集中区，此外，新制癌菌素(neocarzinostatin)、达内霉素(dynemicin A)等对 DNA 也有特异亲合力。

断裂系统在人工合成的 DNA 定位断裂工具中起着重要作用，主要是通过生成的活性氧(· OH、H_2O_2、O_2^- 等)作用于 DNA 链，使其发生断裂反应。

EDTA 与 Fe(Ⅱ)形成络合物，促使 H_2O_2 还原生成·OH，作用于 DNA 链，导致链的断裂，此外还有双-(1,10-菲咯啉)-Cu(Ⅰ)、Cu(Ⅱ)-硫醇、Cu(Ⅱ)-甲基肼、CNBr-甲基硫醚、Cu(Ⅱ)-双吖啶衍生物等。

由 $KHSO_4$ 活化的水溶性金属卟啉 Mn(Ⅲ)TMPyP，其在 DNA 中插入的特异性及 DNA 的断裂机理已用放射性自显影及 HPLC 等方法详细分析过[59]，该试剂断裂 DNA 有三个优点：①活体内金属离子不游离出卟啉环；②表现出显著的抗 HIV 活性；③在脱氧核糖的 C1′和 C5′处羟化 C—H 键，断裂效率高。

$d(CG)_6$ 光敏氧化的离子强度效应显示，构象并不是重要的决定因素，在 1.0mol/L NaCl 中，$d(CG)_6$ 被迅速地氧化，并且与 *B*-DNA 到 *Z*-DNA 转变没有关系。Lin 等[60]研究了 5 配位的卟啉 VOTMPyP(4)与 DNA 分子的相互作用，发现金属卟啉能键合 DNA，而且选择性地键合在 AT 或 GC 区。Croke 等[61]利用电泳和 DNA 互补配对原则研究了一系列取代的卟啉与 DNA 模型分子的键合作用，发现卟啉能有效地敏化 DNA，在溶液中的反应以Ⅱ型为主。脂质过氧化也会使 DNA 损坏，在这个过程中 DNA 会与亚油酸过氧化产物发生反应，生成激发波长为 315nm、发射波长为 410nm 的荧光物质，而且这种物质会随着氧化时间的增长逐渐增多。同时，DNA-溴乙锭复合物的荧光明显下降，说明双键 DNA 含量明显下降，反映了 DNA 二级结构受到破坏。在氧的存在下，*α*-三联苯光敏氧化 pBR322 DNA 能诱导单链 DNA 断裂，改变了转导大肠杆菌的能力。Pitié 等[62]合成锰卟啉与 HIV-1 的部分基因片段相连的结构，经测试有明显的抗病毒能力，对 TAT 有裂解功能，如图 9.9 所示。

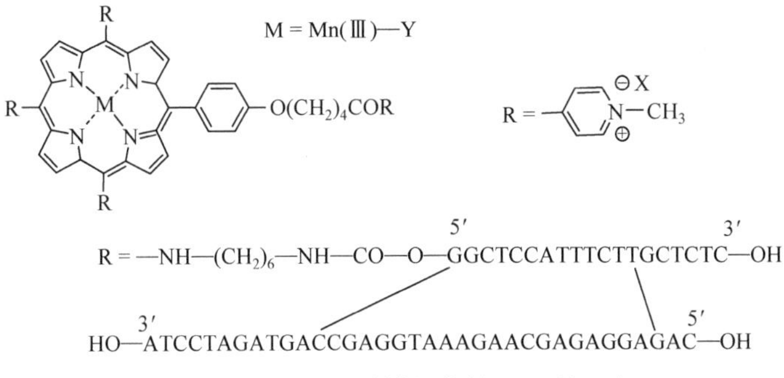

M = Mn(Ⅲ)—Y

R = —NH—$(CH_2)_6$—NH—CO—O—GGCTCCATTTCTTGCTCTC—OH

HO—ATCCTAGATGACCGAGGTAAAGAACGAGAGGAGAC—OH

图 9.9　化学内切酶模拟物抗 HIV 的反应

X-反离子；Y-轴向配体

9.3.2　生物小分子的光敏氧化机制

1. 碱基类

Ravanat 等[63]用酞菁和萘酞菁光敏氧化 2-脱氧鸟苷，生成了Ⅱ型产物，也有

Ⅰ型产物，但Ⅰ型产物比Ⅱ型产物少，说明Ⅱ型产物占优势，可以提供一个潜在的 DNA 损伤模型。Ⅱ型是主要的 DNA 光敏氧化反应机制，动力学研究显示，Ⅱ型产物在辐照时间内呈线性形成，并且在 D_2O 中反应速度更快，在降解碱基时，锌酞菁比铝酞菁具有更大的活性。

2. 氨基酸肽

光动力作用是一个很复杂的过程，其最终步骤是细胞关键组分分子光敏氧化变质。蛋白质的光动力损伤源于氨基酸侧链的氧化。为了弄清楚蛋白质光动力损伤的机理，首先必须搞清楚自由氨基酸及小肽中氨基酸残基光敏氧化的物理化学过程。由于光敏剂能选择性作用于癌组织，并且有高度的方向性，对目标的精确治疗是可能的，红光可以用激光光源进行匹配。在细胞损伤中，$^1O_2$ 是一个关键的因子，换句话说，Ⅱ型(激发态反应物转移能量在氧的三线态上)光敏氧化过程比Ⅰ型(激发态反应物直接转移能量在底物上)更重要，并且前者的反应很容易发生，如式(9.1)和式(9.2)所示：

$$P(T_1)+{}^3O_2 \longrightarrow P(S_0)+{}^1O_2 \tag{9.1}$$

$$\text{生物分子}+{}^1O_2 \longrightarrow \text{产物} \tag{9.2}$$

式中，$P(T_1)$为激发态反应物；$P(S_0)$为基态产物；P 为酞菁。

L-色氨酸(*L*-Trp)在细胞中是一个重要的容易被氧化的物质。在饱和水溶液中，红光照射下，对金属酞菁光敏氧化 *L*-Trp 的能力进行研究。虎红的主要产物为单线态氧，通过与虎红光敏氧化产物比较，确定了 *L*-Trp 光敏氧化产物；在碘化镓酞菁水溶液和 5% CH_3OH 水溶液中，*L*-Trp 被单线态氧光敏氧化的最大量子效率接近 0.5。在水溶液中，染料趋向于二聚，在高浓度溶液低水平磺化的染料中，聚集更为严重，减少了光化学量子产率。Spikes 等[64]发现，酞菁化合物能定位于癌部位。Ferraudi 等[65]研究了 ClGaPcS、ClAlPcS 三线态与 *L*-Trp、*L*-酪氨酸(*L*-Tyr)的电子转移反应，闪光光解实验检测到酞菁阴离子自由基的瞬态吸收，得到了氨基酸三线态猝灭的斯顿-伏尔莫(Stern-Volmer)速率常数，酞菁三线态与酪氨酸的作用比与色氨酸的作用强得多。在 pH 为 10 左右，*L*-Tyr 猝灭 ClAlPcS 和 ClGaPcS 三线态的速率分别为 4×10^5mol/s 和 3.4×10^7mol/s。*L*-Trp 猝灭 ClAlPcS 三线态的速率为 3.9×10^4mol/s。可见，ClGaPcS 是比 ClAlPcS 更好的电子受体。Davila 等[66]报道了在 pH = 7 的水溶液中，几种氨基酸及一些酚、胺化合物与 ClAlPcS 三线态的相互作用，检测到 ClAlPcS 自由基离子的吸收，色氨酸、酪氨酸、甲硫氨酸、半胱氨酸猝灭 ClAlPcS 三线态的速率分别为 9.3×10^3mol/s、1.8×10^5mol/s、1.66×10^6mol/s、1.3×10^7mol/s。Shopova 等[67]通过动力学研究表明，H_2PcS 光敏氧化 *L*-Trp 的机制取决于介质的极性。在 DMF-H_2O 混合溶剂中，当 DMF 的含量约

60%时，H_2PcS 光敏氧化 *L*-Trp 的速度最快。改变溶剂比例，使反应速率下降到一半，所需 NaN_3 浓度也在变化。DMF 的含量低于 60%时，Ⅰ型反应伴随着Ⅱ型反应；DMF 含量高于 60%时，Ⅱ型反应占主要地位。DMF 含量为 50%，有半胱氨酸、NADH、维生素 C 等还原剂存在时，检测到光照时光敏还原产生 H_2PcS 自由基阴离子信号，在 DMF-H_2O 或 C_2H_5OH-H_2O 体系中，检测到光敏电子转移；用不同的磺化酞菁光敏氧化水溶液中的色氨酸时，色谱分析表明，只有 $^1O_2$ 产物，且 NaN_3 可以抑制反应。用胆固醇作底物时也只有专一的 $^1O_2$ 产物，这都有力地证明了Ⅱ型反应机制占主导地位。基态的酞菁在适当的条件下，可以和色氨酸发生相互作用，在介电常数较大的溶液中，吸收光谱和荧光光谱已证实了色氨酸和 H_2PcS 可以形成复合物[68,69]，酞菁三线态的寿命远大于单线态，三线态与氨基酸间的电子转移占支配地位，如式(9.3)所示：

$$P(S_0)\xrightarrow{h\nu}P(S_1)\xrightarrow{\text{系间穿越}}P(T_1) \tag{9.3}$$

式中，$P(S_1)$ 为酞菁三重态的中间状态。

宋金华等[70]合成了几种磺化金属酞菁，研究了它们光敏氧化胆固醇及 *L*-半胱氨酸的反应，染料的聚集态和溶液的 pH 对反应速率有不同程度的影响，D_2O 加速反应而 NaN_3 猝灭反应，表明光敏氧化反应主要通过Ⅱ型反应(涉及 $^1O_2$)机制进行。

9.4　卟啉光存储器件

由于卟啉具有独特的光电性能，将卟啉制备成光电器件和光电材料成为研究热潮，并且有许多重要进展[71]。光存储器必须满足光信息的处理和存储两项要求，分为无机晶体、有机聚合物及纯液晶等。掺杂了金属卟啉的液晶具有更好的光折变性能，可以实现弱记录光、低电压、低功耗和长时间记忆。

目前的存储方式主要有磁存储和光存储。磁存储是较为传统的存储方式，缺点是存储的密度小，只能方便对电子信号进行记录。现今世界的信息量非常大，并且信息的载体从传统的电子转变为光子，要求能直接对光信号处理的场合(如光信号的传播、运算及存储)越来越多。因此，光存储的存储密度高、存储寿命长、数据传输速率快和信息位价格低，发展比较快速。光存储通过全息记录，将记录光(携带信息)与参考光在其记录的介质上产生干涉，介质将干涉条纹(信息)进行存储，当需要信息时通过光学系统直接提取(如读出光的衍射等)，因此影响光存储器性能的因素是记录介质材料的好坏[72-74]。

1. 光电材料的研究现状

光信息记录介质材料的基本要求是可在较低的记录光功率和工作电压下工作，并且记录质量要高，目前具有光折变效应的电光材料得到了广泛研究。光折变效应(photorefractive effect)指的是光致折射率改变的效应，当光电材料受到光辐射时，光的空间分布使材料折射率发生变化的一种非线性光学效应[75]。具体是指空间调制的光场(记录光、参考光的干涉)在记录材料中产生光生载流子，载流子由于外加直流电压的作用，发生单向迁移最终被捕获。这样会出现形成内建电场空间分布的电荷，通过内建电场的克尔效应使记录材料产生折射率变化分布，从而形成记录并存储。读出光通过记录材料的衍射效应来进行光信息的提取是目前采用的主要手段，记录材料的折射率变化大小是反映衍射效率高低的主要依据，高的衍射效率说明有较高的记录质量。贝尔实验室的研究员 Ducharme 等在 1965 年发现了光折变效应，如今光折变效应已经广泛应用且发展迅速，可以将光折变材料制成多用途的非线性器件，如三维光折变全息存储器、空间光调制器、窄带滤波器、自泵浦相位共轭器等等。传统光折变记录材料主要是无机的铁电晶体(如 $LiNbO_3$、$LiTaO_3$ 和 $BaTiO_3$ 等)，它们具有较大的克尔系数，其缺点是记录的质量不高，需要较高的工作电压(数千伏特)，样品制备和晶体生长比较困难，很难制作大面积的晶体，不能满足光信息存储的需求。为克服无机晶体的以上缺点，开始大量研究有机材料。1991 年，Ducharme 等首次报道了有机聚合物的光折变效应[76]，这为光折变材料的研究开辟了一个新领域。相比而言，有机材料的优点是种类繁多、制作方便、工作波长范围宽、量子产额大、成本低廉、易于大面积记录，因此有很大的发展前景，但是同样存在着工作电压高(数千伏特)、稳定性差，特别是克尔系数较小的缺点，导致其无法实用化。近几十年来，纯液晶的光存储器有了很大进步并开始实用化，其主要原理是纯液晶在热光效应下的相变[72-77]。纯液晶是一种软凝聚态的物质，有很大的光学各向异性，在低外场作用下具有很强的光学非线性。由于普通的向列型液晶没有记忆效应，所以实际的存储器件是把介电各向异性为正的近晶 A 型液晶放置在两块表面经过垂面取向且带有透明电极的玻璃基板之间，当记录光(约 10μm 的激光束)照射到液晶上时，液晶被照射部分从晶相形态变成液态，当激光照射移走后，液态部分经冷却后从同性相变成近晶相。在相变过程中会形成具有光散射的角锥结构，产生不透明的状态，并且一直保持到图像擦除。如果在温度下降的同时给予外加电场，那就可以回到透明状态，这样热写入的图像可以用电的方法擦除。另外，记录光没有照射部分的液晶还是透明结构。有时为了提高液晶的热效应，将少量的光吸收染料掺杂在液晶中，通过染料将吸收光转化成热量。如果在纯液晶中掺入适量的杂质，则能在弱记录光和低电压下工作，同时具有非常大的光学非线性及很强的克尔效应，因此非常适合光信息存储。掺杂液晶具有良好的应用前景，已得到广泛的研究[78-81]。掺入不同类型的杂质，掺杂液晶的工作原理也不同，现在主要采用的杂质是偶氮苯系列(azo)、C60 纳米材料系列等。前者的记忆效应是由于偶氮苯类化合物具有光致顺反异构[82-84]，在吸收光激发下可以从反式跃迁到顺式，产生几何形变来带动液晶分子转动，从而形成折射率变化，产生记忆效应；后者是由于 C60 纳米材料等杂质的光折变效应[85,86]，通过克尔效应使主体液晶产生了折射率变化分布，形成记录并存储。

2. 液晶

1888 年，Reinitzer 发现将胆甾醇苯甲酸脂晶体加热至 145.5℃时为混浊液体，加热到 178.5℃突然变成清澈液体，而且这是个可逆过程。Lehmann 对此结果进行研究后，指出当温度在一定范围内时，有的物质具有与各向同性液体相似的机械性能，但光学性质各向异性与晶体类似，它们被称为液晶相。若某种有序态介于液态和晶态之间，则称其为液晶，液晶有完全的取向长程有序及位置有序。液晶对于外界的影响具有敏感响应，较弱的磁场、光场、电场也能诱发其产生显著的磁-光效应、电-光效应和光-光效应，产生取向有序现象和双折射现象等。近年来学者研究光场对液晶的影响，发现液晶不仅有光-光效应，还有非线性光学性质，通过这个发现，将全光学性开关和光学器件等的应用向前推进了一步。利用液晶的电-光效应，可以实现如液晶数字显示、文字显示、模拟显示、图形显示和电视显示等各种类型的显示。超声波会使液晶分子排列方式改变，从而引起光学性质变化，这被用于测量液晶的黏滞系数。它的物理化学性质会因蒸汽的溶入而发生变化(如颜色改变)，这可以用于有毒气体的监测。在受到较高能量的辐射时，它会发生颜色的变化，可以用于 X 射线、γ 射线或中子射线测量仪制作。

3. 卟啉液晶

液晶科学说明，在生物液晶与盘状液晶发展过程中，血红素等物质是人体内的天然液晶。卟啉分子可通过连接不同取代基以改变它的结构。对称性良好的连接了柔性基团的卟啉具有液晶性质。1980 年，Goodby 等[87]合成了液晶区间窄至 0.1℃的卟啉液晶。1987 年，Gregg 等[88]合成了三类液晶区间最宽为 170℃的八酯取代卟啉及其 Zn 配合物。1989 年，Gregg 等[89]又报道了四类八烷氧基取代卟啉及其 Zn、Cu、Pd 和 Cd 配合物，并且其中三类卟啉只有它的金属卟啉配合物才有液晶性，这引起了人们研究卟啉液晶的兴趣。1989 年，Kubata[90]使卟啉液晶能够彩色显示。1990 年，Kugimiya 等[91]通过 LB 膜使合成的四(对-正烷氧基)苯基卟啉形成单分子层显示其液晶特性。2003 年，Qi 等[92]论述了卟啉液晶的各种特点，并对卟啉液晶作为电子存储器的应用前景进行了预测。1994 年，Bruce 等[93]

合成了液晶区间为 298℃的棒状液晶。1994 年，Shimizu 等[94]报道了首例以卟啉环和羟基配位的铝核液晶。1996 年，Qing 等[95]通过在卟啉中引入柔性片段，合成了低熔点的 5,15-二取代卟啉液晶化合物，使卟啉内部 π-π 作用分子间改变而发生改变。1999 年，Ohta 等[96]报道了 3,4-二烷基取代型四苯基卟啉(n = 8，12，18)及其 Cu、Ni 配合物(n = 18)在室温环境下即可显示液晶性。同年，Ohta 等[97]报道了 3,4-二烷氧取代型四苯基卟啉(n = 4, 6, 8, 10, 12, 16, 18)及其 Cu 配合物(n = 8, 12)的盘状液晶相。2001 年，柳巍等[98,99]报道了 3,5-二酯取代的四苯基卟啉(n = 8, 10，12)，当 n = 10，12 时，该类卟啉在室温下便呈液晶态。2002 年，Zhao 等[100]合成了首例单卟啉稀土液晶化合物 Yb(Ⅲ)羟基 5,10,15, 20-四(4-十二烷氧-3-甲氧基苯基)卟啉。2006 年，Arunkumar 等[101]合成了大位阻取代基、低熔点、在 10℃时就能显示出液晶性的 *meso*-四(2,6-二烷氧基苯基)卟啉(n = 4，8，12，16，20)及其 Cu 和 Zn 配合物。2007 年，Sun 等[102]合成了 *meso*-四(4-十二酰亚胺基苯基)卟啉及其金属配合 TLPPM(M = Mn(Cl)、Fe(Cl)、Co、Ni、Cu、Zn)，研究发现只有母体卟啉有液晶性，相转变温度为 182℃，相变区间为 88℃。2008 年，*meso*-四[4-(3,4,5-三烷氧基苯酰氧基)苯基]卟啉及其 Zn、Ni 金属配合物由 Li 等[103]合成，具有大位阻取代基、宽液晶区间和低相转变温度，并且显示为柱状液晶。液晶同时拥有流动性和有序性的特点，一旦有序性遭受破坏，那么较大的流动性会趋向于使其重新有序。所有生物细胞都具备这种自我排列、自我修复的性质。液晶材料的分子设计与功能研究作为一个新的研究领域，是十分受大家关注的。在今天这个信息时代液晶显示也变得非常重要，在显示方面卟啉液晶材料体现了其极好的应用前景，因此引起了人们很大的研究兴趣。1980 年首次合成出卟啉液晶至今，对于卟啉液晶的性能方面科学家已经有了一定的认识，但已合成出的卟啉液晶存在相区窄、相变温度高及稳定性差的不足之处。因此，目前需要解决的主要问题在于如何合成相区宽、相变温度低和稳定性好的卟啉液晶[104]。

4. 金属卟啉类液晶的合成与应用

根据文献报道可知，金属卟啉配合物具有液晶性，有长链烷烃的金属卟啉配合物也有液晶性[105-108]，且金属卟啉类液晶有许多优异的性质[105-109]。在实际应用中却存在一些不足，如液晶起始相变温度过高，束缚了金属卟啉类液晶在常温下的应用等，在一些方面与现存的液晶显示器没有兼容性。

1991 年，诺贝尔物理奖获得者 Gennes 提出了铁磁液晶的设想。由于顺磁性杂质的磁化率各向异性很小，接近于液晶分子的磁化率各向异性，顺磁性杂质的掺杂效果不明显。因此，他认为顺磁性杂质的掺杂对降低磁场下的弗里德里克斯转变(Freedericksz transition，FT)的阈值没有作用[110]。Gennes 认为顺磁性杂质的掺杂没有效果是因为忽略了顺磁性杂质分子与液晶分子之间的耦合作用。当顺磁性杂质分子是杂乱无章地排列时，顺磁性杂质的掺杂作用不大。在研究磁场、光场下的弗里德里克斯转变时，掺杂金属卟啉液晶的实验结果表明，在磁场下掺杂微量的顺磁性金属卟啉会对液晶的 FT 产生显著的影响，反磁性的具有一定体积的不对称金属卟啉对阈值降低也有帮助[111-116]，在光场下掺杂微量的反磁性锌卟啉会对液晶的 FT 产生显著的影响。该现象是一个创新性的发现，对 Gennes 液晶掺杂理论的补充和发展具有重要意义。在液晶中掺杂 1%体积的锌卟啉或铁卟啉，就能够以全息记录的方式存储光信息，工作电压和光记录功率分别仅需 6V 左右和 $3mW/mm^2$，并且记录质量非常高，具有 50%的读出光衍射效率，同时记录的信息可以电擦除，这很好地满足了实际应用的需要[117-119]。这些优点来源于掺杂后液晶的独特机理：纯液晶不但是软凝聚态物质，而且具有很大的光学各向异性，从而在外场作用下光学非线性很强和克尔效应很大，在低电压下也能够工作，但是需要的光记录功率非常强(是掺杂液晶的三个数量级)，并且没有记忆效应；金属卟啉有很强的光折变效应，但克尔效应很小，并且需要的工作电压高达数千伏特，响应速度非常慢。在掺杂体系中，纯液晶与金属卟啉之间存在轴向配位作用，金属卟啉的激发态电子可以转移到纯液晶上，从而引起掺杂液晶在光场下的光折变效应。因此，结合了主体和客体各自优点的掺杂金属卟啉的纯液晶，是一种值得进一步深入研究的优良光信息记录材料。目前国际上广泛关注掺杂液晶的光折变存储效应。比较对偶氮苯液晶、C60 纳米材料液晶和金属卟啉掺杂液晶的光折变存储效应，金属卟啉优点如下：①有更高光的折变效率，光生载流子的产生、捕获和扩散的效率也很高；②可以使用电擦除其记忆效应，C60 纳米材料等的记忆效应不可擦除；③与主体液晶的共溶性更好，金属卟啉可与主体液晶形成配位键，从而组成均匀的溶液；C60 纳米材料与主体液晶之间通过机械力耦合，组成胶体容易凝聚，但不均匀。

卟啉类化合物是一种不可缺少的化合物。1986 年，Gonen 等[120]将卟啉液晶用于显示。Liu 等[121]在 1997 年报道了一种辛基锌(β-癸氧基乙基)卟啉液晶在光导绝缘器的应用，卟啉液晶薄膜材料作为光电存储器，起着俘获和释放电荷的作用。Falk 等[122]报道了一种铁磁偶合卟啉液晶材料 Mn(Ⅲ)[(R_4TPP)]$(TCNE)_2$ Tolune(R = $OC_{12}H_{25}$，—CH_3，—OCH_3；TPP = 四苯基卟啉；TCNE = 四氰乙烯；Tolune = 甲苯)的结构、磁化率和有效磁矩性质，同时也对 R = —OC 的卟啉液晶中间相行为进行了测试，液晶中间相温度大于 100℃。1998 年，Chen 等[123]采用表面光电压谱对一种液晶卟啉固体薄膜进行研究，其具有较好的光电记忆效应。

目前，很少将卟啉类化合物应用在光存储方面，主要是通过卟啉自身的特殊光电特性来设计光存储器件或者提高光存储材料的性能。Liu 等[121]人用光导材料 ZnODEP 制成了三明治一样的夹层电池结构光存储器件。ZnODEP 制成液晶薄膜后，没有光照的时候电阻至少在 $10^{14}\Omega\cdot cm$，在有光照和电场作用的情况下，其导电性和电荷注入能力很强。基于 ZnODEP 的这种特性，制备了一种两个透明的电极中间夹入 ZnODEP 的新型光存储器件。光激发时通过电场作用，光导层产生电子-空穴对；光激发中止时，电子-空穴对在光导层中被“冻结”，这是一个“写”的过程。当这种新型光存储器件被重新被激发时，电荷可以被重新释放产生瞬间短路电流，这是一个“读”的过程。这种光存储器件稳定、密度高、可擦写性良好、响应速度快。

这种夹层电池结构的卟啉类光存储器件展现了卟啉液晶的广阔应用前景，读写数据一般用 STM，这是制约其发展的主要因素。如果能将高分辨的平板印刷术用于制备器件，这种制约也许会被打破。

9.5 卟啉在光导材料方面的研究进展

光导材料是指可以将电磁辐射转化为电流的材料，分为无机光导材料和有机光导材料。无机光导材料包括硒、硫化镉和氧化锌等。有机光导材料包括聚乙烯咔唑、某些偶氮化合物等。无机光导材料由于具有成本高、制作工艺复杂和毒性高等缺点，现已逐渐被低毒、便宜、柔顺性好和易于加工的有机光导材料取代。有机光导材料包括载流子发生材料和载流子传输材料。载流子发生材料是指在光照射和电场的作用下能生成载流子(电子和空穴)的材料。用于产生载流子的有机光导材料主要有酞菁类化合物、双偶氮类化合物和蒽醌等。载流子传输材料分为电子传输材料和空穴传输材料两种类型。传统的电子传输材料主要有三硝基芴酮、四硝基芴酮、二硝基芴醌等。随着光导材料的不断发展，激光打印机、静电复印机等电子照相技术才得以发展。

由于卟啉具有独特的结构和在生物体内的重要作用，近年来关于卟啉类化合物在仿生、医学、材料和化学等领域中的应用研究受到了广泛关注，由卟啉构成的催化功能的卟啉多孔纳米材料、化学-生物传感器、人工模拟光合成体系、数据存储器件及有机太阳能电池等研究已取得很大进展，利用自组装形成给-受体型的卟啉超分子聚集体系可以较好地吸收光能。由于功能卟啉分子的合成比较困难，分子器件的研究仅是开始起步，对卟啉分子器件的研究处于基础研究阶段，要实现人工合成的卟啉分子器件实际应用，还有很长的路要走。

参 考 文 献

[1] FUJISHIMA A, HONDA K. Electrochemical photolysis of water at a semiconductorelectrode[J]. Nature, 1972, 238(5358): 37-38.

[2] CAREY J H, LAWRENCE J, TOSINE H M. Photodechlorination of PCBs in the presence oftitanium dioxide in aqueous suspensions[J]. Bulletin of Environmental Contamination and Toxicology, 1976, 16(6): 697-701.

[3] 李娣. 几种半导体光催化剂的制备及光催化性能研究[D]. 天津: 南开大学, 2014.

[4] MIN Y L, ZHANG K, CHEN Y C, et al. Enhanced photocatalytic performance of Bi_2WO_6 by graphene supporter as charge transfer channel[J]. Separatio and Purification Technology, 2012, 86: 98-105.

[5] ZHANG X Y, QIN J Q, HAO R R, et al. Carbon-doped ZnO nanostructures: Facile synthesis and visible light photocatalytic applications[J]. Journal of Physical Chemistry C, 2015, 119(35): 20544-20554.

[6] BORUAH P K, SZUNERITS S, BOUKHERROUB R, et al. Magnetic Fe_3O_4@V_2O_5/rGOnanocomposite as a recyclable photocatalyst for dye molecules degradation under direct sunlight irradiation[J]. Chemosphere, 2017, 191: 503-513.

[7] LI W, DA P, ZHANG Y, et al. WO_3 Nanoflakes for enhanced photoelectrochemical conversion.[J]. American Chemical Society Nano, 2014, 8(11): 11770-11777.

[8] LACHHEB H, AJALA F, HAMROUNI A, et al. Electron transfer in ZnO-Fe_2O_3 aqueous slurry systems and its effects on visible light photocatalytic activity[J]. Catalsis Science & Technology, 2017, 7(18): 116.

[9] CHEN H, LENG W, XU Y. Enhanced visible-light photoactivity of $CuWO_4$ through a surface-deposited CuO[J]. Journal of Physical Chemistry C, 2014, 118(19): 9982-9989.

[10] CHANG K, MEI Z, WANG T, et al. MoS_2/graphene cocatalyst for efficient photocatalytic H_2 evolution under visible light irradiation[J]. American Chemical Society Nano, 2014, 8(7): 7078-7087.

[11] ZHU G, LIN T, CUI H, et al. Grey Ta_2O_5 nanowires with greatly enhanced photocatalytic performance[J]. ACS Applied Materials & Interfaces, 2015, 8(1): 122.

[12] LU Q, LU Z, LU Y, et al. Photocatalytic synthesis and photovoltaic application of Ag-TiO_2 nanorod composites[J]. Nano Letters, 2013, 13(11): 5698-5702.

[13] YU X, LIU J, GENÇ A, et al. Cu_2ZnSnS_4-Ag_2S nanoscale p-n heterostructures as sensitizers for photoelectrochemical water splitting[J]. Langmuir, 2015, 31(38): 10555-10561.

[14] KUMAR S, SURENDAR T, KUMAR B, et al. Synthesis of magnetically separable and recyclable g-C_3N_4-Fe_3O_4 hybrid nanocomposite with enhanced photocatalytic performance under visible-light irradiation[J]. The Journal of Physical Chemistry C, 2013, 117(49): 26135-26143.

[15] YAN M, WU Y, YAN Y, et al. Synthesis and characterization of novel $BiVO_4$/Ag_3VO_4 heterojunction with enhanced visible-light-driven photocatalytic degradation of dyes[J]. Journal of Functional Materials, 2013, 4(3): 2324-2328.

[16] HE F, CHEN G, YU Y, et al. Facile approach to synthesize g-PAN/g-C_3N_4 composites with enhanced photocatalytic H-2 evolution activity[J]. ACS Applied Materials & Interfaces, 2014, 6(10): 7171.

[17] KANDJANI A E, SABRI Y M, PERIASAMY S R, et al. Controlling core/shell formation of nanocubic p-Cu_2O/n-ZnO toward enhanced photocatalytic performance[J]. Langmuir, 2015, 31(39): 10922-10930.

[18] TAN H, ZHAO Z, ZHU W B, et al. Oxygen vacancy enhanced photocatalytic activity of pervoskite $SrTiO_3$[J]. ACS Applied Materials & Interfaces, 2014, 6(21): 19184-19190.

[19] KIM M J, CHO Y S, PARK S H, et al. Facile synthesis and fine morphological tuning of Ag_2O[J]. Crystal Growth & Design, 2012, 12(8): 4180-4185.

[20] GOU F, JIANG X, FANG R, et al. Strategy to improve photovoltaic performance of DSSC sensitized by zinc prophyrin using salicylic acid as a tridentate anchoring group[J]. ACS Applied Materials & Interfaces, 2014, 6(9): 6697-6703.

[21] GRÄTZEL M. A low-cost, high-efficiency solar cell based on dye-sensitizedcolloidal TiO_2 films[J]. Nature, 1991, 353(6346): 737-740.

[22] RANA T M, MEARES C F. Transfer of oxygen from an artificial protease to peptide carbon during proteolysis[J]. Proceedings of the National Academy of Sciences of the United States of America, 1991, 88(23): 10578-10582.

[23] KOU J, LU C, WANG J, et al. Selectivity enhancement in heterogeneous photocatalytic transformations[J]. Chemical Reviews, 2017, 117(3): 1445.

[24] CRAKE A, CHRISTOFORIDIS K C, KAFIZAS A, et al. CO_2, capture and photocatalytic reduction using bifunctional TiO_2/MOF nanocomposites under UV-vis irradiation[J]. Applied Catalysis B: Environmental, 2017, 210: 131-140.

[25] CHEN P, WANG F, ZHANG Q, et al. Photocatalytic degradation of clofibric acid by g-C_3N_4/P_{25} composites under simulated sunlight irradiation: The significant effects of reactive species[J]. Chemosphere, 2017, 172: 193.

[26] AL-HAMDI A M, RINNER U, SILLANPÄÄ M. Tin dioxide as a photocatalyst for water treatment: A review[J]. Process Safety and Environment Protection, 2017, 107: 190-205.

[27] LU J, LIU M, ZHOU S, et al. Electrospinning fabrication of $ZnWO_4$, nanofibers and photocatalytic performance for organic dyes[J]. Dyes & Pigments, 2017, 136: 1-7.

[28] WANG X, FAN H, REN P. Effects of exposed facets on photocatalytic properties of WO_3[J]. Advanced Powder Technology, 2017, 28(10): 2549-2555.

[29] ZHAO X, LIU X, YU M, et al. The highly efficient and stable Cu, Co, Zn-porphyrin-TiO_2photocatalysts with heterojunction by using fashioned one-step method[J]. Dyes & Pigments, 2017, 136: 648-656.

[30] LA D D, BHOSALE S V, JONES L A, et al. Fabrication of a graphene@TiO_2@porphyrin hybrid material and its photocatalytic properties under simulated sunlight irradiation[J]. ChemistrySelect, 2017, 2(11): 3329-3333.

[31] LA D D, RANANAWARE A, SALIMIMARAND M, et al. Well-dispersed assembled porphyrin nanorods on graphene for the enhanced photocatalytic performance[J]. ChemistrySelect, 2016, 1(15): 4430-4434.

[32] GRANELLI S G, DIAMOND I, MCDONAGH A F, et al. Photochemotherapy of glioma cells by visible light and hematoporphyrin.[J]. Cancer Research, 1975, 35(9): 2567-2570.

[33] 陈代梅. 非金属元素掺杂纳米 TiO_2 的制备和光催化特性研究[D]. 天津: 天津大学, 2007.

[34] LI D, DONG W J, SUN S M, et al. Photocatalytic degradation of acid chrome blue K with porphyrin-sensitized TiO_2 under visible light[J]. The Journal of Physical Chemistry C, 2008, 112, 38, 14878-14882.

[35] HUANG H Y, GU X T, ZHOU J H, et al. Photocatalytic degradation of Rhodamine B on TiO_2 nanoparticles modified with porphyrin and iron-porphyrin[J]. Catalysis Communications, 2009, 11(1): 58-61.

[36] YAO M, MENG Y, MAO X, et al. New insight into enhanced photocatalytic activity of morphology-dependent TCPP-AGG/RGO/Pt composites[J]. Electrochimica Acta, 2018: 575-581.

[37] CHANG X X, WANG T, ZHANG P, et al. Enhanced surface reaction kinetics and charge separation of p-n heterojunction Co_3O_4/$BiVO_4$photoanodes[J]. Journal of the American Chemical Society, 2015, 137(26): 8356-8359.

[38] KIM T W, CHOI K S. Nanoporous $BiVO_4$ photoanodes with dual-layer oxygen evolution catalysts for solar water splitting[J]. Science, 2014, 343(6174): 990-994.

[39] NING X, MA L, ZHANG S, et al. Construction of a porphyrin-based nanohybrid as an analogue of chlorophyll protein complexes and its light-harvesting behavior research[J]. Journal of Physical Chemistry C, 2016, 120(2): 919-926.

[40] DEVARAMANI S, MA X F, ZHANG S T, et al. Photo-switchable and wavelength selective axial ligation of thiol-appended molecules to zinc tetraphenylporphyrin: Spectral and charge transfer kinetics studies[J]. Journal of Physical Chemistry C, 2017, 121(18): 9729-9738.

[41] DEVARAMANI S, SHINGER M I, MA X, et al. Porphyrin aggregates decorated MWCNT film for solar light harvesting: Influence of J- and H-aggregation on the charge recombination resistance, photocatalysis, and photoinduced charge transfer kinetics[J]. Physical Chemistry Chemical Physics, 2017, 19(28): 18232-18242.

[42] CHEN F, HUANG H, GUO L, et al. The role of polarization in photocatalysis[J]. AngewandteChemie, 2019, 58(30): 10061-10073.

[43] GRIGIONI I, STAMPLECOSKIE K G, JARA D H, et al. Wavelength-dependent ultrafast charge carrier separation in the WO_3/$BiVO_4$ coupled system[J]. ACS Energy Letters, 2017, 2(6): 1362-1367.

[44] ZACHAUS C, ABDI F F, PETER L M, et al. Photocurrent of $BiVO_4$ is limited by surface recombination, not surface catalysis[J]. Chemical Science, 2017, 8(5): 3712-3719.

[45] NING X, LU B, ZHANG Z, et al. An efficient strategy for boosting photogenerated charge separation by using porphyrins as interfacial charge mediators[J]. Angewandte Chemie, 2019, 58(47): 16800-16805.

[46] WANG J, YONG Z, LIANG W, et al. Morphology-controlled synthesis and metalation of porphyrin nanoparticles with enhanced photocatalytic performance[J]. Nano Letters, 2016, 16(10): 6523.

[47] KAZMI S A, HAMEED S, AHMED A S, et al. Electrical and optical properties of graphene-TiO_2, nanocomposite and its applications in dye sensitized solar cells (DSSC)[J]. Journal of Alloys and Compounds, 2017, 691: 659-665.

[48] WANG Q, CAMPBELL W M, EDIA E, et al. Efficient light harvesting by using green Zn-porphyrin ensitizednanoerystalline TiO_2 films[J]. Journal of Physical Chemistry B, 2005, 109: 15397-15409.

[49] CAMPBELL W M, JOLLEY K W, WAGNER P, et al. Highly efficient porphyrin sensitizers for dye sensitized solar cells[J]. Journal of Physical Chemistry C, 2007, 111: 11760-11762.

[50] HOLTEND, BOCIAN D F, LINDSEY J S. Probing electroniccommunication in covalently linked multiporphyrinarrays: A guide to the rational design of molecular photonic devices[J]. Chemical Research, 2002, 35(1): 57-69.

[51] RUCAREANUS, MONGIN O, SCHUWEY A, et al. Supramolecularassemblies between macrocyclic porphyrin hexamers and star-haped porphyrin arrays[J]. Organic Chemistry, 2001, 66(15): 4973-4988.

[52] HE L J, CHEN J, BAI F Q, et al. Fine-tuning π-spacer for high efficiency performance DSSC: A theoretical exploration with D-π-A math container Loading mathjax, based organic dye[J]. Dyes & Pigments, 2017, 141: 251-261.

[53] 董润安, 邱勇, 宋心. 卟啉类化合物对生物分子的光敏化氧化[J]. 化学进展, 1998, 10(1): 45-54.

[54] SCHEPARTZ A, CUENOUD B. Site-specific cleavage of the protein calmodulin using a trifluoperazine-based affinity reagent[J]. Journal of the American Chemical Society, 1990, 112(8): 3247-3249.

[55] GANTCHEV T G, LIER J E V. Catalase inactivation following photosensitization with tetrasulfonatedmetall ophthalocyanines[J]. Photochemistry & Photobiology, 1995, 62(1): 123-134.

[56] TAYLOR J S. Design, synthesis, characterization of nucleosomes containing site-specific DNA damage[J]. DNA Repair, 2015, 36: 59-67.

[57] IVERSON B L, LERNER R A. Sequence-specific peptide cleavage catalyzed by an antibody[J]. Science, 1989, 243(4895): 1184-1188.

[58] DREYER G B, DERVAN P B. Sequence-specific cleavage of single-stranded DNA: Oligodeoxynucleotide-EDTA · Fe (Ⅱ) [J]. Proceedings of the National Academy of Sciences of the United States of America, 1985, 82(4): 968-972.

[59] SUNG G, SHIN J H, KIM R, et al. Binding geometry of free base and Mn(Ⅲ)*meso*-tetrakis (*N*-methylpyridium-4-yl) porphyrin to various duplex and triplex DNAs[J]. Bulletin of the Korean Chemical Society, 2015, 36(2): 650-658.

[60] LIN M, LEE M, YUE K T, et al. DNA-porphyrin adducts. Five-coordination of DNA-bound VOTMPyP (4) in an

aqueous environment: New perspectives on the V = O stretching frequency and DNA intercalation[J]. Inorganic Chemistry, 1993, 32(15): 3217-3226.

[61] CROKE D T, PERROUAULT L, SARI M A, et al. Structure-activity relationships for DNA photocleavage by cationic porphyrins[J]. Journal of Photochemistry and Photobiology B, 1993, 18(1): 41.

[62] PITIÉ M, CASAS C, LACEY C J, et al. Selective cleavage of a 35-mer single-stranded DNA containing the initiation codon of the TAT gene of HIV-1 by a tailored cationic manganese porphyrin[J]. Angewandte Chemie, 1993, 32(3): 557-559.

[63] RAVANAT J L, BERGER M, BENARD F, et al. Phthalocyanine and naphthalocyanine photosensitized oxidation of 2′-deoxyguanosine: Distinct type Ⅰ and type Ⅱ products[J]. Photochemistry & Photobiology, 2010, 39(6): 809-814.

[64] SPIKES J D, BOMMER J C. Zinc tetrasulphophthalocyanine as a photodynamic sensitizer for biomolecules[J]. International Journal of Radiation Biology & Related Studies in Physics Chemistry & Medicine, 1986, 50(1): 41.

[65] FERRAUDI G, ARGÜELLO G A, ALI H, et al. Types Ⅰ and Ⅱ sensitized photooxidation of aminoacid by phthalocyanines: A flash photochemical study[J]. Photochemistry & Photobiology, 1988, 47(5): 657-660.

[66] DAVILA J, HARRIMAN A. Photosensitized oxidation of biomaterials and related model compounds[J]. Photochemistry & Photobiology, 1989, 50(1): 29-35.

[67] SHOPOVA M, GANTCHEV T. Comparison of the photosensitizing efficiencies of haematoporphyrin (HP) and its derivative (HPD) with that of free-basetetrasulphophthalocyanine (TSPC-H_2) in homogeneous and microheterogeneous media[J]. Journal of Photochemistry and Photobiology B, 1990, 6(1): 49-59.

[68] MERLOT A M, SAHNI S, LANE D J, et al. Potentiating the cellular targeting and anti-tumor activity of Dp44mT via binding to human serum albumin: Two saturable mechanisms of Dp44mT uptake by cells[J]. Oncotarget, 2015, 6(12): 10374-10398.

[69] RICHARD W J, HASRAT A, RÉJEAN L, et al. Biological activities of phthalocyanines. Ⅵ. Photooxidation of *L*-tryptophan by selectively sulfonated gallium phthalocyanines: Singlet oxygen yields and effect of aggregation[J]. Photochemistry and Photobiology, 1987, 45(5): 587-594.

[70] 宋金华, 安静仪, 许慧君. 磺化酞菁类染料光敏氧化胆固醇及 *L*-半胱氨酸的反应[J]. 影像科学与光化学, 1991, 9(1):36-43.

[71] YANG L, FAN F, CHEN M, et al. Active terahertz metamaterials based on liquid-crystal induced transparency and absorption[J]. Optics Communications, 2017, 382: 42-48.

[72] SHI B, DING D, WANG K, et al. Optical storage of orbital angular momentum via rydberg electromagnetically induced transparency[J]. Chinese Optics Letters, 2017, 15(6): 7-10.

[73] ZHAO D, LI Y, LI Q. Modeling, design and analysis of a micro flying slider in near-field optical storage system[J]. Microsystem Technologies, 2017, 23(10): 4753-4774.

[74] ZHANG Q, YUE S, SUN H, et al. Nondestructive up-conversion readout in Er/Yb co-doped $Na_{0.5}Bi_{2.5}Nb_2O_9$-based optical storage materials for optical data storage device applications[J]. Journal of Materials Chemistry C, 2017, 5: 3838-3847.

[75] CHEN Q X, YUAN Y, HUANG X, et al. Estimation of surface-level PM 2.5, concentration using aerosol optical thickness through aerosol type analysis method[J]. Atmospheric Environment, 2017, 159: 26-33.

[76] DUCHARME S, SCOTT J C, TWIEG R J, et al. Observation of the photorefractive effect in a polymer[J]. Physical Review Letters, 1991, 66(14): 1846-1849.

[77] KAHN F J. Ir-laser-addressed thermo-optic smectic liquid-crystal storage displays[J]. Applied Physics Letters, 1973, 22(3): 111-113.

[78] HU L F, PENG Z H, WANG Q D, et al. Calculation of electro-optical characteristics of phase-only liquid crystal modulator[J]. Chinese Journal of Liquid Crystals & Displays, 2017, 32(3): 182-189.

[79] ZHANG Y, PHILLIPP F, MENG G W, et al. Photoluminescence of mesoporous silica molecular sieves[J]. Journal of Applied Physics, 2000, 88(4): 2169-2171.

[80] KANEOYA M, TAKEUCHI K, OSAWA M, et al. Nematic liquid crystal composition: US9587175[P]. 2017.

[81] HU Y, QU Y, ZHANG P. On the disclination lines of nematic liquid crystals[J]. Communications in Computational Physics, 2016, 19(2): 354-379.

[82] CHEN H, TAN G, HUANG Y, et al. A low voltage liquid crystal phase grating with switchable diffraction angles[J]. Scientific Reports, 2017, 7: 39923.

[83] GOOSSENS K, LAVA K, BIELAWSKI C W, et al. Ionic liquid crystals: Versatile materials[J]. Chemical reviews, 2016, 116(8): 4643.

[84] WANG X, KIM Y K, BUKUSOGLU E, et al. Experimental insights into the nanostructure of the cores of topological defects in liquid crystals[J]. Physical Review Letters, 2016, 116(14): 147801.

[85] KHOO I C, DING J, ZHANG Y, et al. Supra-nonlinear photorefractive response of C_{60} and single-wall carbon nanotube-doped nematic liquid crystal[J]. Applied Physics Letters, 2003, 82(21): 3587-3589.

[86] KAMEI T, KATO T, ITOH E, et al. Discotic liquid crystals of transition metal complexes 47: Synthesis of phthalocyanine-fullerene dyads showing spontaneous homeotropic alignment[J]. Journal of Porphyrins and Phthalocyanines, 2012, 16(12): 1261-1275.

[87] GOODBY J W, ROBINSON P S, TEO B K, et al. The discotic phase of uro-porphyrins octa-n-dodecyl ester[J]. Molecular Crystals and Liquid Crystals, 1980, 56: 303-309.

[88] GREGG B A, FOX M A, BARD A J. Porphyrin octaesters: New discotic liquid crystals[J]. Journal of the Chemical Society, Chemical Communications, 1987, 15: 1134-1335.

[89] GREGG B A, FOX M A, BRAF A J. 2,3,7,8,12,13,17,18-Octakis(β-hydroxyethyl)porphyrin (octaethanolporphyrin) and its liquid crystalline derivatives: Synthesis and characterization[J]. Journal of the American Chemical Society, 1989, 111(8): 3024-3029.

[90] KUBATA S. Tetraphenylporphyrin-containing arylic polymers as liquid crystal materials: JP0,286,686[P]. 1989.

[91] KUGIMIYA S, TAKEMURA M. Novel liquid crystals consisting of tetraphenyl-porphyrin derivatives[J]. Optics Letters, 1990, 31(22): 3157-3160.

[92] QI M H, LIU G F. Synthesis and properties of transition metal benzoporphyrin compound liquid crystals[J]. Journal of Materials Chemistry, 2003, 13(10): 2479-2484.

[93] BRUCE D W, WALI M A, QING M W. Calamitic nematic liquid crystal phases from Zn(Ⅱ) complexes of 5,15-disubstituted porphyrins[J]. Journal of the Chemical Society, Chemical Communications, 1994, 18: 2089-2090.

[94] SHIMIZU Y, MATSUNO J, MIYA M, et al. The first aluminium discotic metallomeso-tallomesogen. Hydroxo [5,10,15,20-tetrakis(4-*n*-dodecylphenyl)porphyrinato]aluminium[J]. Journal of the Chemical Society, Chemical Communications, 1994, 21: 2411-2412.

[95] QING M W, BRUCE D W. Control of intermolecular porphyrin π-π* interactions: Low-melting liquid-crystal porphyrins with calamiticmesophases[J]. Chemical Communications, 1996, 22: 2505-2506.

[96] OHTA K, ANDO M, YAMAMOTO I. Synthesis and mesomorphism of tetrakis(3,4-di-*n*-alkyl-phenyl)porphyrin

derivatives and their metal complexes[J]. Journal of Porphyrins and Phthalocyanines, 1999, 3(4): 249-258.

[97] OHTA K, ANDO M, YAMAMOTO I. Synthesis and mesomorphism of octa-alkoyl-substitued tetra-phenylporphyrin derivatives and their copper(Ⅱ)complexes[J]. Liquid Crystals, 1999, 26(5): 663-668.

[98] 柳巍, 师同顺. 低相变温度卟啉液晶的合成与表征[J]. 化学学报, 2001, 59(4): 466-471.

[99] 柳巍, 师同顺, 安庆大, 等. 四(癸酰基)苯基卟啉过渡金属配合物的合成及红外光声光谱解析[J]. 高等学校化学学报, 2001, 22(1): 16-20.

[100] ZHAO H X, LIU G F. The first lanthanide(Ⅲ) monoporphyrin complex liquid crystal[J]. Liquid Crystals, 2002, 29(10): 1335-1337.

[101] ARUNKUMAR C, BHYRAPPA P, VARGHESE B. Synthesis and axial ligation behaviour of sterically hindered Zn(Ⅱ)-porphyrin liquid crystals[J]. Tetrahedron Letters, 2006, 47: 8033-8037.

[102] SUN E J, CHENG X L, WANG D, et al. Synthesis and properties of 5,10,15,20-tetra(4-lauroy-limidophenyl) porphyrin and its metal complexes[J]. Solid State Science, 2007, 9: 1061-1068.

[103] LI J, TANG T, LI F, et al. The synthesis and characterization of novel liquid crystalline, *meso*-tetra[4-(3,4,5-trialkoxybenzoate)phenyl]porphyrins[J]. Dyes & Pigments, 2008, 77(2): 395-401.

[104] SHIMIZU M, TAUCHI L, NAKAGAKI T, et al. Discotic liquid crystals of transition metal complexes 49: Establishment of helical structure of fullerene moieties in columnar mesophase of phthalocyanine-fullerene dyads[J]. Journal of Porphyrins and Phthalocyanines, 2013, 17(11): 1080-1093.

[105] ZHANG X, XIA Y, ZHOU L, et al. Synthesis and application in photovoltaic device of the porphyrin derivatives with liquid crystal properties[J]. Tetrahedron, 2017, 73(5): 558-565.

[106] CHINO Y, OHTA K, KIMURA M, et al. Discotic liquid crystals of transition metal complexes: Synthesis and mesomorphism of phthalocyanines substituted by m-alkoxyphenylthio groups[J]. Journal of Porphyrins and Phthalocyanines, 2017, 21(3): 1-20.

[107] LEE G H, KIM Y S. Theoretical study of novel porphyrin-based dye for efficient dye-sensitized solar cell[J]. Molecular Crystals and Liquid Crystals, 2017, 645(1): 168-174.

[108] COGAL S, ERTENELA S, OCAKOGLU K, et al. 4-Carboxybiphenyl and thiophene substituted porphyrin derivatives for dye-sensitized solar cell[J]. Molecular Crystals and Liquid Crystals, 2016, 637(1): 87-95.

[109] NEUMANN R, HUGERAT M, MICHAELI S, et al. Controlled orientation of porphyrins by molecular design in thermotropic liquid crystals: A time-resolved EPR study[J]. Chemical Physics Letters, 2015, 182(3-4): 249-252.

[110] BROCHARD F, GENNES P G D. Theory of magnetic suspensions in liquid crystals[J]. Journal de Physique, 1970, 31(7): 691-708.

[111] WU B, CHEN K, DENG Y, et al. Broad hexagonal columnar mesophases formation in bioinspired transition-metal complexes of simple fatty acid meta-octaester derivatives of meso-tetraphenyl porphyrins[J]. Chemistry, 2015, 21(9): 3671-3781.

[112] GREGG B A, FOX M A, BARD A J. Porphyrin octaesters: New discotic liquid crystals[J]. Journal of the Chemical Society, Chemical Communications, 2015, 15(15): 1134-1135.

[113] LI T, YING X, SHI L P, et al. Preliminary communication. Magnetic-field-induced freedericksz transition of a planar aligned liquid crystal doped with porphyrinatozinc(Ⅱ): Influence of the substituent of the porphyrin ring[J]. Liquid Crystals, 2000, 27(4): 551-553.

[114] FENG S. Flux phase and doping dependence of antiferromagnetism in copper oxide compounds[J]. Physica C: Superconductivity, 1994, 232(1-2): 119-126.

[115] OHTA K, NGUYENTRAN H D, TAUCHI L, et al. 53 Liquid crystals of phthalocyanines, porphyrins and related compounds[Z]. Handbook of Porphyrin Science, 2014.

[116] PAN L, MA Z. Two zinc porphyrin complexes obtained by one-port reaction[J]. Molecular Crystals & Liquid Crystals, 2014, 605(1): 216-224.

[117] 樊美公. 光化学基本原理与光子学材料科学[M]. 北京: 科学出版社, 2001.

[118] 游效曾, 孟庆金, 韩万书. 配位化学进展[M]. 北京: 高等教育出版社, 2000.

[119] 孙二军. 系列酰胺基苯基卟啉液晶及其金属配合物的合成与性质研究[D]. 吉林: 吉林大学, 2008.

[120] GONEN O, LEVANON H. Energy transfer and fine structure axes determination in a hybrid porphyrin dimer oriented in a liquid crystal. Time resolved triplet EPR spectroscopy[J]. Macromolecules, 1986, 72(2): 218-224.

[121] LIU C, PAN H, FOX M A, et al. Reversible charge trapping/detrapping in a photoconductive insulator of liquid crystal zinc porphyrin[J]. Chemistry of Materials, 1997, 9(6): 1422-1429.

[122] FALK K, BALANDA M, TOMKOWICZ Z, et al. Three-dimensional magnetic ordering in manganese(Ⅲ)-porphyrin-TCNE complexes[J]. Polyhedron, 2001, 20(11): 1521-1524.

[123] CHEN Y, CAO C, LI T, et al. Photovoltaic properties of a liquid crystal porphyrin solid film[J]. Supramolecular Science, 1998, 10(5): 461-463.

第 10 章　密度泛函理论在卟啉化学中的应用

10.1　密度泛函理论

10.1.1　密度泛函理论简介

作为理论计算的一个主要分支，量子化学已经有了几十年的发展历史，它是一种利用量子力学基本原理和方法来研究化学和物理等问题的一门学科，其研究范围广泛，主要涉及分子结构、性能、相互作用力和相互之间的碰撞等[1-3]。回顾量子化学的发展，可分为两个阶段。第一个阶段是初始创建萌芽阶段，在这一阶段主要是对价键理论进行了初步建立和发展，接着价键理论在 Heitler 和 London[4]的进一步完善中成功问世，该理论首次完成了氢分子中电子对键的量子力学近似处理，为近代价键理论打下了坚实的基础。在前者的基础上 Pauling[5]引入杂化轨道概念，此理论也发展成为了价键理论的重要分支，被现代科学家普遍接受。1924 年，Mulliken[6]首次提出了分子轨道理论，该理论提出处理共轭分子中 π 电子的方法，对处理共轭分子体系贡献巨大。几年后休克尔在其基础上又提出了可以作为量子化学启蒙的简化近似计算法——休克尔分子轨道法(Hückel molecular orbital method，HMO 法)，此方法表达简单、易于掌握，因而得到了广泛的应用。接着，在 HMO 法的基础上又建立了分子轨道对称守恒原理，Nathalie、Guihery 等提出了配位场理论[7]。第二阶段是 20 世纪 60 年代后，相比于第一阶段，该阶段主要是以量子化学计算方法为主开展研究，包括从头计算(ab-initio calculation)、全略微分重叠法(complete neglect of differential overlap method，CNDO 法)、密度泛函理论(density functional theory，DFT)等。从头计算法在薛定谔方程的基础上发展而来，其计算过程对结构不做较大的调整，计算结果精度高但耗时非常多，因此发展了半经验法和密度泛函理论。全略微分重叠法的引入明显地减少了计算的工作量，并且对一些更为复杂分子的电子结构也可以计算，但是半经验计算法也会对一些电子结构计算产生不恰当的结果[8]。与上述两种方法相比，密度泛函理论除了可以满足计算一些多体系多电子的结构需求外，在大多数情况下，它还可以采用近似法计算，这种近似一般是局域密度近似，可得到与实验更为匹配的结果，此过程与实验相比省时省力，同时其结果在另一方面也是对实验正确性、准确性的佐证[9]。

密度泛函理论是20世纪60年代发展起来的，以托马斯-费米(Thomas-Fermi)理论为基础，是量子理论的一种表达。传统量子理论以波函数为基础理论，而密度泛函理论则是通过电子密度来表达体系基态的特点和性质。因为粒子密度只随空间坐标的改变而改变，所以密度泛函理论将多粒子体系转化为多电子体系，甚至是单电子体系进行研究。这样不仅简单直观，而且很大程度上减少了计算量并简化计算过程。此外，实验中可以直接测量的物理量是粒子密度，这让密度泛函理论在实际应用中拥有广阔前景。密度泛函理论以从头计算理论为基础，为了区别于其他的量化从头计算方法，将第一性原理(first principle)计算作为在密度泛函理论基础上算法的总称。随后的几十年中，在计算精度方面，以密度泛函理论为基础的算法取得了很大的发展，在很多理化学科中，密度泛函理论得到了广泛的应用。

10.1.2　密度泛函理论发展

20世纪20年代，人们提出了量子力学，并将它运用于氢分子体系的分析与求解，从此量子力学正式诞生。随后人们发现运用量子力学求解存在着许多缺陷，但是科研工作者并未放弃，大量的研究及近似被用于改进理论的缺陷。目前，科学工作者普遍使用的一种方法是DFT计算方法。近20年来，DFT计算方法被广泛地应用于物理学、化学、材料科学和生命科学纳米材料等领域。因DFT具有计算量相对较小、计算结果合理可靠等优点，迅速受到人们的关注，并快速地发展起来。密度泛函理论计算结果很精确，计算速度也快，它的优越性使得它不论是在国内还是国外都十分受欢迎。将其与分子动力学结合，可以用于理论研究反应的动态过程及反应机理，且研究结果可信度高。因此，它是理论化学研究中的一种主流研究方法，将量子力学原理和实际应用紧密地联系在一起，已成为科研工作中不可替代的一种方法。密度泛函理论的实质是用电子密度泛函代替传统的波函数进行求解，从而简化运算过程，并且使得求解多电子体系问题转化为求解单电子体系的问题。尽管如此，密度泛函理论仍然存在许多缺陷，不是所有的体系都适合用密度泛函理论进行计算，且计算的精度从分子内到分子间不断降低。在密度泛函理论得到很大发展的情况下，在一些相互作用力的描述上，尤其是分子间弱相互作用力或者半导体的计算上，还有很大的局限性。在密度泛函理论中，最主要的近似是交换相关能量的近似，交换相关能量泛函近似形式的好坏直接决定着密度泛函理论计算的精度。因此，更加完善的交换相关能量泛函近似是发展完善密度泛函理论体系的重要部分。此外，在现有基础上寻找密度泛函理论的新的应用也是未来研究的方向之一。

10.2 DFT研究卟啉分子构型

研究金属卟啉分子构型是 DFT 最常用的功能之一，通过选取计算模型和基组，在对应分子基本性质的参数条件下，对“拟定”分子进行几何优化和频率分析，得到分子的结构参数和一组物理化学性质。卟啉衍生物多在卟吩的中位碳(C_m)上有4个中心对称的取代基团，如常见的苯基和被其他官能团取代的苯基。Almlof等[10]最早用 Hartree-Fock 法计算卟啉分子，Parusel 等[11]采用 DFT 理论对卟啉分子进行研究。马思渝等[12]研究了取代基效应对卟吩对性的影响。Zhu 等[13]采用 DFT/B3LYP/6-31G(d)对 β-位取代的卟啉分子结构进行研究。Słota 等[14]研究了中位取代锌卟啉的结构，讨论官能团怎样影响卟啉内原子的距离和角度。Zhang[15]研究了锌卟啉的结构和拉曼光谱。Ercolani[16]研究了夹心的过渡金属卟啉的结构。Steene 等[17]对 Mn(Ⅳ)卟啉与 Fe(Ⅳ)卟啉进行计算。DFT 研究的分子体系在以卟啉为主骨架的同时[18]，也研究一些具有生理活性的卟啉衍生物分子。Pietrangeli 等[19]研究了卟啉的抗癌性。Wasbotten 等[20]通过 Fe(Ⅴ)—O 卟啉(氧与铁向成键)计算研究，理论验证实验的 Fe(Ⅴ)过氧酶中间体存在。Blomberg 等[21]运用 DFT/B3LYP/LACV3P**+研究了双原子分子与亚铁血红素的结合，如 O_2、NO 和 CO，使用了三个不同种类的模型，发现了肌红蛋白和氨基酸的结合。Sakaguchi 等[22]在桥连的卟啉二聚体中间嵌入 C_{60}，组成卟啉与富勒烯的线性阵列卟啉纳米管。Stowasser 等[23]用时变密度泛函理论(TDDFT)研究了金属 Zr、Ce 和 Th 的双(卟啉)三明治配合物的电子吸收光谱，如图 10.1 所示(实线箭头表示允许偶极子的单电子跃迁，虚线箭头表示禁止偶极子的单电子跃迁)。基态电子结构分析表明，占据最高的一个电子能级轨道由卟啉 a_{1u} 和 a_{2u} 共同组成，但能级模式不只是一对低洼的近电子简并同相组合和一对高近似简并抗结合组合，a_{1u} 会强烈分裂，而 a_{2u} 不会。由于计算的光谱与实验非常吻合，该能级模式毫无疑问。尽管实验光谱具有类似卟啉的特征，如众所周知的 Q 带和 B 带，但实际的状态与卟啉的状态却有很大不同，不存在 $a_{1u}\rightarrow e_g^*$ 和 $a_{2u}\rightarrow e_g^*$ 的强混合，存在非古特曼型激发的混合，并且在 Ce 中，卟啉环到金属的电荷转移跃迁起着重要的作用。在这项工作中计算出的状态组成不会将激发归类为纯粹的“激子”或“电荷共振”。总之，将 DFT 用于研究卟啉结构的报道很多，可见将 DFT 用于研究卟啉已经是很成熟的方法。

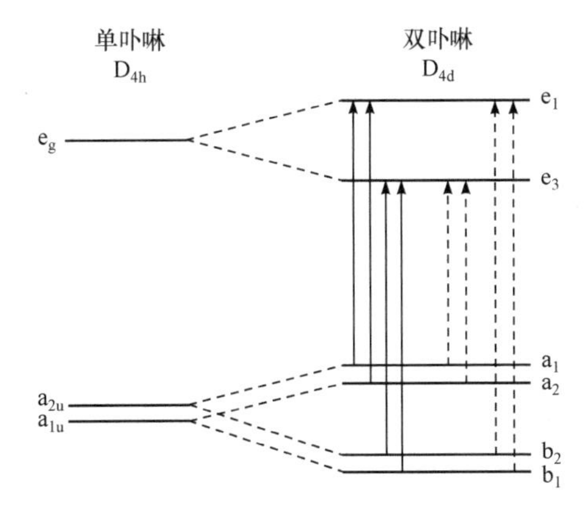

图 10.1　组成单卟啉配合物的四轨道线性组合形成的超分子分子轨道示意图

10.3　DFT 研究卟啉电化学性质

2000 年以前，普遍认为 DFT 计算得到轨道能量仅仅是纯粹的数学计算，没有很大的物理意义。1999 年，Stowasser 等[23]解释了氧化还原电位，通过分析 DFT 计算结果，发现电子转移配合物大分子体系的 HOMO、LUMO 和电化学氧化还原电位相对应，DFT 轨道剖面图和哈特里-福克(Hartree-Fock，HF)轨道剖面图相似，能更好地解释化学现象、HOMO、LUMO 等轨道能量，研究电化学性质。密度泛函理论对金属卟啉理论计算的分子电子密度分布、分子前线轨道能量等，对应研究分子的电化学活性、氧化还原电位和循环伏安图峰位等化学性质。Christopher 等用 DFT 计算了轴向配位的(PR_3)RuⅡ-(CO)(DPP)系列分子，计算其中轴向配位基团 MEOH、DPPA 等，得出的电极电位与实验结果趋势一致[24]。Stranger 等计算了 Ni(OEP)(μ-C_4)Ni-(OEP)的 HOMO 与 LUMO 能差，解释了 Ni(OEP)键连[25]。Buchler 等讨论了 Ln ⅢH(OEP)(TPP)分子 HOMO、LUMO 与 OEP、TPP 的关系[26]。Kadish 等阐述了 HOMO、LUMO 能垒与半波电位、电极电位之间的关系[27]。Mazzanti 等研究了 5,10,15,20-四环己烷基(Zn，Ni)卟啉 HOMO、LUMO 能垒与半波电位的关系[28]。Kadish 等选取 UB3LYP/6-31G(d)//UBLLYP/3-21G 卟吩环中一个吡咯环，用含氧杂环替代，研究不同中心配位金属(Cu、Zn、Ni、Pd)及 *meso*-位取代基能量差值，比较稳定性、HOMO 和 LUMO 能垒、半波电位等[29]。Li 等通过 *meso*-位键连苯环相互连接的前线轨道分析，研究了 Zn 卟啉[30]。Lash 等研究了吡咯环被环戊二烯替代的系列化合物，并将其 HOMO 和 LUMO 与卟啉、金属卟啉对比分析[31]。Paul 等研究了 $Cu(CN)_4P$ 和富勒烯衍生物 PCBM 的 LUMO，$Cu(CN)_4P$ 的 LUMO 比 PCBM 低 0.1eV，$(CN)_4P$ 能从 PCBM 阴离子上得到电子[32]。Spyroulias 等计算 β 键连不同 Cl、Br 取代基的 Ni、Sb 系列卟啉，分析了 HOMO 与 LUMO 能垒，第一、第二还原电位，第一、第二、第三氧化电位等电化学性质[33]。Karl 等计算硝基取代基锌卟啉的 HOMO 与 LUMO 能垒、分子中原子自旋密度、电子密度分布和轨道能量，研究电化学性质[34]。Chitta 等计算含锌磷酸三钙(ZnTCP)及其二聚体 K_4ZnTCP 的 HOMO、LUMO 系列电子密度分布和轨道能量，比较研究循环伏安法(CV)、差示脉冲法(DPV)的 HOMO、LUMO 能垒变化[35]。D'Souza 等计算了锌-*N*-杂卟啉(ZnNCP)与富勒烯二聚体半波电位等，并与四苯基锌卟啉(ZnTPP)和富勒烯二聚体半波电位对比分析[36]。Wiberg 等通过苯环共轭键连两个锌卟啉分子，研究了未取代锌卟啉的 HOMO、LUMO 系列电子密度分布和轨道能量之间的相互作用[37]。Inokuma 等研究了类卟啉取代基的 HOMO、LUMO 系列电子密度分布及对应能量[38]。Kira 等对 *meso*-位苯环对位键连—OCH_3 等一系列卟啉的半波电位及电子密度分布进行了研究[39]。D'Souza 等计算了富勒烯与锌卟啉的电子密度分布，分析轨道形成及能量[40]。Pereira 等计算了 5,10,15-三[3,4,5-三甲氧基苯基]-20-[4-羟基苯基]-Zn 卟啉的电子密度分布、HOMO 和 LUMO 能量、电位等[41]。Wang 等用 DFT/B3LYP/3-21G 计算了四苯基锌卟啉(ZnTPP)、四羧基四苯基锌卟啉($ZnTPP(COOH)_4$)的电子密度分布、HOMO 和 LUMO 能量并研究电化学性质[42]。Sonntag 等研究了四苯基锌卟啉(ZnTPP)及系列卟啉衍生物，对不同 HOMO-1、HOMO、LUMO、LUMO+1 的电子密度分布和能量进行作图分析，研究其氧化反应活性、电极电位等[43]。Berríos 等计算了 *meso*-位和 *β*-位取代磺酸基、氨基的四苯基镍卟啉的自然键轨道、电子密度分布及能量[44]。Tangen 等计算了吡咯嗪化合物的电子密度分布及前线轨道，将 Fe(Ⅳ) 和 Mn(Ⅳ)的吡咯嗪及衍生物与卟啉比较[45]。Yamamoto 等计算四苯基钴卟啉(CoTPP)的电子密度分布和轨道能量，研究了中心配位为官能团—OCH_3、—OH 的磷卟啉键长与 HOMO 轨道能量之间的关系[46]。Song 等采用 Hartree-Fock(HF) 与 DFT/B3LYP/3-21G、6-31G*、6-31G**对酞菁类化合物 POTBC 计算分析，DFT 能表达 POTBC 分子构型，并对电子密度分布、磁化率、HOMO、LUMO、激发态进行了分析研究[47]。Kristoffersen 等以钒原子和氧原子键合组合为例，研究 V—O 分子片的边界分子轨道问题，因为电子出现的概率集中在了两种情形的钒原子上(单占据分子轨道(SOMO)和最低未占据分子轨道(LUMO))，并且原子轨道 d_{xy} 主要是对 SOMO 和 LUMO 里的 d_{xy} 起作用。由密度泛函方法计算出卟啉分子的结果与光电化学的特征是一致的[48]。Chahal 等用 DFT 预测 MP-Q∶H_2Q(M = 2H, Zn)电子转移反应[49]。Francis 等计算研究了锌卟啉与富勒烯轴向配位的分子，并计算出 HOMO 与 LUMO 能差和电化学实验第一氧化还原能差吻合[50]。Hasselman 等运用密度泛函理论 B3LYP 方法在 6-31G*基组上对每一个卟啉的每种同分异构体进行了结构优化，采用 Spartan 06 程序的默认参数对化合物的平衡结构进行了全优化计算[51]；运用半经验的密度泛函理论阐明了前线轨道的特征(能量和电子密度分布)，综合研究发现在基于分子构筑的太阳能电池中，分子结构可以增强其作为光敏剂的特性。Dixon 等采用 DFT 计算四苯基锌卟啉(ZnTPP)、ZnF_8TPP、$ZnF_{28}TPP$、$CoF_{28}TPP$、$CoF_{20}TPP$、CoF_8TPP 和四苯基钴卟啉(CoTPP)，取代基可以降低 C—C、C—N 键的振动频率或减少卟啉轨道与电子密度减少的金属中心轨道的重叠程度，可以增加电子转移速率常数和电子分布[52]。Sun 等用 PM3 方法对富勒烯化合物 LUMO 表面等高线进行分析[53]。Suto 等探讨了四苯基铜卟啉(CuTPP)、四苯基钴卟啉(CoTPP)等分子的电荷密度与电化学界面的联系[54]。Cramariuc 等采用 DFT/PW91/DNP 计算了锌卟啉 m-H_2P-34 及其锌配合物 m-ZnP-34 的前线轨道[55]。

10.4　DFT 研究卟啉染料敏化太阳能电池

在染料敏化太阳能电池(dye sensitized solar cell，DSSC)光电效率的研究中，卟啉类化合物是一种很好的光敏剂，其结构对太阳能电池的光电转化效率影响比较大。近年来，很多研究者致力于敏化剂分子结构的研究。DFT 可以预测分子结构与性质，较多文献报道了关于 DSSC 中敏化剂卟啉结构的理论研究。例如，Santhanamoorthi 等通过 DFT 理论，以当前报道的在 DSSC 中光电转化效率最高的敏化剂分子 YD2-o-C8 为研究参照物，设计了五种带有不同取代基的卟啉(如图 10.2 所示)，通过 DFT/B3LYP/6-31G(d)研究其前线分子轨道能级的大小，从能级差大小的角度探讨不同取代基的影响[56]。Han 等采用 DFT/B3LYP/6-31G(d)和 TD-DFT/B3LYP/6-31G(d)，理论研究了系列卟啉敏化剂分子(YD2、ZNPBA、ZNPBAT、GY21 和 GY50)的基态性质，并对其激发态性质进行了研究。研究表明，具有较小的能级差的卟啉紫外吸收光谱会发生红移，并且利用光电转化效率提高[57]。O'regan 等 1991 年发明了 DSSC 之后[58]，作为传统单晶硅太阳能电池的一种有实用价值的替代品，DSSC 受到了科学界广泛的关注。DSSC 主要是由染料敏化剂、氧化还原电对、多孔纳米晶二氧化钛薄膜、电解质溶液或固态的空穴传输体及对电极五个部分组成。其中，染料敏化剂在提高 DSSC 的光电转化效率中起着至关重要的作用。一个理想的染料敏化剂分子不仅应该具有覆盖整个紫外可见光区及红外光区的吸收光谱，还应该具有合适的氧化还原电位以实现更好的电子注入和分子重组。此外，对于 DSSC 来说，好的染料敏化剂还需要能够稳定地存在，不至于因长久地暴露于阳光下而分解或者失去作用[59]。尽管基于钌的 DSSC 光电转化效率能够达到 11%～12%[60]，但钌的价格较高且会危害环境，进而阻止了基于钌的电池大规模应用。其他类型不含贵金属的染料敏化剂具有较低的制造成本、更容易的合成和改性方法及更高的吸光系数，从而得到了广泛的研究[61]。在这些有机染料分子中，金属卟啉的衍生物具有较广的光谱吸收范围、较长的激发态寿命，可以保证有效的电子注入 TiO_2 导带中，从而变成了研究热点[62]。此外，在液体 DSSC 中，锌卟啉的衍生物 YD2-o-C8 作为染料敏化剂时，DSSC 取得了高达 12.3%的光电转化效率[63]。通常来讲，几乎所有卟啉衍生物的电子结构和光谱性质都可以通过 Eastwood 的四轨道模型得到清楚的解释[64]。卟啉环的最低能激发态构型在能量上几乎是简并的，而且它们之间存在很强的电子相互作用。不同激发态中偶极子的相互叠加作用产生了一个处于较高能的强烈的 Soret 吸收带(也称为 B 带)，其大致范围为 400～450nm。同时，偶极子相互抵消的作用产生了一个处于较低能的相对较弱的 Q 带，其大致范围为 500～650nm[65]。对于卟啉衍生物来说，整个体系的对称性破坏，同时共轭取代基团的引入也导致轨道简并性质被破坏，最终的结果就是 Q 带特征峰吸收增强而 B 带吸收减弱[66]。原则上，设计的金属卟啉类染料分子都是基于 P-B-A 结构的，其中 P 代表金属卟啉环，A 代表锚定及受体基团，B 代表连接 P 和 A 两部分的 π-共轭桥联部分。Clifford 及其合作者发现，在卟啉环的 *meso*-位置引入供电子基团，会减缓处于被氧化染料分子和 TiO_2 之间的被注入电子的电荷重组速率[67]。通过改变调整取代基类型及位置、共轭桥联的结构，以及采用不同的锚定受体基团，将会逐步地改善基于金属卟啉的 DSSC 光电转化效率[68]。噻吩基团被证明是一个很好的 π-共轭桥联基团，不仅能够使吸收光谱蓝移，而且能够使吸收强度增强，已经被广泛应用于高性能的载流子传输材料中[69]。Ma 等根据属性轴和属性坐标系的概念，在密度泛函 B3LYP 的水平上，设计并计算了卟啉和 11 种桥碳取代卟啉作为供体和 9 个常见受体 A～I，讨论了取代基对卟啉衍生物分子轨道能级的影响，并筛选了有潜力的供体-受体组合，然后通过 DFT/TDDFT 方法在四氢呋喃溶剂中计算几种新型金属锌卟啉。研究了四苯基锌卟啉(ZnTPP)和选定的新型锌卟啉配合物作为太阳能电池敏化剂的电子和光谱性质。结果表明，所选择的候选物非常有希望提供良好的敏化剂性能，其中 2-氰基- 3-[4′-(2″-(5″,10″,15″,20″-四苯基卟啉锌(Ⅱ)基)-苯基]-丙烯酸(ZnTPPG)有望挑战目前卟啉敏化太阳能电池 7.1%的光电转化效率记录[70]。研究中，将四苯基锌卟啉(ZnTPP)作为母体，将氰基丙烯酸作为受体基团，通过理论的方法研究在二者之间引入不同个数的噻吩基团，以及在卟啉环的 *meso*-位置引入一个额外的供电子基团(二苯胺)会对锌卟啉衍生物的电子结构及吸收光谱性质造成什么影响，并在此基础上系统地讨论 P-B-A 结构的卟啉类分子应该采用何种改性方案才能够更好地提高其作为染料敏化剂的效率。

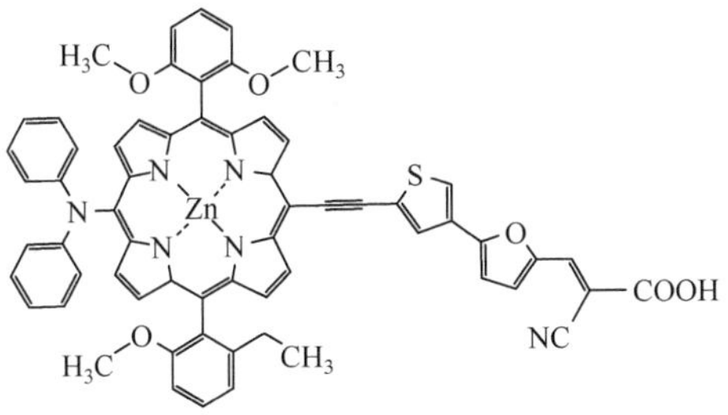

染料1

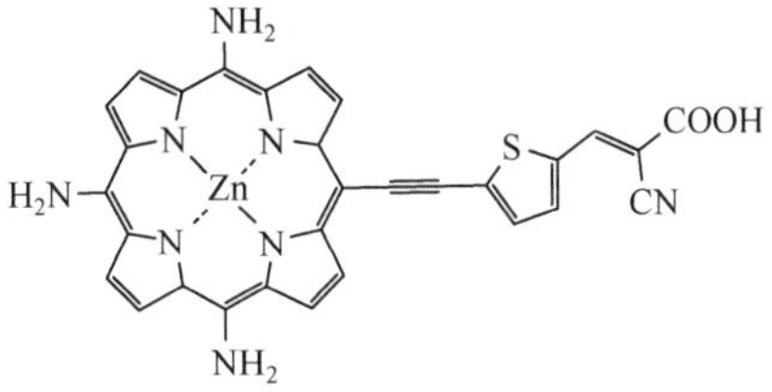

染料2

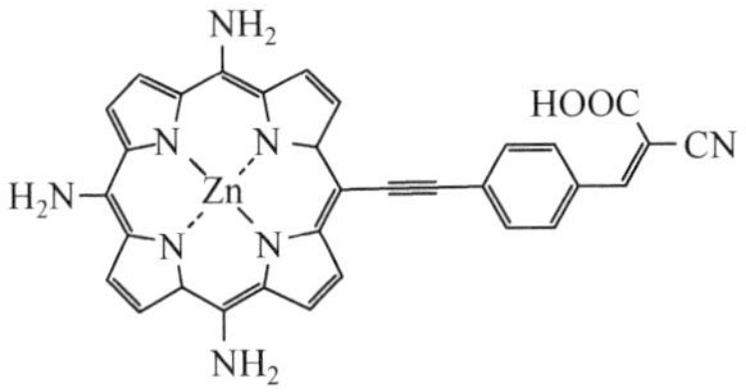

染料3

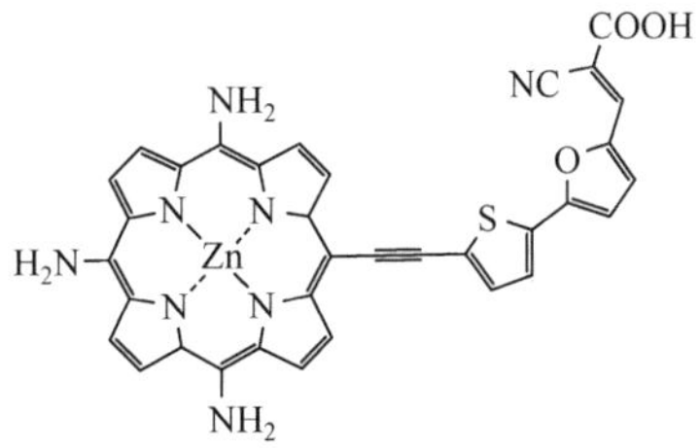

染料4

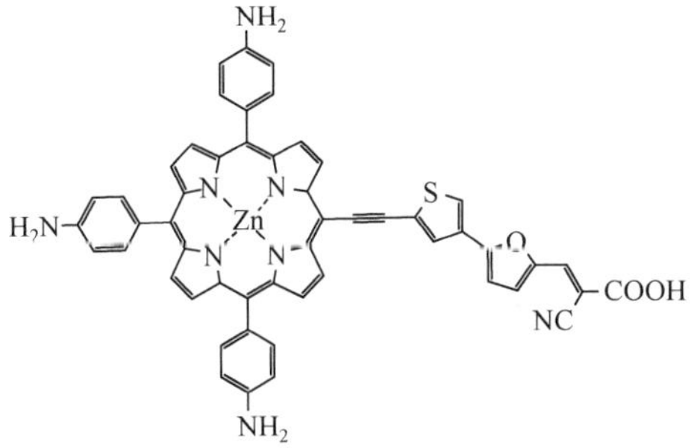

染料5

图 10.2　五种不同取代基卟啉染料敏化剂的分子结构

10.5　DFT 研究卟啉的其他性质

随着计算机技术的发展和大数据时代的出现，DFT 计算方法不仅可以用于卟啉的基本结构性质和染料敏化方面的研究，而且还可以用于其他方面的研究。例如，在肿瘤细胞的光动力学疗法(PDT)研究当中[71]，理论研究化学反应的路径和机理，研究卟啉的一些激发态性质，而且还可以用于一些催化反应中卟啉与目标物的作用机理等方面。Leu 等[72]定量计算了锡卟啉中金属位点的振动动力学，如图 10.3 所示。该课题组将同步加速器的光谱技术(核共振振动光谱法，nuclear resonance vibrational spectroscopy，NRVS)与更传统的光谱技术(红外光谱)结合使用，以获得六坐标下金属中心振动动力学的完整定量图像。从 NRVS ^{119}Sn 的位点选择性和 IR 信号对 $^{112}Sn/^{119}Sn$ 同位素取代的敏感性，确定了轴向键的反对称拉伸频率($290cm^{-1}$)和所有其他涉及锡的振动。这些结果可能为表征锡卟啉和具有相关结构化合物中金属位点的局部振动动力学提供了起点。由此可见，用 DFT 研究卟啉的理化性质在各个研究领域都有广泛的应用，为实验研究提供了一定的理论支撑，可以为科研工作者提供帮助。

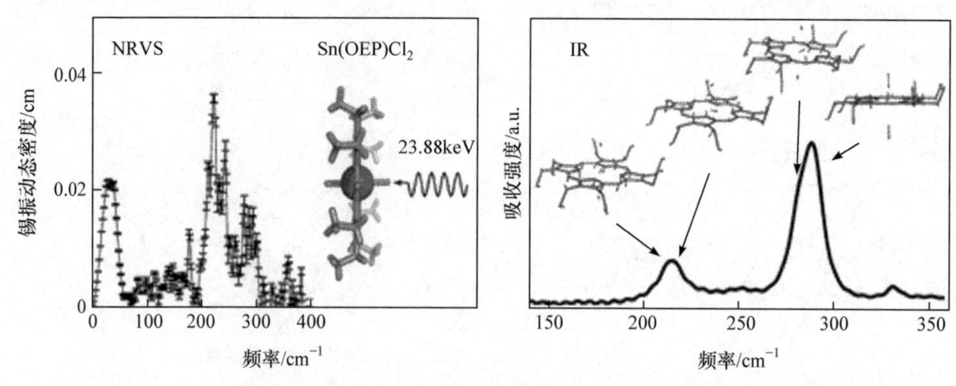

图 10.3　金属中心振动动力学的 NRVS 和 IR 图像

参 考 文 献

[1] DENIS K, EUGENE S. Pumped double quantum dot with spin-orbit coupling[J]. Nanoscale Research Letters, 2011, 6(1): 212-216.

[2] SREBRENIK S, BADER R F W. How quantum mechanics prohibits regional virialism in molecules. Ⅱ. Fragment[J]. International Journal of Chemical Modeling, 2014, 6(1): 139-165.

[3] CONTE E. A Clifford algebraic analysis gives mathematical explanation of quantization of quantum theory and delineates a model of quantum reality in which information, primitive cognition entities and a principle of existence are intrinsically represented ab initio[J]. World Journal of Neuroscience, 2013, 3(642): 157-170.

[4] HEITLER W, LONDON F. Wechselwirkung neutraler atome und homöopolare bindung nach der quantenmechanik[J]. Zeitschrift für Physik, 1927, 44(6-7): 455-472.

[5] PAULING L C. The nature of the chemical bond and the structure of molecules and crystals[J]. Nature, 1940, 145: 644-645.

[6] MULLIKEN R S. Isotope effects in the band spectra of boron monoxide and silicon nitride[J]. Nature, 1924, 113: 423-424.

[7] GUIHÉRY N, ROBERT V, NEESE F, et al. Ab initio study of intriguing coordination complexes: A metal field theory picture[J]. Journal of Physical Chemistry A, 2008, 112(50): 12975-12979.

[8] NORTH A C T, PHILLIPS D C, MATHEWS F S, et al. A semi-empirical method of absorption correction[J]. Acta Crystallographica, 2010, 24: 351-359.

[9] SILVA L P, FERNANDEZ L, CONCEIÇÃO J H F, et al. Design and characterization of sugar-based deep eutectic solvents using conductor-like screening model for real solvents[J]. ACS Sustainable Chemistry & Engineering, 2018, 6(8): 10724-10734.

[10] ALMLOF J, FISCHER T H, GASSMAN P G, et al. Electron correlation in tetrapyrroles: Ab initio calculations on porphyrin and the tautomers of chlorin[J]. The Journal of Physical Chemistry, 1993, 97(42): 10964-10970.

[11] PARUSEL A B J, WONDIMAGEGN T, GHOSH A, et al. Do nonplanar porphyrins have red-shifted electronic spectra? A DFT/SCI study and reinvestigation of a recent proposal[J]. Journal of the American Chemical Society, 2000, 122(27): 6371-6374.

[12] 马思渝，王娟. 四吡啶基卟啉质子化结构变化研究．Ⅱ. *m*-甲基吡啶基的取代基效应[J]. 化学学报，2001, 59(2): 195-200.

[13] ZHU Y F, QI D D, ZHANG L J, et al. Structures and properties of novel 5, 15-di [4-(5-acetylsulfanylpentyloxy) phenyl] porphyrin derivatives: Density functional theory calculations[J]. Science China Chemistry, 2010, 53(10): 2183-2192.

[14] SŁOTA R, BRODA M A, DYRDA G, et al. Structural and molecular characterization of *meso*-substituted zinc porphyrins: A DFT supported study[J]. Molecules, 2011, 16(12): 9957-9971.

[15] ZHANG Y H, ZHAO W, JIANG P, et al. Structural parameters and vibrational spectra of a series of zinc *meso*-phenylporphyrins: A DFT and experimental study[J]. Spectrochimica Acta Part A: Molecular and Biomolecular Spectroscopy, 2010, 75(2): 880-890.

[16] ERCOLANI C. Diphthalocyanine metal complexes and their analogues[J]. Journal of Porphyrins and Phthalocyanines, 2000, 4(4): 340-343.

[17] STEENE E, WONDIMAGEGN T, GHOSH A, et al. Electrochemical and electronic absorption spectroscopic studies of substituent effects in iron(Ⅳ) and manganese(Ⅳ) corroles. Do the compounds feature high-valent metal centers or noninnocent corrole ligands? Implications for peroxidase compound Ⅰ and Ⅱ intermediates[J]. Journal of Physical Chemistry B, 2001, 105(46): 11406-11413.

[18] ZANDLER M E, SOUZA F D. The remarkable ability of B3LYP/3-21G(*) calculations to describe geometry, spectral and electrochemical properties of molecular and supramolecular porphyrin-fullerene conjugates[J]. ChemInform, 2006, 9(7-8): 960-981.

[19] PIETRANGELI D, RISTORI S, ROSA A, et al. Carboranylporphyrazines for anti-cancer therapies: Synthesis and physicochemical properties[J]. Journal of Porphyrins and Phthalocyanines, 2010, 14(8): 678-688.

[20] WASBOTTEN I, GHOSH A. Theoretical evidence favoring true iron(Ⅴ)-oxo corrole and corrolazine intermediates[J]. Inorganic chemistry, 2006, 45(13): 4910-4913.

[21] BLOMBERG L M, BLOMBERG M R A, SIEGBAHN P E M, et al. A theoretical study on the binding of O_2, NO and CO to heme proteins[J]. Journal of Inorganic Biochemistry, 2005, 99(4): 949-958.

[22] SAKAGUCHI K, KAMIMURA T, UNO H, et al. Phenothiazine-bridged cyclic porphyrin dimers as high-affinity hosts for fullerenes and linear array of C_{60} in self-assembled porphyrin nanotube[J]. The Journal of organic chemistry, 2014, 79(7): 2980-2992.

[23] STOWASSER R, GLASS R S, HOFFMANN R, et al. The dithiacyclooctane cation ($DTCO^+$): Conformational analysis, interconversion barriers and bonding[J]. Journal of the Chemical Society, Perkin Transactions 2, 1999 (7): 1559-1562.

[24] CHRISTOPHER N, HEATHER M, TOM K, et al. Mechanism of olefin hydrogenation catalyzed by $RuHCl(L)(PR3)_2$ Complexes (L = CO, PR3): A DFT Study[J]. Organometallics, 2008, 27(8): 1661-1663.

[25] STRANGER R, MCGRADY J E, ARNOID D P, et al. Communication between porphyrin rings in the butadiyne-bridged dimer Ni(OEP)(μ-C_4)Ni(OEP): A density functional study[J]. Inorganic Chemistry, 1996, 35(26):

7791-7797.

[26] BUCHLER J W, LOEFFLER J, WICHOLAS M, et al. Metal complexes with tetrapyrrole ligands. 62. Carbon-13 NMR spectra of dicerium(Ⅲ) and dipraseodymium(Ⅲ) tris(octaethylporphyrinate)[J]. Inorganic Chemistry, 1992, 31(3): 524-526.

[27] KADISH K M, DUBOIS D, BARBE J M , et al. Electrochemical and spectroelectrochemical studies of tin(Ⅱ) porphyrins[J]. Inorganic Chemistry, 1991, 30(24): 4498-4501.

[28] MAZZANTI M, VEYRAT M, RAMASSEUL R, et al. A new ruthenium(Ⅱ) chiroporphyrin containing a multipoint recognition site: Enantioselective receptor of chiral aliphatic alcohols[J]. Inorganic Chemistry, 1996, 35(13): 3733-3734.

[29] KADISH K M W E, ZHAN R, KHOURY T, et al. Porphyrin-diones and porphyrin-tetraones: Reversible redox units being localized within the porphyrin macrocycle and their effect on tautomerism[J]. Journal of the American Chemical Society, 2007, 129(20): 6576-6588.

[30] LI J, AMBROISE A, YANG S I, et al. Template-directed synthesis, excited-state photodynamics, and electronic communication in a hexameric wheel of porphyrins[J]. Journal of the American Chemical Society, 1999, 121(38): 8927-8940.

[31] LASH T D, ROMANIC J L, HAYES M J, et al. ChemInform abstract: Conjugated macrocycles related to the porphyrins. Part 15. Towards hydrocarbon analogues of the porphyrins: Synthesis and spectroscopic characterization of the first dicarbaporphyrin[J]. ChemInform, 1999, 30(34): 819-820.

[32] PAUL C, DASTOOR, CHRISTOPHER R, et al. Understanding and improving solid-state polymer/C_{60}-fullerene bulk-heterojunction solar cells using ternary porphyrin blends[J]. Journal of Physical Chemistry, 2007, 111(42): 15415-15426.

[33] SPYROULIAS G A, DESPOTOPOULOS A P, RAPTOPOULOU C P, et al. Comparative study of structure-properties relationship for novel beta-halogenated lanthanide porphyrins and their nickel and free bases precursors, as a function of number and nature of halogens atoms[J]. Inorganic Chemistry, 2002, 41(10): 2648.

[34] KARL M, KADISH, WENBO E, et al. Quinoxalino[2,3-*b'*] porphyrins behave as π-expanded porphyrins upon one-electron reduction: Broad control of the degree of delocalization through substitution at the macrocycle periphery[J]. Journal of Physical Chemistry B, 2007, 111(30): 8762-8774.

[35] CHITTA R, ROGERS L M, WANKLYN A, et al. Electrochemical, spectral, and computational studies of metalloporphyrin dimers formed by cation complexation of crown ether cavities[J]. Inorganic Chemistry, 2004, 43(22): 6969-6978.

[36] D'SOUZA F, SMITH P M, ROGERS L, et al. Formation, spectral, electrochemical, and photochemical behavior of zinc *N*-confused porphyrin coordinated to imidazole functionalized fullerene dyads[J]. Inorganic Chemistry, 2006, 45(13): 5057-5065.

[37] WIBERG J , GUO L , PETTERSSON K , et al. Charge recombination versus charge separation in donor bridge acceptor systems[J]. Journal of the American Chemical Society, 2007, 129(1): 155-163.

[38] INOKUMA Y, YOON Z S, KIM D, et al. *meso*-Aryl-substituted subporphyrins: Synthesis, structures, and large substituent effects on their electronic properties[J]. Journal of the American Chemical Society, 2007, 129(15): 4747-4761.

[39] KIRA A, MATSUBARA Y, LIJIMA H, et al. Effects of π-elongation and the fused position of quinoxaline-fused porphyrins as sensitizers in dye-sensitized solar cells on optical, electrochemical, and photovoltaic properties[J]. The

Journal of Physical Chemistry C, 2010, 114(25): 11293-11304.

[40] D'SOUZA F, MOHAMED E, GADDE S, et al. Self-assembled via axial coordination magnesium porphyrin-imidazole appended fullerene dyad: Spectroscopic, electrochemical, computational, and photochemical studies[J]. Journal of Physical Chemistry B, 2005, 109(20): 10107-10114.

[41] PEREIRA F, XIAO K, LATINO D A R S, et al. Machine learning methods to predict density functional theory B3LYP energies of HOMO and LUMO orbitals[J]. Journal of Chemical Information and Modeling, 2017, 57(1): 11-21.

[42] WANG Q, CAMPBELL W M, BONFANTANI E, et al. Efficient light harvesting by using green Zn-porphyrin-sensitized nanocrystalline TiO_2 films[J]. Journal of Physical Chemistry B, 2005, 109(32): 15397-15409.

[43] SONNTAG L P, SPITLER M T. Examination of the energetic threshold for dye-sensitized photocurrent at strontium titanate ($SrTiO_3$) electrodes[J]. Journal of Physical Chemistry, 1985, 89(8): 1453-1457.

[44] BERRÍOS C, CÁRDENAS-JIRÓN G I, MARCO J F, et al. Theoretical and spectroscopic study of nickel(Ⅱ) porphyrin derivatives[J]. Journal of Physical Chemistry A, 2007, 111(14): 2706-2714.

[45] TANGEN E, GHOSH A. Electronic structure of high-valent transition metal corrolazine complexes. The young and innocent?[J]. Journal of the American Chemical Society, 2002, 124(27): 8117-8121.

[46] YAMAMOTO Y, AKIBA K. The chemistry of Group 15 element porphyrins bearing element-carbon bonds: Synthesis and properties[J]. Journal of Organometallic Chemistry, 2000, 611(1-2): 200-209.

[47] SONG Z, ZHANG F. Theoretical studies on the structure and excited states of oxophosphorus triazatetrabenzcorrole[J]. Journal of Molecular Structure: THEOCHEM, 2003, 631(1-3): 29-38.

[48] KRISTOFFERSEN H H, HUNTER L, NEILSON, STEVEN K, et al. Stability of V_2O_5 supported on titania in the presence of water, bulk oxygen vacancies, and adsorbed oxygen atoms[J]. The Journal of Physical Chemistry C, 2017, 121(15): 8444-8451.

[49] CHAHAL M K, GOBEZE H B, WEBRE W A, et al. Electron and energy transfer in a porphyrin-oxoporphyrinogen-fullerene triad, ZnP-OxP-C_{60}[J]. Physical Chemistry Chemical Physics, 2020, 22(25): 14356-14363.

[50] D'SOUZA F, SMITH P M, ROGERS L, et al. Formation, spectral, electrochemical, and photochemical behavior of zinc *N*-confused porphyrin coordinated to imidazole functionalized fullerene dyads[J]. Inorganic Chemistry, 2006, 45(13): 5057-5065.

[51] HASSELMAN G M, WATSON D F, STROMBERG J R, et al. Theoretical solar-to-electrical energy-conversion efficiencies of perylene-porphyrin light-harvesting arrays[J]. The Journal of Physical Chemistry B, 2006, 110(50): 25430-25440.

[52] DIXON D W, BARBUSH M, SHIRAZI A, et al. Electron self-exchange in dicyanoiron porphyrins[J]. Inorganic Chemistry, 1985, 24(7): 1081-1087.

[53] SUN Y, DROVETSKAYA T, BOLSKAR R D, et al. Fullerides of pyrrolidine-functionalized C_{60}[J]. Journal of Organic Chemistry, 1997, 62(11): 3642-3649.

[54] SUTO K, YOSHIMOTO S, ITAYA K, et al. Electrochemical control of the structure of two-dimensional supramolecular organization consisting of phthalocyanine and porphyrin on a gold single-crystal surfacer[J]. Langmuir, 2006, 22(25): 10766-10776.

[55] CRAMARIUC O, HUKKA T I, RANTALA T T, et al. A DFT study of asymmetric *meso*-substituted porphyrins and their zinc complexes[J]. Chemical Physics, 2004, 305(1-3): 13-26.

[56] SANTHANAMOORTHI N, LO C M, JIANG J C, et al. Molecular design of porphyrins for dye-sensitized solar

cells: A DFT/TDDFT study[J]. The Journay of Physical Chemistry Letters, 2013, 4: 524-530.

[57] HAN L H, ZHANG C R, ZHE J W, et al. Understanding the electronic structures and absorption properties of porphyrin sensitizers YD2 and YD2-o-C8 for dye-sensitized solar cells[J]. International Journal of Molecular Sciences, 2013, 14(10): 20171-20188.

[58] O'REGAN B, GRÄTZEL M A. Low-cost, high-efficiency solar cell based on dye-sensitized colloidal TiO_2 films[J]. Nature, 1991, 353(6346):737-740.

[59] NING Z, FU Y, TIAN H, et al. Improvement of dye-sensitized solar cells: What we know and what we need to know[J]. Energy & Environmenta, Science, 2010, 3(9): 1170-1181.

[60] CAO Y, YU B, YU Q, et al. Dye-sensitized solar cells with a high absorptivity ruthenium sensitizer featuring a 2-(hexylthio) thiophene conjugated bipyridine[J]. Journal of Physical Chemistry C, 2009, 113(15): 6290-6297.

[61] TANAKA M, HAYASHI S, EU S, et al. Novel unsymmetrically pi-elongated porphyrin for dye-sensitized TiO_2 cells[J]. Chemical Communications, 2007, (20): 2069-2071.

[62] LIN C Y, LO C F, LUO L, et al. Design and characterization of novel porphyrins with oligo (phenylethylnyl) links of varied length for dye-sensitized solar cells: Synthesis and optical, electrochemical, and photovoltaic investigation[J]. Journal of Physical Chemistry C, 2009, 113(2): 755-764.

[63] YELLA A, LEE H W, TSAO H N, et al. Porphyrin-sensitized solar cells with cobalt(Ⅱ/Ⅲ)-based redox electrolyte exceed 12 percent efficiency[J]. Science, 2011, 334(6056): 629-634.

[64] EASTWOOD D, GOUTERMAN M. Additions to: Spectra of porphyrins. Part Ⅸ. Luminescence of vanadyl complexes[J]. Journal of Molecular Spectroscopy, 1968, 25(4):547-548.

[65] SPELLANE P J, GOUTERMAN M, ANTIPAS A, et al. Porphyrins 40 electronic spectra and four-orbital energies of free-base, zinc, copper, and palladium tetrakis (perfluorophenyl) porphyrins[J]. Inorganic Chemistry ,1980, 11(19): 386-391.

[66] WALSH P J, GORDON K C, OFFICER D L, et al. A DFT study of the optical properties of substituted Zn(Ⅱ)TPP complexes[J]. Journal of Molecular Structure Theochem, 2006, 759(1): 17-24.

[67] CLIFFORD J N, YAHIOGLU G, MILGROM L R, et al. Molecular control of recombination dynamics in dye sensitised nanocrystalline TiO_2 films[J]. Chemical Communications, 2002, 12(12): 1260-1261.

[68] CAMPBELL W M, BURRELL A K, OFFICER D L, et al. Porphyrins as light harvesters in the dye-sensitised TiO_2 solar cell[J]. Coordination Chemistry Reviews, 2004, 248(13-14): 1363-1379.

[69] ZIESSEL R, BÄUERLE P, AMMANN M, et al. Exciton-like energy collection in an oligothiophene wire end-capped by Ru- and Os-polypyridine chromophores[J]. Chemical Communications, 2004, (6): 802-804.

[70] MA R M, GUO P, CUI H J, et al. Substituent effect on the *meso*-substituted porphyrins: Theoretical screening of sensitizer candidates for dye-sensitized solar cells[J]. Journal of Physical Chemistry A, 2009, 113: 10119-10124.

[71] DOUGHERTY T J. Photodynamic therapy (PDT) of malignant tumors[J]. Critical Reviews in Oncology/Hematology, 1984, 2(2): 83-116.

[72] LEU B M, ZGIERSKI M Z, BISCHOFF C, et al. Quantitative vibrational dynamics of the metal site in a tin porphyrin: An IR, NRVS, and DFT study[J]. Inorganic Chemistry, 2013, 52: 9948-9953.